TRAITÉ

DES

FONCTIONS ELLIPTIQUES.

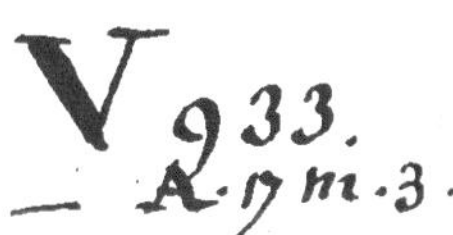

TRAITÉ

DES

FONCTIONS ELLIPTIQUES

ET DES INTÉGRALES EULÉRIENNES,

Avec des Tables pour en faciliter le calcul numérique;

PAR A. M. LEGENDRE, MEMBRE DE L'ACADÉMIE ROYALE DES SCIENCES ET DU BUREAU DES LONGITUDES, DE LA SOCIÉTÉ ROYALE DE LONDRES ET DE CELLE D'ÉDIMBOURG, DE LA SOCIÉTÉ ITALIENNE, etc.

TOME TROISIÈME,

Contenant divers Supplémens à la Théorie des Fonctions elliptiques.

PARIS,

IMPRIMERIE DE HUZARD-COURCIER,

RUE DU JARDINET, N° 12.

1828

AVERTISSEMENT.

Dans le Discours placé en tête du premier volume de ce Traité, on a fait connaître les principales améliorations que l'auteur avait apportées à la théorie des fonctions elliptiques, publiée précédemment dans ses *Exercices de Calcul intégral.* L'une des plus considérables est la découverte d'une seconde échelle de modules, différente de celle qui était seule connue à cette époque; l'auteur l'a développée dans le chap. XXXI du tome I, et l'on doit observer que cette découverte date du commencement de 1825, puisque le tome I, qui la contient, a été présenté à l'Académie des Sciences dans sa séance du 12 septembre de la même année. La seconde échelle dont il s'agit complétait, à beaucoup d'égards, les travaux de l'auteur dans cette théorie; elle offrait une route facile pour parvenir à plusieurs beaux résultats d'Analyse, qu'il n'avait pu démontrer jusque là que par des intégrations très laborieuses; la nouvelle échelle des modules pouvait se déduire d'un module donné, par de simples extractions de racines quarrées et cubiques, ce qui fournissait des approximations beaucoup plus rapides que celles qu'on obtient par l'ancienne échelle; enfin, par la combinaison des deux échelles, on pouvait multiplier d'une manière prodigieuse les transformations des fonctions de la première espèce, ce que l'auteur avait rendu sensible en construisant une sorte de damier, infini dans ses deux dimensions, dont toutes les cases pouvaient être remplies par les diverses transformations dont est susceptible une seule et même fonction. Il n'était donc guère probable qu'on pût aller plus loin dans cette partie de la théorie des fonctions elliptiques.

Cependant un jeune géomètre, M. *Jacobi* de Kœnigsberg, qui n'avait pu avoir connaissance du Traité des Fonctions elliptiques, dont la publication ne date que de janvier 1827, était parvenu, par ses propres recherches, à découvrir non-seulement la seconde échelle dont nous venons de parler, qui se rapporte au nombre 3, mais une troisième qui se rapporte au nombre 5, et il avait acquis déjà la certitude qu'il doit en exister une semblable pour tout nombre impair proposé.

L'annonce de cette belle découverte analytique parut dans le n° 123 du Journal astronomique de M. Schumacher, où l'on trouve deux théorèmes particuliers concernant la formation des échelles affectées aux nombres 3 et 5, et de plus, un théorème général pour former l'échelle applicable à un nombre impair quelconque.

La démonstration de ce théorème général parut peu de temps après, dans le n° 127 du même Journal; elle mit dans tout son jour la grande sagacité de l'auteur et la fécondité des méthodes par lesquelles il avait su vaincre les difficultés de son sujet. Ce théorème étant établi pour tout nombre impair, il fut aisé d'en conclure que, pour chaque nombre entier ou seulement rationnel, on peut former une échelle particulière de modules qui donnera lieu à une infinité de transformations d'une même fonction de première espèce, lesquelles seront toutes déterminables algébriquement.

On ne mentionne ici que les premiers pas faits par M. Jacobi dans la carrière qu'il s'est ouverte; les espérances que ses premiers succès avaient fait concevoir ont été justifiées depuis, par les nouvelles publications qu'il a insérées dans le Journal de M. Schumacher, et dans celui de M. Crelle de Berlin; elles le seront encore plus complètement par l'ouvrage qu'il se propose de publier bientôt, sous le titre de *Fundamenta novæ theoriæ functionum ellipticarum.*

Il nous reste à parler des belles recherches sur la même matière, que M. *Abel* de Christiania, digne émule de M. Jacobi, a fait paraître presque en même temps, dans le Journal de M. Crelle et dans celui de M. Schumacher. Le premier Mémoire de M. Abel, imprimé sous le n° 12, dans le tome II du Journal de M. Crelle, forme déjà une théorie presque complète des fonctions elliptiques, considérées sous le point de vue le plus général. On y trouve, 1°. les propriétés fondamentales de ces fonctions et de leurs inverses, établies sur l'idée heureuse et entièrement neuve de l'introduction des imaginaires dans ces fonctions; 2°. des méthodes pour construire, de la manière la plus simple, les formules qui servent à la multiplication et à la division des fonctions; 3°. des développemens très étendus sur la réduction au moindre degré possible, et la résolution des équations algébriques qui servent à diviser toute fonction proposée, ou seulement la fonction complète; 4°. des formules nombreuses pour développer les fonctions en séries et produits infinis.

Un second Mémoire de M. Abel, imprimé sous le n° 11, dans le tome III du Journal de M. Crelle, offre des résultats très remarquables, 1°. sur la division de la fonction particulière dont le module est sin 45°, laquelle représente des arcs de lemniscate; 2°. sur la transformation générale des fonctions de la première espèce, ce qui donne lieu à l'auteur de démontrer, d'une manière très simple et très directe, les deux théorèmes généraux précédemment publiés ou annoncés par M. Jacobi.

Nous n'entrerons pas dans d'autres détails sur les travaux de ces deux jeunes géomètres, dont les talens se sont annoncés avec tant d'éclat dans le monde savant; on conçoit maintenant que l'auteur de ce Traité a dû applaudir vivement à des découvertes qui perfectionnaient beaucoup la branche d'Analyse dont il est en quelque sorte le créateur. Il a formé dès lors le projet d'enrichir son ouvrage d'une partie de ces nouvelles découvertes, en les présentant sous le point de vue le plus simple et le mieux coordonné à ses propres idées. Tel est l'objet des deux Supplémens qui suivent, et de ceux que l'auteur pourra peut-être y joindre, par la suite, pour en former le tome III de son Traité.

TABLE DES MATIÈRES

DU PREMIER SUPPLÉMENT.

FIN DE LA TABLE DU PREMIER SUPPLÉMENT.

THÉORIE DES FONCTIONS ELLIPTIQUES.

PREMIER SUPPLÉMENT.

Après m'être occupé pendant un grand nombre d'années de la théorie des fonctions elliptiques, dont l'immortel Euler avait posé les fondemens, j'ai cru devoir rassembler les résultats de ce long travail dans un Traité qui a été rendu public au mois de janvier 1827. Jusque là les géomètres n'avaient pris presque aucune part à ce genre de recherches; mais à peine mon ouvrage avait-il vu le jour, à peine son titre pouvait-il être connu des savans étrangers, que j'appris, avec autant d'étonnement que de satisfaction, que deux jeunes géomètres, MM. *Jacobi* (C.-G.-J.) de Kœnigsberg et *Abel* de Christiania, avaient réussi, par leurs travaux particuliers, à perfectionner considérablement la théorie des fonctions elliptiques dans ses points les plus élevés.

Bientôt les n°s 123 et 127 du Journal astronomique de M. le professeur Schumacher, et une lettre particulière de l'auteur, me firent connaître d'une manière positive en quoi consistaient les découvertes de M. Jacobi. Je reçus presque en même temps un cahier du Journal de M. Crelle de Berlin, où se trouve un Mémoire de M. Abel, contenant des découvertes très remarquables dans une autre partie de la théorie, qui a cependant beaucoup d'analogie avec celle dont s'est occupé M. Jacobi, puisque, par un second Mémoire imprimé dans le même Journal, on voit que M. Abel a pu déduire de ses formules l'un des deux théorèmes généraux de M. Jacobi.

Une connaissance approfondie des plus belles méthodes de l'analyse et l'heureux emploi de plusieurs idées fort ingénieuses se font remarquer dans les productions de ces deux jeunes géomètres. La science a pris dans leurs mains un tel essor, qu'il est à croire que les résultats qu'ils ont déjà obtenus seront suivis d'un grand nombre d'autres non moins intéressans.

Dans cet état de choses, j'ai pensé que mon ouvrage deviendrait bientôt incomplet, si je ne me hâtais d'y ajouter de nouveaux supplémens, dans lesquels j'exposerais les découvertes récentes avec tous les développemens dont elles sont susceptibles.

Le premier supplément, que je publie aujourd'hui dans cette vue, a pour objet principal les deux théorèmes généraux découverts par M. Jacobi. Le premier sera démontré par la méthode même de l'auteur, publiée dans le n° 127 du Journal de M. Schumacher; le second sera d'abord déduit du théorème Ier, et ensuite démontré d'une manière particulière et directe.

Au moyen de ces deux théorèmes, j'ai pu traiter d'une manière complète tout ce qui concerne l'existence des différentes échelles de modules, exprimées en quantités réelles (*), et par suite tout ce qui concerne les transformations réelles, infiniment multipliées, dont est susceptible toute fonction elliptique donnée de première espèce.

Lorsque deux fonctions de cette nature peuvent être exprimées l'une par l'autre, on peut supposer qu'elles appartiennent à la même échelle, et alors il existe entre leurs modules une équation très simple, quoique sous forme transcendante, laquelle tient lieu d'une équation algébrique, qui est en général d'une recherche très difficile. Cette équation transcendante peut être regardée comme l'un des théorèmes les plus beaux et les plus féconds de cette branche d'analyse. J'en ai fait voir l'usage pour trouver avec beaucoup de facilité les différens termes, même les plus éloignés, d'une échelle de modules correspondante à un nombre donné.

Après avoir épuisé tout ce qui a rapport à la transformation des fonctions elliptiques de la première espèce, il était naturel de s'occuper des fonctions de la seconde espèce. Je démontrerai que ces fonctions sont susceptibles de transformations analogues à celles de la première espèce, et en même nombre. Les formules sont plus compliquées, à raison de la quantité algébrique qu'elles contiennent; mais elles se simplifient beaucoup dans le cas des fonctions complètes, où la quantité algébrique disparaît.

Je n'entrerai point dans d'autres détails sur les recherches assez nombreuses qui composent ce premier supplément; il sera terminé par l'application des deux théorèmes de M. Jacobi aux cas de $p=3$ et $p=5$, qui donnent naissance à la première et à la seconde des nouvelles échelles.

Dans le second supplément et les suivans, s'il y a lieu, je continuerai d'exposer ce que les découvertes nouvelles offrent de plus remarquable, en y joignant mes propres observations et les développemens convenables.

Paris, le 12 août 1828.

(*) Le mot *réelles* est placé ici parce qu'il existe analytiquement des transformations imaginaires dont nous n'avons pas fait mention, et qui sont en bien plus grand nombre que les transformations réelles.

§ Ier. *Démonstration du théorème Ier de M. Jacobi.*

1. Soit p un nombre impair pris à volonté, $F(k, \varphi)$ une fonction elliptique de première espèce, dont le module donné est k, et dont l'amplitude φ peut avoir une valeur quelconque depuis zéro jusqu'à l'infini. Appelons α_m la valeur particulière de φ qui, pour un nombre entier quelconque m, donne $F(k, \alpha_m) = \frac{m}{p} F^1 k$. Au moyen de l'amplitude variable φ et des angles constans $\alpha_1, \alpha_3, \alpha_5, \ldots \alpha_{p-2}$, déterminons une seconde amplitude ψ par la formule trigonométrique

$$(1) \qquad \operatorname{tang}(45^\circ - \tfrac{1}{2}\psi)$$

$$= \operatorname{tang}(45^\circ \mp \tfrac{1}{2}\varphi) . \frac{\operatorname{tang}\frac{1}{2}(\alpha_1 - \varphi)}{\operatorname{tang}\frac{1}{2}(\alpha_1 + \varphi)} . \frac{\operatorname{tang}\frac{1}{2}(\alpha_3 + \varphi)}{\operatorname{tang}\frac{1}{2}(\alpha_3 - \varphi)} . \frac{\operatorname{tang}\frac{1}{2}(\alpha_5 - \varphi)}{\operatorname{tang}\frac{1}{2}(\alpha_5 + \varphi)} \cdots\cdots \frac{\operatorname{tang}\frac{1}{2}(\alpha_{p-2} \pm \varphi)}{\operatorname{tang}\frac{1}{2}(\alpha_{p-2} \mp \varphi)},$$

où l'on prendra le signe supérieur si $p = 4i + 1$, et l'inférieur si $p = 4i - 1$.

La loi d'accroissement des variables φ et ψ sera développée ci-après; il suffit, pour le présent, de remarquer que la valeur de φ étant comprise, comme on peut toujours le supposer, entre α_{2n-1} et α_{2n+1}, celle de ψ sera comprise entre $(2n - 1)\frac{\pi}{2}$ et $(2n + 1)\frac{\pi}{2}$. Cela posé, voici en quoi consiste le théorème général que nous voulons démontrer :

« D'après la relation entre les amplitudes φ et ψ donnée par l'équa-
» tion (1), toute fonction donnée $F(k, \varphi)$ peut être transformée en une
» autre $F(h, \psi)$; de sorte qu'on aura

$$(2) \qquad F(k, \varphi) = \mu F(h, \psi),$$

» le module h et le régulateur μ étant des constantes qu'on pourra
» toujours déterminer en fonctions du module donné k et du nombre
» donné p. »

On aura, par exemple, pour cette détermination, les formules

$$\frac{1}{2\mu} = \frac{1}{\sin \alpha_1} - \frac{1}{\sin \alpha_3} + \frac{1}{\sin \alpha_5} \cdots \mp \frac{1}{\sin \alpha_{p-2}} \pm \tfrac{1}{2},$$

$$h = 2k\mu(\sin \alpha_1 - \sin \alpha_3 + \sin \alpha_5 \ldots \mp \sin \alpha_{p-2} \pm \tfrac{1}{2}).$$

Et, parce qu'on a en même temps $\varphi = \frac{1}{2}\pi$ et $\psi = p . \frac{1}{2}\pi$, l'équation (2) donnera dans ce cas $F^1 k = p\mu F^1 h$, ou $K = p\mu H$, en désignant, comme nous le ferons ci-après, par K et H les fonctions complètes $F^1 k$ et $F^1 h$.

2. Pour parvenir à la démonstration de cette formule générale de transformation qui s'applique à tout nombre impair donné p, il est nécessaire d'établir quelques dénominations nouvelles et quelques lemmes employés par M. Jacobi dans le nouveau genre d'analyse que nous avons à exposer.

Soient en général $F\varphi$ et $F\psi$ deux fonctions dont le module commun est k, et telles qu'on ait

$$F\varphi + F\psi = F\sigma \quad \text{et} \quad F\varphi - F\psi = F\theta,$$

on aura par les formules connues (n°s 18 et 19, tome I)

$$\sin\sigma = \frac{\sin\varphi\cos\psi\sqrt{(1-k^2\sin^2\psi)} + \sin\psi\cos\varphi\sqrt{(1-k^2\sin^2\varphi)}}{1-k^2\sin^2\varphi\sin^2\psi},$$

$$\sin\theta = \frac{\sin\varphi\cos\psi\sqrt{(1-k^2\sin^2\psi)} - \sin\psi\cos\varphi\sqrt{(1-k^2\sin^2\varphi)}}{1-k^2\sin^2\varphi\sin^2\psi};$$

d'où résulte

$$\sin\sigma + \sin\theta = \frac{2\sin\varphi\cos\psi\sqrt{(1-k^2\sin^2\psi)}}{1-k^2\sin^2\varphi\sin^2\psi},$$

$$\sin\sigma\sin\theta = \frac{\sin^2\varphi - \sin^2\psi}{1-k^2\sin^2\varphi\sin^2\psi}:$$

donc

$$(1-\sin\sigma)(1-\sin\theta) = \frac{1-k^2\sin^2\varphi\sin^2\psi + \sin^2\varphi - \sin^2\psi - 2\sin\varphi\cos\psi\sqrt{(1-k^2\sin^2\psi)}}{1-k^2\sin^2\varphi\sin^2\psi}.$$

Désignons par $F\psi$ et $F\psi'$ deux fonctions dont la somme soit égale à la fonction complète $F'k$, et soit k' le complément du module k, en sorte qu'on ait $k^2 + k'^2 = 1$, on aura (n° 18, tome I) les équations

$$\sin\psi = \frac{\cos\psi'}{\sqrt{(1-k^2\sin^2\psi')}}, \quad \cos\psi = \frac{k'\sin\psi'}{\sqrt{(1-k^2\sin^2\psi')}},$$

$$k'\operatorname{tang}\psi\operatorname{tang}\psi' = 1, \quad k'^2 = (1-k^2\sin^2\psi)(1-k^2\sin^2\psi').$$

Au moyen de ces formules, la valeur du produit précédent devient

$$(1-\sin\sigma)(1-\sin\theta) = \frac{(1-k^2)(\sin\psi' - \sin\varphi)^2}{1-k^2\sin^2\psi'};$$

et il en résulte l'équation suivante

$$(3) \qquad \frac{\left(1-\dfrac{\sin\varphi}{\sin\psi}\right)^2}{1-k^2\sin^2\varphi\sin^2\psi} = \frac{(1-\sin\sigma)(1-\sin\theta)}{\cos^2\psi}.$$

3. Appelons ξ la fonction $F(k, \varphi)$ ou l'intégrale $\int\frac{d\varphi}{\sqrt{(1-k^2\sin^2\varphi)}}$ prise à compter de $\varphi = 0$. Si l'on fait $\sin\varphi = x$, il sera utile de considérer la fonction ξ sous cette forme

$$\xi = \int \frac{dx}{\sqrt{(1-x^2)} \cdot \sqrt{(1-k^2x^2)}},$$

où l'intégrale est prise à compter de $x=0$. Et parce que x est le sinus de l'amplitude de la fonction ξ, nous le désignerons ainsi : $x = \sin.\,\mathrm{amp}.\,\xi$, ou plus simplement, $x = \sin A\xi$. Si l'on a une seconde fonction $F\varphi'$ ou ξ' qui soit le complément de $F\varphi$ ou ξ, en sorte qu'on ait $F\varphi + F\varphi' = F^1k = K$, la même variable x, qui est le sinus de l'amplitude de la fonction ξ, et que nous désignerons par l'expression $x = \sin A\xi$, sera en même temps le sinus du complément de l'amplitude de la fonction ξ ; ce que nous désignerons ainsi : $x = \sin \text{co-ampl.}\, \xi'$, ou plus simplement, $x = \sin CA.\xi'$.

Par exemple, soit $\xi = \frac{2}{5}K$, on aura à la fois $x = \sin A.\frac{2}{5}K = \sin CA.\frac{3}{5}K$; de même, si $\xi = \frac{m}{p}K$, on aura à la fois

$$x = \sin A\left(\frac{m}{p}K\right) = \sin CA\left(\frac{p-m}{p}K\right).$$

Ces dénominations abrégées, qui servent à exprimer les sinus des amplitudes par les fonctions, sont utiles pour donner une nouvelle extension à l'analyse ordinaire qui exprime les fonctions par les amplitudes.

4. Ayant fait $\sin\varphi = x$, si l'on fait de même $\sin\psi = y$, l'équation $F(k,\varphi) = \mu F(h,\psi)$ sera ainsi exprimée

$$\int \frac{dx}{\sqrt{(1-x^2)} \cdot \sqrt{(1-k^2x^2)}} = \mu \int \frac{dy}{\sqrt{(1-y^2)} \cdot \sqrt{(1-h^2y^2)}},$$

et nous aurons occasion de remarquer qu'il y a des avantages particuliers attachés à cette forme.

Maintenant, il s'agit de démontrer que l'équation (2) est généralement satisfaite par l'équation (1), en déterminant convenablement les constantes μ et h, au moyen du module donné k et du nombre impair donné p. Pour cela, nous ferons un léger changement à la question, en supposant qu'il s'agit de démontrer l'équation suivante, où les signes ambigus se déterminent en prenant le signe supérieur lorsque $p=4i+1$, et l'inférieur lorsque $p=4i-1$:

$$(4)\quad 1-y = (1 \mp x) \cdot \frac{\left(1 - \dfrac{x}{\sin A.\dfrac{K}{p}}\right)^2}{1-k^2x^2\sin^2 CA.\dfrac{K}{p}} \cdot \frac{\left(1 + \dfrac{x}{\sin A.\dfrac{3K}{p}}\right)^2}{1-k^2x^2\sin^2 CA.\dfrac{3K}{p}} \cdot \frac{\left(1 - \dfrac{x}{\sin A.\dfrac{5K}{p}}\right)^2}{1-k^2x^2\sin CA.\dfrac{5K}{p}} \cdots$$

ce produit devant avoir pour dernier facteur

$$\frac{\left(1 \pm \frac{x}{\sin A\left(\frac{p-2}{p}K\right)}\right)^2}{1 - k^2x^2 \sin^2 CA.\frac{p-2}{p}K}.$$

En effet, si dans cette équation on change à la fois le signe de x et celui de y, on aura une seconde équation, et la division de l'une par l'autre donnera

$$\frac{1-y}{1+y} = \left(\frac{\sin A.\frac{K}{p} - x}{\sin A.\frac{K}{p} + x}\right)^2 \cdot \left(\frac{\sin A.\frac{3K}{p} + x}{\sin A.\frac{3K}{p} - x}\right)^2 \ldots \left(\frac{\sin A.\frac{p-2}{p}K \pm x}{\sin A.\frac{p-2}{p}K \mp x}\right)^2 \cdot \frac{1 \mp x}{1 \pm x}.$$

Or, on a

$$\alpha_1 = A.\frac{K}{p}, \quad \alpha_3 = A.\frac{5K}{p} \; \ldots \; \alpha_{p-2} = A.\frac{p-2}{p}K,$$

$$\frac{1-y}{1+y} = \text{tang}^2(45^\circ - \tfrac{1}{2}\psi), \quad \frac{1 \pm x}{1 \mp x} = \text{tang}^2(45^\circ \pm \tfrac{1}{2}\varphi).$$

Cette dernière équation revient donc à l'équation (1), qui sera ainsi démontrée si l'on démontre l'équation (4).

5. Dans cette vue, faisons l'application du lemme contenu dans l'équation (3), où nous supposerons $\sin\varphi = x$, $\psi' = A.\frac{mK}{p}$, $\psi = CA.\left(\frac{mK}{p}\right) = A\left(\frac{p-m}{p}K\right)$; ce qui donne

$$F\sigma = F\varphi + F\psi = \xi + \frac{p-m}{p}K,$$

$$F\theta = F\varphi - F\psi = \xi - \frac{p-m}{p}K,$$

$$\sin\sigma = \sin A.\left(\xi + \frac{p-m}{p}K\right), \quad \sin\theta = \sin A.\left(\xi - \frac{p-m}{p}K\right).$$

On aura donc, en vertu de ce lemme, la formule suivante, qui s'applique à toute valeur du nombre entier m :

$$\frac{\left(1 - \frac{x}{\sin A.\frac{mK}{p}}\right)^2}{1 - k^2x^2\sin^2 CA.\frac{mK}{p}} = \frac{\left[1 - \sin A\left(\xi + \frac{p-m}{p}K\right)\right]\left[1 - \sin A\left(\xi - \frac{p-m}{p}K\right)\right]}{\cos^2 CA.\frac{mK}{p}}.$$

Au moyen de cette formule, dans laquelle on fera successivement $m=1$, $3, 5 \ldots p-2$, l'équation (4) se réduira à la forme

$$1-y=(1\mp\sin A\xi)\cdot\frac{P}{Q},$$

où P désignera le produit des $p-1$ facteurs suivans :

$$(5)\quad\left\{\begin{array}{ll}
1\pm\sin A\left(\xi+\frac{2}{p}K\right), & 1\pm\sin A\left(\xi-\frac{2}{p}K\right),\\
1\mp\sin A\left(\xi+\frac{4}{p}K\right), & 1\mp\sin A\left(\xi-\frac{4}{p}K\right),\\
1\pm\sin A\left(\xi+\frac{6}{p}K\right), & 1\pm\sin A\left(\xi-\frac{6}{p}K\right),\\
\vdots & \vdots\\
1-\sin A\left(\xi+\frac{p-1}{p}K\right), & 1-\sin A\left(\xi-\frac{p-1}{p}K\right),
\end{array}\right.$$

et où Q aura la valeur

$$Q=\cos^2 CA.\frac{K}{p}.\cos^2 CA.\frac{3K}{p}.\cos^2 CA.\frac{5K}{p}\ldots\cos^2 CA.\frac{p-2}{p}K,$$

qu'on peut écrire ainsi, d'après la valeur générale de α_n,

$$Q=\cos^2\alpha_2\cos^2\alpha_4\cos^2\alpha_6\ldots\cos^2\alpha_{p-1}.$$

Si l'on examine ultérieurement les $p-1$ facteurs qui composent la valeur de P, on trouvera qu'en leur appliquant les formules

$$\sin A.\zeta=-\sin A(\zeta-2K)=-\sin A(\zeta+2K)=\sin A(\zeta+4K),$$

qui ont le même fondement que les simples formules trigonométriques,

$$\sin\zeta=-\sin\left(\zeta-2.\frac{\pi}{2}\right)=-\sin\left(\zeta+2.\frac{\pi}{2}\right)=\sin\left(\zeta+4.\frac{\pi}{2}\right),$$

ces $p-1$ facteurs, joints au facteur isolé $1\mp\sin A\xi$, forment la suite continue

$$1\mp\sin A.\xi,\quad 1\mp\sin A\left(\xi+\frac{4K}{p}\right),\quad 1\mp\sin A\left(\xi+\frac{8K}{p}\right),$$
$$1\mp\sin A\left(\xi+\frac{12K}{p}\right),\ldots 1\mp\sin A\left(\xi+\frac{4p-4}{p}K\right).$$

Et leur produit sera le numérateur de la valeur de $1-y$; de sorte qu'on aura

$$(6)\quad 1-y=\frac{(1\mp\sin A\xi)\left[1\mp\sin A\left(\xi+\frac{4K}{p}\right)\right]\left[1\mp\sin A\left(\xi+\frac{8K}{p}\right)\right]\ldots\ldots\left[1\mp\sin A\left(\xi+\frac{4p-4}{p}K\right)\right]}{\cos^2\alpha_2\cos^2\alpha_4\cos^2\alpha_6\ldots\cos^2\alpha_{p-1}}.$$

6. Il faut maintenant remarquer que cette formule reste la même lorsque

ξ augmente de $\frac{4K}{p}$; car alors chaque facteur prend la place du facteur suivant, et le dernier, qui devient $1 \mp \sin A(\xi + 4K)$, se réduit au premier $1 \mp \sin A.\xi$. On peut donc mettre, en général, $\xi + \frac{4mK}{p}$ à la place de ξ, m étant un entier quelconque, sans rien changer à la valeur de $1 - y$.

Nous remarquerons encore qu'en faisant $\xi = 0$, le second membre de l'équation (6) se réduit à 1; de sorte qu'on a en même temps $y = 0$. C'est ce qu'on verra aisément en faisant $\xi = 0$ dans le développement (n° 5) des facteurs de P; car, dans ce cas, le produit de tous ces facteurs donne

$$P = \cos^2 A.\frac{2}{p}K.\cos^2 A.\frac{4}{p}K.\cos^2 A.\frac{6}{p}K\ldots \cos^2 A.\frac{p-1}{p}K;$$

ce qui est la valeur de Q.

Il résulte donc aussi de l'équation (6), qu'en faisant $\xi = \frac{4m}{p}K$, m étant un entier pris dans la suite $1, 2, 3\ldots p-1$, le second membre se réduit encore à l'unité. En effet, puisque, sans changer le numérateur de cette formule, on peut mettre $\xi + \frac{4mK}{p}$ à la place de ξ, il s'ensuit que la supposition $\xi = \frac{4mK}{p}$ donnera le même résultat que la supposition $\xi = 0$, et qu'ainsi on aura $y = 0$.

On voit donc que y doit s'évanouir pour les p valeurs

$$x = 0,\ \sin A.\frac{4K}{p},\ \sin A.\frac{8K}{p},\ \sin A.\frac{12K}{p}\ldots \sin A.\frac{4p-4}{p}K,$$

ou, ce qui revient au même, pour les p valeurs

$$x = 0,\quad \sin A.\frac{2K}{p},\quad \sin A.\frac{4K}{p},\quad \sin A.\frac{6K}{p}\ldots \quad \sin A.\frac{p-1}{p}K,$$

$$-\sin A.\frac{2K}{p},\ -\sin A.\frac{4K}{p},\ -\sin A.\frac{6K}{p}\ldots -\sin A.\frac{p-1}{p}K;$$

ce qui se déduit immédiatement des facteurs de P donnés n° 5.

7. Maintenant, si nous mettons l'équation (4) sous la forme..... $1 - y = \frac{Z}{V}$, d'où résulte $y = \frac{V-Z}{V}$, la fonction $V - Z$, qui est une fonction de x, rationnelle, entière et du degré p, devra s'évanouir, ainsi que y, pour toutes les valeurs $x = \mp \sin A.\frac{2mK}{p}$, ou $x = \mp \sin \alpha_{2m}$,

$2m$ ayant successivement toutes les valeurs 0, 2, 4, 6.... $p-1$; donc cette fonction V — Z aura pour facteurs

$$x,\ 1-\frac{x^2}{\sin^2\alpha_2},\ 1-\frac{x^2}{\sin^2\alpha_4},\ 1-\frac{x^2}{\sin^2\alpha_6}\ldots\ 1-\frac{x^2}{\sin^2\alpha_{p-1}}.$$

Mais puisque ces facteurs forment par leur produit un polynome du degré p, le même que celui de la fonction V — Z, il suffira, pour reproduire la fonction V — Z, de joindre à ces facteurs variables un facteur constant ; ce facteur constant ne peut être que $\frac{1}{\mu}$, puisqu'en supposant φ infiniment petit dans l'équation $F(k,\varphi)=\mu F(h,\psi)$, on en tire $\psi=\frac{1}{\mu}\varphi$, ou $y=\frac{1}{\mu}x$. Donc si l'on prend les fonctions U et V d'après les valeurs

$$(7)\ \begin{cases} U=\left(1-\frac{x^2}{\sin^2\alpha_2}\right)\left(1-\frac{x^2}{\sin^2\alpha_4}\right)\left(1-\frac{x^2}{\sin^2\alpha_6}\right)\ldots\ldots\left(1-\frac{x^2}{\sin^2\alpha_{p-1}}\right) \\ V=(1-k^2x^2\sin^2\alpha_2)(1-k^2x^2\sin^2\alpha_4)(1-k^2x^2\sin^2\alpha_6)\ldots(1-k^2x^2\sin^2\alpha_{p-1}), \end{cases}$$

on aura

$$y=\frac{x}{\mu}\cdot\frac{U}{V}.$$

Pour déterminer la valeur de μ, il faut observer, d'après l'équation (4), que $1-y$ a pour facteur $1-x$ lorsque $p=4i+1$, et $1+x$ lorsque $p=4i-1$. Ainsi la valeur $y=1$ a lieu dans le premier cas lorsque $x=1$, et dans le second lorsque $x=-1$.

D'ailleurs, suivant les formules des fonctions complémentaires (art. 2), on a

$$\frac{1-\frac{1}{\sin^2 A.\xi}}{1-k^2\sin^2 A\xi}=-\frac{\sin^2 CA\xi}{\sin^2 A\xi}.$$

Donc on aura dans les deux cas

$$(8)\qquad \mu=\frac{\sin^2\alpha_1\sin^2\alpha_3\sin^2\alpha_5\ldots\ldots\sin^2\alpha_{p-2}}{\sin^2\alpha_{p-1}\sin^2\alpha_{p-3}\sin^2\alpha_{p-5}\ldots\sin^2\alpha_2}.$$

8. Ayant trouvé la valeur de y en fonction de x, il resterait à substituer cette valeur dans l'équation différentielle

$$\frac{dx}{\sqrt{(1-x^2)}.\sqrt{(1-k^2x^2)}}=\mu.\frac{dy}{\sqrt{(1-y^2)}.\sqrt{(1-h^2y^2)}},$$

et à prouver que les deux membres deviennent identiques, en déterminant convenablement le module h, qui reste encore inconnu. Mais le calcul qu'exige cette substitution ne serait praticable que pour des valeurs assez petites du nombre p, telles que $p=3, 5, 7$, et il cesserait absolument de l'être en laissant la formule dans l'état de généralité qui s'applique à toute valeur du nombre impair p.

La difficulté qui se présente ici est d'une telle nature, qu'il ne resterait guère d'espoir de parvenir à la démonstration générale, si M. Jacobi n'eût trouvé un moyen aussi simple qu'ingénieux d'éviter la substitution à faire dans l'équation différentielle, et d'y suppléer par une propriété particulière de cette équation, qui doit être commune aux intégrales qui la représentent.

9. Cette propriété consiste dans la remarque faite par l'auteur, que si l'on substitue à la fois $\frac{1}{kx}$ à la place de x, et $\frac{1}{hy}$ à la place de y, l'équation différentielle, quoique affectée dans chaque membre du facteur $\sqrt{-1}$, n'en sera pas moins satisfaite par la suppression de ce facteur. Tout se réduit donc à faire cette double substitution dans l'intégrale....... $y=\frac{x}{\mu}\cdot\frac{U}{V}$, et à examiner si elle est satisfaite.

Or, en substituant $\frac{1}{kx}$ à la place de x dans le facteur général,

$$\Pi m=\frac{1-\frac{x^2}{\sin^2\alpha_m}}{1-k^2x^2\sin^2\alpha_m},$$

qui sert à composer la valeur de $\frac{U}{V}$, ce facteur devient

$$\frac{1}{k^2\sin^4\alpha_m}\cdot\frac{1}{\Pi m}.$$

Donc la double substitution dont il s'agit donnera pour résultat

$$\frac{1}{hy}=\frac{1}{k\mu x}\cdot\frac{V}{U}\cdot\frac{1}{k^{p-1}\sin^4\alpha_2\sin^4\alpha_4\ldots\sin^4\alpha_{p-1}}.$$

On voit maintenant que pour que cette équation s'accorde avec l'équation proposée $y=\frac{x}{\mu}\cdot\frac{U}{V}$, il suffit de déterminer le module h par la formule

$$h=\mu^2k^p\sin^4\alpha_2\sin^4\alpha_4\sin^4\alpha_6\ldots\sin^4\alpha_{p-1},$$

ou, en substituant la valeur de μ tirée de l'équation (8),

$$(9)\qquad h=k^p\sin^4\alpha_1\sin^4\alpha_3\sin^4\alpha_5\ldots\ldots\sin^4\alpha_{p-2}.$$

Par ce procédé très simple, il est constaté que l'équation $y=\frac{x}{\mu}\cdot\frac{U}{V}$ satisfait, pour toute valeur du nombre impair p, à l'équation différentielle dont l'intégrale est $F(k, \varphi) = \mu F(h, \psi)$, en donnant aux constantes μ et h les valeurs que nous avons déterminées, et qu'ainsi le théorème de M. Jacobi est démontré dans toute sa généralité.

10. La valeur de $1 - y$ a été mise ci-dessus (n° 6) sous une forme dont le dénominateur est constant : on peut mettre sous une semblable forme la valeur de y ; car, en vertu de l'équation donnée art. 2, savoir

$$\sin\sigma \sin\theta = \frac{\sin^2\varphi - \sin^2\psi}{1 - k^2 \sin^2\varphi \sin^2\psi},$$

la quantité que nous avons nommée Πm (art. 9) peut se mettre sous la forme

$$\Pi m = \frac{\sin A\left(\xi + \frac{mK}{p}\right) \sin A\left(\xi + \frac{2p-m}{p} K\right)}{\sin^2 A \frac{mK}{p}}.$$

Donnant à m toutes les valeurs 2, 4, 6.... $p-1$, et faisant le produit de tous les facteurs, on aura

$$y = \frac{\sin A\xi}{\mu} \cdot \frac{\sin A\left(\xi + \frac{2K}{p}\right) \sin A\left(\xi + \frac{4K}{p}\right) \ldots \sin A\left(\xi + \frac{2p-2}{p} K\right)}{\sin^2 A.\frac{2K}{p} \sin^2 A.\frac{4K}{p} \ldots \sin^2 A.\frac{p-1}{p} K},$$

ou, en substituant la valeur de μ donnée par l'équation (8),

$$y = \frac{\sin A\xi \sin A\left(\xi + \frac{2K}{p}\right) \sin A\left(\xi + \frac{4K}{p}\right) \ldots \sin A\left(\xi + \frac{2p-2}{p} K\right)}{\sin^2 \alpha_1 \sin^2 \alpha_3 \sin^2 \alpha_5 \ldots \sin^2 \alpha_{p-2}}.$$

11. Telle est en substance la démonstration donnée par M. Jacobi, dans le n° 127 du Journal de M. Schumacher, de la formule générale au moyen de laquelle on peut transformer toute fonction elliptique donnée de première espèce $F(k, \varphi)$, d'abord en une autre $F(h, \psi)$, dont le module est moindre que k, puis celle-ci en une troisième, et ainsi à l'infini, suivant une échelle de modules correspondante au nombre impair donné p.

Ce théorème, réuni à un autre dont nous avons déjà parlé, ajoute un grand degré de perfection à la nouvelle branche d'analyse connue maintenant sous le nom de *théorie des fonctions elliptiques;* mais son importance même semble faire désirer que la démonstration, quoique établie sur un principe incontestable et très ingénieux, soit soumise à un autre genre de vérification qui la mette, s'il est possible, dans un plus grand jour.

Voici, pour cet objet, un moyen fondé sur la substitution immédiate de la valeur $y = \frac{x}{\mu} \cdot \frac{U}{V}$ dans l'équation différentielle, mais dont le succès tient encore au principe de la double substitution, principe sans lequel on ne pourrait avoir la valeur de $1 - hy$, exprimée par le produit de plusieurs facteurs, en la déduisant des valeurs semblablement exprimées de $1 - y$ et de y.

12. Nous mettrons d'abord l'équation différentielle sous la forme

$$(1 - y^2)(1 - h^2y^2) = \mu^2 \frac{dy^2}{dx^2}(1 - x^2)(1 - k^2x^2);$$

ensuite faisant

$$V^4(1 - y^2)(1 - h^2y^2) = (1 - x^2)(1 - k^2x^2)T^2,$$

et déterminant T par cette équation, il restera à satisfaire à l'équation $T = \mu V^2 \frac{dy}{dx}$, ou

$$\frac{T}{UV} = 1 + x\left(\frac{dU}{Udx} - \frac{dV}{Vdx}\right).$$

Les polynomes U et V étant, ainsi que T, des fonctions paires de x, il conviendra de faire $x^2 = \zeta$, et l'on aura l'équation

$$\left(\frac{T}{UV} - 1\right)\frac{1}{2\zeta} = \frac{dU}{Ud\zeta} - \frac{dV}{Vd\zeta},$$

où il faudra démontrer que les deux membres peuvent être rendus identiques.

13. On a d'abord, par les équations (4) et (5),

$$(10)\quad V^2(1 - y^2) = (1 - x^2)\left(1 - \frac{x^2}{\sin^2 \alpha_1}\right)^2\left(1 - \frac{x^2}{\sin^2 \alpha_3}\right)^2 \cdots \left(1 - \frac{x^2}{\sin^2 \alpha_{p-2}}\right)^2;$$

ensuite, si dans l'équation (4), qu'on peut écrire ainsi

$$1 - y = (1 \mp x) \cdot \frac{\left(1 - \frac{x}{\sin \alpha_1}\right)^2}{1 - k^2x^2 \sin^2 \alpha_{p-1}} \cdot \frac{\left(1 + \frac{x}{\sin \alpha_3}\right)^2}{1 - k^2x^2 \sin^2 \alpha_{p-3}} \cdot \frac{\left(1 - \frac{x}{\sin \alpha_5}\right)^2}{1 - k^2x^2 \sin^2 \alpha_{p-5}} \cdots \frac{\left(1 \pm \frac{x}{\sin^2 \alpha_{p-2}}\right)^2}{1 - k^2x^2 \sin^2 \alpha_2},$$

on substitue à la fois $\frac{1}{kx}$ à la place de x, et $\frac{1}{hy}$ à la place de y, on aura un résultat qui, étant combiné avec la valeur $y = \frac{x}{\mu} \cdot \frac{U}{V}$, s'exprime comme il suit :

$$(11)\quad (1 - hy)V = (1 \mp kx)(1 - kx \sin \alpha_1)^2(1 + kx \sin \alpha_3)^2 \ldots (1 \pm kx \sin \alpha_{p-2})^2.$$

Changeant à la fois le signe de y et celui de x, puis multipliant ensemble les deux formules, on aura

$$(12)\left\{\begin{array}{l} V^2(1-h^2y^2) \\ =(1-k^2x^2)(1-k^2x^2\sin^2\alpha_1)^2(1-k^2x^2\sin^2\alpha_3)^2\ldots(1-k^2x^2\sin^2\alpha_{p-2})^2. \end{array}\right.$$

De cette équation et de l'équation (10) on déduit la valeur de T^2, et de là celle de T exprimée par une double suite de facteurs, savoir

$$T=\left\{\frac{(1-k^2x^2\sin^2\alpha_1)(1-k^2x^2\sin^2\alpha_3)\ldots\ldots(1-k^2x^2\sin^2\alpha_{p-2})}{\left(1-\frac{x^2}{\sin^2\alpha_1}\right)\left(1-\frac{x^2}{\sin^2\alpha_3}\right)\ldots\ldots\ldots\left(1-\frac{x^2}{\sin^2\alpha_{p-2}}\right)}\right\}.$$

14. Maintenant il faut développer les deux membres de l'équation

$$(13)\qquad \frac{T-UV}{2\zeta UV}=\frac{dU}{Ud\zeta}-\frac{dV}{Vd\zeta},$$

en fractions partielles qui aient pour dénominateurs les différens facteurs des polynomes U et V. Dans ce développement, il n'y a pas lieu de tenir compte du facteur ζ, parce que $T-1$ étant divisible par x^2 ou ζ, ainsi que $UV-1$, leur différence $T-UV$ sera également divisible par ζ.

Considérons un facteur quelconque de U, désigné par $1-\frac{\zeta}{\sin^2\alpha_m}$, m étant l'un des nombres $2, 4, 6\ldots\ p-1$, et soit $U=\left(1-\frac{\zeta}{\sin^2\alpha_m}\right)U'$; le second membre de notre équation contiendra dans son développement le terme général

$$-\frac{1}{\sin^2\alpha_m-\zeta}.$$

Le terme semblable contenu dans le premier membre se trouvera en faisant $\zeta=\sin^2\alpha_m$ dans la fonction $\frac{(T-UV)\sin^2\alpha_m}{2\zeta U'V}$, ou simplement dans $\frac{T}{2U'V}$. Soit H ce que devient par cette substitution $\frac{T}{2U'V}$, et le premier membre contiendra le terme $\frac{H}{\sin^2\alpha_m-\zeta}$. L'identité des deux membres exigera donc que pour toute valeur de m, on ait $H=-1$. Soit pour abréger

$$Q=\frac{\left(\frac{\sin^2\alpha_m}{\sin^2\alpha_1}-1\right)\left(\frac{\sin^2\alpha_m}{\sin^2\alpha_3}-1\right)\ldots\ldots\left(\frac{\sin^2\alpha_m}{\sin^2\alpha_{p-2}}-1\right)}{(1-k^2\sin^2\alpha_m\sin^2\alpha_{p-1})(1-k^2\sin^2\alpha_m\sin^2\alpha_{p-3})\ldots(1-k^2\sin^2\alpha_m\sin^2\alpha_2)},$$

$$Q'=\frac{\left(\frac{\sin^2\alpha_m}{\sin^2\alpha_2}-1\right)\left(\frac{\sin^2\alpha_m}{\sin^2\alpha_4}-1\right)\ldots\ldots\left(\frac{\sin^2\alpha_m}{\sin^2\alpha_{m-2}}-1\right)}{(1-k^2\sin^2\alpha_m\sin^2\alpha_{p-2})(1-k^2\sin^2\alpha_m\sin^2\alpha_{p-4})\ldots(1-k^2\sin^2\alpha_m\sin^2\alpha_{p-m+2})},$$

$$Q''=\frac{\left(1-\frac{\sin^2\alpha_m}{\sin^2\alpha_{m+2}}\right)\left(1-\frac{\sin^2\alpha_m}{\sin^2\alpha_{m+4}}\right)\ldots\ldots\left(1-\frac{\sin^2\alpha_m}{\sin^2\alpha_{p-1}}\right)}{(1-k^2\sin^2\alpha_m\sin^2\alpha_{p-m-2})(1-k^2\sin^2\alpha_m\sin^2\alpha_{p-m-4})\ldots(1-k^2\sin^2\alpha_m\sin^2\alpha_1)},$$

et l'équation $H = -1$ qu'il faut vérifier sera

$$Q(1 - k^2 \sin^2 \alpha_m \sin^2 \alpha_{p-m}) = 2 Q'Q''.$$

15. Pour réduire cette équation, il faut d'abord poser le lemme suivant, qu'il est facile de déduire de l'équation (3),

$$(14) \qquad \frac{1 - \frac{\sin^2 \alpha_m}{\sin^2 \alpha_{p-2l}}}{1 - k^2 \sin^2 \alpha_m \sin^2 \alpha_{2l}} = \pm \frac{\cos \alpha_{m+2l} \cos \alpha_{m-2l}}{\cos^2 \alpha_{2l}};$$

le signe ambigu du second membre ne sert qu'à rendre les deux membres de même signe.

Au moyen de ce lemme, la quantité désignée par Q s'exprimera par des produits de cosinus dont on pourra négliger les signes, sachant que le résultat doit être positif; ce produit est

$$\frac{\left\{\begin{matrix} \cos \alpha_{m+p-1} \cos \alpha_{m+p-3} \cos \alpha_{m+p-5} \ldots\ldots \cos \alpha_{m+2} \\ \cos \alpha_{m-p+1} \cos \alpha_{m-p+3} \cos \alpha_{m-p+5} \ldots\ldots \cos \alpha_{m-2} \end{matrix}\right.}{\cos^2 \alpha_{p-1} \cos^2 \alpha_{p-3} \cos^2 \alpha_{p-5} \ldots\ldots \cos^2 \alpha_2}.$$

Si, pour plus de simplicité, on écrit seulement les indices de α, on aura à considérer l'expression symbolique

$$\frac{\begin{matrix} m+p-1,\ m+p-3,\ m+p-5 \ldots\ldots m+2 \\ m-p+1,\ m-p+3,\ m-p+5 \ldots\ldots m-2 \end{matrix}}{(p-1,\ p-3,\ p-5 \ldots\ldots 2)^2}.$$

Dans ces expressions où l'indice n est mis à la place de $\cos \alpha_n$, les termes représentant des facteurs qui doivent être multipliés entre eux, tant au numérateur qu'au dénominateur, il faut observer que $-n$ peut être remplacé par $+n$, et que $p+n$ peut l'être par $p-n$, par la raison que... $\cos(\alpha_{-n}) = \cos(-\alpha_n) = \cos \alpha_n$, et que les amplitudes α_{p-n}, α_{p+n} étant telles qu'on a $F(\alpha_{p-n}) + F(\alpha_{p+n}) = (p-n)\frac{K}{p} + (p+n)\frac{K}{p} = 2K$, il en résulte $\alpha_{p-n} + \alpha_{p+n} = 180° = \pi$, et par conséquent $\cos \alpha_{p+n} = -\cos \alpha_{p-n}$; or, on est convenu de n'avoir pas égard aux signes des cosinus, puisqu'on sait que le résultat total doit être positif. Ainsi, l'indice $p+n$ désignera le même facteur que $p-n$. Cela posé, l'expression précédente peut être écrite ainsi :

$$\frac{\begin{matrix} m+2,\ m+4, \ldots\ldots m+p-1, \\ m-2,\ m-4, \ldots\ldots 0,\ -2,\ -4 \ldots\ldots m-p+1 \end{matrix}}{(2.4.6 \ldots\ldots p-1)^2}.$$

Le terme 0 dans le numérateur peut être omis, parce qu'il indique le facteur $\cos \alpha_0$ ou $\cos 0$ ou 1; les facteurs négatifs peuvent être changés de signe; alors l'expression devient, en ajoutant m de part et d'autre,

$$\frac{\frac{2,\ 4,\ 6 \ldots p-m-1,\ p-m+1 \ldots p+m-1}{2,\ 4,\ 6 \ldots p-m-1.}}{m(2,\ 4,\ 6 \ldots p-m-1,\ p-m+1 \ldots p-1)^2}.$$

Par la suppression des facteurs communs aux deux termes, la fraction devient

$$\frac{1}{m}\cdot\frac{p+1 . p+3 . p+5 \ldots p+m-1}{p-m+1 . p-m+3 \ldots p-1} \text{ ou } \frac{1}{m}\cdot\frac{p+1 . p+3 \ldots p+m-1}{p-1 . p-3 \ldots p-m+1},$$

et comme, suivant la remarque que nous avons faite, $p+n$ équivaut à $p-n$, l'expression entière se réduit à $\frac{1}{m}$. Donc en général $Q=\frac{1}{\cos\alpha_m}$.

On aura semblablement, en vertu du lemme (14), l'expression

$$Q'=\frac{\frac{m+p-2,\ m+p-4 \ldots p+2}{m-p+2,\ m-p+4 \ldots 2m-p-2}}{(p-2,\ p-4 \ldots p-m+2)^2};$$

et parce que la ligne supérieure $p+2, p+4 \ldots p+m-2$, équivaut à l'inférieure $p-2, p-4 \ldots p-m+2$, on aura simplement

$$Q'=\frac{m-p+2,\ m-p+4, \ldots 2m-p-2}{p-2,\ p-4 \ldots p-m+2}.$$

Le nombre des termes est dans chaque ligne $\frac{1}{2}m-1$; mais l'expression ne se réduit pas; on peut seulement, en changeant les signes des termes du numérateur, la mettre sous cette forme,

$$Q'=\frac{p-2-m . p-4-m . p-6-m \ldots p+2-2m}{p-2 . p-4 . p-6 \ldots p+2-m}.$$

On aura enfin par les mêmes opérations

$$Q''=\frac{p-m . p-m+2 \ldots p-2}{p-2m . p-2m+2 \ldots p-m-2};$$

de là $Q'Q''=\frac{p-m}{p+2m}=\frac{\cos\alpha_{p-m}}{\cos\alpha_{p+2m}}$, ou plutôt, parce que $Q'Q''$ doit être positif, $Q'Q''=\frac{\cos\alpha_{p-m}}{\cos\alpha_{p-2m}}$.

16. Au moyen de toutes ces réductions l'équation à vérifier devient

$$2\cos\alpha_m \cos\alpha_{p-m}=(1-k^2\sin^2\alpha_m\sin^2\alpha_{p-m})\cos\alpha_{p-2m}.$$

Mais suivant les formules de l'art. 19, tom. Ier, si l'on fait $\varphi=\alpha_{p-m}$, $\psi=\alpha_m$, $F\varphi-F\psi=F\mu$, ce qui donne $F\varphi=\frac{p-m}{p}K$, $F\psi=\frac{m}{p}K$,

$F\mu = \frac{p-2m}{p} K, \mu = \alpha_{p-2m}$, on aura $\cos\mu$ ou

$$\cos\alpha_{p-2m} = \frac{\cos\alpha_m \cos\alpha_{p-m} + \sin\alpha_m \sin\alpha_{p-m} \Delta\alpha_m \Delta\alpha_{p-m}}{1 - k^2 \sin^2\alpha_m \sin^2\alpha_{p-m}};$$

d'ailleurs, $F\alpha_m$ et $F\alpha_{p-m}$ étant deux fonctions complémentaires, on a $\Delta\alpha_m \Delta\alpha_{p-m} = \sqrt{(1-k^2)} = k'$, et $k' \operatorname{tang}\alpha_m \operatorname{tang}\alpha_{p-m} = 1$; donc enfin

$$\cos\alpha_{p-2m} = \frac{2\cos\alpha_m \cos\alpha_{p-m}}{1 - k^2 \sin^2\alpha_m \sin^2\alpha_{p-m}}.$$

Ainsi l'équation que nous voulions vérifier a lieu pour toute valeur de m prise dans la suite $2, 4, 6 \ldots p-1$; c'est-à-dire pour tous les facteurs de U.

17. Il ne reste plus qu'à vérifier l'équation par rapport à tout facteur du polynome V.

Ce facteur peut être représenté par $1 - k^2\zeta \sin^2\alpha_m$, m étant encore un terme quelconque de la suite $2, 4, 6 \ldots p-1$. Soit $V = (1 - k^2\zeta \sin^2\alpha_m)V'$, le second membre de l'équation (13) contiendra, dans sa partie $-\frac{dV}{Vd\zeta}$, le terme $\frac{k^2 \sin^2\alpha_m}{1 - k^2\zeta \sin^2\alpha_m}$. Pour avoir le terme semblable dans le premier membre, il faudra substituer la valeur $\zeta = \frac{1}{k^2 \sin^2\alpha_m}$ dans la fonction $\frac{T - UV}{2\zeta UV'}$, ou seulement dans sa partie $\frac{T}{2\zeta UV'}$. Soit H' ce que devient $\frac{T}{2UV'}$ par cette substitution, et $\frac{H'k^2 \sin^2\alpha_m}{1 - k^2\zeta \sin^2\alpha_m}$ sera le terme qui résulte du premier membre; donc, pour qu'il y ait identité avec le second membre, il faudra qu'on ait $H' = 1$ pour toute valeur de m prise dans la suite $2, 4, 6 \ldots p-1$.

Or, en calculant la valeur de H' comme il vient d'être dit, l'équation $H' = 1$ conduit encore à l'équation que nous avons vérifiée sous la forme

$$Q(1 - k^2 \sin^2\alpha_m \sin^2\alpha_{p-m}) = 2Q'Q''.$$

Il est donc constaté, d'une manière générale, que l'équation (13) devient identique, en substituant dans les deux membres les valeurs trouvées pour les fonctions T, U, V, et qu'ainsi il ne reste rien à désirer pour la confirmation pleine et entière du beau théorème de M. Jacobi.

18. L'usage de ce théorème suppose la détermination préalable des quantités α_m, qui satisfont à l'équation $F(k, \alpha_m) = \frac{m}{p} F^1 k = \frac{mK}{p}$.

Ces auxiliaires étant connues, on connaîtra les constantes h et μ qui entrent dans la formule de transformation $F(k, \varphi) = \mu F(h, \psi)$, et l'amplitude ψ pourra être calculée par la formule trigonométrique (1) ou par des formules équivalentes.

Ayant passé ainsi du module donné k au module plus petit h, on passera, par des formules semblables, du module h à un module plus petit h_1, et ainsi à l'infini ; ce qui formera l'échelle des modules dans l'ordre décroissant k, h, h_1, h_2,... jusqu'à la limite zéro. Cette suite peut être continuée à l'infini dans l'ordre inverse, au moyen de l'équation algébrique qui existe entre les deux modules k et h, et qui permet de déterminer le module k par le moyen du module plus petit h ; on déterminera donc semblablement le module k_1 par le module plus petit k, de même, k_2 par k_1, et ainsi de suite ; ce qui produira pour tout nombre impair donné p, une échelle de modules infinie dans les deux sens, ainsi représentée

$$\text{Lim. } 1) \ldots k_3,\ k_2,\ k_1,\ k,\ h,\ h_1,\ h_2,\ h_3; \ldots (\text{Lim. } 0$$

et la fonction donnée $F(k, \varphi)$ pourra, en vertu du théorème général, être transformée en une infinité d'autres qui auront pour modules les différens termes de cette échelle. Tout se réduit à la résolution d'un certain nombre d'équations algébriques ; mais nous reviendrons sur cet objet après avoir démontré le second théorème général de M. Jacobi, qui sert de complément au premier, et qui offre un second moyen de transformation, appliqué à la même échelle pour le nombre p.

§ II. *Démonstration du théorème II de M. Jacobi.*

19. D'après la démonstration que nous avons donnée du théorème Ier, il est constant qu'on satisfait à l'équation $F(k, \varphi) = \mu F(h, \psi)$, aussi bien qu'à sa différentielle

$$\frac{dx}{\sqrt{(1-x^2)}.\sqrt{(1-k^2x^2)}} = \mu . \frac{dy}{\sqrt{(1-y^2)}.\sqrt{(1-h^2y^2)}},$$

qui suppose $\sin\varphi = x$ et $\sin\psi = y$, au moyen des formules qui donnent l'expression de y en fonction de x, et qui déterminent les constantes h et μ en fonctions du module donné k et du nombre impair donné p.

Et puisque, par la substitution de y en fonction de x, les deux membres de l'équation différentielle deviennent identiques, ce résultat, considéré analytiquement, doit avoir lieu pour toutes valeurs de x et de y, plus petites ou plus grandes que l'unité, réelles ou imaginaires, pourvu qu'elles satisfassent à l'équation de l'art. 7, et que les constantes k, h, μ restent les mêmes.

Cela posé, soit $x = i \operatorname{tang} \sigma$ et $y = i \operatorname{tang} \tau$, i désignant pour abréger $\sqrt{-1}$, l'équation différentielle deviendra

$$\frac{d\sigma}{\sqrt{(1 - k'^2 \sin^2 \sigma)}} = \mu \cdot \frac{d\tau}{\sqrt{(1 - h'^2 \sin^2 \tau)}},$$

et son intégrale sera

$$(15) \qquad \mathrm{F}(k', \sigma) = \mu \mathrm{F}(h', \tau).$$

On obtient ainsi une nouvelle formule de transformation qui s'applique aux modules k' et h', complémens des modules k et h de la première formule ; mais il faut voir comment les nouvelles amplitudes σ et τ se déduiront l'une de l'autre.

Pour cela, nous reprendrons les formules du théorème Ier, qui servent à exprimer $\sin \psi$ et $\cos \psi$ en fonctions de $\sin \varphi$ et $\cos \varphi$. Ces formules sont

$$\sin \psi = \frac{\sin \varphi}{\mu} \cdot \frac{1 - \dfrac{\sin^2 \varphi}{\sin^2 \alpha_2}}{1 - k^2 \sin^2 \varphi \sin^2 \alpha_2} \cdot \frac{1 - \dfrac{\sin^2 \varphi}{\sin^2 \alpha_4}}{1 - k^2 \sin^2 \varphi \sin^2 \alpha_4} \cdots \frac{1 - \dfrac{\sin^2 \varphi}{\sin^2 \alpha_{p-1}}}{1 - k^2 \sin^2 \varphi \sin^2 \alpha_{p-1}},$$

$$\cos \psi = \cos \varphi \cdot \frac{1 - \dfrac{\sin^2 \varphi}{\sin^2 \alpha_1}}{1 - k^2 \sin^2 \varphi \sin^2 \alpha_{p-1}} \cdot \frac{1 - \dfrac{\sin^2 \varphi}{\sin^2 \alpha_3}}{1 - k^2 \sin^2 \varphi \sin^2 \alpha_{p-3}} \cdots \frac{1 - \dfrac{\sin^2 \varphi}{\sin^2 \alpha_{p-2}}}{1 - k^2 \sin^2 \varphi \sin^2 \alpha_2}.$$

Il faut y substituer les valeurs $\sin \varphi = i \operatorname{tang} \sigma$, $\cos \varphi = \dfrac{1}{\cos \sigma}$, $\sin \psi = i \operatorname{tang} \tau$, $\cos \psi = \dfrac{1}{\cos \tau}$, et l'on en déduira

$$(16) \left\{ \begin{aligned} \sin \tau &= \frac{\sin \sigma}{\mu} \cdot \frac{1 + \cot^2 \alpha_2 \sin^2 \sigma}{1 + \cot^2 \alpha_{p-2} \sin^2 \sigma} \cdot \frac{1 + \cot^2 \alpha_4 \sin^2 \sigma}{1 + \cot^2 \alpha_{p-4} \sin^2 \sigma} \cdots \frac{1 + \cot^2 \alpha_{p-1} \sin^2 \sigma}{1 + \cot^2 \alpha_1 \sin^2 \sigma}, \\ \cos \tau &= \cos \sigma \cdot \frac{1 - \dfrac{\cos^2 \alpha_2}{\sin^2 \alpha_{p-2}} \sin^2 \sigma}{1 + \cot^2 \alpha_{p-2} \sin^2 \sigma} \cdot \frac{1 - \dfrac{\cos^2 \alpha_4}{\sin^2 \alpha_{p-4}} \sin^2 \sigma}{1 + \cot^2 \alpha_{p-4} \sin^2 \sigma} \cdots \frac{1 - \dfrac{\cos^2 \alpha_{p-1}}{\sin^4 \alpha_1} \sin^2 \sigma}{1 + \cot^2 \alpha_1 \sin^2 \sigma}, \\ \sqrt{(1 - h'^2 \sin^2 \tau)} &= \sqrt{(1 - k'^2 \sin^2 \sigma)} \cdot \frac{1 - \dfrac{\cos^2 \alpha_1 \sin^2 \sigma}{\sin^2 \alpha_{p-1}}}{1 + \cot^2 \alpha_1 \sin^2 \sigma} \cdot \frac{1 - \dfrac{\cos^2 \alpha_3}{\sin^2 \alpha_{p-3}} \sin^2 \sigma}{1 + \cot^2 \alpha_3 \sin^2 \sigma} \cdots \frac{1 - \dfrac{\cos^2 \alpha_{p-2}}{\sin^2 \alpha_2} \sin^2 \sigma}{1 + \cot^2 \alpha_{p-2} \sin^2 \sigma}. \end{aligned} \right.$$

Ces équations contiennent la loi suivant laquelle l'amplitude τ se déduira de l'amplitude donnée σ pour satisfaire à l'équation (15) ; il en résulte que τ et σ croissent simultanément, quoique d'une manière inégale, et parviennent toutes deux de zéro à 90°. En général, ces amplitudes sont égales toutes les fois que l'une d'elles est un multiple de 90°.

20. Les formules (15) et (16), qui se déduisent, comme on voit, très simplement des formules du théorème Ier, établissent une analogie très remarquable entre les deux échelles construites, pour le même nombre impair p,

l'une d'après le module k, l'autre d'après son complément k'. La première étant formée, il suffit de prendre les complémens des différens termes pour former une seconde échelle qui marche en sens contraire de la première, comme on le voit ici :

$$1) \ldots\ k_3,\ k_2,\ k_1,\ k,\ h,\ h_1,\ h_2,\ h_3 \ldots\ (0$$
$$0) \ldots\ k'_3,\ k'_2,\ k'_1,\ k',\ h',\ h'_1,\ h'_2,\ h'_3 \ldots\ (1$$

Dans l'ordre naturel de la première échelle, on passe du module k au module plus petit h, au moyen de l'équation $F(k, \varphi) = \mu F(h, \psi)$, et en employant la formule qui exprime $\sin \psi$ en fonction de $\sin \varphi$.

Une opération semblable se fait dans la seconde échelle, pour passer du module k' au module plus grand h', au moyen de l'équation........ $F(k', \sigma) = \mu F(h', \tau)$ et de la formule qui détermine $\sin \tau$ par $\sin \sigma$. Dans les deux cas, le régulateur μ est le même, et les mêmes auxiliaires α_m servent à former les équations des amplitudes.

La première échelle sert aussi à passer du module k au module plus grand k_1, de celui-ci au module plus grand k_2, ainsi de suite; mais alors l'opération est plus compliquée, parce que chaque amplitude ne peut se déduire de la précédente que par la résolution d'une équation du degré p. Une pareille difficulté se rencontre dans l'échelle des complémens, quand il s'agit de passer du module k' au module plus petit k'_1, de celui-ci au module plus petit k'_2, etc.

21. Puisqu'on a en même temps $\sigma = \frac{1}{2}\pi$ et $\tau = \frac{1}{2}\pi$, la formule $F(k', \sigma) = \mu F(h', \tau)$ donne, dans ce cas, $F^1 k' = \mu F^1 h'$, ou $\mu = \frac{K'}{H'}$, en désignant par K' et H' les fonctions complètes $F^1 k'$ et $F^1 h'$. Mais, par la formule du théorème Ier, nous avons déjà trouvé $K = p\mu H$; donc on a, en général,

$$\frac{K}{K'} = p \frac{H}{H'}. \tag{17}$$

Cette équation entre deux modules consécutifs k et h, qui appartiennent à l'échelle construite pour le nombre impair p, est un théorème fort remarquable, dont nous ferons connaître ci-après les nombreux usages. Nous observerons seulement ici que ce théorème s'accorde avec les propriétés déjà démontrées dans les n°s 76 et 190 du tome Ier, relativement à l'échelle ancienne des modules et à celle qui répond au nombre 3.

22. Le théorème II de M. Jacobi, auquel nous voulons parvenir, est déjà écrit dans les équations (15) et (16); il ne s'agit plus que d'y changer quel-

ques dénominations, afin de coordonner ce théorème avec le théorème Ier, dont il est le complément.

Dans l'équation (15) on peut changer k' en h; alors h' deviendra k, et k se changera en h'; et puisque σ est une amplitude à volonté, on peut faire $\sigma = \psi$ et l'amplitude correspondante $\tau = \omega$. Par tous ces changemens, le coefficient μ deviendra μ', et l'équation des fonctions sera

$$F(h, \psi) = \mu' F(k, \omega). \tag{18}$$

Il faudra ensuite, dans les équations (16), remplacer les quantités α_m par des quantités analogues β_m qui satisfont à l'équation $F(h', \beta_m) = \frac{m}{p} H'$. Faisant alors $\sin \psi = y$ et $\sin \omega = z$, les équations des amplitudes se déduiront des équations (16) comme il suit :

$$(19)\ \left\{\begin{aligned} z &= \frac{y}{\mu'} \cdot \frac{1 + y^2 \cot^2 \beta_2}{1 + y^2 \cot^2 \beta_{p-2}} \cdot \frac{1 + y^2 \cot^2 \beta_4}{1 + y^2 \cot^2 \beta_{p-4}} \cdots \frac{1 + y^2 \cot^2 \beta_{p-1}}{1 + y^2 \cot^2 \beta_1}, \\ (1 - z^2)^{\frac{1}{2}} &= (1 - y^2)^{\frac{1}{2}} \cdot \frac{1 - \dfrac{y^2 \cos^2 \beta_2}{\sin^2 \beta_{p-2}}}{1 + y^2 \cot^2 \beta_{p-2}} \cdot \frac{1 - \dfrac{y^2 \cos^2 \beta_4}{\sin^2 \beta_{p-4}}}{1 + y^2 \cot^2 \beta_{p-4}} \cdots \frac{1 - \dfrac{y^2 \cos^2 \beta_{p-1}}{\sin^2 \beta_1}}{1 + y^2 \cot^2 \beta_1} \\ \sqrt{(1 - k^2 z^2)} &= \sqrt{(1 - h^2 y^2)} \cdot \frac{1 - \dfrac{y^2 \cos^2 \beta_1}{\sin^2 \beta_{p-1}}}{1 + y^2 \cot^2 \beta_1} \cdot \frac{1 - \dfrac{y^2 \cos^2 \beta_3}{\sin^2 \beta_{p-3}}}{1 + y^2 \cot^2 \beta_3} \cdots \frac{1 - \dfrac{y^2 \cos^2 \beta_{p-2}}{\sin^2 \beta_2}}{1 + y^2 \cot^2 \beta_{p-2}}. \end{aligned}\right.$$

Telles sont les formules principales dans lesquelles consiste le théorème II de M. Jacobi, que nous nous proposions de démontrer; il ne nous reste plus qu'à y joindre les formules qui serviraient à déterminer les constantes k' et μ' par le moyen du module donné h; ces formules, qui se déduisent aisément des formules analogues pour le théorème Ier, seront développées dans le paragraphe suivant.

23. On a déjà remarqué, dans les équations (16), que les deux amplitudes parviennent en même temps de zéro à 90°; il en est de même des deux amplitudes ψ et ω. Faisant donc à la fois $\psi = \frac{1}{2}\pi$ et $\omega = \frac{1}{2}\pi$, on aura $F^1 h = \mu' F^1 k$, ou $H = \mu' K$. Mais on a déjà trouvé, par les formules du théorème Ier, $K = p\mu H$; donc on a, entre les régulateurs μ et μ', l'équation générale

$$p\mu\mu' = 1. \tag{20}$$

Maintenant, si l'on combine ensemble les deux formules............ $F(k, \varphi) = \mu F(h, \psi)$, $F(h, \psi) = \mu' F(k, \omega)$, fournies par les deux théorèmes, on aura $F(k, \varphi) = \mu\mu' F(k, \omega)$, ou

$$F(k, \omega) = p F(k, \varphi). \tag{21}$$

C'est la formule qui contient la loi de la multiplication des fonctions, et par conséquent celle de leur division par un nombre impair p; et c'est parce que les deux théorèmes concourent également à produire ce résultat que nous les regardons comme étant complémens l'un de l'autre. Nous donnerons bientôt le développement des nombreuses propriétés qui résultent de ces deux théorèmes; mais avant tout, il ne sera pas inutile de faire connaître une autre manière de parvenir directement à la démonstration du théorème II.

24. Soit, comme ci-dessus, $\mathcal{C}_m$ l'amplitude qui, pour le module h', satisfait à l'équation $F(h', \mathcal{C}_m) = \frac{m}{p} H'$; soient $\psi_1, \psi_3, \psi_5 \ldots \psi_{p-2}$, des angles qui se déduisent de l'amplitude ψ, au moyen des formules

$$\tang \psi_1 = \frac{1}{\sin \mathcal{C}_1} \tang \psi, \ \tang \psi_3 = \frac{1}{\sin \mathcal{C}_3} \tang \psi \ldots \tang \psi_{p-2} = \frac{1}{\sin \mathcal{C}_{p-2}} \tang \psi.$$

Si l'on fait

$$(22) \qquad \tfrac{1}{2}\omega = \psi_1 - \psi_3 + \psi_5 \ldots \mp \psi_{p-2} \pm \tfrac{1}{2}\psi,$$

le signe supérieur ayant lieu si $p = 4i + 1$, et l'inférieur si $p = 4i - 1$, je dis qu'on aura la formule de transformation

$$(23) \qquad F(h, \psi) = \mu' F(k, \omega),$$

pourvu qu'on détermine convenablement les constantes k et μ' en fonctions de h ou de son complément h'.

25. Pour procéder à la démonstration de cette proposition, nous chercherons d'abord la valeur de $\sin \omega$, exprimée en fonction de $\sin \psi$. Or, on sait en général que, si a, b, c, d, etc., sont les tangentes de plusieurs arcs, la tangente de la somme de ces arcs sera exprimée par $\frac{s_1 - s_3 + s_5 - \text{etc.}}{1 - s_2 + s_4 - \text{etc.}}$, s_1 étant la somme des tangentes a, b, c, d, etc., s_2 la somme de leurs produits deux à deux, s_3 celle de leurs produits trois à trois, etc. Soit donc $\tang \psi = t$; si l'on fait

$$\left(1 - \frac{t}{\sin \mathcal{C}_1}\right)\left(1 + \frac{t}{\sin \mathcal{C}_3}\right)\left(1 - \frac{t}{\sin \mathcal{C}_5}\right) \ldots\ldots \left(1 \pm \frac{t}{\sin \mathcal{C}_{p-2}}\right)$$
$$= 1 - A_1 t + A_2 t^2 - A_3 t^3 + \text{etc.} \ldots\ldots \pm A_{\frac{1}{2}(p-1)} t^{\frac{1}{2}(p-1)}$$

on aura en général $\tang(\frac{1}{2}\omega \mp \frac{1}{2}\psi) = \frac{tN}{D}$, en faisant pour abréger

$$N = A_1 - A_3 t^2 + A_5 t^4 - \text{etc.},$$
$$D = 1 - A_2 t^2 + A_4 t^4 - \text{etc.}$$

De là on tire $\tang \frac{1}{2}\omega = \frac{tN \pm D \tang \frac{1}{2}\psi}{D \mp tN \tang \frac{1}{2}\psi}$, et par suite

$$\sin\omega = \frac{2\tang\frac{1}{2}\omega}{1+\tang^2\frac{1}{2}\omega} = \sin\psi . \frac{2ND \pm (D^2 - t^2N^2)}{D^2 + t^2N^2},$$

$$\cos\omega = \frac{1-\tang^2\frac{1}{2}\omega}{1+\tang^2\frac{1}{2}\omega} = \cos\psi . \frac{D^2 - t^2N^2 \mp 2t^2ND}{D^2 + t^2N^2}.$$

26. Dans ces deux dernières formules, on peut mettre le dénominateur $D^2 + t^2N^2$ sous la forme d'un produit de plusieurs facteurs connus. Pour cela, soit en général $\Phi(t)$ la fonction de t égale au produit

$$\left(1-\frac{t}{\sin \mathcal{C}_1}\right)\left(1+\frac{t}{\sin \mathcal{C}_3}\right)\left(1-\frac{t}{\sin \mathcal{C}_5}\right)\cdots\cdots\left(1\pm\frac{t}{\sin \mathcal{C}_{p-2}}\right),$$

on aura aussi

$$\Phi(t) = 1 - A_1 t + A_2 t^2 - A_3 t^3 \ldots\ldots \pm A_{\frac{1}{2}(p-1)} t^{\frac{1}{2}(p-1)}.$$

De là résulte

$$D = \tfrac{1}{2}\Phi(-t\sqrt{-1}) + \tfrac{1}{2}\Phi(t\sqrt{-1}),$$
$$tN\sqrt{-1} = \tfrac{1}{2}\Phi(-t\sqrt{-1}) - \tfrac{1}{2}\Phi(t\sqrt{-1}),$$
$$D^2 + t^2N^2 = \Phi(t\sqrt{-1}).\Phi(-t\sqrt{-1}).$$

Substituant dans le second membre de cette dernière formule les valeurs de $\Phi(t\sqrt{-1})$ et $\Phi(-t\sqrt{-1})$ exprimées en facteurs, on aura

$$D^2 + t^2N^2 = \left(1+\frac{t^2}{\sin^2 \mathcal{C}_1}\right)\left(1+\frac{t^2}{\sin^2 \mathcal{C}_3}\right)\left(1+\frac{t^2}{\sin^2 \mathcal{C}_5}\right)\cdots\cdots\left(1+\frac{t^2}{\sin^2 \mathcal{C}_{p-2}}\right);$$

ensuite si l'on fait $\sin\psi = y$, ou $t^2 = \frac{y^2}{1-y^2}$, chaque facteur $1 + \frac{t^2}{\sin^2 \mathcal{C}}$ deviendra $\frac{1+y^2\cot^2\mathcal{C}}{1-y^2}$, de sorte qu'en faisant encore $\sin\omega = z$ et $z = y.\frac{P}{Q}$, on aura

$$Q = (1+y^2\cot^2\mathcal{C}_1)(1+y^2\cot^2\mathcal{C}_3)\ldots\ldots(1+y^2\cot^2\mathcal{C}_{p-2}).$$

Quant au numérateur P, il résulte de la quantité $2ND \pm (D^2 - t^2N^2)$, ou $\pm[(D \pm N)^2 - (1+t^2)N^2]$, en y substituant la valeur $t^2 = \frac{y^2}{1-y^2}$, puis négligeant le dénominateur commun $(1-y^2)^{p-1}$, comme on l'a négligé dans l'expression de $D^2 + t^2N^2$.

Maintenant, s'il est vrai que l'expression $z = y.\frac{P}{Q}$ satisfait à l'équation $F(h, \psi) = \mu' F(k, \omega)$, ou, ce qui revient au même, à l'équation différentielle

$$\frac{dy}{\sqrt{(1-y^2)}.\sqrt{(1-h^2y^2)}} = \frac{\mu' dz}{\sqrt{(1-z^2)}.\sqrt{(1-k^2z^2)}},$$

on pourra dans cette expression substituer à la fois $\frac{1}{hy}$ à la place de y, et $\frac{1}{kz}$ à la place de z, ce qui fera connaître *a priori* la valeur de P déduite de la valeur connue de Q : on trouvera ainsi

$$P = c(1 + h^2y^2 \operatorname{tang}^2 \mathcal{C}_1)(1 + h^2y^2 \operatorname{tang}^2 \mathcal{C}_3) \ldots (1 + h^2y^2 \operatorname{tang}^2 \mathcal{C}_{p-2}),$$

c étant une constante dont la valeur $= \frac{1}{\mu'}$.

La supposition que nous ferions en ce cas sera changée en certitude si nous faisons voir qu'un facteur quelconque de la quantité précédente, savoir $1 + h^2y^2 \operatorname{tang}^2 \mathcal{C}_{p-2m}$, ou simplement $1 + y^2 \cot^2 \mathcal{C}_{2m}$, est en même temps facteur de $(D \pm N)^2 - (1 + t^2) N^2$.

27. Soit donc $y^2 = -\operatorname{tang}^2 \mathcal{C}_{2m}$, ou simplement $y^2 = -\operatorname{tang}^2 \mathcal{C}$, ce qui donne $\frac{y^2}{1-y^2}$ ou $t^2 = -\sin^2 \mathcal{C}$, si l'on substitue cette valeur dans les formules de l'art. 25, on aura

$$N = A_1 + A_3 \sin^2 \mathcal{C} + A_5 \sin^4 \mathcal{C} + \text{etc.},$$
$$D = 1 + A_2 \sin^2 \mathcal{C} + A_4 \sin^4 \mathcal{C} + \text{etc.},$$

où en exprimant ces quantités au moyen de la fonction Φ,

$$N = \frac{1}{2 \sin \mathcal{C}} \Phi(-\sin \mathcal{C}) - \frac{1}{2 \sin \mathcal{C}} \Phi(\sin \mathcal{C}),$$
$$D = \tfrac{1}{2} \Phi(-\sin \mathcal{C}) + \tfrac{1}{2} \Phi(\sin \mathcal{C}).$$

Cela posé, l'équation $(D \pm N)^2 - (1 + t^2) N^2 = 0$, qu'il s'agit de vérifier, deviendra

$$0 = \left[\left(1 \pm \frac{1}{\sin \mathcal{C}}\right)\Phi(-\sin \mathcal{C}) + \left(1 \mp \frac{1}{\sin \mathcal{C}}\right)\Phi(\sin \mathcal{C})\right]^2 - \frac{\cos^2 \mathcal{C}}{\sin^2 \mathcal{C}}[\Phi(-\sin \mathcal{C}) - \Phi(\sin \mathcal{C})]^2;$$

elle se réduit à

$$0 = \left(1 \pm \frac{1}{\sin \mathcal{C}}\right)\Phi^2(-\sin \mathcal{C}) + \left(1 \mp \frac{1}{\sin \mathcal{C}}\right)\Phi^2(\sin \mathcal{C}),$$

et l'on en tire (*)

(*) Dans la formule suivante, i désigne le facteur ± 1 introduit par l'extraction de la racine carrée; cette sorte d'ambiguité ne devant pas être confondue avec celle qui dépend de la forme du nombre impair p.

$$\tan g\,(45^\circ \pm \tfrac{1}{2}\,\mathcal{C}) = i\,\frac{\Phi(\sin \mathcal{C})}{\Phi(-\sin \mathcal{C})}.$$

Substituant les valeurs développées en facteurs, de Φ (sin $\mathcal{C}$) et Φ(—sin $\mathcal{C}$), et remettant $\mathcal{C}_{2m}$ à la place de $\mathcal{C}$, on aura enfin cette équation de condition qui devra être vérifiée par toutes les valeurs de $2m$:

$$(24)\left\{\begin{array}{l}\tan g\,(45^\circ \pm \tfrac{1}{2}\mathcal{C}_{2m}) = i.\dfrac{\sin \mathcal{C}_1 - \sin \mathcal{C}_{2m}}{\sin \mathcal{C}_1 + \sin \mathcal{C}_{2m}}\cdot\dfrac{\sin \mathcal{C}_3 + \sin \mathcal{C}_{2m}}{\sin \mathcal{C}_3 - \sin \mathcal{C}_{2m}}\cdot\dfrac{\sin \mathcal{C}_5 - \sin \mathcal{C}_{2m}}{\sin \mathcal{C}_5 + \sin \mathcal{C}_{2m}}\cdots\dfrac{\sin \mathcal{C}_{p-2} \pm \sin \mathcal{C}_{2m}}{\sin \mathcal{C}_{p-2} \mp \sin \mathcal{C}_{2m}},\\ \text{ou}\\ \tan g\,(45^\circ \pm \tfrac{1}{2}\mathcal{C}_{2m}) = i.\dfrac{\tan g\,\tfrac{1}{2}(\mathcal{C}_1 - \mathcal{C}_{2m})}{\tan g\,\tfrac{1}{2}(\mathcal{C}_1 + \mathcal{C}_{2m})}\cdot\dfrac{\tan g\,\tfrac{1}{2}(\mathcal{C}_3 + \mathcal{C}_{2m})}{\tan g\,\tfrac{1}{2}(\mathcal{C}_3 - \mathcal{C}_{2m})}\cdots\cdots\dfrac{\tan g\,\tfrac{1}{2}(\mathcal{C}_{p-2} \pm \mathcal{C}_{2m})}{\tan g\,\tfrac{1}{2}(\mathcal{C}_{p-2} \mp \mathcal{C}_{2m})}.\end{array}\right.$$

Mais si dans l'équation (1), nous faisons $\varphi = \alpha_{2m}$, il résulte de la valeur de U donnée dans les équations (7) et de la loi suivant laquelle croissent simultanément les amplitudes ψ et φ relatives au théorème Ier, qu'on aura en général $\psi = m\pi$, et par conséquent tang $(45^\circ - \tfrac{1}{2}\psi) = (-1)^m$; donc si l'on change α en $\mathcal{C}$, ce qui revient à substituer le module h' au module k, l'équation (1) sera identiquement la même que la précédente en prenant $i = (-1)^m$.

28. Il est démontré maintenant que de l'équation (22) on déduit un résultat tout-à-fait semblable à l'équation (19), savoir :

$$(25)\qquad z = Cy.\frac{(1 + y^2 \cot^2 \mathcal{C}_2)(1 + y^2 \cot^2 \mathcal{C}_4)\ldots\ldots(1 + y^2 \cot^2 \mathcal{C}_{p-1})}{(1 + y^2 \cot^2 \mathcal{C}_{p-2})(1 + y^2 \cot^2 \mathcal{C}_{p-4})\ldots\ldots(1 + y^2 \cot^2 \mathcal{C}_1)}.$$

Quant au coefficient C, il doit être égal à $\frac{1}{\mu'}$, comme on le trouve, en faisant ψ infiniment petit dans l'équation (19), et la même supposition faite dans l'équation (22) donnera

$$\frac{1}{\mu'} = \frac{2}{\sin \mathcal{C}_1} - \frac{2}{\sin \mathcal{C}_3} + \frac{2}{\sin \mathcal{C}_5}\cdots\cdots \mp \frac{2}{\sin \mathcal{C}_{p-2}} \pm 1.$$

Maintenant il reste à prouver que la valeur précédente de z satisfait à l'équation $F(h, \psi) = \mu'\, F(k, \omega)$ ou à sa différentielle $\frac{dy}{\sqrt{(1-y^2)}.\sqrt{(1-h^2y^2)}} = \mu'.\frac{dz}{\sqrt{(1-z^2)}.\sqrt{(1-k^2z^2)}}$. Mais au lieu de substituer réellement dans le second membre la valeur de z en fonction de y, on peut faire usage du principe de la double substitution, et l'on trouvera que l'équation dont il s'agit est satisfaite au moyen d'une condition qui servira à déterminer le module k en fonction de h : cette condition est

$$(26)\qquad \frac{h\mu'^2}{k} = \frac{\tan g^2 \mathcal{C}_1}{\tan g^2 \mathcal{C}_{p-1}}\cdot\frac{\tan g^2 \mathcal{C}_3}{\tan g^2 \mathcal{C}_{p-3}}\cdots\cdots\frac{\tan g^2 \mathcal{C}_{p-2}}{\tan g^2 \mathcal{C}_2}.$$

On a ainsi une seconde démonstration du théorème II, plus directe que la première, mais qui dépend encore en partie de la démonstration du théorème Ier, puisque l'équation (24) a été déduite de l'équation (1) du théorème Ier, en supposant, d'après une autre formule du même théorème, qu'on peut faire à la fois $\varphi = \alpha_{2m}$ et $\psi = m\pi$.

Cependant si l'on réfléchit que l'équation dont il s'agit exprime une propriété des amplitudes α qui servent à diviser la fonction complète F^1k en p parties égales, propriété que les formules du théorème Ier aident à démontrer, mais qui doit être tout-à-fait indépendante de ces formules, on se convaincra aisément que l'équation (24) doit pouvoir se démontrer par les seuls principes de la division des fonctions. C'est aussi ce que nous avons mis hors de doute, dans la démonstration directe que nous donnerons ci-après, et par ce moyen, la seconde démonstration du théorème II devient tout-à-fait indépendante de celle du théorème Ier.

29. Si nous avions voulu simplement démontrer l'équation (22), comme présentant un moyen facile de calculer l'amplitude ω au moyen de l'amplitude donnée ψ, nous y serions parvenu facilement en intégrant la valeur de $d\omega$ tirée de l'équation $d\omega = \frac{d\psi}{\mu'} \cdot \frac{\sqrt{(1 - k^2 \sin^2 \omega)}}{\sqrt{(1 - h^2 \sin^2 \psi)}}$, savoir :

$$d\omega = \frac{d\psi}{\mu'} \cdot \frac{1 - \frac{\sin^2\psi \cos^2 6_1}{\sin^2 6_{p-1}}}{1 + \sin^2\psi \cot^2 6_1} \cdot \frac{1 - \frac{\sin^2\psi \cos^2 6_3}{\sin^2 6_{p-3}}}{1 + \sin^2\psi \cot^2 6_3} \cdots\cdots \frac{1 - \frac{\sin^2\psi \cos^2 6_{p-2}}{\sin^2 6_2}}{1 + \sin^2\psi \cot^2 6_{p-2}}.$$

En effet, cette différentielle, traitée par les méthodes connues, conduit à la formule

$$\tfrac{1}{2}\omega = \psi_1 - \psi_3 + \psi_5 \cdots\cdots \mp \psi_{p-2} \pm \tfrac{1}{2}\psi,$$

où les angles ψ_1, ψ_3, etc., sont déterminés par les mêmes formules que dans l'art. 24.

30. Pour donner un exemple de ces calculs qui nous conduira à une formule nouvelle, nous nous proposerons de déterminer l'amplitude ψ en fonction de φ par les formules du théorème Ier; il faudra pour cet effet intégrer la formule

$$d\psi = \frac{d\varphi}{\mu} \cdot \frac{1 - k^2 \sin^2\varphi \sin^2 \alpha_1}{1 - k^2 \sin^2\varphi \sin^2 \alpha_{p-1}} \cdot \frac{1 - k^2 \sin^2\varphi \sin^2 \alpha_3}{1 - k^2 \sin^2\varphi \sin^2 \alpha_{p-3}} \cdots\cdots \frac{1 - k^2 \sin^2\varphi \sin^2 \alpha_{p-2}}{1 - k^2 \sin^2\varphi \sin^2 \alpha_2}.$$

Par le développement du second membre, on aura d'abord le terme $\frac{d\varphi}{\mu} \cdot \frac{\sin^2\alpha_1 \sin^2\alpha_3 \ldots\ldots \sin^2\alpha_{p-2}}{\sin^2\alpha_2 \sin^2\alpha_4 \ldots\ldots \sin^2\alpha_{p-1}}$, ou simplement $d\varphi$; ensuite les autres termes auront pour expression générale $\frac{M d\varphi}{1 - k^2 \sin^2\varphi \sin^2 \alpha_m}$, m ayant successivement toutes les valeurs 2, 4, 6...$p-1$. Or, on trouve par les méthodes connues

$$M = \frac{\left(1-\frac{\sin^2\alpha_1}{\sin^2\alpha_m}\right)\left(1-\frac{\sin^2\alpha_3}{\sin^2\alpha_m}\right)\left(1-\frac{\sin^2\alpha_5}{\sin^2\alpha_m}\right)\cdots\cdots\left(1-\frac{\sin^2\alpha_{p-2}}{\sin^2\alpha_m}\right)}{\left(1-\frac{\sin^2\alpha_2}{\sin^2\alpha_m}\right)\left(1-\frac{\sin^2\alpha_4}{\sin^2\alpha_m}\right)\cdots\cdots\left(1-\frac{\sin^2\alpha_{m-2}}{\sin^2\alpha_m}\right)\left(1-\frac{\sin^2\alpha_{m+2}}{\sin^2\alpha_m}\right)\cdots\cdots\left(1-\frac{\sin^2\alpha_{p-1}}{\sin^2\alpha_m}\right)}.$$

Cette quantité est composée de facteurs qui se trouvent dans les valeurs de Q, Q′, Q″ (art. 14), et comme on a $\frac{Q}{Q'Q''} = \frac{2}{1-k^2\sin^2\alpha_m\sin^2\alpha_{p-m}}$, on tirera aisément de la comparaison de ces quantités

$$\tfrac{1}{2}M = \frac{1-k^2\sin^2\alpha_m\sin^2\alpha_{p-1}}{1-k^2\sin^2\alpha_m\sin^2\alpha_1}\cdot\frac{1-k^2\sin^2\alpha_m\sin^2\alpha_{p-3}}{1-k^2\sin^2\alpha_m\sin^2\alpha_3}\cdots\cdots\frac{1-k^2\sin^2\alpha_m\sin^2\alpha_2}{1-k^2\sin^2\alpha_m\sin^2\alpha_{p-2}}.$$

Cette valeur est celle de $\frac{\sqrt{(1-k^2\sin^2\varphi)}}{\sqrt{(1-k^2\sin^2\psi)}}$ développée en facteurs, lorsqu'on suppose $\varphi=\alpha_m$; mais alors $\psi = m\,.\,\frac{\pi}{2}$; donc, puisque m est toujours pair, on aura $M = 2\sqrt{(1-k^2\sin^2\alpha_m)}$.

Cela posé, la fraction $\frac{Md\varphi}{1-k^2\sin^2\alpha_m\sin^2\varphi}$ peut être mise sous la forme

$$\frac{2\sqrt{(1-k^2\sin^2\alpha_m)}\,.\,d\varphi}{\cos^2\varphi+(1-k^2\sin^2\alpha_m)\sin^2\varphi},$$

et son intégrale est $2\varphi_m$ en faisant $\operatorname{tang}\varphi_m = (1-k^2\sin^2\alpha_m)^{\frac{1}{2}}\operatorname{tang}\varphi\ldots\ldots = \frac{\cos\alpha_m}{\sin\alpha_{p-m}}\operatorname{tang}\varphi$. Donc on aura en général,

(27) $$\psi = \varphi + 2\varphi_2 + 2\varphi_4 + 2\varphi_6 \ldots\ldots + 2\varphi_{p-1}.$$

Cette nouvelle équation entre les amplitudes ψ et φ pourra tenir lieu de la formule algébrique $\sin\psi = \sin\varphi\,.\,\frac{U}{V}$ dans les applications du théorème Ier.

31. Nous remarquerons encore que la formule (27) peut servir à en trouver une semblable qui s'appliquera au théorème II. En effet, soit, comme à l'art. 19, $\sin\varphi = i\operatorname{tang}\sigma$ et $\sin\psi = i\operatorname{tang}\tau$; on aura $\operatorname{tang}\psi = i\sin\tau$, $\operatorname{tang}\varphi = i\sin\sigma$, $\operatorname{tang}\varphi_m = i\gamma_m\sin\tau$, en faisant pour abréger $\gamma_m = \frac{\cos\alpha_m}{\sin\alpha_{p-m}} = \sqrt{(1-k^2\sin^2\alpha_m)}$. De là résulte

$$\psi = \frac{1}{2\sqrt{-1}}\log\left(\frac{1+\sqrt{-1}\operatorname{tang}\psi}{1-\sqrt{-1}\operatorname{tang}\psi}\right) = \frac{1}{2i}\log\left(\frac{1-\sin\tau}{1+\sin\tau}\right),$$

$$\varphi = \frac{1}{2i}\log\left(\frac{1-\sin\sigma}{1+\sin\sigma}\right),$$

$$\varphi_2 = \frac{1}{2i}\log\left(\frac{1-\gamma_2\sin\sigma}{1+\gamma_2\sin\sigma}\right),$$

$$\varphi_4 = \frac{1}{2i}\log\left(\frac{1-\gamma_4\sin\sigma}{1+\gamma_4\sin\sigma}\right),$$

etc.

Donc l'équation (27) deviendra

$$\left(\frac{1-\sin\tau}{1+\sin\tau}\right)^{\frac{1}{2}} = \left(\frac{1-\sin\sigma}{1+\sin\sigma}\right)^{\frac{1}{2}} \cdot \frac{1-\gamma_2\sin\sigma}{1+\gamma_2\sin\sigma} \cdot \frac{1-\gamma_4\sin\sigma}{1+\gamma_4\sin\sigma} \cdots\cdots \frac{1-\gamma_{p-1}\sin\sigma}{1-\gamma_{p-1}\sin\sigma}.$$

Faisons maintenant dans cette équation les mêmes changemens que dans l'art. 22, afin d'adapter cette équation aux dénominations du théorème II; alors il faudra mettre ψ à la place de σ, ω à la place de τ, et remplacer α par $\mathcal{C}$, c'est-à-dire faire $\gamma_m = \frac{\cos\mathcal{C}_m}{\sin\mathcal{C}_{p-m}}$, et l'on aura la formule suivante qui devra être ajoutée aux formules du théorème II, et qui pourra tenir lieu de l'équation des amplitudes,

$$(28)\quad \text{tang}(45^\circ - \tfrac{1}{2}\omega) = \text{tang}(45^\circ - \tfrac{1}{2}\psi) \cdot \frac{1-\gamma_2\sin\psi}{1+\gamma_2\sin\psi} \cdot \frac{1-\gamma_4\sin\psi}{1+\gamma_4\sin\psi} \cdots \frac{1-\gamma_{p-1}\sin\psi}{1+\gamma_{p-1}\sin\psi}.$$

Enfin, si l'on détermine les angles ψ_2, $\psi_4 \ldots\ldots \psi_{p-1}$, de manière qu'on ait en général $\sin\psi_m = \gamma_m \sin\psi = \frac{\cos\mathcal{C}_m}{\sin\mathcal{C}_{p-m}}\sin\psi$, la formule précédente pourra être mise sous cette forme très simple :

$$(29)\quad \text{tang}(45^\circ - \tfrac{1}{2}\omega) = \text{tang}(45^\circ - \tfrac{1}{2}\psi)\,\text{tang}^2(45^\circ - \tfrac{1}{2}\psi_2)\,\text{tang}^2(45^\circ - \tfrac{1}{2}\psi_4) \ldots \text{tang}^2(45^\circ - \tfrac{1}{2}\psi_{p-1}).$$

32. Nous terminerons ce paragraphe en donnant la démonstration de la formule dont nous avons fait ci-dessus une application importante. Les quantités α_n étant des amplitudes qui, pour toutes les valeurs de n, satisfont à l'équation $F(k, \alpha_n) = \frac{n}{p} F^1 k$, il s'agit de prouver qu'on a l'équation

$$(30)\quad \left\{ \begin{array}{l} \text{tang}(45^\circ \pm \tfrac{1}{2}\alpha_{2m}) \\ = (-1)^m \dfrac{\sin\alpha_1 - \sin\alpha_{2m}}{\sin\alpha_1 + \sin\alpha_{2m}} \cdot \dfrac{\sin\alpha_3 + \sin\alpha_{2m}}{\sin\alpha_3 - \sin\alpha_{2m}} \cdot \dfrac{\sin\alpha_5 - \sin\alpha_{2m}}{\sin\alpha_5 + \sin\alpha_{2m}} \cdots \dfrac{\sin\alpha_{p-2} \pm \sin\alpha_{2m}}{\sin\alpha_{p-2} \mp \sin\alpha_{2m}}, \end{array} \right.$$

où les signes ambigus se déterminent en prenant le signe supérieur si $p = 4i + 1$, et l'inférieur si $p = 4i - 1$.

Pour démontrer cette propriété générale des quantités α nées de la division de la fonction complète $F^1 k$ en p parties égales, nous avons besoin du lemme contenu dans cette formule :

$$(31)\qquad \frac{\sin\alpha_{\mu+\nu}+\sin\alpha_{\mu-\nu}}{\sin\alpha_{\mu+\nu}-\sin\alpha_{\mu-\nu}}=\frac{\tang\alpha_\mu\,\Delta(\alpha_\nu)}{\tang\alpha_\nu\,\Delta(\alpha_\mu)},$$

où $\Delta(\alpha_\mu)$ et $\Delta(\alpha_\nu)$ représentent $\sqrt{(1-k^2\sin^2\alpha_\mu)}$ et $\sqrt{(1-k^2\sin^2\alpha_\nu)}$. Cette formule est une conséquence très simple de celles des art. 18 et 19, tome Ier, en observant qu'on a

$$F(\alpha_{\mu+\nu})=F\alpha_\mu+F\alpha_\nu \quad\text{et}\quad F(\alpha_{\mu-\nu})=F\alpha_\mu-F\alpha_\nu.$$

Faisant l'application de ce lemme à la formule que nous voulons démontrer, et désignant, pour abréger, chaque facteur $\frac{\tang(\alpha_{\frac{1}{2}n})}{\Delta(\alpha_{\frac{1}{2}n})}$ par le symbole abrégé (n), observant de plus qu'on peut n'avoir aucun égard aux signes des différens facteurs du second membre, parce que le produit de tous doit être positif, l'équation à démontrer deviendra

$$\tang(45^\circ\pm\tfrac{1}{2}\alpha_{2m})=\frac{(1-2m)(3+2m)(5-2m)(7+2m)\ldots(p-2\pm 2m)}{(1+2m)(3-2m)(5+2m)(7-2m)\ldots(p-2\mp 2m)};$$

et il faudra combiner les deux cas $p=4i+1$, $p=4i-1$, avec les deux $m=2h$, $m=2h+1$; ce qui fera quatre cas à considérer.

33. Soit d'abord $p=4i+1$ et $m=2h$; la formule sera, dans ce cas,

$$\tang(45^\circ+\tfrac{1}{2}\alpha_{2m})=\frac{(1-4h)(3+4h)(5-4h)(7+4h)\ldots(4i-3-4h)(4i-1+4h)}{(1+4h)(3-4h)(5+4h)(7-4h)\ldots(4i-3+4h)(4i-1-4h)}.$$

Les nombres qu'on voit dans le numérateur se divisent en deux séries distinctes, savoir :

$$\begin{aligned}&A\ldots\; 1-4h,\;\; 5-4h,\;\; 9-4h\ldots\; 4i-3-4h,\\ &B\ldots\; 3+4h,\;\; 7+4h,\;\; 11+4h\ldots\; 4i-1+4h.\end{aligned}$$

La série A se divise ultérieurement en deux autres, l'une des nombres négatifs $1-4h$, $5-4h\ldots-3$, l'autre des nombres positifs 1, 5, $9\ldots 4i-3-4h$. La première, en changeant tous les signes, devient $3, 7, 11\ldots 4h-1$, et elle se lie avec la série B, de manière à ne former qu'une seule série $3, 7, 11\ldots 4h+4i-1$. Ainsi les séries A et B peuvent être remplacées par les deux suivantes :

$$\begin{aligned}&1,\ 5,\ 9,\ 13\ldots\ 4i-4h-3,\\ &3,\ 7,\ 11,\ 15\ldots\ 4i+4h-1.\end{aligned}$$

Le dénominateur de notre formule se divise aussi en deux séries, savoir :

$$\text{C}\ldots\ 3-4h,\ 7-4h,\ 11-4h\ldots\ 4i-4h-1,$$
$$\text{D}\ldots\ 1+4h,\ 5+4h,\ 9+4h\ldots\ 4i+4h-3.$$

La première C se sous-divise en deux autres, l'une comprenant les termes négatifs $3-4h$, $7-4h\ldots-1$, l'autre comprenant les termes positifs $3, 7, 11\ldots\ 4i-4h-1$. Changeant les signes des termes négatifs, on a la suite $1, 5, 9\ldots\ 4h-3$, qui s'ajuste avec la série D, de manière à ne composer qu'une seule suite $1, 5, 9\ldots\ 4i+4h-3$; de là on voit que les suites C et D peuvent être remplacées par ces deux autres :

$$3,\ 7,\ 11\ldots\ 4i-4h-1,$$
$$1,\ 5,\ 9\ldots\ 4i+4h-3.$$

On aura donc, par cette nouvelle distribution des facteurs,

$$\operatorname{tang}(45^\circ+\tfrac{1}{2}\alpha_{2m})=\frac{(1)(5)(9)\ldots(4i-4h-3).(3)(7)(11)\ldots(4i+4h-1)}{(1)(5)(9)\ldots(4i+4h-3).(3)(7)(11)\ldots(4i-4h-1)};$$

ou, en supprimant les facteurs communs aux deux termes,

$$\operatorname{tang}(45^\circ+\tfrac{1}{2}\alpha_{2m})=\frac{(4i-4h+3)(4i-4h+7)\ldots(4i+4h-1)}{(4i-4h+1)(4i-4h+5)\ldots(4i+4h-3)};$$

et en remettant les valeurs $4i=p-1$, $2h=m$,

$$\operatorname{tang}(45^\circ+\tfrac{1}{2}\alpha_{2m})=\frac{(p+2-2m)(p+6-2m)(p+10-2m)\ldots(p+2m-2)}{(p-2m)(p+4-2m)(p+8-2m)\ldots(p-4+2m)}.$$

34. Telle est la formule qui nous reste à démontrer pour le cas supposé de $p=4i+1$ et $m=2h$; les trois autres cas conduiraient au même résultat, comme on peut s'en assurer; ainsi toute la difficulté se réduit à prouver que cette dernière équation a lieu pour toutes valeurs des nombres $2m$ et p, l'un pair, l'autre impair.

Pour cet effet, nous observerons, 1°. que, dans l'expression précédente, le nombre des facteurs est m, tant au numérateur qu'au dénominateur; 2°. que, dans le numérateur, les nombres affectés aux facteurs extrêmes $(p+2-2m)$, $(p-2+2m)$, font une somme égale à $2p$, et qu'il en est de même de deux facteurs quelconques également éloignés des extrêmes; 3°. que le dénominateur est composé du facteur $(p-2m)$ et de $m-1$ autres facteurs, tels que les nombres attachés aux facteurs extrêmes ou à deux facteurs également éloignés des extrêmes, font encore la somme $2p$.

Supposons, ce qui va être démontré, que le produit de deux facteurs $(p-n)$, $(p+n)$, dont les nombres font une somme $2p$, soit égal à la quantité constante $\text{M}=\frac{1}{k'^2}$.

Alors, 1°. si $m=2h$, la formule à démontrer sera

$$\text{tang}\,(45^\circ+\tfrac{1}{2}\,\alpha_{2m})=\frac{M^h}{(p-2m)\,(p)\,M^{h-1}}=\frac{M}{(p-2m)\,(p)}=\frac{(p+2m)}{(p)},$$

parce qu'on peut supposer $M=(p-2m)\,(p+2m)$.

2°. Si $m=2h+1$, le facteur moyen (p), qui était dans le cas précédent au dénominateur, se trouvera dans le numérateur, et l'on aura. .... $\text{tang}\,(45^\circ+\tfrac{1}{2}\,\alpha_{2m})=\frac{(p)\,M^h}{(p-2m)\,M^h}=\frac{(p)}{(p-2m)}$, valeur qui est la même que $\frac{(p+2m)}{(p)}$, car on a $M=(p-2m)\,(p+2m)=(p)\,(p)$.

Ainsi, lorsque nous aurons prouvé que le produit $(p-n)\,(p+n)$ est une quantité constante, il ne restera plus à démontrer que la seule formule $\text{tang}\,(45^\circ+\tfrac{1}{2}\,\alpha_{2m})=\frac{(p+2m)}{(p)}$.

35. Or, 1°. en rétablissant les valeurs des symboles, on a

$$(p-n)\,(p+n)=\frac{\text{tang}\,\alpha_{\frac{1}{2}(p-n)}\,\text{tang}\,\alpha_{\frac{1}{2}(p+n)}}{\Delta\alpha_{\frac{1}{2}(p-n)}\,\Delta\alpha_{\frac{1}{2}(p+n)}}.$$

Mais on voit que les amplitudes $\alpha_{\frac{1}{2}(p-n)}$, $\alpha_{\frac{1}{2}(p+n)}$, appartiennent à des fonctions complémentaires, puisqu'on a $F\alpha_{\frac{1}{2}(p-n)}=\frac{p-n}{2p}F^1k$, $F\alpha_{\frac{1}{2}(p+n)}=\frac{p+n}{2p}F^1k$, et que la somme de ces deux fonctions $=F^1k$; on a donc, par la propriété des fonctions complémentaires,

$$\text{tang}\,\alpha_{\frac{1}{2}(p-n)}\,\text{tang}\,\alpha_{\frac{1}{2}(p+n)}=\frac{1}{k'},\quad \text{et}\quad \Delta\alpha_{\frac{1}{2}(p-n)}\,\Delta\alpha_{\frac{1}{2}(p+n)}=k',$$

ce qui donne $(p-n)\,(p+n)=\frac{1}{k'^2}$ et $(p)=\frac{1}{k'}$.

2°. En restituant de même la valeur des symboles, la formule qui reste à démontrer est $\text{tang}\,(45^\circ+\tfrac{1}{2}\,\alpha_{2m})=\frac{k'\,\text{tang}\,\alpha_{\frac{1}{2}(p+2m)}}{\Delta\alpha_{\frac{1}{2}(p+2m)}}$; mettant au lieu de k' sa valeur $\Delta\alpha_{\frac{1}{2}(p+2m)}\,\Delta\alpha_{\frac{1}{2}(p-2m)}$, on aura

$$\text{tang}\,(45^\circ+\tfrac{1}{2}\,\alpha_{2m})=\text{tang}\,\alpha_{\frac{1}{2}(p+2m)}\,.\,\Delta\alpha_{\frac{1}{2}(p-2m)}.$$

Pour vérifier cette équation, élevons chaque membre au carré, nous aurons

$$\frac{1+\sin\alpha_{2m}}{1-\sin\alpha_{2m}}=\text{tang}^2\,\alpha_{\frac{1}{2}(p+2m)}\,\Delta^2\alpha_{\frac{1}{2}(p-2m)},$$

et parce que $\alpha_p=\tfrac{1}{2}\pi$, le premier membre $=\frac{\sin\alpha_p+\sin\alpha_{2m}}{\sin\alpha_p-\sin\alpha_{2m}}$, et d'après le lemme, sa valeur $= \frac{\tang \alpha_{\frac{1}{2}(p+2m)} \Delta\alpha_{\frac{1}{2}(p-2m)}}{\tang \alpha_{\frac{1}{2}(p-2m)} \Delta\alpha_{\frac{1}{2}(p+2m)}}$; multipliant les deux termes de cette fraction par son numérateur, et observant que dans le nouveau dénominateur le produit des deux tangentes est $\frac{1}{k'}$, et le produit des deux Δ est k', le dénominateur se réduira à l'unité, et l'on aura ainsi

$$\frac{1+\sin \alpha_{2m}}{1-\sin \alpha_{2m}} = \tang^2 \alpha_{\frac{1}{2}(p+2m)} \Delta^2\alpha_{\frac{1}{2}(p-2m)},$$

de sorte que la formule proposée est vérifiée dans toute sa généralité.

§ III. *Récapitulation des diverses formules qui se rapportent aux deux théorèmes de M. Jacobi.*

Avant d'aller plus loin, il ne sera pas inutile de rassembler ici sous un même point de vue toutes les formules qui se rapportent au théorème Ier, et de les mettre en parallèle avec les formules analogues du théorème II.

Formules du théorème Ier.

36. La formule de réduction est en général

$$F(k, \varphi) = \mu F(h, \psi).$$

Nous supposerons, pour fixer les idées, que la fonction $F(k, \varphi)$ est donnée, c'est-à-dire qu'on connaît son module k et son amplitude φ, prise à volonté; on veut de plus que les modules k et h appartiennent à une même échelle qui aura pour indice le nombre impair p. D'après ces données, il faut déterminer les constantes h et μ et l'amplitude ψ.

Soit pour cet effet $\sin \varphi = x$, $\sin \psi = y$, et soit α_m une amplitude qui, pour chaque nombre donné m, moindre que p, satisfasse à l'équation.... $F(k, \alpha_m) = \frac{m}{p} F^1 k = \frac{m}{p} K$. On doit regarder les quantités α_m comme des fonctions de k qui peuvent toujours être déterminées, soit par approximation, soit par la résolution des équations algébriques qui ont lieu dans la division de la fonction complète K en p parties égales. Cela posé, l'équation entre les amplitudes φ et ψ pourra être présentée sous ces quatre formes :

$$(32)\quad y = \frac{x}{\mu} \cdot \frac{1-\frac{x^2}{\sin^2 \alpha_2}}{1-k^2x^2\sin^2\alpha_2} \cdot \frac{1-\frac{x^2}{\sin^2 \alpha_4}}{1-k^2x^2\sin^2\alpha_4} \cdot \frac{1-\frac{x^2}{\sin^2 \alpha_6}}{1-k^2x^2\sin^2\alpha_6} \cdots\cdots \frac{1-\frac{x^2}{\sin^2 \alpha_{p-1}}}{1-k^2x^2\sin^2\alpha_{p-1}},$$

$$(33)\quad 1-y=(1\mp x)\cdot\frac{\left(1-\frac{x}{\sin\alpha_1}\right)^2}{1-k^2x^2\sin^2\alpha_{p-1}}\cdot\frac{\left(1+\frac{x}{\sin\alpha_3}\right)^2}{1-k^2x^2\sin^2\alpha_{p-3}}\cdot\frac{\left(1-\frac{x}{\sin\alpha_5}\right)^2}{1-k^2x^2\sin^2\alpha_{p-5}}\cdots\frac{\left(1\pm\frac{x}{\sin\alpha_{p-2}}\right)^2}{1-k^2x^2\sin^2\alpha_2},$$

$$(34)\quad (1-y^2)^{\frac{1}{2}}=(1-x^2)^{\frac{1}{2}}\cdot\frac{1-\frac{x^2}{\sin^2\alpha_1}}{1-k^2x^2\sin^2\alpha_{p-1}}\cdot\frac{1-\frac{x^2}{\sin^2\alpha_3}}{1-k^2x^2\sin^2\alpha_{p-3}}\cdots\frac{1-\frac{x^2}{\sin^2\alpha_{p-2}}}{1-k^2x^2\sin^2\alpha_2},$$

$$(35)\quad (1-h^2y^2)^{\frac{1}{2}}=(1-k^2x^2)^{\frac{1}{2}}\cdot\frac{1-k^2x^2\sin^2\alpha_1}{1-k^2x^2\sin^2\alpha_{p-1}}\cdot\frac{1-k^2x^2\sin^2\alpha_3}{1-k^2x^2\sin^2\alpha_{p-3}}\cdots\frac{1-k^2x^2\sin^2\alpha_{p-2}}{1-k^2x^2\sin^2\alpha_2}.$$

Les signes ambigus qu'on voit dans la seconde équation se déterminent en prenant le signe supérieur si $p=4i+1$, et l'inférieur si $p=4i-1$.

On aura de plus, pour le même objet, les deux formules trigonométriques

$$(36)\quad \operatorname{tang}(45^\circ-\tfrac{1}{2}\psi)=\left\{\begin{array}{l}\dfrac{\operatorname{tang}\frac{1}{2}(\alpha_1-\varphi)}{\operatorname{tang}\frac{1}{2}(\alpha_1+\varphi)}\cdot\dfrac{\operatorname{tang}\frac{1}{2}(\alpha_3+\varphi)}{\operatorname{tang}\frac{1}{2}(\alpha_3-\varphi)}\cdot\dfrac{\operatorname{tang}\frac{1}{2}(\alpha_5-\varphi)}{\operatorname{tang}\frac{1}{2}(\alpha_5+\varphi)}\cdots\cdots\\ \dfrac{\operatorname{tang}\frac{1}{2}(\alpha_{p-2}\pm\varphi)}{\operatorname{tang}\frac{1}{2}(\alpha_{p-2}\mp\varphi)}\cdot\operatorname{tang}(45^\circ\mp\tfrac{1}{2}\varphi).\end{array}\right.$$

$$(37)\quad \left\{\begin{array}{l}\psi=\varphi+2\varphi_2+2\varphi_4\cdots\cdots+2\varphi_{p-1},\\ \operatorname{tang}\varphi_2=\dfrac{\cos\alpha_2}{\sin\alpha_{p-2}}\operatorname{tang}\varphi,\quad \operatorname{tang}\varphi_4=\dfrac{\cos\alpha_4}{\sin\alpha_{p-4}}\operatorname{tang}\varphi\cdots\cdots\\ \operatorname{tang}\varphi_{p-1}=\dfrac{\cos\alpha_{p-1}}{\sin\alpha_1}\operatorname{tang}\varphi.\end{array}\right.$$

37. Venons maintenant aux formules qui servent à déterminer μ et h par le moyen du module donné k, et qui serviraient semblablement à déterminer μ et k par le moyen du module h. Les plus simples et les plus faciles à calculer par approximation, quoique sous forme transcendante, sont

$$(38)\quad \frac{\mathrm{K}}{\mathrm{K}'}=p\,\frac{\mathrm{H}}{\mathrm{H}'},\quad \mu=\frac{\mathrm{K}}{p\mathrm{H}}=\frac{\mathrm{K}'}{\mathrm{H}'}.$$

Les formules algébriques qu'on peut employer pour le même objet sont assez nombreuses, parce qu'il existe beaucoup de relations entre les quantités α_1, α_2, $\alpha_3\ldots\ldots\alpha_p$, qui ne dépendent que des deux données k et p. Voici les principales, au nombre de neuf,

$$(39a)\quad \mu=\frac{\sin^2\alpha_1}{\sin^2\alpha_{p-1}}\cdot\frac{\sin^2\alpha_3}{\sin^2\alpha_{p-3}}\cdot\frac{\sin^2\alpha_5}{\sin^2\alpha_{p-5}}\cdots\cdots\frac{\sin^2\alpha_{p-2}}{\sin^2\alpha_2},$$

$$(39b)\quad h=k^p\sin^4\alpha_1\sin^4\alpha_3\sin^4\alpha_5\cdots\cdots\sin^4\alpha_{p-2},$$

$$(39c)\quad \frac{1}{\mu}=\frac{2}{\sin\alpha_1}-\frac{2}{\sin\alpha_3}+\frac{2}{\sin\alpha_5}\cdots\cdots\mp\frac{2}{\sin\alpha_{p-2}}\pm 1,$$

$$(39d)\quad \frac{h}{k\mu}=2\sin\alpha_1-2\sin\alpha_3+2\sin\alpha_5\cdots\cdots\mp 2\sin\alpha_{p-2}\pm 1,$$

$$(39e)\quad \frac{h^2}{k^2\mu^2} = 2\sin^2\alpha_1 - 2\sin^2\alpha_2 + 2\sin^2\alpha_3 - 2\sin^2\alpha_4 \ldots\ldots + 2\sin^2\alpha_{p-2} - 2\sin^2\alpha_{p-1} + 1,$$

$$(39f)\quad \frac{h'}{k'\mu} = \frac{\cos^2\alpha_1}{\cos^2\alpha_{p-1}} \cdot \frac{\cos^2\alpha_3}{\cos^2\alpha_{p-3}} \cdot \frac{\cos^2\alpha_5}{\cos^2\alpha_{p-5}} \ldots\ldots \frac{\cos^2\alpha_{p-2}}{\cos^2\alpha_2},$$

$$(39g)\quad \frac{1}{\mu^2} = \begin{cases} 1 + \dfrac{2}{\sin^2\alpha_1} + \dfrac{2}{\sin^2\alpha_3} + \dfrac{2}{\sin^2\alpha_5} \ldots\ldots + \dfrac{2}{\sin^2\alpha_{p-2}} \\ - 2k^2\sin^2\alpha_2 - 2k^2\sin^2\alpha_4 \ldots\ldots - 2k^2\sin^2\alpha_{p-1}, \end{cases}$$

$$(39h)\quad \frac{1}{\mu} = 1 + \frac{2\cos\alpha_2}{\sin\alpha_{p-2}} + \frac{2\cos\alpha_4}{\sin\alpha_{p-4}} \ldots\ldots + \frac{2\cos\alpha_{p-1}}{\sin\alpha_1},$$

$$(39i)\quad \frac{h'}{k'\mu} = 1 + \frac{2\sin\alpha_1}{\cos\alpha_{p-1}} + \frac{2\sin\alpha_3}{\cos\alpha_{p-3}} \ldots\ldots + \frac{2\sin\alpha_{p-2}}{\cos\alpha_2}.$$

Les formules (39*a*) et (39*b*) sont celles qu'on a données ci-dessus sous les nos 8 et 9; les formules (39*c*), (39*d*), (39*e*), (39*g*), se tirent des équations (33), (11), (35), (34), en faisant x et y infiniment petits, ce qui donne $x = \mu y$; la formule (39*f*) se déduit de l'équation (35), en y substituant les valeurs $\psi = \frac{1}{2}\pi$, $\varphi = p.\frac{1}{2}\pi$; enfin, les formules (39*h*), (39*i*), se déduisent de l'équation (37), en faisant successivement φ et $\frac{1}{2}\pi - \varphi$ infiniment petits.

38. Nous remarquerons que les formules de ce premier théorème peuvent s'appliquer à un module k de plus en plus petit, et finalement au module $k = 0$; alors on aura aussi $h = 0$, et même $\frac{h}{k} > k^{p-1} = 0$. L'équation des fonctions complètes $K = p\mu H$ devant avoir lieu, quelque petits que soient les modules k et h, on en tire $\mu = \frac{1}{p}$, parce que dans la limite $K = H = \frac{1}{2}\pi$. Ainsi, l'équation $F(k, \varphi) = \mu F(h, \psi)$ deviendra $\psi = p\varphi$, et l'on aura en même temps $\alpha_m = \frac{m}{p} \cdot \frac{\pi}{2}$. Dans ce cas, l'équation (32) devient

$$(40)\quad \sin p\varphi = p\sin\varphi\left(1 - \frac{\sin^2\varphi}{\sin^2\alpha_2}\right)\left(1 - \frac{\sin^2\varphi}{\sin^2\alpha_4}\right)\ldots\ldots\left(1 - \frac{\sin^2\varphi}{\sin^2\alpha_{p-1}}\right);$$

c'est en effet sous cette forme qu'on peut mettre le sinus d'un multiple impair de l'arc φ. On déduit semblablement des équations (33) et (34) les deux formules trigonométriques

$$(41)\quad \begin{cases} \sin(45^\circ - \frac{1}{2}p\varphi) = \sin(45^\circ \mp \frac{1}{2}\varphi)\left(1 - \dfrac{\sin\varphi}{\sin\alpha_1}\right)\left(1 + \dfrac{\sin\varphi}{\sin\alpha_3}\right)\ldots\left(1 \pm \dfrac{\sin\varphi}{\sin\alpha_{p-2}}\right), \\ \cos p\varphi = \cos\varphi\left(1 - \dfrac{\sin^2\varphi}{\sin^2\alpha_1}\right)\left(1 - \dfrac{\sin^2\varphi}{\sin^2\alpha_3}\right)\ldots\left(1 - \dfrac{\sin^2\varphi}{\sin^2\alpha_{p-2}}\right). \end{cases}$$

Enfin, dans le même cas, les équations (39*a*), (39*c*), (39*d*), (39*e*), (39*g*), donnent, pour les sections angulaires faites en un nombre impair p de parties égales, ces cinq formules remarquables :

$$(42)\left\{\begin{aligned}
\frac{1}{\sqrt{p}} &= \operatorname{tang}\alpha_1 \operatorname{tang}\alpha_3 \operatorname{tang}\alpha_5 \ldots \operatorname{tang}\alpha_{p-2},\\
p &= \frac{2}{\sin\alpha_1} - \frac{2}{\sin\alpha_3} + \frac{2}{\sin\alpha_5} \ldots \mp \frac{2}{\sin\alpha_{p-2}} \pm 1,\\
p^2 &= 1 + \frac{2}{\sin^2\alpha_1} + \frac{2}{\sin^2\alpha_3} + \frac{2}{\sin^2\alpha_5} \ldots + \frac{2}{\sin^2\alpha_{p-2}},\\
0 &= 2\sin\alpha_1 - 2\sin\alpha_3 + 2\sin\alpha_5 \ldots \mp 2\sin\alpha_{p-2} \pm 1,\\
0 &= 2\sin^2\alpha_1 - 2\sin^2\alpha_2 + 2\sin^2\alpha_3 \ldots + 2\sin^2\alpha_{p-2} - 2\sin^2\alpha_{p-1} + 1.
\end{aligned}\right.$$

La troisième donne, en faisant p infini, le résultat connu

$$\frac{\pi^2}{8} = 1 + \frac{1}{3^2} + \frac{1}{5^2} + \frac{1}{7^2} + \text{etc.}$$

Formules du théorème II.

39. L'équation des fonctions est

$$(43)\qquad F(h, \psi) = \mu' F(k, \omega).$$

Dans cette équation, les modules h et k, ainsi que le nombre p, sont supposés les mêmes que dans le théorème Ier; ils sont assujettis à la même loi contenue dans l'équation transcendante $\frac{K}{K'} = p\,\frac{H}{H'}$, de sorte que l'échelle des modules est la même de part et d'autre.

Quant aux régulateurs μ et μ', ils satisfont toujours à l'équation $\mu\mu' = \frac{1}{p}$, et ils sont toujours compris entre 1 et $\frac{1}{p}$, car on a en particulier $\mu' = \frac{H}{K}$ et $\mu = \frac{K'}{H'}$.

Pour former l'équation des amplitudes, il faut préalablement calculer, d'après le module h', complément de h, les quantités $\beta_1, \beta_2, \ldots \beta_{p-1}$, qui satisfont en général à l'équation $F(h', \beta_m) = \frac{m}{p} F^1 h' = \frac{m}{p} H'$; ensuite faisant $\sin\psi = y$, $\sin\omega = z$, cette équation peut être mise sous les trois formes suivantes :

$$(44)\qquad z = \frac{y}{\mu'} \cdot \frac{1 + y^2\cot^2\beta_{p-1}}{1 + y^2\cot^2\beta_1} \cdot \frac{1 + y^2\cot^2\beta_{p-3}}{1 + y^2\cot^2\beta_3} \cdots \frac{1 + y^2\cot^2\beta_2}{1 + y^2\cot^2\beta_{p-2}},$$

$$(45)\quad (1-z^2)^{\frac{1}{2}}=(1-y^2)^{\frac{1}{2}}\cdot\frac{1-\frac{y^2\cos^2\mathit{6}_{p-1}}{\sin^2\mathit{6}_1}}{1+y^2\cot^2\mathit{6}_1}\cdot\frac{1-\frac{y^2\cos^2\mathit{6}_{p-3}}{\sin^2\mathit{6}_3}}{1+y^2\cot^2\mathit{6}_3}\cdots\frac{1-\frac{y^2\cos^2\mathit{6}_2}{\sin^2\mathit{6}_{p-2}}}{1+y^2\cot^2\mathit{6}_{p-2}},$$

$$(46)\quad (1-k^2z^2)^{\frac{1}{2}}=(1-h^2y^2)^{\frac{1}{2}}\cdot\frac{1-\frac{y^2\cos^2\mathit{6}_1}{\sin^2\mathit{6}_{p-1}}}{1+y^2\cot^2\mathit{6}_1}\cdot\frac{2-\frac{y^2\cos^2\mathit{6}_3}{\sin^2\mathit{6}_{p-3}}}{1+y^2\cot^2\mathit{6}_3}\cdots\frac{1-\frac{y^2\cos^2\mathit{6}_{p-2}}{\sin^2\mathit{6}_2}}{1+y^2\cot^2\mathit{6}_{p-2}}.$$

On aura de plus, pour le même objet, les deux formules trigonométriques

$$(47)\quad\left\{\begin{array}{l}\omega=2\psi_1-2\psi_3+2\psi_5\ldots\mp 2\psi_{p-2}\pm\psi\\ \operatorname{tang}\psi_1=\frac{1}{\sin\mathit{6}_1}\operatorname{tang}\psi,\ \operatorname{tang}\psi_3=\frac{1}{\sin\mathit{6}_3}\operatorname{tang}\psi\ldots\operatorname{tang}\psi_{p-2}=\frac{1}{\sin\mathit{6}_{p-2}}\operatorname{tang}\psi,\end{array}\right.$$

$$(48)\quad\left\{\begin{array}{l}\operatorname{tang}(45^\circ-\tfrac{1}{2}\omega)=\operatorname{tang}(45^\circ\pm\tfrac{1}{2}\psi)\operatorname{tang}^2(45^\circ-\tfrac{1}{2}\psi_2)\operatorname{tang}^2(45^\circ-\tfrac{1}{2}\psi_4)\ldots\operatorname{tang}^2(45^\circ-\tfrac{1}{2}\psi_{p-1}),\\ \sin\psi_2=\frac{\cos\mathit{6}_2}{\sin\mathit{6}_{p-2}}\sin\psi,\ \sin\psi_4=\frac{\cos\mathit{6}_4}{\sin\mathit{6}_{p-4}}\sin\psi\ldots\sin\psi_{p-1}=\frac{\cos\mathit{6}_{p-1}}{\sin\mathit{6}_1}\sin\psi.\end{array}\right.$$

40. Les quantités $\mathit{6}_1, \mathit{6}_2, \mathit{6}_3 \ldots \mathit{6}_{p-1}$ sont déterminées d'après le module h' complément de h, comme les quantités α le sont d'après le module k; en général, l'analyse par laquelle nous avons déduit le théorème II du théorème Ier, nous autorise à déduire les équations entre les constantes du théorème II, des équations analogues du théorème Ier, par le simple changement

des six quantités... $k', k, h, h', \alpha, \mu$,
en six autres...... $h, h', k', k, \mathit{6}, \mu'$.

Par ce moyen, nous aurons les neuf formules suivantes, analogues aux neuf du théorème Ier,

$$(49a)\quad \mu'=\frac{\sin^2\mathit{6}_1}{\sin^2\mathit{6}_{p-1}}\cdot\frac{\sin^2\mathit{6}_3}{\sin^2\mathit{6}_{p-3}}\cdot\frac{\sin^2\mathit{6}_5}{\sin^2\mathit{6}_{p-5}}\cdots\frac{\sin^2\mathit{6}_{p-2}}{\sin^2\mathit{6}_2},$$

$$(49b)\quad k'=h'^p\sin^4\mathit{6}_1\sin^4\mathit{6}_3\sin^4\mathit{6}_5\ldots\ldots\sin^4\mathit{6}_{p-2},$$

$$(49c)\quad \frac{1}{\mu'}=\frac{2}{\sin\mathit{6}_1}-\frac{2}{\sin\mathit{6}_3}+\frac{2}{\sin\mathit{6}_5}\ldots\ldots\mp\frac{2}{\sin\mathit{6}_{p-2}}\pm 1,$$

$$(49d)\quad \frac{k'}{h'\mu'}=2\sin\mathit{6}_1-2\sin\mathit{6}_3+2\sin\mathit{6}_5\ldots\mp 2\sin\mathit{6}_{p-2}\pm 1,$$

$$(49e)\quad \left(\frac{k'}{h'\mu'}\right)^2=2\sin^2\mathit{6}_1-2\sin^2\mathit{6}_2+2\sin^2\mathit{6}_3\ldots+2\sin^2\mathit{6}_{p-2}-2\sin^2\mathit{6}_{p-1}+1,$$

$$(49f)\quad \frac{h}{k\mu'}=\frac{\cos^2\mathit{6}_1}{\cos^2\mathit{6}_{p-1}}\cdot\frac{\cos^2\mathit{6}_3}{\cos^2\mathit{6}_{p-3}}\cdot\frac{\cos^2\mathit{6}_5}{\cos^2\mathit{6}_{p-5}}\cdots\frac{\cos^2\mathit{6}_{p-2}}{\cos^2\mathit{6}_2},$$

$$(49g)\quad \frac{1}{\mu'^2}=\left\{\begin{array}{l}1+\frac{2}{\sin^2\mathit{6}_1}+\frac{2}{\sin^2\mathit{6}_3}+\frac{2}{\sin^2\mathit{6}_5}\cdots+\frac{2}{\sin^2\mathit{6}_{p-2}}\\ -2h'^2(\sin^2\mathit{6}_2+\sin^2\mathit{6}_4\ldots+\sin^2\mathit{6}_{p-1}),\end{array}\right.$$

(49h) $\frac{1}{\mu'} = 1 + \frac{2\cos 6_2}{\sin 6_{p-2}} + \frac{2\cos 6_4}{\sin 6_{p-4}} \ldots\ldots + \frac{2\cos 6_{p-1}}{\sin 6_1}$,

(49i) $\frac{k}{h\mu'} = 1 + \frac{2\sin 6_{p-2}}{\cos 6_2} + \frac{2\sin 6_{p-4}}{\cos 6_4} \ldots + \frac{2\sin 6_1}{\cos 6_{p-1}}$.

41. Il est à remarquer que les équations des amplitudes qui donnent la valeur de $\sin\psi$ en fonction rationnelle de $\sin\varphi$, et celle de $\sin\omega$ en fonction rationnelle de $\sin\psi$, donneraient également les valeurs de $\tang\psi$ et $\tang\omega$, l'une exprimée en fonction rationnelle de $\tang\varphi$, l'autre exprimée en fonction rationnelle de $\tang\psi$. Voici ces nouvelles formules

(50) $\tang\psi = \frac{\tang\varphi}{\mu} \cdot \frac{1 - \tang^2\varphi \cot^2\alpha_{p-1}}{1 - \tang^2\varphi\cot^2\alpha_1} \cdot \frac{1 - \tang\varphi\cot^2\alpha_{p-3}}{1 - \tang^2\varphi\cot^2\alpha_3} \cdots \frac{1 - \tang^2\varphi\cot^2\alpha_2}{1 - \tang^2\varphi\cot^2\alpha_{p-2}}$,

(51) $\tang\omega = \frac{\tang\psi}{\mu'} \cdot \frac{1 + \frac{\tang^2\psi}{\sin^2 6_2}}{1 + h'^2\tang^2\psi\sin^2 6_2} \cdot \frac{1 + \frac{\tang^2\psi}{\sin^2 6_4}}{1 + h'^2\tang^2\psi\sin^2 6_4} \cdots \frac{1 + \frac{\tang^2\psi}{\sin^2 6_{p-1}}}{1 + h'^2\tang^2\psi\sin^2 6_{p-1}}$.

§ IV. *Remarques sur l'ancienne échelle de modules.*

42. L'ancienne échelle de modules, qui est censée répondre au nombre premier 2, est liée par des propriétés communes avec les échelles nouvelles construites pour tous les nombres impairs.

Et d'abord on peut poser, pour l'ancienne échelle, la formule

$$F(k, \varphi) = \mu F(h, \psi),$$

semblable à celle que donne le théorème Ier de M. Jacobi; car, puisque dans celle-ci le module h est toujours plus petit que k, la formule précédente peut s'assimiler à celle que, dans la notation usitée pour la première échelle, nous représentons ainsi :

$$F(k, \varphi) = \frac{1+k^\circ}{2} F(k^\circ, \varphi^\circ).$$

Il suffit pour cela de faire $h = k^\circ$, $\mu = \frac{1}{2}(1 + k^\circ)$ et $\psi = \varphi^\circ$. Ainsi la formule générale s'adaptera au cas de $p = 2$, qui est celui de l'ancienne échelle, en supposant, 1°. que l'équation entre les modules k et h est $k = \frac{2\sqrt{h}}{1+h}$, ou $\left(\frac{1+\sqrt{h}}{1-\sqrt{h}}\right)^2 = \frac{1+k}{1-k}$; 2°. que le régulateur $\mu = \frac{1}{2}(1 + h)$; 3°. que l'équation entre les amplitudes φ et ψ est $\sin(2\varphi - \psi) = h\sin\psi$, ou $\tang(\psi - \varphi) = \frac{1-h}{1+h}\tang\varphi = k'\tang\varphi$, ou $\tang\psi = \frac{\sin 2\varphi}{h + \cos 2\varphi}$, ou enfin $\sin\psi = \frac{(1+k')\sin\varphi\cos\varphi}{\sqrt{(1 - k^2\sin^2\varphi)}}$. Cette équation, présentée sous quatre formes, donne la loi suivant laquelle les amplitudes φ et ψ croissent simultanément; il en résulte que, si α est l'amplitude pour laquelle..... $F(k, \alpha) = \frac{1}{2}F^1k$, c'est-à-dire si l'on a $\sin^2\alpha = \frac{1}{1+k'} = \frac{1+h}{2}$, la correspondance entre les valeurs de φ et ψ aura lieu dans les points principaux, comme il suit :

$$\varphi = 0, \quad \alpha, \; \tfrac{1}{2}\pi, \; \pi - \alpha, \; \pi, \; \pi + \alpha, \text{ etc.},$$
$$\psi = 0, \; \tfrac{1}{2}\pi, \quad \pi, \quad \tfrac{3}{2}\pi, \quad 2\pi, \quad \tfrac{5}{2}\pi, \quad \text{etc.}$$

Cette correspondance pour l'indice $p = 2$ est entièrement semblable à celle qu'offre le théorème Ier pour un nombre impair quelconque p. On peut donc, dans l'équation $F(k, \varphi) = \mu F(h, \psi)$, faire à la fois $\varphi = \frac{1}{2}\pi$ et $\psi = \pi$; ce qui donnera

$$F^1k = 2\mu F^1h, \quad \text{ou} \quad 1 + h = \frac{F^1k}{F^1h} = \frac{K}{H}.$$

43. Mais si l'on substitue h' à k, et conséquemment k' à h, l'équation entre k et h, qui devient $h' = \frac{2\sqrt{k'}}{1+k'}$, sera également satisfaite, parce qu'on a $k' = \frac{1-h}{1+h}$. Donc les modules h' et k' peuvent être substitués aux modules k et h dans la formule générale, et alors l'équation..... $1 + h = \frac{K}{H}$ deviendra $1 + k' = \frac{H'}{K'}$. Ces deux équations ont donc lieu simultanément; et puisqu'on a $(1 + h)(1 + k') = 2$, il en résulte $2 = \frac{KH'}{HK'}$, ou

$$\frac{K}{K'} = 2\frac{H}{H'}.$$

Cette équation entre deux modules consécutifs k et h est la même que nous avons donnée n° 85, tome Ier; elle s'accorde, pour la valeur $p = 2$, avec l'équation générale $\frac{K}{K'} = p\frac{H}{H'}$, qui a lieu, dans le théorème Ier, pour un nombre impair quelconque p.

Il reste à voir si le théorème II de M. Jacobi a son analogue dans l'ancienne échelle, qu'on peut maintenant appeler l'échelle n° 2 ou l'échelle dont l'indice est 2.

44. Pour parvenir au moins indirectement à notre but, nous remarquerons que, dans les deux théorèmes généraux, les deux équations $F(k, \varphi) = \mu F(h, \psi)$, $F(h, \psi) = \mu' F(k, \omega)$, conduisent à la formule de multiplication $F(k, \omega) = pF(k, \varphi)$. Ainsi, on peut regarder l'équation du

second théorème $F(h, \psi) = \mu' F(k, \omega)$ comme une combinaison des deux équations $F(k, \varphi) = \mu F(h, \psi)$ et $F(k, \omega) = pF(k, \varphi)$.

Dans le cas de $p = 2$, nous aurons à combiner les deux équations $F(k, \varphi) = \frac{1}{2}(1 + h) F(h, \psi)$, $F(k, \omega) = 2F(k, \varphi)$; d'où résulte l'équation du second théorème, $F(h, \psi) = \frac{1}{1+h} F(k, \omega)$: elle donne $\mu' = \frac{1}{1+h}$, et par conséquent $2\mu\mu' = 1$, conformément à la loi générale $p\mu\mu' = 1$.

Pour avoir une équation entre les amplitudes ω et ψ, il faut éliminer φ des deux équations de cette sorte qui répondent aux deux formules.... $F(k, \varphi) = \frac{1}{2}(1 + h) F(h, \psi)$, $F(k, \omega) = 2F(k, \varphi)$; ces deux équations sont

$$\sin \psi = \frac{(1 + k') \sin \varphi \cos \varphi}{\sqrt{(1 - k^2 \sin^2 \varphi)}}, \quad \tang \tfrac{1}{2} \omega = \tang \varphi \sqrt{(1 - k^2 \sin^2 \varphi)},$$

et l'on en déduit, par l'élimination de φ, l'équation cherchée

$$(82) \qquad \sin \omega = \frac{(1 + h) \sin \psi}{1 + h \sin^2 \psi},$$

résultat qui s'accorde avec celui que nous avons trouvé art. 68, tome Ier.

45. Nous remarquerons enfin que dans la formule du premier théorème on a $\tang \psi$ ou $\tang \varphi^\circ = \frac{(1 + k') \tang \varphi}{1 - k' \tang^2 \varphi}$. Ainsi, $\tang \varphi^\circ$ s'exprime rationnellement par $\tang \varphi$; de même, $\tang \varphi^{\circ\circ}$ s'exprime rationnellement par $\tang \varphi^\circ$: donc, dans la suite des amplitudes φ, φ°, $\varphi^{\circ\circ}$, $\varphi^{\circ\circ\circ}$, etc., qui correspondent aux modules décroissans k, k°, $k^{\circ\circ}$, etc., ou, dans nos nouvelles dénominations, k, h, h_1, h_2, etc., la tangente d'une amplitude affectée à un terme quelconque s'exprime toujours rationnellement par la tangente de l'amplitude du premier terme, c'est-à-dire par $\tang \varphi$. Mais $\sin \varphi^\circ$ ne s'exprime pas rationnellement par $\sin \varphi$.

Dans la formule du second théorème, $F(h, \psi) = \mu' F(k, \omega)$, qui se lie avec d'autres formules semblables $F(k, \omega) = \mu'_1 F(k_1, \omega_1)$, $F(k_1, \omega_1) = \mu'_2 F(k_2, \omega_2)$, etc., on voit que $\sin \omega$ s'exprime rationnellement par $\sin \psi$, et qu'ainsi, dans la suite des amplitudes ψ, ω, ω_1, ω_2, qui répondent aux modules croissans h, k, k_1, k_2, etc., le sinus d'un terme quelconque s'exprimera rationnellement par le sinus du premier terme ψ, comme cela a lieu dans l'échelle construite pour tout nombre impair.

§ V. *Usage des deux théorèmes pour les transformations d'une même fonction.*

46. Il s'agit d'abord de construire, d'après le module donné k, une échelle qui réponde au nombre impair donné p, et que nous représentons ainsi :

$$1) \ldots k_3,\ k_2,\ k_1,\ k,\ h,\ h_1,\ h_2,\ h_3 \ldots (0$$

Pour former cette échelle, qui est commune aux deux théorèmes, nous suivrons les formules du théorème Ier; elles supposent qu'on a calculé d'avance, d'après le module k, les amplitudes $\alpha_1, \alpha_2, \ldots \alpha_{p-1}$, qui satisfont à l'équation $F(k, \alpha_m) = \frac{m}{p} F^1 k$. Ces amplitudes peuvent se trouver, soit par les formules données dans le chap. VI, tome Ier de notre Traité, soit par les méthodes d'approximation données dans le tome II. Dans tous les cas, il suffira de connaître le premier terme α_1, duquel tous les autres peuvent être déduits par de simples formules trigonométriques.

Connaissant les amplitudes α, on pourra calculer le module h et le régulateur μ par les formules (39a) et (39b), ou par celles des autres formules de cette sorte qu'on voudra choisir; on aura ainsi l'équation $F(k, \varphi) = \mu F(h, \psi)$, qui sert à transformer la fonction donnée $F(k, \varphi)$ en une autre semblable, dont le module h sera toujours plus petit que k, comme le fait voir l'équation (39b). Quant à l'amplitude ψ, elle se déduit de l'amplitude donnée φ par la formule (32), ou, si l'on aime mieux, par l'une des formules (36) et (37); mais, pour qu'il n'y ait pas d'ambiguïté dans cette détermination, il faut se rappeler que les amplitudes ψ et φ croissent inégalement, à compter de zéro, suivant une loi manifestée par les équations (32) et (33). En vertu de cette loi,

les valeurs.................. $\varphi = 0,\ \alpha_1,\ \alpha_2,\ \alpha_3, \ldots \alpha_p = \frac{1}{2}\pi$,
correspondent aux valeurs.. $\psi = 0,\ \frac{1}{2}\pi,\ \pi,\ \frac{3}{2}\pi, \ldots p.\frac{1}{2}\pi$.

Ainsi, lorsque φ tombe entre α_m et α_{m+1}, la valeur de ψ doit tomber entre $m.\frac{\pi}{2}$ et $(m+1)\frac{\pi}{2}$; ce qui ne laisse aucune ambiguïté dans la détermination de l'angle ψ par son sinus. Il en est de même pour des amplitudes plus grandes; car si une amplitude $\varphi < \frac{1}{2}\pi$ correspond à l'amplitude $\psi < p.\frac{1}{2}\pi$, il est visible que les amplitudes $2i.\frac{1}{2}\pi \pm \varphi$ et $2ip.\frac{1}{2}\pi \pm \psi$ se correspondent également, i étant un nombre entier quelconque.

Maintenant que la fonction $F(k, \varphi)$ est transformée en une autre fonction $F(h, \psi)$, dont le module est plus petit que k, on pourra faire une suite de semblables transformations, dans lesquelles le module h sera remplacé par un module plus petit h_1, celui-ci par un module plus petit h_2, et ainsi à l'infini ; ce qui formera la partie décroissante de l'échelle k, h, h_1, h_2, etc. : et les transformées correspondantes de la fonction $F(k, \varphi)$ seront données par les formules

$$F(k, \varphi) = \mu F(h, \psi),\ F(h, \psi) = \mu_1 F(h_1, \psi_1),\ F(h_1, \psi_1) = \mu_2 F(h_2, \psi_2),\ \text{etc.}$$

Il est inutile d'ajouter que l'amplitude ψ_1 se déduira de l'amplitude ψ, suivant la même loi que ψ se déduit de φ ; qu'il en sera de même de ψ_2, par rapport à ψ_1, et ainsi à l'infini.

En considérant donc la partie de l'échelle dans laquelle les modules forment une suite décroissante, le calcul des amplitudes qui accompagnent ces modules n'est sujet à aucune difficulté, et s'exécute par des formules rationnelles de même forme ; mais le passage d'un module à l'autre, par exemple, du module h au module h_1, exige qu'on calcule, pour le module h, des auxiliaires analogues aux quantités α_1, α_2, α_3, etc., calculées pour le module k.

47. Voyons maintenant quels sont les moyens d'effectuer de semblables transformations dans l'ordre inverse, c'est-à-dire dans l'autre partie de l'échelle. Si l'on regarde $F(h, \psi)$ comme la fonction donnée, il faudra d'abord déduire le module k du module plus petit h. Pour cela, le meilleur moyen serait de recourir à l'équation algébrique qui existe toujours entre deux modules consécutifs k et h ; car cette équation, qui servira à déduire le module k du module plus petit h, servirait semblablement à déduire le module k_1 du module plus petit k, puis k_2 de k_1, et ainsi de suite. Mais l'équation dont nous parlons, qui est déjà assez compliquée pour le cas de $p = 5$, le serait bien davantage pour de plus grandes valeurs de p. En attendant que la théorie fournisse les moyens de parvenir plus aisément à cette équation, on pourrait y suppléer par les formules (49a) et (49b) du théorème II, qui servent à calculer k' et μ' par le moyen des quantités $\mathfrak{C}_n$, qui, elles-mêmes, sont calculées d'après la valeur connue de h'. Or, connaissant k' et μ', on connaît k complément de k' et $\mu = \frac{1}{p\mu'}$. Ainsi les formules citées serviront à déterminer k et μ par le moyen de h, et à former l'équation $F(h, \psi) = \frac{1}{\mu} F(k, \varphi) = \nu F(k, \varphi)$; elles peuvent, par conséquent, aussi servir à déterminer k_1 par le moyen de k : en sorte

qu'on ait l'équation $F(k, \varphi) = \nu_1 F(k_1, \varphi_1)$; et l'on continuera cette suite à volonté. Au reste, le problème de déterminer k par le moyen de h ou k_1 par le moyen de k peut se résoudre beaucoup plus simplement, si l'on ne veut que des approximations, par le secours de l'équation transcendante $\frac{K}{K'} = p\frac{H}{H'}$, comme nous le ferons voir ci-après.

Il restera ensuite à déterminer l'amplitude φ_1 par le moyen de l'amplitude donnée φ. Ce problème se résoudra comme celui où l'on voudrait déterminer $\sin\varphi$ par $\sin\psi$; ce qui peut se faire par la résolution de l'équation (32), qui est du degré p. On obtiendra donc de cette manière les formules successives de transformation dans l'ordre des modules croissans, comme il suit :

$$F(h, \psi) = \nu F(k, \varphi),\ F(k, \varphi) = \nu_1 F(k_1, \varphi_1),\ F(k_1, \varphi_1) = \nu_2 F(k_2, \varphi_2), \text{ etc.}$$

Et parce que, dans l'équation $F(h, \psi) = \nu F(k, \varphi)$, on peut faire à la fois $\varphi = \frac{1}{2}\pi$ et $\psi = p.\frac{1}{2}\pi$, on aura $\nu = \frac{pH}{K}$; on aurait semblablement..... $\nu_1 = \frac{pK}{K_1}$, $\nu_2 = \frac{pK_1}{K_2}$, etc. Ces équations peuvent servir à déterminer analytiquement le rapport entre deux termes quelconques de la suite H, K, K_1, K_2, etc.; car les régulateurs ν, ν_1, ν_2, etc., se déduisent analytiquement des modules correspondans h, k, k_1, etc.

On voit, par ces détails, que le théorème Ier suffit seul pour transformer la fonction donnée $F(k, \varphi)$ en une infinité d'autres, qui auront pour modules les différens termes d'une même échelle, calculée pour le nombre impair p, d'après le module donné k. Les échelles sont différentes, et les calculs pour obtenir les formules de transformation deviennent de plus en plus compliqués, à mesure que le nombre p devient plus grand; mais toutes les déterminations peuvent se faire algébriquement. Il y a donc, d'après le théorème Ier, une infinité d'échelles de modules dans chacune desquelles la fonction proposée $F(k, \varphi)$ prendra une infinité de formes, sans cesser d'être semblable à elle-même.

48. Venons maintenant aux usages du théorème II. La première formule de transformation $F(h, \psi) = \mu' F(k, \omega)$, et celle qui détermine $\sin\omega$ par une fonction rationnelle de $\sin\psi$, nous montrent que l'application la plus immédiate du théorème II est de transformer la fonction donnée $F(h, \psi)$, de manière que le module h soit remplacé successivement par les modules croissans k, k_1, k_2, etc., dont la limite est 1. L'échelle des modules est la même que celle du théorème Ier; mais la

détermination des termes de cette échelle, et celle des régulateurs μ', s'établit sur des données différentes.

Nous avons vu que c'est d'après le module h', complément du module donné h, que l'on doit calculer les quantités $\mathcal{C}_1$, $\mathcal{C}_2$, $\mathcal{C}_3$, etc., qui satisfont, en général, à l'équation $F(h', \mathcal{C}_m) = \frac{m}{p} F^1 h' = \frac{m}{p} H'$. Au moyen de ces quantités et du nombre donné p, les formules du théorème II offrent différens moyens de calculer le module k et le régulateur μ'; alors tout devient connu dans la formule qui détermine $\sin \omega$ par le moyen de $\sin \psi$: on voit d'ailleurs que les variables ω et ψ croissent dans une proportion assez rapprochée de l'égalité, puisqu'elles parviennent simultanément de la valeur o à la valeur $\frac{1}{2}\pi$, et à toute valeur multiple de $\frac{1}{2}\pi$; de sorte qu'elles appartiennent toujours au même quadrant, et que leurs sinus sont toujours de même signe. On obtient donc ainsi la transformation $F(h, \psi) = \mu' F(k, \omega)$, dans laquelle le module donné h est remplacé par un module plus grand k. On répétera les mêmes opérations pour remplacer le module k par le module plus grand k_1, celui-ci par un module encore plus grand k_2; et ainsi à l'infini. Ces modules occupent dans l'échelle correspondante au nombre p, la partie croissante h, k, k_1, k_2, etc., dont la limite est l'unité, et les transformées successives de la fonction $F(h, \psi)$, seront données par les formules

$$F(h, \psi) = \mu' F(k, \omega), \quad F(k, \omega) = \mu'_1 F(k_1, \omega_1),$$
$$F(k_1, \omega_1) = \mu'_2 F(k_2, \omega_2), \quad \text{etc.}$$

49. Supposons ensuite qu'on veuille faire, dans un ordre inverse, les transformations de la fonction $F(h, \psi)$, de manière que son module h soit remplacé successivement par les différens termes de la série décroissante h, h_1, h_2, etc., on rencontrera la même difficulté que le changement de direction a fait naître dans l'usage du théorème Ier. Les formules directes qui s'appliquent à l'ordre des modules croissans donnent k et μ' en fonctions de h' complément de h; elles donnent en même temps $\sin \omega$ exprimé par une fonction rationnelle de $\sin \psi$. Dans la marche inverse, il faut déduire h et μ' de k, ce qui ne peut se faire que par des procédés semblables à ceux que nous avons indiqués : et, d'un autre côté, on ne peut déduire $\sin \psi$ de $\sin \omega$ que par la résolution d'une équation du degré p. C'est ainsi qu'on aura la première formule de transformation $F(k, \omega) = \frac{1}{\mu'} F(h, \psi)$, ou $F(k, \omega) = \nu' F(h, \psi)$. Par de semblables opérations, on trouve

$$F(h, \psi) = \nu'_1 F(h_1, \psi_1), \quad F(h_1, \psi_1) = \nu'_2 F(h_2, \psi_2), \text{ etc.},$$

de sorte que le module donné h sera successivement remplacé par les différens termes de la série décroissante h, h_1, h_2, etc.

On voit par là que le théorème II fournit une seconde solution du problème dans lequel il s'agit de transformer une fonction donnée $F(h, \psi)$ en une infinité d'autres qui aient pour modules les différens termes de la même échelle déjà construite pour le module k, et correspondante au nombre impair donné p. La transformation se fait immédiatement par les formules du théorème II, pour passer du module h aux modules croissans k, k_1, k_2, etc.; elle se fait avec moins de facilité, et en exigeant pour chaque amplitude la résolution d'une équation du degré p, lorsqu'il s'agit de passer du module h aux modules décroissans h_1, h_2, etc. Mais, dans tous les cas, la solution peut toujours se faire algébriquement, c'est-à-dire par la résolution d'un certain nombre d'équations algébriques d'un degré déterminé.

50. Indépendamment de ces deux grands moyens de transformation qui s'appliquent à tout nombre impair donné p, il en est un troisième qui participe des deux, et qui n'emprunte de chaque théorème que la partie la plus facile, où il n'y a pas d'équation à résoudre pour passer de l'amplitude de la fonction donnée à l'amplitude de la fonction transformée.

En effet, supposons que, par un procédé dont nous donnerons bientôt les détails, on ait formé, d'après le module donné k, et dans telle étendue qu'on voudra, l'échelle des modules

$$1) \ldots \; k_3, \; k_2, \; k_1, \; k, \; h, \; h_1, \; h_2, \; h_3 \ldots \; (0$$

qui répond au nombre impair donné p. On pourra, par les formules du théorème Ier, transformer la fonction, en la faisant passer du module k aux modules décroissans h, h_1, h_2, etc.; et, par les formules du théorème II, les transformations pourront être dirigées pour passer, avec la même facilité, du module k aux modules croissans k_1, k_2, k_3, etc.

Dans ces deux séries de transformations, l'amplitude de chaque fonction se déduira de l'amplitude de la fonction précédente, au moyen d'une formule (32) ou (44), dans laquelle le sinus inconnu s'exprime rationnellement par le sinus connu. A l'égard des régulateurs qui servent à former les équations $F(k, \varphi) = \mu F(h, \psi)$, $F(h, \psi) = \mu_1 F(h_1, \psi_1)$, etc., ils se déterminent, soit par les formules propres au théorème Ier, soit par les formules plus simples $\mu = \frac{1}{p} \cdot \frac{K}{H}$, $\mu_1 = \frac{1}{p} \cdot \frac{H}{H_1}$, $\mu_2 = \frac{1}{p} \cdot \frac{H_1}{H_2}$, etc. On aura de même, pour les équations $F(k, \varphi) = \mu'_1 F(k_1, \varphi_1)$, $F(k_1, \varphi_1) = \mu'_2 F(k_2, \varphi_2)$, relatives à la partie croissante de l'échelle, les formules $\mu'_1 = \frac{K}{K_1}$, $\mu'_2 = \frac{K_1}{K_2}$, etc.

51. Il ne sera pas inutile de joindre ici un petit tableau où l'on verra d'un coup d'œil la liaison des formules que chacun des théorèmes fournit pour la transformation de la fonction proposée, tant dans l'ordre croissant que dans l'ordre décroissant.

Échelle générale des modules pour le nombre impair p,

$$1)\ldots.\ k_3,\ k_2,\ k_1,\ k,\ h,\ h_1,\ h_2,\ h_3,\ldots.\ (0$$

Formules du théorème Ier.

Ordre décroissant, $\begin{cases} F(k, \varphi) = \mu F(h, \psi),\ F(h, \psi) = \mu_1 F(h_1, \psi_1), \\ F(h_1, \psi_1) = \mu_2 F(h_2, \psi_2),\ \text{etc.} \end{cases}$

Ordre croissant, $\begin{cases} F(h, \psi) = \nu F(k, \varphi),\ F(k, \varphi) = \nu_1 F(k_1, \varphi_1), \\ F(k_1, \varphi_1) = \nu_2 F(k_2, \varphi_2),\ \text{etc.} \end{cases}$

Valeurs des régulateurs, $\begin{cases} \mu = \frac{K}{pH},\ \mu_1 = \frac{H}{pH_1},\ \mu_2 = \frac{H_1}{pH_2},\ \text{etc.}, \\ \nu = \frac{pH}{K},\ \nu_1 = \frac{pK}{K_1},\ \nu_2 = \frac{pK_1}{K_2},\ \text{etc.} \end{cases}$

Formules du théorème II.

Ordre croissant, $\begin{cases} F(h, \psi) = \mu' F(k, \omega),\ F(k, \omega) = \mu'_1 F(k_1, \omega_1), \\ F(k_1, \omega_1) = \mu'_2 F(k_2, \omega_2),\ \text{etc.} \end{cases}$

Ordre décroissant, $\begin{cases} F(k, \omega) = \nu' F(h, \psi),\ F(h, \psi) = \nu'_1 F(h_1, \psi_1), \\ F(h_1, \psi_1) = \nu'_2 F(h_2, \psi_2),\ \text{etc.} \end{cases}$

Valeurs des régulateurs, $\begin{cases} \mu' = \frac{H}{K},\ \mu'_1 = \frac{K}{K_1},\ \mu'_2 = \frac{K_1}{K_2},\ \text{etc.}, \\ \nu' = \frac{K}{H},\ \nu'_1 = \frac{H}{H_1},\ \nu'_2 = \frac{H_1}{H_2},\ \text{etc.} \end{cases}$

Rapports entre les régulateurs des deux théorèmes,

$$\nu = p\mu',\quad \nu_1 = p\mu'_1,\quad \nu_2 = pu'_2,\quad \text{etc.},$$
$$\nu' = p\mu,\quad \nu'_1 = p\mu_1,\quad \nu'_2 = pu_2,\quad \text{etc.}$$

§ VI. *Usage des mêmes théorèmes dans la multiplication et la division des fonctions de première espèce.*

52. Nous avons déjà remarqué que les formules données par les deux théorèmes, savoir, $F(k, \varphi) = \mu F(h, \psi)$, $F(h, \psi) = \mu' F(k, \omega)$, conduisent immédiatement à l'équation

$$F(k, \omega) = pF(k, \varphi),$$

qui servira également à la multiplication des fonctions et à leur division par le nombre impair p.

On voit d'abord qu'étant donnée l'amplitude φ de la fonction simple $F(k, \varphi)$, il faudra chercher l'amplitude ψ de la fonction auxiliaire $F(h, \psi)$, au moyen de la formule (32) du théorème Ier, laquelle donne la valeur de $\sin \psi$, exprimée par une fonction rationnelle de $\sin \varphi$; ensuite, on fera usage de la formule (44) du théorème II, qui donne semblablement l'expression de $\sin \omega$ en fonction de $\sin \psi$. D'ailleurs, on connaît la loi que suivent, dans leurs accroissemens, les amplitudes φ et ψ, ainsi que celle qui a lieu dans les accroissemens des amplitudes ψ et ω. Ainsi la détermination de $\sin \omega$ par $\sin \varphi$ fera connaître, sans ambiguité, la valeur de ω déduite de celle de φ.

On peut supposer que la valeur de $\sin \psi$ en $\sin \varphi$, donnée par le théorème Ier, est substituée dans la formule (44) du théorème II, et alors on aura immédiatement l'expression de $\sin \omega$, laquelle sera donnée par une fonction rationnelle de $\sin \varphi$, dont le numérateur est un polynome du degré p^2, avec tous les exposans impairs, et le dénominateur un polynome du degré $p - 1$, avec tous les exposans pairs. Cette substitution peut être censée satisfaire au problème que nous nous étions proposé n° 22, tome Ier, et qui consiste à trouver l'expression générale de $\sin \varphi_m$ et $\cos \varphi_m$ en fonction de $\sin \varphi$ et $\cos \varphi$.

Nous remarquerons cependant que la solution qui vient d'être indiquée suppose connues les quantités α_m et β_m pour toute valeur de m. Ces quantités peuvent se déterminer par les équations algébriques dont elles dépendent, ou par les méthodes d'approximation ; mais elles sont en quelque sorte étrangères au problème dont il s'agit, et elles doivent disparaître dans le résultat final, qui ne peut contenir, tant au numérateur qu'au dénominateur, que des coefficiens exprimés en fonctions rationnelles du module k. Ainsi, le problème de la multiplication des fonctions n'est encore résolu que d'une manière incomplète, et qui laisse beaucoup à désirer.

Il en est de même, à plus forte raison, du problème de la division des fonctions; cependant, comme ce problème présente, en général, une équation à résoudre du degré p^2, il faut avouer que l'application de nos deux théorèmes sert à diminuer beaucoup la difficulté. Il faut, pour l'usage de ces formules, calculer préalablement les quantités α_m et $\mathcal{C}_m$, qui servent à diviser les fonctions complètes F^1k et F^1h' en p parties égales. Ces quantités étant connues, la division de la fonction $F(k, \omega)$ en p parties égales, c'est-à-dire la détermination de l'amplitude φ qui satisfait à l'équation $F(k, \varphi) = \frac{1}{p} F(k, \omega)$, se réduira à résoudre deux équations du degré p, savoir, l'équation (44), pour déterminer $\sin \psi$ par le moyen de $\sin \omega$, et l'équation (32), pour déterminer $\sin \varphi$ par le moyen de $\sin \psi$. On voit, par conséquent, que $\sin \psi$ sert d'auxiliaire pour décomposer l'équation du degré p^2 en deux équations du degré p.

Les choses se simplifient ultérieurement dans les cas particuliers, ainsi qu'on le verra ci-après dans le développement des cas de $p=3$ et $p=5$.

§ VII. *Usages de l'équation transcendante* $\frac{K}{K'} = p\frac{H}{H'}$.

53. Nous remarquerons d'abord que le théorème contenu dans cette équation s'accorde avec ceux que nous avons trouvés sous une autre forme n° 85 et n° 190 du tome Ier; le premier, pour le cas de $p=2$, qui est celui de l'échelle ancienne, et le second, pour le cas de $p=3$, qui est celui de la seconde échelle dont nous avons traité dans le chapitre XXXI. C'est donc un résultat général qui s'applique non-seulement à tous les nombres impairs sans exception, mais même au cas de $p=2$, qui se rapporte à l'ancienne échelle.

La formule $\frac{K}{K'} = p\frac{H}{H'}$ représente, sous la forme transcendante, l'équation algébrique qui existe toujours entre deux modules consécutifs k et h, pris dans l'échelle dont l'indice est p, k étant le plus grand des deux. On aura semblablement, entre les modules h et h_1, l'équation $\frac{H}{H'} = p\frac{H_1}{H'_1}$, entre h_1 et h_2, l'équation $\frac{H_1}{H'_1} = p\frac{H_2}{H'_2}$, etc.; donc

$$\frac{K}{K'} = p\frac{H}{H'} = p^2\frac{H_1}{H'_1} = p^3\frac{H_2}{H'_2}, \text{ etc.},$$

et, en général, $\frac{K}{K'} = p^{m+1} \frac{H_m}{H'_m}$. C'est la relation qui existe entre le module k et le module h_m, qui occupe le rang $m+1$, après k, dans la suite décroissante k, h, h_1, h_2, etc. On aura donc semblablement, entre les modules k_m et k, l'équation $\frac{K_m}{K'_m} = p^m \frac{K}{K'}$; car le module k est placé au rang m, après k_m, dans la série décroissante k_m, k_{m-1}, k_{m-2}.... k_2, k_1, k. Cette même équation, sous la forme

$$\frac{K}{K'} = \frac{1}{p^m} \cdot \frac{K_m}{K'_m},$$

contient une relation directe entre le module k et le module k_m, qui occupe le rang m, après k, dans la série croissante k, k_1, k_2.... k_m.

Les transformées successives de la fonction $F(k, \varphi)$, suivant les formules du théorème Ier, et dans l'ordre des modules décroissans, sont données par les formules

$$F(k, \varphi) = \mu F(h, \psi),\quad F(h, \psi) = \mu_1 F(h_1, \psi_1),\quad F(h_1, \psi_1) = \mu_2 F(h_2, \psi_2),\ \text{etc.},$$

où l'on a $\quad \mu = \frac{1}{p} \cdot \frac{K}{H}$, $\mu_1 = \frac{1}{p} \cdot \frac{H}{H_1}$, $\mu_2 = \frac{1}{p} \cdot \frac{H_1}{H_2}$, etc.

Il en résulte les valeurs successives

$$F(k, \varphi) = \mu F(h, \psi) = \frac{1}{p} \cdot \frac{K}{H} F(h, \psi),$$

$$F(k, \varphi) = \mu\mu_1 F(h_1, \psi_1) = \frac{1}{p^2} \cdot \frac{K}{H_1} F(h_1, \psi_1),$$

$$F(k, \varphi) = \mu\mu_1\mu_2 F(h_2, \psi_2) = \frac{1}{p^3} \cdot \frac{K}{H_2} F(h_2, \psi_2),$$

etc.

Donc on peut passer immédiatement du module k au module h_m, pris dans la série décroissante, par la formule

$$F(k, \varphi) = \frac{1}{p^{m+1}} \cdot \frac{K}{H_m} . F(h_m, \psi_m).$$

On passera de même du module k au module k_m, pris dans la série croissante, par la formule

$$F(k, \varphi) = p^m . \frac{K}{K_m} . F(k_m, \varphi_m).$$

54. Dans le premier cas, l'amplitude ψ_m se déduit de l'amplitude précédente ψ_{m-1}, suivant la même loi que ψ se déduit de φ, c'est-à-dire par une équation qui exprime rationnellement $\sin \psi$ en fonction de $\sin \varphi$, et semblablement $\sin \psi_m$ en fonction de $\sin \psi_{m-1}$.

Dans le second cas, qui s'applique aux modules croissans, l'amplitude φ_m se déduira de la précédente φ_{m-1}, en résolvant une équation du degré p. Il y aurait donc autant d'équations de cette sorte à résoudre que d'unités dans m; et, en outre, il faudrait à chaque opération calculer la série entière des quantités analogues à α_n. Mais il s'agit ici de simples possibilités, et non de l'exécution effective de tant de calculs qui deviendraient bientôt impraticables, même pour d'assez petites valeurs de p et de m; on a au moins l'avantage de pouvoir former *a priori*, et par des calculs rendus faciles par des transcendantes bien connues, l'équation qui fait passer directement du module k au module plus petit h_m, ou au module plus grand k_m. Quant aux amplitudes ψ_m ou φ_m, il sera toujours possible de les trouver par approximation, en supposant $F(k, \varphi)$ connu, puisque h_m devenant bientôt très petit, ou même négligeable, $F(h_m, \psi_m)$ se réduit à ψ_m; et que, d'autre part, k_m pouvant bientôt être confondu avec l'unité, $F(k_m, \varphi_m)$ se réduira à log-tang $(45° + \frac{1}{2}\varphi_m)$.

Les mêmes calculs que nous venons d'indiquer s'appliquent aux formules du théorème II, ainsi qu'on peut le voir par le tableau de l'art. 51.

55. Revenons maintenant à l'équation $\frac{K}{K'} = p\frac{H}{H'}$, ou, plus généralement, aux équations

$$\frac{K}{K'} = p^{m+1}\frac{H_m}{H'_m}, \quad \frac{K}{K'} = \frac{1}{p^m}\cdot\frac{K_m}{K'_m},$$

qui servent à passer, l'une du module k au module h_m, dans l'ordre décroissant, l'autre du module k au module k_m, dans l'ordre croissant. Supposons qu'étant donné k, on veuille calculer par ces formules les différens termes de l'échelle qui répond au nombre impair donné p.

Par la table des fonctions complètes (table 1re, tome II), on connaîtra à la fois les logarithmes de K et de K′ calculés avec douze décimales; on connaîtra donc le logarithme de $\frac{K}{K'}$, et par suite celui de $\frac{H_m}{H'_m}$. Lorsque h_m ne sera pas trop petit, on pourra trouver dans la table une valeur de h_m, qui corresponde à peu près au logarithme de $\frac{H_m}{H'_m}$; alors on trouvera aisément, par interpolation, une valeur fort approchée du module demandé h_m. Il en sera de même des cas où l'on pourrait trouver dans la table un logarithme peu différent de celui de $\frac{K_m}{K'_m}$; mais le plus souvent les limites de la table ne permettront pas de faire ces interpolations, et le calcul pour déterminer h_m ou k_m n'en deviendra que plus facile. En effet, la série h, h_1, h_2, etc., décroissant d'une manière très rapide, on pourra bientôt supposer $H_m = \frac{1}{2}\pi$ et $H'_m = \log \frac{4}{h_m}$; de sorte qu'on déterminera immédiatement le module h_m par l'équation

$$\log.\frac{4}{h_m} = \tfrac{1}{2}\pi p^{m+1}.\frac{K'}{K}(0.43429\ldots),$$

dont le premier membre représente un logarithme vulgaire.

De même, à cause de la convergence très rapide de la suite k, k_1, k_2,... vers la limite 1, on aura bientôt, avec une exactitude suffisante,

$$K'_m = \tfrac{1}{2}\pi \text{ et } K_m = \text{log. hyp.}\frac{4}{k'_m};$$

ce qui donnera

$$\log\frac{4}{k'_m} = \tfrac{1}{2}\pi p^m.\frac{K}{K'}(0.43429\ldots),$$

équation qui détermine le module k_m, très peu différent de l'unité, par son complément k'_m.

C'est ainsi qu'on pourra calculer, dans toute l'étendue qu'on voudra, l'échelle des modules qui résulte du module donné k et du nombre impair donné p; et il ne sera pas plus difficile de calculer le dixième ou le centième terme, avant ou après le module donné k, que tout autre terme voisin de k.

56. Si, après avoir formé l'échelle qui convient au module donné k et au nombre impair p, on forme une seconde échelle avec les complémens des termes de la première, placés au même rang, comme on le voit ici :

$$1)\ldots\ k_3,\ k_2,\ k_1,\ k,\ h,\ h_1,\ h_2,\ h_3\ldots\ (0$$
$$0)\ldots\ k'_3,\ k'_2,\ k'_1,\ k',\ h',\ h'_1,\ h'_2,\ h'_3\ldots\ (1$$

cette seconde suite sera l'échelle des modules qui, pour le même indice p, répondra au module k', complément de k; elle sera seulement disposée dans un ordre inverse, c'est-à-dire qu'elle sera croissante dans le sens où la première est décroissante, et réciproquement. Ainsi, l'échelle construite pour le module k fait connaître immédiatement l'échelle qui répond à son complément k', l'indice p étant le même dans les deux cas. Nous avions déjà fait mention de cette propriété au n° 76, tome Ier, pour l'ancienne échelle qui répond à $p = 2$, et au n° 189, *ibid.*, pour l'échelle qui répond à $p = 3$; mais on voit que cette propriété est générale pour toutes les échelles qui répondent à un nombre impair quelconque. En effet, de l'équation $\frac{K}{K'}=p\frac{H}{H'}$, qui a lieu pour le module k, on déduit immédiatement l'équation $\frac{K'}{K}=\frac{1}{p}\cdot\frac{H'}{H}$, qui se rapporte au module k', en renversant l'ordre des termes, ce qu'exprime le changement de p en $\frac{1}{p}$. Examinons maintenant deux cas particuliers très remarquables.

57. Supposons premièrement $k=\sin 45°$, on aura $k=k'$, et par conséquent $p=\frac{H'}{H}$. Or, p étant donné, il existe toujours une équation algébrique entre les deux termes consécutifs k et h; et si l'on met dans cette équation la valeur $k=\sqrt{\frac{1}{2}}$, on en tirera la valeur de h, qui satisfait à l'équation transcendante $p=\frac{H'}{H}$, et qui peut être considérée comme une fonction de p, algébriquement déterminable. Dans la même hypothèse, puisque $k'=k$, l'échelle des complémens sera la même que celle des modules, mais dans un ordre inverse; d'où il suit que l'échelle, pour le nombre p, sera alors de la forme

$$\ldots\; h'_3,\; h'_2,\; h'_1,\; h',\; \sin 45°,\; h,\; h_1,\; h_2,\; h_3,\ldots \quad (o$$

c'est-à-dire que les termes également éloignés du terme moyen sin 45° seront complémens l'un de l'autre; tels sont h et h', h_1 et h'_1, etc.

58. Supposons, en second lieu, que dans la même équation algébrique dont on vient de parler on fasse $h=k'=\sqrt{(1-k^2)}$; on en déduira une valeur de k, laquelle ne dépendra que du nombre p, qui est l'indice de l'échelle. Mais puisqu'on a, dans cette hypothèse, $h=k'$, on aura aussi $h'=k$; et par conséquent il y aura entre les fonctions complètes de semblables égalités, c'est-à-dire qu'on aura $H=K'$ et $H'=K$; donc l'équation.... $\frac{K}{K'}=p\frac{H}{H'}$ donnera $\left(\frac{K}{K'}\right)^2=p$, ou $\frac{K}{K'}=\sqrt{p}$.

Dans le premier cas, l'équation des modules nous a fourni la valeur du module h, qui satisfait à l'équation transcendante $\frac{H}{H'}=p$, en faisant $k=\sqrt{\frac{1}{2}}$.

Dans le second cas, la même équation, dans laquelle on fait...... $h=\sqrt{(1-k^2)}$, donnera la valeur du module k, qui satisfait à l'équation transcendante $\frac{K}{K'}=\sqrt{p}$.

Mais si dans les deux échelles complémentaires du n° 56 on fait $h'=k$, la partie croissante de l'échelle inférieure, savoir, k, h'_1, h'_2, h'_3,..... coïncidera avec la partie croissante de l'échelle supérieure, savoir, k,

k_1, k_2, k_3.... ; et pareillement la partie décroissante de l'une coïncidera avec la partie décroissante de l'autre. Ces deux conditions, qui sont une conséquence l'une de l'autre, donnent $k_1 = h'_1$, $k_2 = h'_2$, $k_3 = h'_3$, etc., et en même temps $k'_1 = h_1$, $k'_2 = h_2$, $k'_3 = h_3$, etc.

Il s'ensuit, par conséquent, que l'échelle des modules, dans le second cas, est toujours de la forme

$$1) \ldots . \ k_3, \ k_2, \ k_1, \ k, \ k', \ k'_1, \ k'_2, \ k'_3, \ldots . \quad (0$$

où l'on voit que les deux termes moyens k, k' sont complémens l'un de l'autre, et qu'il en est de même de deux autres termes également éloignés des termes moyens.

Cette échelle, qui a pour indice le nombre p, est telle, que deux termes consécutifs m et n satisfont toujours à l'équation transcendante $\frac{M}{M'} = p\frac{N}{N'}$. On a, en particulier, pour k et k' l'équation $\frac{K}{K'} = p\frac{K'}{K}$, ou $\frac{K}{K'} = \sqrt{p}$; pour k' et k'_1, l'équation $\frac{K'}{K} = p\frac{K'_1}{K_1}$, ou $\frac{K_1}{K'_1} = p\sqrt{p}$; pour k'_1 et k'_2, l'équation $\frac{K'_1}{K_1} = p\frac{K'_2}{K_2}$, ou $\frac{K_2}{K'_2} = p^2\sqrt{p}$; et ainsi de suite.

59. Remarquons maintenant que les deux échelles que nous venons de construire peuvent être réunies en une seule et même échelle, qui aura pour indice $\sqrt{p}$; cette échelle *unique* sera composée des termes entrelacés des deux autres, comme il suit :

$$1) \ldots . \ h'_2, \ k_2, \ h'_1, \ k_1, \ h', \ k, \ \sin 45^\circ, \ k', \ h, \ k'_1, \ h_1, \ k'_2, \ h_2 \ldots . \quad (0$$

En effet, il est aisé de voir que, si m et n sont deux termes consécutifs de cette échelle, n étant $< m$, on aura, entre les fonctions complètes correspondantes, l'équation $\frac{M}{M'} = \sqrt{p} \cdot \frac{N}{N'}$.

Car, si m appartient à la série dont $\sin 45^\circ$ est le terme moyen, on aura $\frac{M}{M'} = p^i$, i étant positif ou négatif, selon que m est plus grand ou plus petit que $\sin 45^\circ$; alors n appartiendra à l'autre série, dont k et k' sont les termes moyens, et l'on aura

$$\frac{N}{N'} = p^{i-1}\frac{K}{K'} = p^{i-1}\sqrt{p} : \quad \text{donc} \quad \frac{M}{M'} = \sqrt{p} \cdot \frac{N}{N'}.$$

Le même résultat aura lieu si m appartient à la série dont k et k' sont les termes moyens, et n à l'autre série.

L'échelle unique que nous venons de former avec l'indice $\sqrt{p}$ jouit de la propriété que deux termes pris à égale distance du terme moyen $\sin 45^\circ$

sont toujours complémens l'un de l'autre ; elle jouit même de cette propriété d'une manière exclusive : car on peut démontrer que, dans toute autre échelle, on ne trouvera jamais deux termes qui soient complémens l'un de l'autre.

Une autre particularité attachée à cette échelle, est que l'équation transcendante $\frac{M}{M'} = \sqrt{p}\,\frac{N}{N'}$, qui la caractérise, ne paraît pas susceptible d'être représentée par une équation algébrique entre les deux termes consécutifs m et n, quoique les deux échelles dont elle est composée, l'une construite d'après le module sin 45°, l'autre d'après le module k, déterminé en fonction de p, appartiennent toutes deux à l'indice p, et soient soumises, par conséquent, à la loi algébrique qui lie entre eux deux termes consécutifs.

60. On a un exemple de l'échelle unique dont l'indice est $\sqrt{p}$, pour le cas de $p=2$, qui est celui de l'ancienne échelle, dans la réunion des deux échelles formées n° 77, tome Ier, lesquelles donneraient, suivant les dénominations précédentes,

$$k' = \sqrt{2}-1,\quad k = \sqrt{(2\sqrt{2}-2)},\quad h = 3-2\sqrt{2},\quad h' = 2(\sqrt{2}-1)\sqrt[4]{2}.$$

Cette échelle satisfait à l'équation $\frac{M}{M'} = \sqrt{2}\,.\frac{N}{N'}$; mais dans ce cas, le plus simple de tous, on ne voit pas quelle serait l'équation algébrique qui pourrait avoir lieu entre deux termes consécutifs de l'échelle : on sait seulement que, pour les termes alternatifs tels que n et n_2, n_1 et n_3, on a $n = \frac{2\sqrt{n_2}}{1+n_2}$ et $n_1 = \frac{2\sqrt{n_3}}{1+n_3}$. Si l'on fait donc $n = \psi(n_1)$, ψ désignant une fonction inconnue, il faudrait déterminer cette fonction de manière qu'elle satisfît à l'équation

$$\frac{2(\psi x)^{\frac{1}{2}}}{1+\psi(x)} = \psi\left(\frac{2x^{\frac{1}{2}}}{1+x}\right).$$

Un second exemple de l'échelle unique se trouve, pour le cas de $p=3$, dans la réunion des deux échelles données n°s 192 et 193 du tome Ier ; elles s'accordent avec la forme générale du n° 59, en faisant $k = \sin 75°$, $k' = \sin 15°$, $h' = \frac{\sqrt{2}+\sqrt[4]{3}}{1+\sqrt{3}}$, $h = \frac{\sqrt{2}-\sqrt[4]{3}}{1+\sqrt{3}}$; et l'on a généralement pour deux termes consécutifs m et n l'équation $\frac{M}{M'} = \sqrt{3}\,.\frac{N}{N'}$. Cette échelle est remarquable par ses trois termes moyens, qui sont sin 75°, sin 45°, sin 15°.

Enfin, on peut donner un troisième exemple de l'échelle unique, pour le cas de $p = 5$, en faisant $k = \sin\delta$ et $\sin 2\delta = (2 \sin 18^\circ)^3 = \sqrt{5} - 2$; d'où résultent les valeurs logarithmiques

k....	9.99690 94449 60	K....	0.54714 87821 45
k'....	9.07509 76386 26	K'....	0.19766 37799 76
		Diff...	0.34948 50021 69 $= \frac{1}{2}\log 5$.

On a donc, en effet, $\frac{K}{K'} = \sqrt{5}$. Dans ce même cas, si l'on fait $h = \sin\gamma$ et $\sin 2\gamma = (2 \sin 18^\circ)^{12}$, on aura les valeurs logarithmiques

h....	7.19111 88449 17	H....	0.19612 01388 25
h'....	9.99999 94764 10	H'....	0.89509 01431 60
		Diff...	9.30102 99956 65 $= \log(0.2)$.

Donc $\frac{H}{H'} = \frac{1}{5}$; ce qui convient, en effet, soit à l'échelle dont l'indice est 5, pour deux termes consécutifs $\sin 45^\circ$ et h, soit pour les mêmes termes, à deux places de distance, dans l'échelle dont l'indice est $\sqrt{5}$.

61. Si l'on propose de trouver un module m tel, que la fonction complète M, qui lui correspond, soit à son complément M' dans le rapport de p à 1, ou dans celui de $\sqrt{p}$ à 1, de sorte qu'on ait..... $\frac{M}{M'} = p$ ou $\frac{M}{M'} = \sqrt{p}$, p étant un nombre quelconque entier ou rationnel, ce double problème se résoudra par les termes moyens de l'échelle construite pour l'indice $\sqrt{p}$.

En effet, cette échelle étant ainsi désignée

$$1) \ldots\ k_2,\ k_1,\ k,\ \sin 45^\circ,\ k',\ k'_1,\ k'_2, \ldots \quad (0$$

on aura $\frac{K}{K'} = \sqrt{p}$ et $\frac{K_1}{K'_1} = p$: donc, dans le premier cas, on aura $m = k_1$, et dans le second, $m = k$.

§ VIII. *On prouve que le nombre des échelles et celui des transformations qui résultent des propositions précédentes, peuvent encore être augmentés à l'infini.*

62. On a vu que l'échelle ordinaire, ou ce que nous appelons l'*ancienne échelle* des modules, correspond au nombre $p = 2$. Les échelles nouvelles peuvent être construites, à l'aide des deux théorèmes de M. Jacobi, pour tout nombre impair donné p; mais nous considérerons seule-

ment les échelles qui se rapportent aux nombres premiers 3, 5, 7, etc. : et la combinaison de ces échelles avec l'échelle ancienne, dont l'indice est 2, va nous fournir des résultats infiniment plus nombreux que tous ceux que nous avons déjà obtenus. Nous allons prouver, en effet, qu'on peut construire une échelle particulière de modules, non-seulement pour tout nombre entier, mais même pour tout nombre rationnel proposé.

63. Supposons, par exemple, qu'on veuille former une échelle pour le nombre 30 = 2.3.5. Prenant toujours k pour le module donné, appelons h le module qui suit k dans l'échelle ancienne ou dans l'échelle n° 2; prenons de même, dans l'échelle n° 3, les deux termes consécutifs h et f, et dans l'échelle n° 5 les deux f et g. Ces trois échelles seront indiquées partiellement, pour faire connaître l'ordre des termes, comme il suit :

Échelle n° 2, termes consécutifs.......... k, h.... (o
n° 3.......................... h, f.... (o
n° 5.......................... f, g.... (o

D'après les propriétés des fonctions complètes correspondantes, on aura

$$\frac{K}{K'}=2\frac{H}{H'},\quad \frac{H}{H'}=3\frac{F}{F'},\quad \frac{F}{F'}=5\frac{G}{G'};$$

il en résulte $\frac{K}{K'}=30\frac{G}{G'}$. Ainsi, g sera le module qui doit suivre k dans l'échelle n° 30, en cette sorte

Échelle n° 30, termes consécutifs........ k, g.... (o

Dans l'échelle n° 2, on connaît l'équation entre les modules k et h; cette équation est $k=\frac{2\sqrt{h}}{1+h}$. Dans l'échelle n° 3, l'équation entre les modules h, f et leurs complémens h', f' est $\sqrt{(hf)}+\sqrt{(h'f')}=1$; dans l'échelle n° 5, on connaît l'équation entre f et g, que nous donnerons ci-après. Au moyen de ces trois équations, on pourra former l'équation entre k et g; ce sera l'équation des modules qui répond à l'équation transcendante $\frac{K}{K'}=30\frac{G}{G'}$, et qui servira à calculer algébriquement tous les termes de l'échelle dont l'indice est 30.

On formera semblablement l'équation entre les sinus des amplitudes par la combinaison des trois équations analogues qui ont lieu dans chacune des échelles 2, 3, 5 : c'est ce qu'il serait inutile d'expliquer ici avec détail; car on voit bien qu'il s'agit de possibilités, et non de calculs effectifs,

64. Lorsque le nombre donné pour indice de l'échelle aura des facteurs égaux, on prendra, dans les échelles correspondantes, des termes non contigus, mais qui se suivent à la distance convenable. Soit proposé, par exemple, le nombre $p = 360 = 2^3 . 3^2 . 5$, on prendra, dans les échelles n°s 2, 3 et 5, les termes h_2, f_1, g, comme il est ici indiqué :

Échelle n° 2, termes successifs. . . . . . k, h, h_1, h_2. . . . (o
n° 3. . . . . h_2, f, f_1. . . . . . (o
n° 5. . . . . f_1, g. . . . . (o

D'après la disposition de ces termes dans leurs échelles respectives, on aura

$$\frac{K}{K'} = 2^3 \frac{H_2}{H'_2}, \quad \frac{H}{H'} = 3^2 \frac{F_1}{F'_1}, \quad \frac{F_1}{F'_1} = 5 \frac{G}{G'};$$

ce qui donne $\frac{K}{K'} = 2^3 . 3^2 . 5 \frac{G}{G'}$. Donc k et g sont deux termes consécutifs dans l'échelle n° 360.

Quant à l'équation entre les modules k et g, qui permettra de calculer tous les termes de cette échelle, on la déduira des équations connues dans les échelles particulières entre k et h_2, entre h_2 et f_1, enfin, entre f_1 et g; et l'on observera que l'équation entre k et h_2 doit être formée par la combinaison des trois équations qui ont lieu entre k et h, entre h et h_1, enfin, entre h_1 et h_2; que, de même, l'équation entre h_2 et f_1 résulte des équations entre h_2 et f, puis entre f et f_1. On formera semblablement les équations des amplitudes. Toutes ces opérations deviennent très compliquées, à mesure que les nombres augmentent ; mais elles peuvent s'exécuter algébriquement dans tous les cas. D'ailleurs, si l'on ne veut que des approximations, les modules sont toujours faciles à calculer par l'équation transcendante $\frac{K}{K'} = p \frac{H}{H'}$, quelque grand que soit le nombre p.

65. On doit voir maintenant qu'il est facile de former une échelle qui réponde à tout nombre rationnel proposé.

Soit, par exemple, $p = \frac{3}{2}$; on considérera, dans l'échelle n° 3, les deux termes consécutifs k et h, et dans l'échelle n° 2, les deux f et h, comme il suit :

Échelle n° 3, termes consécutifs. . . . . . k, h. . . . (o
n° 2. . . . . f, h. . . . (o

il en résulte les équations $\frac{K}{K'} = 3 \frac{H}{H'}$, $\frac{F}{F'} = 2 \frac{H}{H'}$: donc $\frac{K}{K'} = \frac{3}{2} . \frac{F}{F'}$; donc

k et f sont deux termes consécutifs dans l'échelle dont l'indice est $\frac{3}{2}$, en cette sorte

Échelle $\frac{3}{2}$, termes consécutifs.. . . . . $k, f.$ . . . (o

Quant à l'équation entre k et f, elle se formera de l'équation entre k et h, laquelle est $\sqrt{(kh)} + \sqrt{(k'h')} = 1$, et de l'équation entre f et h, savoir, $f = \frac{2\sqrt{h}}{1+h}$, ou $f' = \frac{1-h}{1+h}$; d'où $h = \frac{1-f'}{1+f'}$ et $h' = \frac{2\sqrt{f'}}{1+f'}$. On aura donc pour l'équation cherchée

$$\sqrt{\left[\frac{k(1-f')}{1+f'}\right]} + \sqrt{\left(\frac{2k'\sqrt{f'}}{1+f'}\right)} = 1.$$

66. Soit $k = k' = \sqrt{\frac{1}{2}}$; si l'on fait $h = \sin \varepsilon$, l'équation $\sqrt{\sin \varepsilon} + \sqrt{\cos \varepsilon} = \sqrt[4]{2}$ donnera $\sin 2\varepsilon = (2 - \sqrt{3})^2 = (2 \sin 15^\circ)^4$, $2\varepsilon = 4^\circ\, 7'\, 1'',89938$, $\varepsilon = 2^\circ\, 3'\, 30'',94969$, $f' = \frac{1-h}{1+h} = \tang^2 (45^\circ - \frac{1}{2}\varepsilon) = \sin 68^\circ,53606729$, $f = \sin 21^\circ,46393271$. D'après ces valeurs de f et de f', on trouve pour les fonctions complètes F et F' les valeurs logarithmiques

F'.....	0.38767 81903
F......	0.21158 69303
Diff....	0.17609 12600 = log $\frac{3}{2}$.

Donc on a $\frac{K}{K'} = \frac{3}{2} \cdot \frac{F}{F'}$. La valeur de f appartient à l'une des deux échelles $\frac{3}{2}$ qui composent l'échelle unique $\sqrt{\frac{3}{2}}$.

67. Pour avoir l'autre échelle, soit $k = f'$, et, par conséquent, $k' = f$; l'équation à résoudre sera $\sqrt{\left[\frac{k(1-k)}{1+k}\right]} + \sqrt[4]{\left[\frac{4k(1-k)}{1+k}\right]} = 1$. Soit $\frac{k-k^2}{1+k} = x^2$, on aura $x + \sqrt{2x} = 1$; d'où $\sqrt{x} = \frac{\sqrt{3}-1}{\sqrt{2}}$, $x = 2 - \sqrt{3}$ et $k = \frac{\sqrt{2}+\sqrt{3}}{2+\sqrt{3}}$: c'est le module qui satisfait à l'équation transcendante $\frac{K}{K'} = \sqrt{\frac{3}{2}}$. On trouve $\log k = 9.92584\ 76645$; ce qui s'accorde avec la solution que nous avons donnée du même cas (n° 197, tome Ier). D'après ces deux déterminations, les cinq termes moyens de l'échelle $\sqrt{\frac{3}{2}}$ seront f', k, $\sin 45^\circ$, k', f.

68. Soit proposé de former l'échelle qui a pour indice $\frac{12}{5} = \frac{2^2 \cdot 3}{5}$. On prendra dans l'échelle n° 2, les trois termes consécutifs k, h, h_1; dans

l'échelle n° 3, les deux h_1, f, et dans l'échelle n° 5, les deux g, f, comme on le voit ici :

Échelle n° 2, termes consécutifs. . . k, h, h_1. . . . (o
n° 3. . . . . h_1, f. . . . . . . (o
n° 5. . . . . g, f. . . . . . . (o

et, par la propriété de ces échelles, on aura

$$\frac{K}{K'}=4\frac{H_1}{H'_1},\quad \frac{H_1}{H'_1}=3\frac{F}{F'},\quad \frac{G}{G'}=5\frac{F}{F'};\quad \text{de là},\quad \frac{K}{K'}=\tfrac{12}{5}\cdot\frac{G}{G'}.$$

Ainsi, k et g seront les deux modules consécutifs dans l'échelle $\frac{12}{5}$. L'équation entre k et g se trouvera par la combinaison de l'équation entre k et h_1, dans l'échelle n° 2, de l'équation entre h_1 et f, dans l'échelle n° 3, et de l'équation entre g et f, dans l'échelle n° 5. Si, en même temps, on détermine k de manière qu'on ait $k = g'$, $k' = g$, on aura $\frac{K}{K'} = \sqrt{\frac{12}{5}}$, et l'échelle qui en résultera sera l'une des deux qui composent l'échelle unique pour le cas de $p = \frac{12}{5}$, c'est-à-dire l'échelle dont deux termes consécutifs m, n satisfont à l'équation $\frac{M}{M'} = \sqrt{p}\cdot\frac{N}{N'}$.

69. En général, quel que soit le nombre p, entier ou fractionnaire, on pourra toujours construire, d'après le module donné k, une échelle qui réponde au nombre p, et obtenir une équation algébrique entre deux termes consécutifs k et h de cette échelle.

De cette équation on pourra toujours déduire deux échelles particulières, l'une pour le module $k = \sin 45°$, l'autre, en déterminant k et h d'après la condition $k = h'$ ou $k' = h$. Ces deux échelles, réunies par une sorte d'intercalation, formeront une échelle unique qui aura pour indice $\sqrt{p}$, et qui, pour deux termes consécutifs m et n, satisfera, en général, à l'équation $\frac{M}{M'} = \sqrt{p}\cdot\frac{N}{N'}$. Cette échelle aura la propriété que deux termes quelconques également éloignés du terme moyen sin 45° seront complémens l'un de l'autre; de sorte que toute fonction dont le module m sera compris dans l'échelle unique, pourra être transformée en une autre dont le module sera m', complément de m.

Nous avons, dans un autre temps, avancé que les exemples d'une fonction dont le module peut être changé en module complémentaire, étaient très rares; maintenant que la théorie des fonctions elliptiques a reçu de grands accroissemens, on voit que cette propriété a lieu pour tous les modules compris dans l'échelle qui a pour indice $\sqrt{p}$, p étant un nombre quelconque, entier ou fractionnaire; et les exemples connus viennent se ranger, comme cas particuliers, dans cette classification infiniment étendue.

70. Si l'on considère enfin que, pour former l'équation entre les sinus des amplitudes ou entre leurs tangentes, on a la faculté, pour chaque facteur premier dont le nombre p est composé, soit multiplicateur, soit diviseur, de choisir entre les deux équations des amplitudes fournies par les deux théorèmes, et qu'ainsi le nombre des combinaisons qui produisent le résultat final est en général 2^m, m étant le nombre des facteurs premiers inégaux qui sont multiplicateurs ou diviseurs du nombre p, on devra en conclure que le nombre des transformations dont une même fonction de première espèce est susceptible, s'agrandit sous tant de rapports, qu'il surpasse tout ce qu'on peut imaginer, et se place dans les infinis de l'ordre le plus élevé. C'est donc à juste titre que cette fonction a été qualifiée de *protée analytique;* l'analyse n'a jamais montré autant de fécondité que dans l'objet particulier qui concerne la multiplicité de toutes ces formes.

Au reste, parmi les 2^m combinaisons dont nous avons dit qu'est susceptible l'équation des amplitudes, il n'y en a qu'une seule dans laquelle la formule finale de réduction $F(k, \varphi) = \lambda F(c, \sigma)$ soit telle, qu'on puisse exprimer rationnellement $\sin\sigma$ par $\sin\varphi$, ou $\tan\sigma$ par $\tan\varphi$.

On peut toujours supposer $p > 1$, car l'échelle $\frac{1}{p}$ revient à l'échelle p prise dans un ordre inverse.

Cela posé, 1°. si p est de la forme $\frac{2^n p'}{p''}$, p' et p'' étant impairs, on pourra exprimer rationnellement $\tan\sigma$ par $\tan\varphi$.

2°. Si p est de la forme $\frac{p'}{2^n p''}$, on pourra exprimer rationnellement $\sin\sigma$ par $\sin\varphi$.

3°. Enfin, si 2 n'entre ni comme multiplicateur ni comme diviseur dans le nombre p entier ou fractionnaire, on pourra exprimer tout-à-la-fois $\sin\sigma$ par $\sin\varphi$, et $\tan\sigma$ par $\tan\varphi$; c'est ce qui résulte immédiatement des nos 41 et 45.

71. Nous remarquerons encore que, quoique chaque échelle de modules soit composée d'une infinité de termes, algébriquement déterminables entre les limites zéro et 1, cependant, si l'indice p, entier ou fractionnaire, surpasse le nombre 3, il n'y aura jamais à considérer qu'un très petit nombre de termes de l'échelle, quatre ou cinq au plus, qui peuvent donner lieu aux transformations de la fonction donnée, les autres termes

échappant en quelque sorte au domaine des calculs usuels par leur extrême petitesse ou leur extrême proximité de la limite 1. En effet, il résulte de la formule $\frac{K}{K'} = p\frac{H}{H'}$, que lorsque le terme k peut déjà être considéré comme très petit, auquel cas le terme suivant h est beaucoup plus petit, celui-ci se détermine par l'équation

$$\frac{\frac{1}{2}\pi}{\log\frac{4}{k} - \frac{1}{4}k^2} = p \cdot \frac{\frac{1}{2}\pi}{\log\frac{4}{h} - \frac{1}{4}h^2} \quad \text{(n° 48, tome I}^{\text{er}}\text{)};$$

d'où l'on tire $\frac{h}{4} = \left(\frac{k}{4}\right)^p \left(1 + \frac{p}{4}k^2\right)$. Cette formule fait voir que, lorsque p surpasse 3, le décroissement des termes de l'échelle sera extrêmement rapide, puisqu'on a, par exemple, pour le cas de $p = 5$,

$$\frac{h}{4} = \left(\frac{k}{4}\right)^5 \left(1 + \frac{5}{4}k^2\right).$$

Dans le sens contraire, les termes ne s'approchent pas moins rapidement de la limite 1 ; car si h est un terme déjà très peu différent de 1, en sorte que son complément h' soit très petit, le terme suivant k, dans l'ordre croissant, aura un complément beaucoup plus petit k', qu'on déterminera semblablement par la formule

$$\frac{k'}{4} = \left(\frac{h'}{4}\right)^p \left(1 - \frac{p}{4}h'^2\right).$$

Les mêmes formules font voir qu'il n'en serait pas de même si l'indice p était peu différent de l'unité, si l'on avait, par exemple, $p = \frac{9}{8}$ ou $p = \frac{16}{15}$; alors l'échelle des modules aurait une marche beaucoup plus lente, et l'on pourrait obtenir un grand nombre de transformations, sans trop s'approcher des limites de l'échelle.

§ IX. *De la transformation des fonctions elliptiques de la seconde espèce.*

72. Toute fonction donnée de seconde espèce $E(k, \varphi)$ peut être transformée dans les mêmes cas, et d'une manière aussi générale, que la fonction de première espèce $F(k, \varphi)$, et la formule de transformation pour passer du module k au module plus petit h sera, en général, comme dans les deux premières échelles, de la forme

$$E(k, \varphi) = \alpha E(h, \psi) + \beta F(h, \psi) + V,$$

α et 6 étant des coefficiens constans, et V une quantité purement algébrique. On doit prévoir que le calcul de la quantité V deviendra de plus en plus compliqué, à mesure que le nombre p sera plus grand; mais cette quantité disparaît lorsqu'il s'agit de la fonction complète, et alors la transformation de la fonction E^1k peut être faite généralement par une formule très simple.

Pour parvenir à ce résultat, il serait naturel de chercher directement la valeur de l'intégrale $\int d\psi \sqrt{(1-h^2 \sin^2 \psi)}$, en y substituant la valeur de $\sin \psi$, en fonction de $\sin \varphi$, donnée par la formule du théorème Ier; alors on aurait à intégrer la différentielle

$$\frac{d\varphi}{\mu}(1-k^2\sin^2\varphi)^{\frac{1}{2}}\cdot\left(\frac{1-k^2\sin^2\varphi\sin^2\alpha_1}{1-k^2\sin^2\varphi\sin^2\alpha_{p-1}}\right)^2\cdot\left(\frac{1-k^2\sin^2\varphi\sin^2\alpha_3}{1-k^2\sin^2\varphi\sin^2\alpha_{p-3}}\right)^2\ldots\left(\frac{1-k^2\sin^2\varphi\sin^2\alpha_{p-2}}{1-k^2\sin^2\varphi\sin^2\alpha_2}\right)^2.$$

Mais cette intégration peut présenter des difficultés, au moins par la prolixité des calculs, et il y a un moyen beaucoup plus simple de parvenir au résultat; ce moyen consiste à différencier l'équation....... $F(k, \varphi) = \mu F(h, \psi)$, par rapport à k, en regardant φ comme constante.

73. Il faut d'abord, pour cet objet, trouver le rapport $\frac{dh}{dk}$, en différenciant l'équation des modules $\frac{K}{K'} = p\frac{H}{H'}$.

Par la formule du n° 46, tome Ier, appliquée aux quantités $K = F^1k$ et $K' = F^1k'$, on a, en observant que $dk' = -\frac{kdk}{k'}$,

$$dK = \frac{dk}{kk'^2}(E^1k - k'^2F^1k),$$

$$dK' = -\frac{dk}{kk'^2}(E^1k' - k^2F^1k');$$

donc

$$K'dK - KdK' = \frac{dk}{kk'^2}(E^1kF^1k' + E^1k'F^1k - F^1kF^1k') = \frac{\frac{1}{2}\pi dk}{kk'^2}.$$

Par la même raison,

$$H'dH - HdH' = \frac{\frac{1}{2}\pi dh}{hh'^2};$$

donc l'équation $\frac{K}{K'} = p\frac{H}{H'}$, étant différenciée, donnera

$$\frac{\frac{1}{2}\pi dk}{kk'^2K'^2} = p\cdot\frac{\frac{1}{2}\pi dh}{hh'^2H'^2},$$

et par conséquent,

$$\frac{dh}{dk} = \frac{1}{p}\cdot\frac{hh'^2H'^2}{kk'^2K'^2} = p\cdot\frac{hh'^2H^2}{kk'^2K^2} = \frac{1}{p\mu^2}\cdot\frac{hh'^2}{kk'^2}.$$

74. Maintenant, il faut différencier l'équation $F(k, \varphi) = \mu F(h, \psi)$, en faisant varier k et h, et regardant φ comme constante, mais non pas ψ, parce que l'expression de $\sin \psi$ par $\sin \varphi$ contient les quantités α qui dépendent de k, en vertu de l'équation $F(k, \alpha_m) = \frac{m}{p} K$. Quant au coefficient μ, on peut le mettre sous la forme $\frac{K}{pH}$; mais nous le laisserons tel qu'il est, parce que, dans les applications, il est lié aux modules k et h par des équations algébriques qui donnent aisément la valeur de $\frac{d\mu}{dk}$. On appliquera d'ailleurs aux fonctions $F(k, \varphi)$, $F(h, \psi)$ la formule générale de l'article cité, où l'on fait varier seulement le module

$$\frac{dF(c, \varphi)}{dc} = \frac{1}{b^2 c}(E - b^2 F) - \frac{c}{b^2} \cdot \frac{\sin\varphi \cos\varphi}{\Delta(c, \varphi)};$$

on aura ainsi l'équation différentielle

$$\begin{aligned} &\frac{1}{kk'^2} E(k, \varphi) - \frac{1}{k} F(k, \varphi) - \frac{k}{k'^2} \cdot \frac{\sin\varphi \cos\varphi}{\sqrt{(1 - k^2 \sin^2\varphi)}} \\ &= \mu \cdot \frac{dh}{dk} \left[\frac{1}{hh'^2} E(h, \psi) - \frac{1}{h} F(h, \psi) - \frac{h}{h'^2} \cdot \frac{\sin\psi \cos\psi}{\sqrt{(1 - h^2 \sin^2\psi)}} \right] \\ &+ \frac{d\mu}{dk} F(h, \psi) + \frac{\mu}{\sqrt{(1 - h^2 \sin^2\psi)}} \cdot \frac{d\psi}{dk}. \end{aligned}$$

Substituant la valeur de $\frac{dh}{dk}$, et tirant de cette équation la valeur de $E(k, \varphi)$, exprimée par le moyen de $E(h, \psi)$ et $F(h, \psi)$, on aura

$$(54) \quad E(k, \varphi) = \frac{1}{p\mu} E(h, \psi) + \left(\mu k'^2 - \frac{1}{p\mu} h'^2 + kk'^2 \frac{d\mu}{dk} \right) F(h, \psi) + V,$$

V étant une quantité algébrique ainsi composée

$$V = \frac{k^2 \sin\varphi \cos\varphi}{\sqrt{(1 - k^2 \sin^2\varphi)}} - \frac{1}{p\mu} \cdot \frac{h^2 \sin\psi \cos\psi}{\sqrt{(1 - h^2 \sin^2\psi)}} + \frac{\mu k k'^2}{\sqrt{(1 - h^2 \sin^2\psi)}} \cdot \frac{d\psi}{dk}.$$

75. Si l'on eût soumis à de semblables opérations la formule du théorème II, $F(h, \psi) = \mu' F(k, \omega)$, on en aurait tiré le résultat

$$(55) \left\{ \begin{aligned} &E(k, \omega) = \frac{1}{\mu} E(h, \psi) + \left(\frac{k'^2}{\mu'} - \frac{h'^2}{\mu} - kk'^2 \frac{d\mu'}{\mu'^2 dk} \right) F(h, \psi) + V', \\ &V' = \frac{k^2 \sin\omega \cos\omega}{\sqrt{(1 - k^2 \sin^2\omega)}} - \frac{h^2}{\mu} \cdot \frac{\sin\psi \cos\psi}{\sqrt{(1 - h^2 \sin^2\psi)}} - \frac{kk'^2}{\sqrt{(1 - k^2 \sin^2\omega)}} \cdot \frac{d\omega}{dk}. \end{aligned} \right.$$

Il suit de ces deux formules, que $pE(k, \varphi) - E(k, \omega)$ est égale à la quantité algébrique $pV - V'$; ce qui est conforme à la nature des fonctions E (n° 35, tome Ier), puisqu'on a, dans le cas présent,

$$pF(k, \varphi) - F(k, \omega) = 0.$$

On obtient ainsi une nouvelle vérification assez remarquable des formules de nos deux théorèmes, et l'on voit en même temps que ces deux théorèmes conduisent au même résultat dans le problème de la transformation des fonctions de seconde espèce.

76. Si l'on fait dans la première formule $\varphi = \frac{1}{2}\pi$ et $\psi = p.\frac{1}{2}\pi$, ou dans la seconde, $\omega = \frac{1}{2}\pi$ et $\psi = \frac{1}{2}\pi$, les quantités algébriques disparaissant, on aura la valeur de la fonction complète, comme il suit :

$$(56) \qquad E^1(k) = \frac{1}{\mu} E^1 h + \left(p\mu k'^2 - \frac{h'^2}{\mu} + pkk'^2 \frac{d\mu}{dk}\right) F^1 h.$$

Dans cette formule, la fonction $E^1 k$ est transformée en une autre $E^1 h$ d'un module plus petit. On peut tirer de la même formule la valeur de $E^1 h$, exprimée par $E^1 k$ et $F^1 k$; mais cet objet sera mieux rempli par l'autre formule, où les quantités μ', k se déterminent directement en fonctions de h' ou de h, au moyen des auxiliaires β. On aura donc, pour passer du module h au module plus grand k pris dans l'échelle construite pour l'indice p, cette formule

$$(57) \qquad E^1 h = \mu E^1 k + \left(\mu' h'^2 - \mu k'^2 + hh'^2 \frac{d\mu'}{dh}\right) F^1 k.$$

77. Il résulte de ces formules que les fonctions elliptiques de seconde espèce sont susceptibles d'être transformées d'autant de manières et dans les mêmes cas que les fonctions de première espèce; mais les formules de transformation sont compliquées d'une quantité algébrique, qui est en général difficile à déterminer : cette quantité disparaît lorsqu'il s'agit des fonctions complètes, et alors les résultats sont exprimés, comme on l'a vu, par des formules très simples.

Toute échelle de modules dont l'indice p est entier ou fractionnaire offre le moyen de transformer la fonction donnée $E(k, \varphi)$, de manière que son module k soit remplacé successivement par tous les termes de l'échelle qui s'étend à l'infini, tant pour parvenir à la limite zéro que pour parvenir à la limite 1; mais on doit distinguer particulièrement l'échelle unique $\sqrt{p}$, formée de la réunion de deux échelles qui ont pour indice p, et dont nous avons donné la construction. La propriété principale de cette échelle étant que les termes également éloignés du terme moyen sin 45° sont complémens l'un de l'autre, si deux termes de cette sorte sont désignés par m et m', on pourra transformer tout-à-la-fois la fonction $F(m, \varphi)$ en $F(m', \psi)$, et la fonction $E(m, \varphi)$ en $E(m', \psi)$ et $F(m', \psi)$, par des équations de la forme

$$F(m, \varphi) = aF(m', \psi),$$
$$E(m, \varphi) = bE(m', \psi) + cF(m', \psi) + V,$$

où a, b, c sont des constantes, et V une quantité algébrique qui dépend des amplitudes φ et ψ.

Dans le cas des fonctions complètes, on aura simplement $F^1m = eF^1m'$ et $E^1m = fE^1m' + gF^1m'$, e, f, g étant des constantes multiples ou sous-multiples de a, b, c; d'un autre côté, on a l'équation des fonctions complémentaires $E^1mF^1m' + E^1m'F^1m - F^1mF^1m' = \frac{1}{2}\pi$. On pourra donc exprimer les fonctions complètes de seconde espèce E^1m, E^1m', par les fonctions complètes de première espèce F^1m, F^1m', ou seulement par l'une d'elles.

Nous avons donné plusieurs exemples de ces réductions dans notre Traité des Fonctions elliptiques; mais ce n'est qu'après avoir découvert l'échelle unique $\sqrt{p}$, où p désigne un nombre quelconque entier ou seulement rationnel, que la proposition générale qui renferme tous les cas particuliers pouvait être établie, comme nous venons de le faire.

78. Les transformations dont les fonctions de première et de seconde espèce sont susceptibles ne s'étendent point aux fonctions de troisième espèce; car on a déjà vu, dans le chap. XXXI, tome Ier, que pour l'échelle n° 3, qui est la plus simple après l'ancienne échelle, l'application des formules de transformation à une fonction de troisième espèce, donnerait des résultats successifs, dont la complication augmenterait continuellement, et qui ne pourraient être d'aucune utilité. Il n'y a donc que les formules de l'ancienne échelle qui s'appliquent avec succès aux fonctions de troisième espèce, et qui peuvent produire des résultats utiles, surtout pour obtenir des valeurs approchées de ces fonctions.

§ X. *De l'équation différentielle qui a lieu entre deux termes consécutifs d'une même échelle de modules.*

79. Nous avons vu que l'équation transcendante $\frac{K}{K'} = p\frac{H}{H'}$ supplée, dans beaucoup de cas, à l'équation algébrique qui existe toujours entre deux termes consécutifs k et h d'une même échelle dont l'indice est p, équation dont la recherche est difficile, même pour d'assez petites valeurs du nombre p entier ou fractionnaire. Nous allons voir qu'en faisant disparaître les transcendantes de cette équation, on parvient à une équation

différentielle du troisième ordre, à laquelle devront satisfaire toutes les équations algébriques dont il est question.

On a déjà trouvé, dans le paragraphe précédent, qu'en faisant.... $\frac{H}{K}=\sigma$, $\frac{dh}{dk}=q$ et $\frac{kk'^2}{hh'^2}=r$, on a l'équation $p\sigma^2=qr$. Il s'agit maintenant de faire disparaître σ de cette équation. Pour cela, nous rappellerons que, suivant le n° 46, tome Ier, les quantités H et K satisfont aux équations différentielles du second ordre,

$$\frac{ddK}{dk^2}+\frac{1-3k^2}{kk'^2}\cdot\frac{dK}{dk}-\frac{K}{k'^2}=0,$$

$$\frac{d}{dh}\left(\frac{dH}{dh}\right)+\frac{1-3h^2}{hh'^2}\cdot\frac{dH}{dh}-\frac{H}{h'^2}=0.$$

La première suppose dk constant; la seconde devra être adaptée à la même condition, en considérant h comme fonction de k; ce qui se fera au moyen des coefficiens suivans, tirés des équations $H=K\sigma$ et $q=\frac{dh}{dk}$,

$$\frac{dH}{dh}=\frac{1}{q}\left(\sigma\frac{dK}{dk}+\frac{d\sigma}{dk}K\right),$$

$$\frac{d\left(\frac{dH}{dh}\right)}{dh}=\frac{1}{q^2}\left(\sigma\frac{ddK}{dk^2}+2\frac{d\sigma}{dk}\cdot\frac{dK}{dk}+\frac{dd\sigma}{dk^2}K\right)$$
$$-\frac{dq}{q^3dk}\left(\sigma\frac{dK}{dk}+\frac{d\sigma}{dk}K\right).$$

Substituant ces valeurs dans la seconde équation, et mettant, au lieu de $\frac{ddK}{dk^2}$, sa valeur tirée de la première équation, on aura

$$o=\frac{dK}{dk}\left[\frac{2d\sigma}{\sigma dk}-\frac{dq}{qdk}+q\left(\frac{1-3h^2}{hh'^2}\right)+\frac{3k^2-1}{kk'^2}\right]$$
$$+K\left(\frac{dd\sigma}{\sigma dk^2}-\frac{dq}{dk}\cdot\frac{d\sigma}{\sigma dk}+\frac{1-3h^2}{hh'^2}\cdot\frac{qd\sigma}{\sigma dk}+\frac{1}{k'^2}-\frac{q^2}{h'^2}\right).$$

Dans cette équation, le multiplicateur de $\frac{dK}{dk}$ se réduit à zéro, en vertu de l'équation $p\sigma^2=qr$, qui donne

$$\frac{2d\sigma}{\sigma dk}=\frac{dq}{qdk}+\frac{dr}{rdk},$$

ou

$$\frac{2d\sigma}{\sigma dk}=\frac{dq}{qdk}+\frac{1-3k^2}{kk'^2}+q\cdot\frac{3h^2-1}{hh'^2};$$

celle-ci étant différenciée de nouveau, on trouve

$$\frac{2dd\sigma}{\sigma dk^2}-\frac{2d\sigma^2}{\sigma^2 dk^2}=\left\{\begin{array}{l}\frac{ddq}{qdk^2}-\frac{dq^2}{q^2dk^2}+\frac{3h^2-1}{hh'^2}\cdot\frac{dq}{dk}\\ \quad+q^2\left(\frac{1+3h^4}{h^2h'^4}\right)-\left(\frac{1+3k^4}{k^2k'^4}\right).\end{array}\right.$$

Substituant enfin les valeurs de $\frac{d\sigma}{\sigma dk}$ et $\frac{dd\sigma}{\sigma dk^2}$ dans le coefficient de $\mathbf{K}$, qui doit se réduire à zéro, on aura

$$0=\frac{2qddq}{dk^2}-\frac{3dq^2}{dk^2}+\frac{(1+h^2)^2}{h^2h'^4}q^4-\frac{(1+k^2)^2}{k^2k'^4}q^2,$$

ou, en remettant la valeur $q=\frac{dh}{dk}$ (*),

$$(58)\qquad 0=2\frac{dh}{dk}\cdot\frac{d^3h}{dk^3}-3\left(\frac{ddh}{dk^2}\right)^2+\left(\frac{1+h^2}{h-h^3}\right)^2\left(\frac{dh}{dk}\right)^4-\left(\frac{1+k^2}{k-k^3}\right)^2\left(\frac{dh}{dk}\right)^2.$$

80. Cette équation différentielle du 3e ordre, entre les deux modules k et h, a lieu pour toute valeur de p, non-seulement entière ou rationnelle, comme l'exigent les échelles qu'on peut construire algébriquement, mais même irrationnelle; elle doit donc être satisfaite par toutes les équations algébriques qui ont lieu pour une valeur déterminée de p, entière ou rationnelle, entre deux modules consécutifs, qui se substituent l'un à l'autre dans la transformation de toute fonction elliptique de première espèce. Ainsi, elle sera satisfaite, dans le cas de $p=2$, par l'équation $k=\frac{2\sqrt{h}}{1+h}$; dans le cas de $p=3$, par l'équation $(kh)^{\frac{1}{2}}+(k'h')^{\frac{1}{2}}=1$; dans le cas de $p=5$, par l'équation $\left(\frac{k^{\frac{1}{4}}+h^{\frac{1}{4}}}{k^{\frac{1}{4}}-h^{\frac{1}{4}}}\right)^4=\frac{1+k}{1-k}\cdot\frac{1-h}{1+h}$, etc.

Et, parce que ces équations deviennent de plus en plus compliquées, à mesure que p augmente, et qu'il paraît comme impossible d'en trouver l'expression générale pour toute valeur de p, on conçoit qu'il n'est guère probable qu'on puisse intégrer complètement l'équation différentielle à laquelle nous sommes parvenus. Dès lors, on doit regarder comme un résultat digne de remarque que nous connaissions au moins une intégrale particulière de cette équation sous la forme transcendante $\frac{\mathbf{K}}{\mathbf{K}'}=p\frac{\mathbf{H}}{\mathbf{H}'}$;

(*) Cette équation différentielle et son intégrale complète, qu'on verra ci-après, ont été données sans démonstration par M. Jacobi, dans le tome III du Journal de M. Crelle, page 194.

mais on peut parvenir à un résultat beaucoup plus général en observant que le calcul qui a été fait pour éliminer K et H de l'équation...... $p\frac{H^2}{K^2}=qr=\frac{kk'^2}{hh'^2}\cdot\frac{dh}{dk}$, suppose K et H déterminés chacun par l'équation différentielle qui lui est propre. Or, d'après ce que nous avons démontré (n° 47, tome Ier), on peut mettre $\alpha K+\alpha' K'$ à la place de K, et $6H+6'H'$ à la place de H, sans que les équations différentielles dont il s'agit cessent d'avoir lieu; donc notre équation différentielle du troisième ordre est satisfaite par l'équation transcendante beaucoup plus générale

$$\frac{K}{K'}=\frac{mH+m'H'}{nH+n'H'}. \tag{59}$$

En effet, par cette équation, on aurait d'abord

$$\frac{H'dH-HdH'}{K'dK-KdK'}=\frac{dh}{dk}\cdot\frac{kk'^2}{hh'^2}=\frac{(mH+m'H')^2}{(mn'-m'n)K^2};$$

et en comparant ce résultat à celui que nous avons trouvé par la simple supposition $\frac{K}{K'}=p\frac{H}{H'}$, savoir,

$$\frac{dh}{dk}\cdot\frac{kk'^2}{hh'^2}=p\frac{H^2}{K^2},$$

nous voyons que, comme on peut faire abstraction des facteurs constans qui disparaissent dans le résultat, la seule différence que peut présenter l'élimination de H, K, H', K', dans les deux hypothèses, consiste à substituer dans le calcul que nous avons fait $mH+m'H'$ à H. Or, l'équation différentielle du second ordre qui détermine H étant telle qu'elle reste la même en substituant $mH+m'H'$ à H, il est évident qu'on aura pour résultat la même équation différentielle du troisième ordre que nous avons trouvée entre k et h; donc cette équation a généralement pour intégrale l'équation transcendante

$$\frac{K}{K'}=\frac{mH+m'H'}{nH+n'H'},$$

où il y a trois constantes arbitraires $\frac{m'}{m}$, $\frac{n}{m}$, $\frac{n'}{m}$, et qui en est par conséquent l'intégrale complète.

En cela nous trouvons un nouvel exemple de l'utilité des fonctions elliptiques pour faire découvrir, en certains cas, des intégrales qui seraient tout-à-fait inaccessibles aux méthodes vulgaires.

81. Nous remarquerons, en finissant, que les termes k et h, que nous

avons supposés se suivre immédiatement dans l'échelle dont l'indice est p, pourraient représenter deux termes quelconques de cette échelle, pourvu que p fût remplacé par p^m, m positif exprimant le rang de h, après k, dans l'échelle p, suivant l'ordre décroissant, et m négatif désignant de même le rang de h, avant k, dans l'ordre croissant; car, dans le premier cas, on a $\frac{K}{K'} = p^m \frac{H}{H'}$, et dans le second, $\frac{K}{K'} = p^{-m} \frac{H}{H'}$: et si l'on considère les choses d'une autre manière, le terme h, qui est placé à m termes de distance du terme k dans l'échelle p, suivrait immédiatement k dans l'échelle dont l'indice est p^m. C'est ainsi que l'échelle dont l'indice est p peut être censée composée de deux échelles dont l'indice est p^2, de trois dont l'indice est p^3, etc.; et c'est aussi par cette raison qu'on a vu que l'échelle *unique*, dont l'indice est $\sqrt{p}$, se compose de deux échelles dont l'indice est p.

§ XI. *Application des deux théorèmes généraux au cas de* p = 3.

82. Soient α_1 et α_2 les amplitudes qui, pour le module donné k, satisfont aux équations $F(k, \alpha_1) = \frac{1}{3} F^1 k$, $F(k, \alpha_2) = \frac{2}{3} F^1 k$, amplitudes qui se trouvent assez facilement par les formules du n° 24, tome Ier. Soient $\sin\varphi = x$ et $\sin\psi = y$, les formules du théorème Ier, pour le cas de $p = 3$, seront

$$(60)\left\{\begin{aligned} & F(k, \varphi) = \mu F(h, \psi), \\ & y = \frac{x}{\mu} \cdot \frac{1 - \dfrac{x^2}{\sin^2 \alpha_2}}{1 - k^2 x^2 \sin^2 \alpha_2}, \\ & (1 - y^2)^{\frac{1}{2}} = (1 - x^2)^{\frac{1}{2}} \cdot \frac{1 - \dfrac{x^2}{\sin^2 \alpha_1}}{1 - k^2 x^2 \sin^2 \alpha_2}, \\ & (1 - h^2 y^2)^{\frac{1}{2}} = (1 - k^2 x^2)^{\frac{1}{2}} \cdot \frac{1 - k^2 x^2 \sin^2 \alpha_1}{1 - k^2 x^2 \sin^2 \alpha_2}. \end{aligned}\right.$$

On aura ensuite, entre les constantes k, h, μ, α_1, α_2, diverses équations, dont les principales sont :

$$(61)\left\{\begin{aligned} & \mu = \frac{\sin^2 \alpha_1}{\sin^2 \alpha_2}, \quad \frac{1}{\mu} = \frac{2}{\sin \alpha_1} - 1, \quad h = k^3 \sin^4 \alpha_1, \\ & \frac{h}{k\mu} = 2 \sin \alpha_1 - 1, \quad \frac{h'}{k'\mu} = \frac{\cos^2 \alpha_1}{\cos^2 \alpha_2}. \end{aligned}\right.$$

Celles-ci suffisent pour faire connaître les valeurs de h^2, h'^2, k^2, k'^2, etc., exprimées en fonctions de μ, comme il suit :

$$(62)\quad \begin{cases} k^2 = \dfrac{(1+\mu)^3(3\mu-1)}{16\mu^3}, & h^2 = \dfrac{(1+\mu)(3\mu-1)^3}{16\mu}, \quad \sin\alpha_1 = \dfrac{2\mu}{1+\mu}, \\ k'^2 = \dfrac{(1-\mu)^3(3\mu+1)}{16\mu^3}, & h'^2 = \dfrac{(1-\mu)(3\mu+1)^3}{16\mu}, \quad \cos\alpha_2 = \dfrac{1-\mu}{1+\mu}. \end{cases}$$

De ces équations on déduit encore $3\mu = 1 + 2\sqrt[4]{\frac{h^3}{k}}$ et $\frac{1}{\mu} = 2\sqrt[4]{\frac{k^3}{h}} - 1$; d'où il suit que l'équation entre les modules k et h peut se mettre sous la forme

$$3 = \left(1 + 2\sqrt[4]{\frac{h^3}{k}}\right)\left(2\sqrt[4]{\frac{k^3}{h}} - 1\right);$$

et si l'on fait $k = u^4$, $h = v^4$, elle deviendra

$$(63)\qquad 2uv(1 - u^2v^2) = u^4 - v^4.$$

83. Au moyen des valeurs précédentes de k, $\sin\alpha_1$ et $\cos\alpha_2$, les équations des amplitudes pourront être exprimées par la seule donnée μ, comme il suit :

$$(64)\quad \begin{cases} y = x \cdot \dfrac{4\mu - (1+\mu)^2 x^2}{4\mu^2 - (1+\mu)(3\mu-1)x^2}, \\ (1-y^2)^{\frac{1}{2}} = (1-x^2)^{\frac{1}{2}} \cdot \dfrac{4\mu^2 - (1+\mu)^2 x^2}{4\mu^2 - (1+\mu)(3\mu-1)x^2}, \\ (1-h^2y^2)^{\frac{1}{2}} = (1-k^2x^2)^{\frac{1}{2}} \cdot \dfrac{4\mu^2 - \mu(1+\mu)(3\mu-1)x^2}{4\mu^2 - (1+\mu)(3\mu-1)x^2}. \end{cases}$$

Il faut se rappeler d'ailleurs que le coefficient μ est toujours compris entre 1 et $\frac{1}{3}$, comme on le voit par les équations (62).

84. Par la 3e des équations (64), on peut mettre l'équation différentielle $\frac{\mu d\psi}{\sqrt{(1-h^2\sin^2\psi)}} = \frac{d\varphi}{\sqrt{(1-k^2\sin^2\varphi)}}$ sous cette forme

$$d\psi = \frac{d\varphi}{\mu} \cdot \frac{1 - \dfrac{(1+\mu)(3\mu-1)}{4\mu}\sin^2\varphi}{1 - \dfrac{(1+\mu)(3\mu-1)}{4\mu^2}\sin^2\varphi},$$

ou

$$\frac{d\psi - d\varphi}{2} = \frac{\dfrac{1-\mu}{2\mu}\,d\varphi}{\cos^2\varphi + \left(\dfrac{1-\mu}{2\mu}\right)^2 \sin^2\varphi},$$

et l'on aura, par l'intégration, la formule trigonométrique

$$(65)\qquad \operatorname{tang}\tfrac{1}{2}(\psi - \varphi) = \frac{1-\mu}{2\mu}\operatorname{tang}\varphi,$$

qui s'accorde avec l'équation (37); elle servira à déterminer facilement l'amplitude ψ par le moyen de l'amplitude donnée φ, et n'exigera que quelques essais pour faire l'opération inverse.

Il résulte, au reste, de cette équation que la loi d'accroissement des variables φ et ψ est telle qu'on a les valeurs correspondantes

$$\begin{array}{llllllll} \varphi = 0, & \alpha_1, & \alpha_2, & \frac{1}{2}\pi, & \pi - \alpha_2, & \pi - \alpha_1, & \pi, \\ \psi = 0, & \frac{1}{2}\pi, & \pi, & \frac{3}{2}\pi, & 2\pi, & \frac{5}{2}\pi, & 3\pi. \end{array}$$

Et si, dans l'équation $F(k, \varphi) = \mu F(h, \psi)$, on fait à la fois $\varphi = \frac{1}{2}\pi$ et $\psi = \frac{3}{2}\pi$, on aura $\mu = \frac{K}{3H}$.

85. Si l'on veut maintenant appliquer les formules du théorème II au même cas de $p = 3$, il faudra supposer que les quantités 6_1, 6_2 sont déterminées de manière qu'on ait

$$F(h', 6_1) = \tfrac{1}{3} F^1 h' = \tfrac{1}{3} H' \quad \text{et} \quad F(h', 6_2) = \tfrac{2}{3} H';$$

alors, en faisant $\sin \psi = y$ et $\sin \omega = z$, on aura les équations

$$(66) \quad \left\{ \begin{aligned} & F(h, \psi) = \mu' F(k, \omega), \\ & z = \frac{y}{\mu'} \cdot \frac{1 + y^2 \cot^2 6_2}{1 + y^2 \cot^2 6_1}, \\ & (1 - z^2)^{\frac{1}{2}} = (1 - y^2)^{\frac{1}{2}} \cdot \frac{1 - \dfrac{y^2 \cos^2 6_2}{\sin^2 6_1}}{1 + y^2 \cot^2 6_1}, \\ & (1 - k^2 z^2)^{\frac{1}{2}} = (1 - h^2 y^2)^{\frac{1}{2}} \cdot \frac{1 - \dfrac{y^2 \cos^2 6_1}{\sin^2 6_2}}{1 + y^2 \cot^2 6_1}. \end{aligned} \right.$$

Ces équations font voir que les amplitudes ψ et ω croissent inégalement, mais de manière qu'elles parviennent simultanément à une même valeur égale à $\frac{1}{2}\pi$ ou multiple de $\frac{1}{2}\pi$. Donc, si l'on fait à la fois $\psi = \frac{1}{2}\pi$ et $\omega = \frac{1}{2}\pi$, on aura $\mu' = \frac{H}{K}$; d'ailleurs on a trouvé, par le théorème Ier, $3\mu = \frac{K}{H}$: donc on a, entre les régulateurs μ et μ', l'équation $3\mu\mu' = 1$, conformément à la loi générale.

On aura de plus, entre les modules k et h et le régulateur μ', les équations

$$(67) \quad \left\{ \begin{aligned} & \mu' = \frac{\sin^2 6_1}{\sin^2 6_2}, \quad \frac{1}{\mu'} = \frac{2}{\sin 6_1} - 1, \quad k' = h'^3 \sin^4 6_1, \\ & \frac{k'}{h'\mu'} = 2 \sin 6_1 - 1, \quad \frac{h}{k\mu'} = \frac{\cos^3 6_1}{\cos^3 6_2}; \end{aligned} \right.$$

d'où l'on déduit les valeurs suivantes, exprimées en fonctions de μ',

$$(68)\left\{\begin{array}{lll} k^2=\dfrac{(1-\mu')(1+3\mu')^3}{16\mu'}, & h^2=\dfrac{(1-\mu')^3(1+3\mu')}{16\mu'^3}, & \sin\mathrm{C}_1=\dfrac{2\mu'}{1+\mu'}, \\ k'^2=\dfrac{(1+\mu')(3\mu'-1)^3}{16\mu'}, & h'^2=\dfrac{(1+\mu')^3(3\mu'-1)}{16\mu'^3}, & \cos\mathrm{C}_2=\dfrac{1-\mu'}{1+\mu'}, \\ \cot^2\mathrm{C}_1=\dfrac{(1-\mu')(1+3\mu')}{4\mu'^2}, & \cot^2\mathrm{C}_2=\dfrac{(1-\mu')^2}{4\mu'^2}. & \end{array}\right.$$

De ces équations, comme des équations (62), on déduit, entre les modules k et h, l'équation

$$(69)\qquad \sqrt{(kh)}+\sqrt{(k'h')}=1.$$

C'est celle que nous avons donnée dans le n° 185, tome Ier; elle s'accorde avec la formule (63), et l'on pourrait aussi lui donner les deux formes

$$\left(\frac{k^{\frac{1}{2}}+h^{\frac{1}{2}}}{k^{\frac{1}{2}}-h^{\frac{1}{2}}}\right)^4=\frac{1+k}{1-k}\cdot\frac{1+h}{1-h},\qquad \left(\frac{k^{\frac{1}{4}}+h^{\frac{1}{4}}}{k^{\frac{1}{4}}-h^{\frac{1}{4}}}\right)^2=\frac{1+k^{\frac{1}{2}}}{1-k^{\frac{1}{2}}}\cdot\frac{1-h^{\frac{1}{2}}}{1+h^{\frac{1}{2}}},$$

où l'on peut remarquer que la seconde se déduit plus immédiatement de la formule (63).

86. Si dans les valeurs précédentes de k^2, k'^2, h^2, h'^2 on substitue, au lieu de μ', sa valeur $\frac{1}{3\mu}$, on retrouvera l'expression de ces mêmes quantités, déduites du théorème Ier, comme cela doit être, puisque la même échelle de modules s'applique aux deux théorèmes.

Au moyen de l'équation $3\mu\mu'=1$, entre les deux régulateurs μ et μ', il est facile de comparer les quantités C_1 et C_2, données par les équations $\sin\mathrm{C}_1=\frac{2\mu'}{1+\mu'}$, $\cos\mathrm{C}_2=\frac{1-\mu'}{1+\mu'}$, avec les quantités analogues α_1, α_2, données par les équations $\sin\alpha_1=\frac{2\mu}{1+\mu}$, $\cos\alpha_2=\frac{1-\mu}{1+\mu}$. On voit que celles-ci sont exprimées en μ, comme les autres en μ'; d'un côté, on a $\mu=\frac{\sin\alpha_1}{2-\sin\alpha_1}$, de l'autre, $\mu'=\frac{\sin\mathrm{C}_1}{2-\sin\mathrm{C}_1}$: donc, puisque $3\mu\mu'=1$, on a

$$(1+\sin\alpha_1)(1+\sin\mathrm{C}_1)=3,\ \text{ou}\ \cos(45^\circ-\tfrac{1}{2}\alpha_1)\cos(45^\circ-\tfrac{1}{2}\mathrm{C}_1)=\cos 30^\circ.$$

On a pareillement $\mu=\operatorname{tang}^2\frac{1}{2}\alpha_2$, $\mu'=\operatorname{tang}^2\frac{1}{2}\mathrm{C}_2$; donc $\operatorname{tang}\frac{1}{2}\alpha_2\operatorname{tang}\frac{1}{2}\mathrm{C}_2=\sqrt{\frac{1}{3}}=\operatorname{tang}30^\circ$. De là, on voit que la trisection de la fonction complète F^1k est liée avec celle de la fonction complète F^1h', de manière que l'une se déduit immédiatement de l'autre.

87. Si l'on substitue les valeurs de $\sin\mathrm{C}_1$ et $\sin\mathrm{C}_2$, en fonctions de μ', dans les équations entre z et y, ces équations deviendront

$$(70)\quad \begin{cases} z = y \cdot \dfrac{4\mu' + (1-\mu')^2 y^2}{4\mu'^2 + (1-\mu')(1+3\mu')y^2}, \\ \sqrt{(1-z^2)} = \sqrt{(1-y^2)} \cdot \dfrac{4\mu'^2 - (1-\mu')^2 y^2}{4\mu'^2 + (1-\mu')(1+3\mu')y^2}, \\ \sqrt{(1-k^2z^2)} = \sqrt{(1-h^2y^2)} \cdot \dfrac{4\mu'^2 - \mu'(1-\mu')(1+3\mu')y^2}{4\mu'^2 + (1-\mu')(1+3\mu')y^2}. \end{cases}$$

Elles ont, comme on voit, une telle analogie avec les équations entre y et x données par le théorème Ier, qu'elles se déduisent de celles-ci par le simple changement des quantités y, x, μ, k, h, en $-z, y, -\mu', h, k$, respectivement. En même temps, l'équation trigonométrique (65) devient, pour le théorème II,

$$(71)\qquad \text{tang}\,\tfrac{1}{2}(\omega + \psi) = \frac{1+\mu'}{2\mu'}\,\text{tang}\,\psi\,;$$

ce qu'il est facile de vérifier par l'équation (22).

88. Si l'on rapproche maintenant les résultats des deux théorèmes, on aura les formules suivantes :

par le théorème Ier,

$$F(k, \varphi) = \mu F(h, \psi), \quad \text{tang}\,\tfrac{1}{2}(\psi - \varphi) = \frac{1-\mu}{2\mu}\,\text{tang}\,\varphi\,;$$

par le théorème II,

$$F(h, \psi) = \mu' F(k, \omega), \quad \text{tang}\,\tfrac{1}{2}(\omega + \psi) = \frac{1+\mu'}{2\mu'}\,\text{tang}\,\psi\,:$$

on en déduit $F(k, \varphi) = \mu\mu' F(k, \omega)$, ou $F(k, \omega) = 3F(k, \varphi)$.

C'est l'équation qui sert à la triplication des fonctions, ou à leur division par 3.

On voit que l'amplitude ω de la fonction triple se déduit de l'amplitude φ de la fonction simple par deux opérations, qui consistent à calculer l'auxiliaire ψ par l'équation $\text{tang}\,\frac{1}{2}(\psi - \varphi) = \frac{1-\mu}{2\mu}\,\text{tang}\,\varphi$; ensuite ω par l'équation $\text{tang}\,\frac{1}{2}(\omega + \psi) = \frac{1+\mu'}{2\mu'}\,\text{tang}\,\psi$. Pour réduire le calcul aux termes les plus simples, soit $\text{tang}\,\frac{1}{2}\varphi = x$, $\text{tang}\,\frac{1}{2}\psi = y$ et $\text{tang}\,\frac{1}{2}\omega = z$; on aura les deux équations

$$y = \frac{x(1-\mu x^2)}{\mu - x^2}, \quad z = \frac{y(1+\mu' y^2)}{\mu' + y^2}\,;$$

d'où résulte, pour la triplication, cette formule

$$(72)\qquad z = \frac{x(1-\mu x^2)}{\mu - x^2} \cdot \frac{\mu^2 + (\mu' - 2\mu)x^2 + (1 - 2\mu\mu')x^4 + \mu^2\mu' x^6}{\mu^2\mu' + (1 - 2\mu\mu')x^2 + (\mu' - 2\mu)x^4 + \mu^2 x^6}.$$

89. L'opération inverse, qui consiste à trouver φ par le moyen de ω, ou x par le moyen de z, s'exécutera, soit par la résolution des deux équations trigonométriques

$$\tan \tfrac{1}{2}(\omega + \psi) = \frac{1+\mu'}{2\mu'} \tan \psi, \quad \tan \tfrac{1}{2}(\psi - \varphi) = \frac{1-\mu}{2\mu} \tan \varphi,$$

soit par la résolution des deux équations du 3ᵉ degré,

$$\begin{aligned} \mu' y^3 - zy^2 + y - \mu' z &= 0, \\ \mu x^3 - yx^2 - x + \mu y &= 0. \end{aligned}$$

Ainsi l'équation (72), qui est du 9ᵉ degré lorsqu'il s'agit de déterminer x par z, peut se résoudre par le moyen de deux équations du 3ᵉ.

90. Occupons-nous maintenant de la formule qui sert à la tranformation de la fonction de seconde espèce $E(k, \varphi)$; il suffira d'appliquer la formule générale du nº 74, dans laquelle nous substituerons les valeurs de k, h et ψ, données en fonctions de μ, nº 82 : et d'abord, comme on a

$$k^2 = \frac{(\mu+1)^3(3\mu-1)}{16\mu^3} = \frac{1}{1} + \frac{3\mu^4 + 6\mu^2 - 1}{16\mu^3},$$

on en tire $\frac{2kdk}{d\mu} = \frac{3(1-\mu^2)^2}{16\mu^4}$, ou $\frac{kd\mu}{dk} = \frac{32k^2\mu^4}{3(1-\mu^2)^2}$; donc $\frac{kk'^2 d\mu}{dk} = \frac{32\mu^4}{3(1-\mu^2)^2} k^2 k'^2$ $= \frac{(1-\mu^2)(9\mu^2-1)}{24\mu^2}$. De là résulte la formule

$$(73) \qquad E(k, \varphi) = \frac{1}{3\mu} E(h, \psi) - \frac{(1-\mu)(3\mu+1)}{6\mu} F(h, \psi) + V.$$

Pour avoir la quantité algébrique V, il faut commencer par calculer $\frac{d\psi}{dk}$ au moyen de l'équation $\tan \frac{1}{2}(\psi - \varphi) = \frac{1-\mu}{2\mu} \tan \varphi$, qui donne immédiatement

$$\frac{d\psi}{d\mu} = -\frac{1}{\mu^2} \cdot \frac{\tan \varphi}{1 + \left(\frac{1-\mu}{2\mu}\right)^2 \tan^2 \varphi} = -\frac{4 \sin \varphi \cos \varphi}{4\mu^2 - (1+\mu)(3\mu-1)\sin^2 \varphi}.$$

On trouvera ensuite, après quelques réductions,

$$V = \frac{(1+\mu)(3\mu-1)}{6\mu} \cdot \frac{\sin \varphi \cos \varphi \sqrt{(1-k^2 \sin^2 \varphi)}}{1 - \frac{(1+\mu)(3\mu-1)}{4\mu^2} \sin^2 \varphi}.$$

Si l'on fait $\varphi = \frac{1}{2}\pi$, ce qui donne $\psi = \frac{3}{2}\pi$, on aura la fonction complète

$$(74) \qquad E^1 k = \frac{1}{\mu} E^1 h - \frac{(1-\mu)(3\mu+1)}{2\mu} F^1 h.$$

91. En opérant par les formules du second théorème, on trouverait

semblablement

$$(75)\left\{\begin{aligned} &E(k,\omega)=3\mu' E(h,\psi)-\frac{(1+\mu')(3\mu'-1)}{2\mu'}F(h,\psi)+V',\\ &V'=\frac{(1-\mu')(3\mu'+1)}{2\mu'}\cdot\frac{\sin\psi\cos\psi\sqrt{(1-h^2\sin^2\psi)}}{1+\frac{(1-\mu')(1+3\mu')}{4\mu'^2}\sin^2\psi}, \end{aligned}\right.$$

et dans le cas des fonctions complètes,

$$(76)\qquad E^1k=3\mu' E^1h-\frac{(1+\mu')(3\mu'-1)}{2\mu'}F^1h;$$

ce qui s'accorde avec les formules du n° 180, tome Ier.

Dans le dernier cas, on aurait pour la transformation inverse,

$$(77)\qquad E^1h=\frac{1}{3\mu'}E^1k+\frac{(1+\mu')(3\mu'-1)}{6\mu'}F^1k.$$

Les résultats généraux que nous venons de trouver s'accordent avec ceux que nous avons donnés dans le chap. XXXI de notre Traité, d'après une formule générale qui est la même que celle du théorème II. Nous y sommes parvenu plus facilement par la nouvelle méthode, parce qu'elle est l'application d'une théorie plus générale. Au reste, nous renvoyons à ce chapitre pour les autres développemens relatifs au calcul des différens termes de l'échelle et des régulateurs correspondans.

§ XII. *Application des mêmes théorèmes au cas de* p = 5.

92. Soit α_m l'amplitude qui satisfait à l'équation $F(k,\alpha_m)=\frac{m}{5}F^1k$, pour toutes les valeurs $m=1, 2, 3, 4$; soient $\sin\varphi=x$ et $\sin\psi=y$: les formules du théorème Ier seront, pour le cas de $p=5$,

$$(78)\left\{\begin{aligned} &F(k,\varphi)=\mu F(h,\psi),\\ &y=\frac{x}{\mu}\cdot\frac{1-\frac{x^2}{\sin^2\alpha_2}}{1-k^2x^2\sin^2\alpha_2}\cdot\frac{1-\frac{x^2}{\sin^2\alpha_4}}{1-k^2x^2\sin^2\alpha_4},\\ &(1-y^2)^{\frac{1}{2}}=(1-x^2)^{\frac{1}{2}}\cdot\frac{1-\frac{x^2}{\sin^2\alpha_1}}{1-k^2x^2\sin^2\alpha_4}\cdot\frac{1-\frac{x^2}{\sin^2\alpha_3}}{1-k^2x^2\sin^2\alpha_2},\\ &(1-h^2y^2)^{\frac{1}{2}}=(1-k^2x^2)^{\frac{1}{2}}\cdot\frac{1-k^2x^2\sin^2\alpha_1}{1-k^2x^2\sin^2\alpha_4}\cdot\frac{1-k^2x^2\sin^2\alpha_3}{1-k^2x^2\sin^2\alpha_2}. \end{aligned}\right.$$

On a de plus, entre les constantes du problème, diverses équations, dont il suffira de rapporter les six qui suivent :

$$(79)\quad \left\{\begin{aligned} &\frac{1}{\mu} = \frac{2}{\sin\alpha_1} - \frac{2}{\sin\alpha_3} + 1, \quad \mu = \frac{\sin^2\alpha_1 \sin^2\alpha_3}{\sin^2\alpha_4 \sin^2\alpha_2}, \\ &\frac{h}{k\mu} = 2\sin\alpha_1 - 2\sin\alpha_3 + 1, \; h = k^5 \sin^4\alpha_1 \sin^4\alpha_3, \\ &\frac{h^2}{k^2\mu^2} = 1 + 2\sin^2\alpha_1 + 2\sin^2\alpha_3 - 2\sin^2\alpha_2 - 2\sin^2\alpha_4, \\ &\frac{1}{\mu^2} = 1 + \frac{2}{\sin^2\alpha_1} + \frac{2}{\sin^2\alpha_3} - 2k^2(\sin^2\alpha_2 + \sin^2\alpha_4). \end{aligned}\right.$$

Voici l'analyse par laquelle toutes les quantités nécessaires pour la solution du problème peuvent être déterminées en fonctions de l'une d'entre elles.

93. Soit $\frac{1}{\sin\alpha_1} - \frac{1}{\sin\alpha_3} = a$ et $\frac{1}{\sin\alpha_1 \sin\alpha_3} = b$; on aura d'abord les trois équations

$$\begin{aligned} &\frac{1}{\mu} = 1 + 2a, \text{ ou } \mu = \frac{1}{1+2a}, \\ &\frac{h}{k}(1+2a) = 1 - \frac{2a}{b}, \text{ ou } 2a = \frac{b(1-m^2)}{1+bm^2}, \text{ en faisant } \frac{h}{k} = m^2, \\ &\frac{h}{k} = m^2 = \frac{k^4}{b^4}, \text{ ou } mb^2 = k^2. \end{aligned}$$

Ces trois équations entre les cinq quantités k, h, μ, a, b, dont une seule k est connue, ne suffisent pas; mais on en aura une quatrième en éliminant $\sin^2\alpha_2$ et $\sin^2\alpha_4$ de deux des équations (79). Cette quatrième équation est

$$\frac{1-h^2}{\mu^2} = 1 - k^2 + \frac{2\sin^2\alpha_1 + 2\sin^2\alpha_3}{\sin^2\alpha_1 \sin^2\alpha_3} - 2k^2(\sin^2\alpha_1 + \sin^2\alpha_3).$$

Substituant les valeurs $\frac{1}{\mu^2} = (1+2a)^2$, $\frac{h^2}{\mu^2} = k^2\left(1 - \frac{2a}{b}\right)^2$, $\frac{\sin^2\alpha_1 + \sin^2\alpha_3}{\sin^2\alpha_1 \sin^2\alpha_3} = a^2 + 2b$, on aura $\frac{k^2}{b^2} = \frac{2b - 2a - a^2}{2b + 2ab - a^2} = m$, et par conséquent,

$$\left(\frac{2b - 2a - a^2}{2b + 2ab - a^2}\right)^2 = m^2 = \frac{b - 2a}{b + 2ab}.$$

Cette dernière équation entre a et b se réduit finalement à la forme

$$(80)\qquad a^3 = 2b(b - 1 - a);$$

d'où résulte

$$(81)\qquad 2b = 1 + a + A, \quad A = \sqrt{[(1+2a)(1+a^2)]}.$$

Ainsi l'on voit que dans la quintisection de la fonction complète $F^1 k$ il y a une équation entre $\sin\alpha_1$ et $\sin\alpha_3$, qui est indépendante du module k, comme dans la trisection il y en a une entre $\sin\alpha_1$ et $\sin\alpha_2$, savoir, l'équation $\cos\alpha_2 = 1 - \sin\alpha_1$, qui est également indépendante de k.

En effet, parmi les formules de la quintisection (art. 23, tome Ier), on trouve les deux suivantes :

$$\text{tang}\left(45^\circ + \frac{1}{2}\alpha_3\right) = \frac{\cot\alpha_1}{k'}\Delta(\alpha_1),$$

$$\text{tang}\left(\frac{1}{2}\alpha_1 + \frac{1}{2}\alpha_3\right) = \text{tang}\,\alpha_2\,\Delta(\alpha_1) = \frac{\cot\alpha_3}{k'}\Delta(\alpha_1);$$

d'où résulte, entre α_1 et α_3, l'équation

$$\text{tang}\,\alpha_1\,\text{tang}(45^\circ + \tfrac{1}{2}\alpha_3) = \text{tang}\,\alpha_3\,\text{tang}(\tfrac{1}{2}\alpha_1 + \tfrac{1}{2}\alpha_3),$$

ou

$$2\sin\alpha_1\sin\alpha_3(1 - \sin\alpha_1\sin\alpha_3) = (\sin\alpha_3 - \sin\alpha_1)(\sin^2\alpha_3 + \sin^2\alpha_1);$$

ce qui s'accorde avec l'équation (80).

94. Maintenant, il est facile de voir qu'on aura l'équation entre les modules k et h si l'on en trouve une entre les quantités b et m. Pour cela, il suffit d'éliminer a des deux équations déjà trouvées ....
$m = \frac{2b - 2a - a^2}{2b + 2ab - a^2}$, $2a = \frac{b(1 - m^2)}{1 + bm^2}$, et l'on obtient l'équation

$$\frac{4}{b} - 4m^3b = (1 - m)(1 + 6m + m^2).$$

Il restera à substituer, dans cette dernière, les valeurs $m = \sqrt{\frac{h}{k}}$, $b = \sqrt{\frac{k^2}{m}}$. Mais, pour que le résultat prenne une forme rationnelle, nous ferons $k = u^4$ et $h = v^4$; ce qui donnera $m = \frac{v^2}{u^2}$ et $b = \frac{u^5}{v}$: nous aurons ainsi l'équation cherchée

$$(u^2 - v^2)(u^4 + 6u^2v^2 + v^4) = 4uv(1 - u^4v^4),$$

ou

$$(82) \qquad u^6 - v^6 + 5u^2v^2(u^2 - v^2) = 4uv(1 - u^4v^4).$$

C'est sous cette forme que M. Jacobi a donné l'équation des modules dans le Journal de Crelle, tome III, page 192.

On peut lui donner une autre forme, qui semble plus commode, en l'écrivant ainsi :

$$\frac{u^4 + 6u^2v^2 + v^4}{4uv(u^2 + v^2)} = \frac{1 - u^4v^4}{u^4 - v^4},$$

puis, déduisant de cette dernière,

$$\left(\frac{u + v}{u - v}\right)^4 = \left(\frac{1 + u^4}{1 - u^4}\right)\left(\frac{1 - v^4}{1 + v^4}\right),$$

ou, en remettant les valeurs de u et de v,

$$(82a)\qquad \left(\frac{k^{\frac{1}{4}}+h^{\frac{1}{4}}}{k^{\frac{1}{4}}-h^{\frac{1}{4}}}\right)^4=\frac{1+k}{1-k}\cdot\frac{1-h}{1+h}.$$

Cette formule, pour le cas de $p=5$, a une analogie assez remarquable avec celles qui ont été trouvées n° 85, pour le cas de $p=3$.

95. L'équation (82) étant du sixième degré, par rapport aux deux quantités u et v, on voit qu'il faudra résoudre une équation de ce degré pour déduire immédiatement le module h du module donné k, ou, réciproquement, k de h; mais j'observe qu'en continuant le calcul pour avoir les autres termes de l'échelle, soit dans l'ordre croissant, soit dans l'ordre décroissant, on n'aura jamais qu'une équation du cinquième degré à résoudre pour passer d'un terme au terme suivant. En effet, si de la valeur $u=\sqrt[4]{k}=f$ on a déduit la valeur $v=\sqrt[4]{h}=g$, et qu'ensuite, de la valeur $u=\sqrt[4]{h}=g$ on veuille déduire la valeur suivante.... $v=\sqrt[4]{h_1}=g_1$, l'équation en v sera satisfaite en posant $v=-f$; de sorte qu'en la divisant par $v+f$, elle sera réduite au cinquième degré.

Cette propriété résulte de ce que, dans l'équation générale

$$u^6-v^6+5u^2v^2(u^2-v^2)-4uv(1-u^4v^4)=0,$$

on peut changer à la fois u en v et v en $-u$.

La même réduction aura lieu lorsqu'on voudra prolonger l'échelle dans le sens des modules croissans k, k_1, k_2, etc.

96. Les formules précédentes donnent le moyen d'exprimer en fonctions de a toutes les quantités constantes qui entrent dans les équations (78).

Nous avons déjà trouvé $\mu=\frac{1}{1+2a}$; la valeur de k^2 se déduira de l'équation $k^2=mb^2$, qui donne

$$(83)\qquad 2k^2-1=(1+a-a^2)\sqrt{\left(\frac{1+a^2}{1+2a}\right)}:$$

de sorte que si l'on fait $k=\sin\gamma$, on aura

$$\cos 2\gamma=(a^2-a-1)\sqrt{\left(\frac{1+a^2}{1+2a}\right)},$$

ou plus simplement encore

$$(84)\qquad \sin^2 2\gamma=\frac{2a^5-a^6}{1+2a}.$$

Soit a' une seconde auxiliaire tellement liée avec a, qu'on ait

$(1+2a)(1+2a')=5$, ou $a'=\frac{2-a}{1+2a}$, on aura $\sin^2 2\gamma = a^5 a'$.

Supposant k connu par le moyen de a, on aurait le module suivant h par la formule $h=k\mu\left(1-\frac{2a}{b}\right)$; et parce que $\frac{a}{b}=\frac{A-1-a}{a^2}$, on aura

$$h=\frac{k}{a^2}\left(\frac{a^2+2a+2-2A}{1+2a}\right)=\frac{k}{a^2}\left[1-\sqrt{\left(\frac{1+a^2}{1+2a}\right)}\right]^2.$$

De là résulte

$$(85)\qquad 2h^2-1=\frac{1-11a-a^2}{(1+2a)^2}\sqrt{\left(\frac{1+a^2}{1+2a}\right)};$$

de sorte que si l'on fait $h=\cos\delta$, on aura $\cos 2\delta=\frac{a^2+11a-1}{(1+2a)^2}\sqrt{\left(\frac{1+a^2}{1+2a}\right)}$, et enfin

$$(86)\qquad \sin^2 2\delta = a\left(\frac{2-a}{1+2a}\right)^5 = aa'^5.$$

Telles sont les formules très simples par lesquelles les deux modules k et h peuvent se déduire de la seule donnée a.

97. Pour former semblablement l'équation des amplitudes, il faudra déduire des formules précédentes les valeurs des coefficiens, exprimées en fonctions de a et de b; ces valeurs sont :

$$\frac{1}{\sin^2\alpha_2}+\frac{1}{\sin^2\alpha_4}=\mu(2b+2ab-a^2),$$
$$\frac{1}{\sin^2\alpha_2\sin^2\alpha_4}=\mu b^2,$$
$$k^2(\sin^2\alpha_2+\sin^2\alpha_4)=2b-2a-a^2,$$
$$k^4\sin^2\alpha_2\sin^2\alpha_4=b(b-2a).$$

Ainsi l'équation des amplitudes sera

$$(87)\qquad y=x\cdot\frac{1+2a+(a^2-2ab-2b)x^2+b^2x^4}{1+(a^2+2a-2b)x^2+(b^2-2ab)x^4}.$$

C'est sous cette forme que M. Jacobi a présenté l'équation des amplitudes dans le n° 123 du Journal de M. Schumacher, d'Altona; sur quoi il faut observer que les lettres α et β de M. Jacobi désignent la même chose que les lettres a et $-b$ de la formule précédente. Il est probable que M. Jacobi, dans le commencement de ses recherches, était parvenu à cette formule par la méthode des coefficiens indéterminés, en faisant... $y=\frac{x(f+gx^2+hx^4)}{1+mx^2+nx^4}$, et déterminant les coefficiens de manière que cette valeur satisfît à l'équation différentielle $\frac{dx}{\sqrt{(1-x^2)}.\sqrt{(1-k^2x^2)}} = \mu \frac{dy}{\sqrt{(1-y^2)}.\sqrt{(1-h^2y^2)}}$. Mais l'expression que donne la formule générale du même auteur, où il n'entre que les données k et α_m, est beaucoup plus élégante, et nous n'avons cité l'équation (87) que parce qu'elle a une analogie très remarquable avec celle que nous déduirons ci-après du théorème II.

98. Revenons aux équations $\sin^2 2\gamma = a^5a'$, $\sin^2 2\delta = aa'^5$, qui supposent $k = \sin\gamma$, $h = \sin\delta$ et $(1+2a)(1+2a') = 5$; elles offrent un moyen très simple de suppléer à l'équation des modules, ou même de la reproduire sous une autre forme : car, si l'on fait $\sin 2\gamma = 2kk' = x$, $\sin 2\delta = 2hh' = y$, les équations $x^2 = a^5a'$, $y^2 = aa'^5$ donneront $a^{12} = \frac{x^5}{y}$, $a'^{12} = \frac{y^5}{x}$, et l'équation des modules sera

$$(88) \qquad \left[1+2\left(\frac{x^5}{y}\right)^{\frac{1}{12}}\right]\left[1+2\left(\frac{y^5}{x}\right)^{\frac{1}{12}}\right] = 5,$$

équation d'une forme très différente de celles que nous avons trouvées n° 95, et dont la solution ne devient plus facile qu'au moyen de l'auxiliaire a.

Il est essentiel de remarquer qu'aussitôt que a est déterminé par la résolution de l'équation du sixième degré, que nous avons rapportée, toutes les quantités μ, h, $\sin\alpha_1$, $\sin\alpha_2$, etc., deviennent connues, de sorte qu'il ne reste rien à désirer pour l'application des formules du théorème Ier, par lesquelles la fonction donnée $F(k, \varphi)$ est transformée en une autre d'un module plus petit h.

La méthode générale conduit aux mêmes résultats par le calcul préalable des quantités α_1, α_2, α_3, α_4, qui servent à déterminer tous les coefficiens ; mais le degré de l'équation à résoudre pour déterminer α_1, qui est fixé à $\frac{25-1}{2}$ ou 12 dans le cas de $p=5$, paraît susceptible de réduction : il faut, en effet, qu'on puisse éviter la résolution de cette équation du douzième degré, puisque toute la difficulté est réduite à l'équation en a, qui n'est que du sixième degré.

99. Il reste maintenant à faire voir comment l'opération doit être continuée, par ces nouvelles formules, pour prolonger à volonté l'échelle décroissante k, h, h_1, h_2, etc., et obtenir les transformations correspondantes de la fonction $F(k, \varphi)$.

Pour cela, appelons x et x' les quantités qui, pour le module h, sont analogues aux quantités a et a' pour le module k, puisque.....

$h = \sin \delta$, si nous faisons $\sin^2 2\delta = (2hh')^2 = C$, nous aurons à résoudre l'équation

$$C = \frac{x^5(2-x)}{1+2x}.$$

Or, si l'on observe que dans la solution précédente on avait $C = aa'^5 = a'^5\left(\frac{2-a'}{1+2a'}\right)$, on en conclura que cette équation serait satisfaite en faisant $x = a'$; de sorte qu'en la dégageant du facteur $x - a'$, elle se réduira à l'équation du cinquième degré

$$(89) \qquad x^5 = (2-a')\left(x^4 + a'x^3 + a'^2x^2 + a'^3x + \frac{a'^4}{1+2a'}\right).$$

Cette équation n'a qu'une racine positive entre 2 et $2 - a'$; ainsi, il ne faudra que quelques essais pour trouver la valeur de x, au moyen de laquelle on aura $\sin^2 2\delta_1 = xx'^5$ et $h_1 = \sin \delta_1$. Les mêmes opérations devront être répétées pour trouver les autres termes de l'échelle, et chacune d'elles n'exigera que la résolution d'une équation du cinquième degré, semblable à l'équation (89). On est ainsi dispensé de calculer, pour les modules successifs h, h_1, h_2, etc., les quantités analogues à α_1, α_2, etc., lesquelles semblent dépendre d'équations d'un degré au-dessus du cinquième.

Par de semblables procédés, on pourra prolonger à volonté l'échelle des modules dans l'ordre croissant, et il n'y aura jamais qu'une équation du cinquième degré à résoudre pour passer d'un terme au terme suivant.

100. Soit, par exemple, $a = \frac{1}{4}$, et par suite $a' = \frac{3}{4}$, on aura

$$\sin^2 2\gamma = \frac{3}{128} \text{ et } \sin^2 2\delta = \frac{243}{2048};$$

d'où l'on tire les valeurs numériques

$2\gamma = 171^\circ\, 11'\, 37'',60967$	$2\delta = 20^\circ\, 8'\, 55'',69742$
$\gamma = 85.35.48,804835$	$\delta = 10.4.27,84871$
$k = \sin\gamma \ldots$ 9.99871 63223	$h = \sin\delta \ldots$ 9.24285 65250.

Pour trouver le module k_1, il faut résoudre l'équation $xx'^5 = \frac{3}{128}$, qui peut être abaissée au cinquième degré en la divisant par $x' - \frac{1}{4}$; mais comme cette équation est d'une forme très simple, il n'y a guère d'avantage à faire cette réduction, et si l'on fait immédiatement $x' = 2(1-\omega)$, ω étant un nombre très petit, on aura à résoudre l'équation .... $\frac{\omega}{5-4\omega}(1-\omega)^5 = \frac{3}{2^{13}}$. Voici le résultat du calcul :

$\frac{1}{a} = 541.9129566 = m,\quad \sin^2 2\gamma_1 = \frac{2^6}{(5m-4)^5}\cdot\frac{m-1}{m},$

$\frac{1}{\sin^2 2\gamma_1}\ldots\ 15.35591\ 18626 \qquad 2\gamma_1 = 0''00432\ 98136$

$\frac{1}{\sin 2\gamma_1}\ldots\ 7.67795\ 59313 \qquad \gamma_1 = 0.00216\ 49068$

$\sin 2\gamma_1\ldots\ 2.32204\ 40687$

$R''\ldots\ 5.31442\ 51332$

$2\gamma_1\ldots\ 7.63646\ 92019.$

L'angle γ_1, déduit de $\sin 2\gamma_1$, a deux valeurs, dont l'une est complément de l'autre; et comme on sait que γ_1 doit être très près de 90°, on aura

$$\gamma_1 = 89^\circ 59' 59'',99783\ 50932;$$

de là les logarithmes de k et k'_1, comme il suit:

$k_1\ldots\ 0.00000\ 00000$

$k'_1\ldots\ 2.02101\ 40730.$

101. Pour donner encore un exemple de nos formules, soit $k = \sin 45^\circ$, on aura $\sin 2\gamma = 1$, et l'équation à résoudre pour trouver a sera... $1 = a^5 a' = \frac{a^5(2-a)}{1+2a}$, ou $a^6 - 2a^5 + 2a + 1 = 0$. Divisant cette équation par a^2+1, on aura $a^4 - 2a^3 - a^2 + 2a + 1 = 0$, ou $(a^2 - a - 1)^2 = 0$; on a donc $a^2 - a - 1 = 0$, résultat qu'on trouverait immédiatement par la valeur de $2k^2 - 1$, donnée n° 96. On a donc $a = \frac{1}{2} + \frac{1}{2}\sqrt{5} = 2\sin 54^\circ$, ensuite, $a' = \frac{1}{a^5}$, $\sin^2 2\delta = aa'^5 = \frac{1}{a^{24}}$ et $\sin 2\delta = \frac{1}{a^{12}}$. Par cette valeur, on trouve

$$\delta = 0^\circ 5' 20'',2905702$$
$$\log\sin\delta = \log h = 7.19111\ 88449\ 27$$
$$\log\cos\delta = \log h' = 9.99999\ 94764\ 10.$$

L'échelle dont nous venons de nous occuper est l'une des deux qui composent l'échelle unique dont l'indice est $\sqrt{5}$. Pour former l'autre échelle, soient k et h les deux termes moyens qui doivent être complémens l'un de l'autre; et puisque nous avons fait $k = \sin\gamma$ et $h = \sin\delta$, il faudra qu'on ait $\gamma + \delta = 90^\circ$ et $\sin 2\gamma = \sin 2\delta$. Ainsi, on devra avoir pour ce cas particulier $a^5 a' = aa'^5$ ou $a = a'$, et l'équation...... $(1+2a)(1+2a') = 5$ donnera $a = a' = \frac{1}{2}(\sqrt{5}-1) = 2\sin 18^\circ$. Il en résulte

$\sin^2 2\gamma = a^6$, $\sin 2\gamma = a^3 = (2\sin 18^\circ)^3 = \sqrt{5} - 2$, $\cos 2\gamma = \pm 2\sqrt{(\sqrt{5}-2)}$,
$\sin^2\gamma = \frac{1}{2} + \sqrt{(\sqrt{5}-2)}$, $\sin^2\delta = \frac{1}{2} - \sqrt{(\sqrt{5}-2)}$.

Telles sont les valeurs de k^2 et h^2, ou, si l'on veut exprimer les modules par les angles dont ils sont les sinus, on aura

$$k = \sin 83^\circ\, 10'\, 21'',747455,$$
$$k' = \sin\ 6.49.38,252545.$$

Nous connaissons ainsi les cinq termes moyens de l'échelle dont l'indice est $\sqrt{5}$; ces cinq termes sont h', k, $\sin 45^\circ$, k', h.

102. Appliquons maintenant au cas de $p = 5$ les formules du théorème II. Si l'on détermine l'amplitude θ_m de manière qu'elle satisfasse à l'équation $F(h', \theta_m) = \frac{m}{5} F^1 h' = \frac{m}{5} H'$, on aura, en faisant $\sin\psi = y$ et $\sin\omega = z$, les équations

$$(90)\quad \left\{\begin{aligned} &F(h,\psi) = \mu' F(k,\omega),\\ &z = \frac{y}{\mu'}\cdot\frac{1+y^2\cot^2\theta_4}{1+y^2\cot^2\theta_1}\cdot\frac{1+y^2\cot^2\theta_2}{1+y^2\cot^2\theta_3},\\ &(1-z^2)^{\frac{1}{2}} = (1-y^2)^{\frac{1}{2}}\cdot\frac{1-\frac{y^2\cos^2\theta_4}{\sin^2\theta_1}}{1+y^2\cot^2\theta_1}\cdot\frac{1-\frac{y^2\cos^2\theta_2}{\sin^2\theta_3}}{1+y^2\cot^2\theta_3},\\ &(1-k^2z^2)^{\frac{1}{2}} = (1-h^2y^2)^{\frac{1}{2}}\cdot\frac{1-\frac{y^2\cos^2\theta_1}{\sin^2\theta_4}}{1+y^2\cot^2\theta_1}\cdot\frac{1-\frac{y^2\cos^2\theta_3}{\sin^2\theta_2}}{1+y^2\cot^2\theta_3}.\end{aligned}\right.$$

Ensuite, on aura les quatre équations suivantes, extraites des équations (49) entre les constantes du problème,

$$(91)\quad \left\{\begin{aligned} &\frac{1}{\mu'} = \frac{2}{\sin\theta_1} - \frac{2}{\sin\theta_3} + 1, \quad \mu' = \frac{\sin^2\theta_1\sin^2\theta_3}{\sin^2\theta_4\sin^2\theta_2},\\ &\frac{k'}{h'\mu'} = 1 + 2\sin\theta_1 - 2\sin\theta_3,\\ &\left(\frac{k'}{h'\mu'}\right)^2 = 1 + 2\sin^2\theta_1 + 2\sin^2\theta_3 - 2\sin^2\theta_2 - 2\sin^2\theta_4.\end{aligned}\right.$$

De plus, nous savons qu'on a $5\mu\mu' = 1$ et $\mu' = \frac{H}{K}$.

103. Soit $\frac{1}{\sin\theta_1} - \frac{1}{\sin\theta_3} = a'$ et $\frac{1}{\sin\theta_1\sin\theta_3} = b'$, on aura, entre a' et b', la même équation que nous avons trouvée ci-dessus entre a et b, savoir,

$$(92)\qquad a'^3 = 2b'(b' - 1 - a');$$

d'où résulte

$$(93)\quad \left\{ \begin{aligned} 2b' &= 1 + a' + A', \\ \frac{1}{b'} &= \frac{A' - 1 - a'}{a'^3}, \end{aligned} \right\} \quad A' = \sqrt{[(1 + 2a')(1 + a'^2)]}.$$

Il serait inutile d'employer les auxiliaires à la recherche de l'équation entre les modules k et h, parce qu'on trouverait le même résultat qu'ont fourni les formules du théorème Ier; mais il est nécessaire de calculer en fonctions de a' et b' les coefficiens de l'équation des amplitudes.

On a d'abord $\frac{1}{\mu'} = 1 + 2a'$; d'un autre côté, on a $\frac{1}{\mu} = 1 + 2a$ et $5\mu\mu' = 1$; donc $(1 + 2a)(1 + 2a') = 5$. Ainsi l'auxiliaire a' est la même que nous avons employée dans l'art. 96.

Au moyen des valeurs de a' et b', on trouve immédiatement

$$\begin{aligned} \frac{1}{\sin^2 \mathcal{C}_1} + \frac{1}{\sin^2 \mathcal{C}_3} &= a'^2 + 2b', \\ \cot^2 \mathcal{C}_1 + \cot^2 \mathcal{C}_3 &= a'^2 + 2b' - 2, \\ \cot^2 \mathcal{C}_1 \cot^2 \mathcal{C}_3 &= 1 - 2b' + b'^2 - a'^2. \end{aligned}$$

Il faut ensuite avoir les valeurs semblablement exprimées de $\cot^2 \mathcal{C}_2 + \cot^2 \mathcal{C}_4$ et de $\cot^2 \mathcal{C}_2 \cot^2 \mathcal{C}_4$.

Et d'abord l'équation $\mu' = \frac{\sin^2 \mathcal{C}_1 \sin^2 \mathcal{C}_3}{\sin^2 \mathcal{C}_2 \sin^2 \mathcal{C}_4}$ donnera $\frac{1}{\sin^2 \mathcal{C}_2 \sin^2 \mathcal{C}_4} = \mu' b'^2$; ensuite, l'équation $\frac{k'}{h'\mu'} = 1 + 2 \sin \mathcal{C}_1 - 2 \sin \mathcal{C}_3 = 1 - \frac{2a'}{b'}$ étant combinée avec l'équation $\left(\frac{k'}{h'\mu'}\right)^2 = 1 + 2\sin^2 \mathcal{C}_1 + 2\sin^2 \mathcal{C}_3 - 2\sin^2 \mathcal{C}_2 - 2\sin^2 \mathcal{C}_4$, on en tire successivement

$$\begin{aligned} \sin^2 \mathcal{C}_2 + \sin^2 \mathcal{C}_4 &= \frac{2b' + 2a'b' - a'^2}{b'^2}, \\ \frac{1}{\sin^2 \mathcal{C}_2} + \frac{1}{\sin^2 \mathcal{C}_4} &= \mu'(2b' + 2a'b' - a'^2), \\ \cot^2 \mathcal{C}_2 + \cot^2 \mathcal{C}_4 &= \mu'(2b' + 2a'b' - a'^2 - 2 - 4a'), \\ \cot^2 \mathcal{C}_2 \cot^2 \mathcal{C}_4 &= \mu'(1 - 2b' + b'^2 + a'^2 + 2a' - 2a'b'). \end{aligned}$$

104. Au moyen de ces valeurs, l'équation entre z et y sera ainsi exprimée :

$$z = y \cdot \frac{1 + 2a' + (2b' + 2a'b' - a'^2 - 2 - 4a')y^2 + (1 - 2b' + b'^2 + a'^2 + 2a' - 2a'b')y^4}{1 + (a'^2 + 2b' - 2)y^2 + (1 - 2b' + b'^2 - a'^2)y^4}.$$

On voit qu'elle n'est pas de la même forme que l'équation (87) donnée par le théorème Ier; mais il suffit d'un léger changement pour rendre ces équations entièrement semblables. Appelons b'' la seconde racine de l'équation $a'^3 = 2b'(b' - 1 - a')$, en regardant b' comme l'inconnue. Cette seconde racine b'', qui est toujours négative, sera donnée par la formule

$$2b'' = 1 + a' - A';$$

de sorte qu'on aura $b' + b'' = 1 + a'$. Il ne s'agit plus que de substituer dans l'équation précédente la valeur $b' = 1 + a' - b''$, et l'on aura

$$(94) \qquad z = y \cdot \frac{1 + 2a' + (a'^2 - 2a'b'' - 2b'')y^2 + b''^2 y^4}{1 + (a'^2 + 2a' - 2b'')y^2 + (b''^2 - 2a'b'')y^4},$$

équation entièrement semblable à l'équation (87). On voit, en effet, que les coefficiens de la nouvelle équation sont exprimés en a' et b'', comme ceux de l'équation (87) le sont en a et b; et si l'on voulait exprimer ces coefficiens par la seule donnée a pour le théorème Ier, ou par la seule donnée a' pour le théorème II, il faudrait, dans le premier cas, faire

$$b = \tfrac{1}{2}(1 + a) + \tfrac{1}{2}\sqrt{[(1 + 2a)(1 + a^2)]},$$

et dans le second,

$$b'' = \tfrac{1}{2}(1 + a') - \tfrac{1}{2}\sqrt{[(1 + 2a')(1 + a'^2)]}:$$

d'où l'on voit que les deux expressions sont des fonctions semblables de a et de a', avec la seule différence que le radical change de signe d'une expression à l'autre.

105. Voici, au reste, comment on peut expliquer ce singulier résultat. Quand on passe de l'équation $F(k, \varphi) = \mu F(h, \psi)$ à l'équation...... $F(h, \psi) = \mu' F(k, \omega)$, ce qui se fait en substituant aux quantités x, y, a les quantités y, z, a', respectivement, il faut que les valeurs de k^2 et h^2, dans la première équation, soient remplacées par les valeurs de h^2 et k^2, respectivement, dans la seconde. Or, dans la première, on a

$$k^2 = \frac{1}{2} + \frac{1}{2}(1 + a - a^2)M, \quad h^2 = \frac{1}{2} + \frac{1}{2} \cdot \frac{1 - 11a - a^2}{(1 + 2a)^2} M,$$

M étant mis pour $\sqrt{\left(\frac{1 + a^2}{1 + 2a}\right)}$. Substituant dans celles-ci a' à la place de a, et observant que M reste le même, parce que $\frac{1 + a^2}{1 + 2a} = \frac{1 + a'^2}{1 + 2a'}$, k^2 devient $\frac{1}{2} - \frac{1}{2} \cdot \frac{1 - 11a' - a'^2}{(1 + 2a')^2} M$, et h^2 devient $\frac{1}{2} - \frac{1}{2}(1 + a' - a'^2)M$. Donc, en effet, k^2 se changera en h^2 et h^2 en k^2, pourvu que M, qui est la même chose que $\frac{A}{1 + 2a}$ se change en $-M'$, qui est la même chose que $-\frac{A'}{1 + 2a'}$; donc, avec la condition que A se change en $-A'$, la substitution qui rend identique l'équation $\frac{dx}{\sqrt{(1-x^2)}.\sqrt{(1-k^2x^2)}}=\mu.\frac{dy}{\sqrt{(1-y^2)}.\sqrt{(1-h^2y^2)}}$, rendra identique aussi l'équation $\frac{dy}{\sqrt{(1-y^2)}.\sqrt{(1-h^2y^2)}}=\mu'.\frac{dz}{\sqrt{(1-z^2)}.\sqrt{(1-k^2z^2)}}$, par le changement de x, y, a en y, z, a', respectivement.

Cette propriété est particulière au nombre 5 pris pour p, comme une propriété analogue (n° 87) est particulière au nombre 3. D'autres nombres premiers pourront présenter des propriétés semblables ou modifiées, selon le nombre des lettres nécessaires pour exprimer rationnellement tous les coefficiens de l'équation des amplitudes.

106. Une autre propriété non moins remarquable pour le cas de $p=5$ est celle qui permet de déduire aisément les auxiliaires β_m des auxiliaires α_m, et réciproquement; c'est-à-dire que si k et h sont deux termes consécutifs dans l'échelle dont l'indice est 5, la division de la fonction complète F^1k en cinq parties égales étant connue par les quantités α_1, α_2, etc., on connaîtra immédiatement les quantités β_1, β_2, etc., provenant d'une division semblable de la fonction complète F^1h', et réciproquement.

En effet, nous avons vu, dans le cas de $p=5$, que a étant connu, on a immédiatement les valeurs de $\sin\alpha_1$, $\sin\alpha_2$, $\sin\alpha_3$ et $\sin\alpha_4$; si l'on donnait ces dernières quantités, ou seulement $\sin\alpha_1$ et $\sin\alpha_3$, on en déduirait la valeur de a, savoir, $a=\frac{1}{\sin\alpha_1}-\frac{1}{\sin\alpha_3}$, ensuite celle de $a'=\frac{2-a}{1+2a}$. Or, a' étant connu, on en tire aussitôt les valeurs de $\sin\beta_1$, $\sin\beta_3$, $\sin\beta_2$, $\sin\beta_4$. Ainsi, il y a une liaison intime entre la quintisection de la fonction complète F^1k et celle de la fonction complète F^1h'; une semblable liaison n'existe pas entre les divisions relatives aux modules k et h.

107. Pour diviser généralement toute fonction donnée $F(k, \omega)$ en cinq parties égales, c'est-à-dire pour déterminer φ d'après l'équation $F(k, \omega) = 5F(k, \varphi)$, il faudra faire usage des formules suivantes, données par nos deux théorèmes,

$$F(k,\varphi)=\mu F(h,\psi),\quad \sin\psi=\frac{\sin\varphi}{\mu}.\frac{1-\frac{\sin^2\varphi}{\sin^2\alpha_2}}{1-k^2\sin^2\varphi\sin^2\alpha_2}.\frac{1-\frac{\sin^2\varphi}{\sin^2\alpha_4}}{1-k^2\sin^2\varphi\sin^2\alpha_4},$$

$$F(h,\psi)=\mu' F(k,\omega),\quad \sin\omega=\frac{\sin\psi}{\mu'}.\frac{1+\sin^2\psi\cot^2\beta_4}{1+\sin^2\psi\cot^2\beta_1}.\frac{1+\sin^2\psi\cot^2\beta_2}{1+\sin^2\psi\cot^2\beta_3}.$$

Au moyen du module donné k, on déterminera a par la résolution de l'équation du 6ᵉ degré, $4k^2(1-k^2)=a^5.\frac{2-a}{1+2a}$; a étant connu, on connaîtra a', b', b'', μ, μ' et toutes les quantités exprimées en α et β dans les deux équations des amplitudes : on pourra aussi, au lieu de ces équations, prendre celles qui sont exprimées, l'une par les données a et b, l'autre par les données a' et b''. On aura ensuite à résoudre une équation du 5e degré pour déduire $\sin\psi$ de $\sin\omega$, puis une du même degré pour déduire $\sin\varphi$ de $\sin\psi$. D'ailleurs, connaissant la loi d'accroissement des variables ψ et ω, ainsi que celles des variables φ et ψ, il n'y aura jamais d'ambiguité dans la détermination de l'angle φ par son sinus, puisqu'on sait d'avance dans quel quadrant doit se trouver l'angle φ. Ainsi le problème de la quintisection, qui dépend en général d'une équation du 25e degré, se réduira toujours à la résolution d'une équation du 6e degré et de deux du 5e.

108. Venons enfin à la transformation de la fonction de seconde espèce $E(k,\varphi)$. Si l'on veut appliquer la formule générale du n° 75, qui se rapporte au théorème II, il faudra avoir la valeur de $\frac{d\mu'}{dk}$; or, l'équation $4k^2(1-k^2)=a'\left(\frac{2-a'}{1+2a'}\right)^5$, donne, par sa différentielle logarithmique,

$$\frac{(2-4k^2)dk}{kk'^2da'}=\frac{1}{a'}-\frac{5}{2-a'}-\frac{10}{1+2a'}=\frac{2(1-11a'-a'^2)}{a'(2-a')(1+2a')};$$

on a d'ailleurs $1-2k^2=\frac{1-11a'-a'^2}{(1+2a')^2}M$, en faisant, pour abréger,... $M=\sqrt{\frac{1+a'^2}{1+2a'}}$; donc

$$\frac{M}{kk'^2}\cdot\frac{dk}{da'}=\frac{1+2a'}{a'(2-a')}=\frac{1}{aa'}.$$

On trouverait semblablement

$$\frac{M}{hh'^2}\cdot\frac{dh}{da'}=\frac{5}{aa'(1+2a')^2};$$

de là résulte

$$\frac{kk'^2}{hh'^2}\cdot\frac{dh}{dk}=\frac{5}{(1+2a')^2}=5\mu'^2,$$

ce qui s'accorde avec l'équation générale $p\sigma^2=qr$, trouvée n° 73. Maintenant, si dans la formule générale

$$E(k,\omega)=p\mu'E(h,\psi)+\left(\frac{k'^2}{\mu'}-p\mu'h'^2-\frac{kk'^2}{\mu'^2}\cdot\frac{d\mu'}{dk}\right)F(h,\psi)+V',$$

on fait les substitutions $p=5$, $\frac{1}{\mu'}=1+2a'$, $\frac{kk'^2}{\mu'^2}\cdot\frac{d\mu'}{dk}=-2kk'^2\frac{da'}{dk}=-2aa'M$,

$$k'^2=\frac{1}{2}+\frac{1-11a'-a'^2}{2(1+2a')^2}M,\quad h'^2=\frac{1}{2}+\frac{1+a'-a'^2}{2}M;$$

d'où résulte

$$\frac{k'^2}{\mu'} - 5\mu' h'^2 = \frac{1}{2\mu'} - \frac{5\mu'}{2} + 2\text{M}.\frac{a'^2 - 4a' - 1}{1 + 2a'},$$

on aura enfin la formule cherchée

$$\text{E}(k, \omega) = 5\mu'\text{E}(h, \psi) + \left(\frac{1}{2\mu'} - \frac{5\mu'}{2} - 2\text{M}\right)\text{F}(h, \psi) + \text{V}',$$

dans laquelle il ne reste plus qu'à déterminer la quantité algébrique V'.

109. Pour cela, nous avons la formule

$$\text{V}' = \frac{k^2 \sin\omega \cos\omega}{\sqrt{(1 - k^2 \sin^2\omega)}} - \frac{h^2}{\mu}\cdot\frac{\sin\psi\cos\psi}{\sqrt{(1 - h^2\sin^2\psi)}} - \frac{kk'^2}{\sqrt{(1 - k^2\sin^2\omega)}}\cdot\frac{d\omega}{dk},$$

dans laquelle il faut substituer la valeur de $\frac{d\omega}{dk}$. Cette valeur se calculera facilement au moyen de la formule

$$\omega = \psi + 2\psi_1 - 2\psi_3,$$

où l'on suppose $\tang\psi_1 = \frac{1}{\sin\mathit{6}_1}\tang\psi$, $\tang\psi_3 = \frac{1}{\sin\mathit{6}_3}\tang\psi$.

Soit, pour un moment, $f = \frac{1}{\sin\mathit{6}_1}$ et $g = \frac{1}{\sin\mathit{6}_3}$, on aura

$$f - g = a' \quad \text{et} \quad fg = b' = \tfrac{1}{2}(1 + a' + \text{A}'); \quad \text{d'où résulte}$$

$$\frac{df}{da'} = \frac{1}{2\sqrt{(1 + 2a')}} + \frac{a'}{2\sqrt{(1 + a'^2)}} + \frac{1}{2},$$

$$\frac{dg}{da'} = \frac{1}{2\sqrt{(1 + 2a')}} + \frac{a'}{2\sqrt{(1 + a'^2)}} - \frac{1}{2}.$$

Différenciant la valeur de ω par rapport à a', et faisant, pour abréger, $\text{A}'' = \frac{1}{\sqrt{(1 + 2a')}} + \frac{a'}{\sqrt{(1 + a'^2)}}$, on aura

$$\frac{d\omega}{da'} = \frac{\sin\psi\cos\psi}{1 + \cot^2\mathit{6}_1\sin^2\psi}(\text{A}'' + 1) - \frac{\sin\psi\cos\psi}{1 + \cot^2\mathit{6}_3\sin^2\psi}(\text{A}'' - 1),$$

et parce que $\frac{da'}{dk} = \frac{aa'\text{M}}{kk'^2}$, on aura

$$\frac{kk'^2}{\sqrt{(1 - k^2\sin^2\omega)}}\cdot\frac{d\omega}{dk} = \frac{aa'\text{M}\sin\psi\cos\psi}{\sqrt{(1 - k^2\sin^2\omega)}}\cdot\left(\frac{1 + \text{A}''}{1 + \cot^2\mathit{6}_1\sin^2\psi} + \frac{1 - \text{A}''}{1 + \cot^2\mathit{6}_3\sin^2\psi}\right);$$

ce qui donne, en termes purement algébriques,

$$\begin{aligned}\text{V}' = {} & \frac{k^2\sin\omega\cos\omega}{\sqrt{(1 - k^2\sin^2\omega)}} - \frac{h^2}{\mu}\cdot\frac{\sin\psi\cos\psi}{\sqrt{(1 - h^2\sin^2\psi)}} \\ & - \frac{aa'\text{M}\sin\psi\cos\psi}{\sqrt{(1 - k^2\sin^2\omega)}}\left(\frac{1 + \text{A}''}{1 + \cot^2\mathit{6}_1\sin^2\psi} + \frac{1 - \text{A}''}{1 + \cot^2\mathit{6}_3\sin^2\psi}\right),\end{aligned}$$

quantité qui se réduirait sans doute à une forme plus simple si l'on y substituait les valeurs de $\sin\omega\cos\omega$ et $\sqrt{(1 - k^2\sin^2\omega)}$, exprimées en fonctions de $\sin\psi$.

110. Si l'on fait à la fois $\psi = \frac{1}{2}\pi$ et $\omega = \frac{1}{2}\pi$, la quantité V' disparaîtra, et l'on aura pour la transformation de la fonction complète cette formule

$$E^1k = 5\mu' E^1 h + \left(\frac{1}{2\mu'} - \frac{5\mu'}{2} - 2M\right) F^1 h,$$

où l'on observera que la valeur de M peut se mettre sous cette forme

$$M = \frac{1}{2}\sqrt{\left(\frac{1}{\mu'} + 5\mu' - 2\right)}.$$

Si l'on prend pour μ' une valeur quelconque comprise entre 1 et $\frac{1}{5}$, on en déduira $\mu = \frac{1}{5\mu'}$, $a' = \frac{1-\mu'}{2\mu'}$, $a = \frac{1-\mu}{2\mu}$, puis on déterminera k^2 et h^2 par les formules $4k^2(1-k^2) = a^5 a'$, $4h^2(1-h^2) = aa'^5$, et l'on aura tant d'exemples qu'on voudra de la réduction des fonctions E^1k, E^1h, comprise dans l'équation précédente, à laquelle il faut joindre l'équation $F^1k = \mu' F^1 h$.

Cette formule étant appliquée aux deux échelles qui, par leur réunion, forment l'échelle $\sqrt{5}$, dont nous avons fait connaître les termes principaux, on pourra, par la seule transcendante F^1k, où $k = \sin 45°$, déterminer toutes les fonctions complètes E^1 et F^1 qui se rapportent aux différens termes de l'échelle dont l'indice est 5, et qui a sin 45° pour terme moyen; et dans l'autre échelle, dont les deux termes moyens k et k' sont complémens l'un de l'autre, et se déterminent par les équations $k = \sin\gamma$ et $\sin 2\gamma = (2 \sin 18°)^3$, on pourra semblablement déterminer les fonctions complètes E^1 et F^1 qui se rapportent à un terme quelconque par la seule fonction de première espèce F^1k, qui se rapporte à l'un des deux termes moyens.

FIN DU PREMIER SUPPLÉMENT.

Corrections et additions.

PAGES.	LIGNES.	CORRECTIONS.	PAGES.	LIGNES.	CORRECTIONS.
4	17	$F^1 k$	33	12	$\varphi = \frac{1}{2}\pi$, $\psi = p \cdot \frac{1}{2}\pi$
5	8	ξ'	*Ibid.*	17	$\frac{h}{k} < k^{p-1}$
6	9	$\alpha_3 = A . \frac{3K}{p}$	35	2	$1 - \frac{y^2 \cos^2 \beta_3}{\sin^2 \beta_{p-3}}$
21	28	$\mp A_{\frac{1}{2}(p-1)} t^{\frac{1}{2}(p-1)}$	*Ibid.*	av. dern.	$\frac{k}{h\mu'} =$
26	8	$\frac{\sqrt{(1 - k^2 \sin^2 \varphi)}}{\sqrt{(1 - h^2 \sin^2 \psi)}}$	*Ibid.*	dern.	$\frac{1}{\mu'^2} =$
Ibid.	21	$i\gamma_m \sin \sigma$	36	8	$1 - \mathrm{tang}^2 \varphi \cot^2 \alpha_{p-3}$
27	5	$\frac{1 - \gamma_{p-1} \sin \sigma}{1 + \gamma_{p-1} \sin \sigma}$	42	2	s'établissent

Addition à l'art. 94. L'équation des modules peut encore être mise sous la forme

$$0 = (1 - m)^6 - 16m\left(\frac{1 - k^2}{k^2}\right)(1 - k^2 m^4),$$

où l'on a $m^2 = \frac{h}{k}$. Cette équation a toujours deux racines réelles et positives; la première, plus petite que l'unité, donne le module h qui suit le module donné k, par la formule $h = km^2$; la seconde, plus grande que l'unité, donne le module k_1 qui précède k, par la formule $k_1 = km^2$.

En effet, on peut, dans l'équation précédente, mettre à la fois h à la place de k, et $\frac{1}{m}$ à la place de m; ce qui prouve que la même équation qui, par le module donné h, fait connaître le module suivant h_1, donnerait en même temps le module précédent k. Cette équation, appliquée au module donné k, fera donc connaître à la fois le module suivant h et le précédent k_1.

IMPRIMERIE DE HUZARD-COURCIER,
rue du Jardinet, n° 12.

THÉORIE DES FONCTIONS ELLIPTIQUES.

DEUXIÈME SUPPLÉMENT.

§ Ier. *Usage des imaginaires dans la théorie des fonctions elliptiques.*

111. Appelons ξ la fonction $F(k, \varphi)$ dont le module est k et l'amplitude φ; nous aurons réciproquement $\varphi = Amp.\,\xi$, ou, pour abréger, $\varphi = A(\xi)$ et $\sin\varphi = \sin A(\xi)$. Soit, comme dans l'art. 19, Ier Suppl., $\sin\varphi = i \operatorname{tang}\psi$, i étant mis pour $\sqrt{-1}$, la différentielle $\frac{d\varphi}{\sqrt{(1-k^2\sin^2\varphi)}}$ deviendra $\frac{id\psi}{\sqrt{(1-k'^2\sin^2\psi)}}$, k' désignant le complément du module k; donc, si l'on fait $\omega = \int \frac{d\psi}{\sqrt{(1-k'^2\sin^2\psi)}} = F(k', \psi)$, on aura $\xi = i\omega$; car nous supposons que les intégrales ξ et ω sont prises à compter de $\varphi = 0$ et de $\psi = 0$. Ainsi la fonction $\xi = \int \frac{d\varphi}{\sqrt{(1-k^2\sin^2\varphi)}}$ et la fonction $\omega = \int \frac{d\psi}{\sqrt{(1-k'^2\sin^2\psi)}}$, relative au module complémentaire k', se déduiront l'une de l'autre, au moyen de l'équation très simple $\xi = i\omega$, pourvu qu'entre leurs amplitudes φ et ψ on ait l'équation $\sin\varphi = i\operatorname{tang}\psi$, d'où résulte $\cos\varphi = \frac{1}{\cos\psi}$, $\sqrt{(1-k^2\sin^2\varphi)} = \sqrt{(1+k^2\operatorname{tang}^2\psi)} = \frac{1}{\cos\psi}\sqrt{(1-k'^2\sin^2\psi)}$, ou... $\Delta(k, \varphi) = \frac{1}{\cos\psi}\Delta(k', \psi)$.

Et parce qu'on a $\varphi = A(k, \xi)$, $\psi = A(k', \omega)$, ces équations peuvent encore s'exprimer ainsi :

$$\sin A(k, i\omega) = i \operatorname{tang} A(k', \omega),$$

$$\cos A(k, i\omega) = \frac{1}{\cos A(k', \omega)},$$

$$\Delta(k, i\omega) = \frac{\Delta(k', \omega)}{\cos A(k', \omega)} = \frac{1}{\sin A(k', K'-\omega)}.$$

Si l'on fait $\psi = \frac{1}{2}\pi$, on aura $\omega = F^1 k' = K'$, et $\xi = iK'$; donc

$$\sin A\,(k,\, iK') = i \operatorname{tang} \tfrac{1}{2}\pi = \infty.$$

112. Ce résultat, dû à l'amplitude imaginaire iK', paraît fort remarquable, mais il n'est qu'un cas particulier de la formule générale

$$(1) \qquad \sin A(\xi + iK') = \frac{1}{k \sin A\,(\xi)} = \frac{1}{k \sin\varphi},$$

que nous allons démontrer.

Si l'on a les deux fonctions $\xi = F(k,\, \varphi)$, $\theta = F(k,\, \alpha)$, il résulte des formules connues (art. 18, tom. Ier) que le sinus de l'amplitude d'une fonction égale à $\xi + \theta$, se détermine ainsi

$$\sin A\,(\xi + \theta) = \frac{\sin\varphi \cos\alpha\Delta\alpha + \sin\alpha \cos\varphi\Delta\varphi}{1 - k^2 \sin^2\alpha \sin^2\varphi}.$$

Faisant dans cette formule $\theta = iK'$, ce qui donne .... $\sin\alpha = \frac{1}{0}$, $\cos\alpha = \sqrt{(1 - \sin^2\alpha)} = \sin\alpha.\sqrt{-1}$, $\Delta\alpha = \sqrt{(1 - k^2 \sin^2\alpha)} = k\sin\alpha.\sqrt{-1}$, $\cos\alpha\,\Delta\alpha = -k\sin^2\alpha$, on aura

$$\sin A\,(\xi + iK') = \frac{-k\sin\varphi \sin^2\alpha + \sin\alpha \cos^2\varphi\Delta\varphi}{-k^2 \sin^2\alpha \sin^2\varphi} = \frac{1}{k\sin\varphi},$$

ou $$\sin A\,(\xi + iK') = \frac{1}{k \sin A(\xi)}.$$

Cette formule est l'expression d'un théorème fondamental d'où se déduisent un grand nombre de propriétés des fonctions elliptiques.

On en tire d'abord $\cos A(\xi + iK') = \frac{i\Delta A\,(\xi)}{k \sin A\,(\xi)}$, $\Delta A(\xi)$ étant mis pour $\sqrt{[1 - k^2 \sin^2 A\,(\xi)]}$; on a ensuite

$$\Delta A(\xi + iK') = i \cot A(\xi), \quad \cot A(\xi + iK') = i\Delta A(\xi).$$

113. Si, dans l'équation (1), l'on met $\xi + iK'$ à la place de ξ, on aura

$$\sin A(\xi + 2iK') = \frac{1}{k \sin A\,(\xi + iK')} = \sin A\,(\xi).$$

Mettant dans celle-ci $\xi + 2iK'$ à la place de ξ, on aura de nouveau

$$\sin A\,(\xi + 4iK') = \sin A\,(\xi + 2iK') = \sin A(\xi);$$

donc, en général, m' étant un nombre entier quelconque, positif ou négatif, on aura

$$(2) \qquad \sin A(\,\xi + 2m'iK') = \sin A(\xi).$$

On ne change donc point le sinus de l'amplitude d'une fonction ξ ou

$F(k, \varphi)$, quand on ajoute à cette fonction, ou quand on en retranche la quantité imaginaire $2m'i K'$, qui est le produit de i ou $\sqrt{-1}$ par un multiple pair quelconque de la fonction complète K' ou $F^1(k')$.

114. D'un autre côté, quelle que soit l'amplitude φ de la fonction $\xi = F(k, \varphi)$, la fonction $\xi + 2K$ ou $F(k, \varphi) + F(k, \pi)$ pourra être représentée par la fonction $F(k, \varphi + \pi)$, dont l'amplitude est $\varphi + \pi$, et puisque $\sin(\varphi + \pi) = -\sin\varphi$, il s'ensuit qu'on a en général

$$\sin A(\xi + 2K) = -\sin A(\xi);$$

donc, en mettant $\xi + 2K$ à la place de ξ, on aura aussi

$$\sin A(\xi + 4K) = \sin A(\xi).$$

De là résultent évidemment les deux formules générales

$$(3)\qquad \begin{cases} \sin A\,[\xi + (4m + 2)K] = -\sin A(\xi), \\ \sin A\,(\xi + 4mK) = \sin A(\xi), \end{cases}$$

m étant un nombre entier quelconque, positif ou négatif.

Mettons maintenant dans ces deux formules $\xi + 2m'iK'$ à la place de ξ, et nous aurons, en vertu de l'équation (2), ces deux nouvelles formules

$$(4)\qquad \begin{cases} \sin A\,[\xi + (4m + 2)K + 2m'iK'] = -\sin A(\xi), \\ \sin A\,(\xi + 4mK + 2m'iK') = \sin A(\xi), \end{cases}$$

qui ont lieu quels que soient les nombres entiers m et m', positifs ou négatifs, et qui contiennent ainsi une propriété très générale des fonctions elliptiques de la première espèce.

115. Il est facile de voir quel sera l'usage de ces formules, pour diviser une fonction donnée ξ ou $F(k, \varphi)$ en n parties égales. Soit, pour cet effet, $x = \sin A\left(\frac{\xi}{n}\right)$; puisqu'au lieu de ξ on peut mettre $\xi + 4mK + 2m'iK'$, sans que la quantité donnée $\sin A(\xi)$ éprouve aucun changement, il s'ensuit que l'équation qui détermine la racine x déterminera également toutes les racines comprises dans l'expression générale

$$x = \sin A\left(\frac{\xi + 4mK + 2m'iK'}{n}\right);$$

et quoiqu'on puisse donner à m et à m' telles valeurs qu'on voudra, en nombres entiers positifs ou négatifs, il n'en résultera cependant qu'un nombre déterminé de racines différentes entre elles. En effet, quels que soient m et m', on peut toujours supposer $m = \alpha n + \mu$, $m' = \alpha' n + \mu'$, α et α' étant des entiers pris de manière que μ et μ' soient moindres que n, ce qui donnera la valeur

$$x = \sin A\left(\frac{\xi}{n} + 4\alpha K + 2\alpha' i K' + \frac{4\mu K + 2\mu' i K'}{n}\right),$$

laquelle, en vertu des équations (4), se réduit à

$$(5) \qquad x = \sin A\left(\frac{\xi}{n} + \frac{4\mu K + 2\mu' i K'}{n}\right).$$

De là on voit qu'il suffit de donner à m, ainsi qu'à m', les valeurs $0, 1, 2, 3 \ldots n-1$, et la combinaison des n valeurs de l'une avec les n valeurs de l'autre donnera n^2 valeurs différentes comprises dans l'expression (5).

Donc, si l'on a $F(k, \zeta) = \frac{1}{n} F(k, \varphi)$, l'équation qui a pour racine $\sin\zeta$ sera du degré n^2, ce qui s'accorde avec ce que nous avons trouvé ci-dessus, pour le cas où n est un nombre impair. On voit, de plus, que l'équation dont il s'agit aura toujours n racines réelles, et $n^2 - n$ imaginaires.

116. Si n est un nombre impair, la valeur de $\sin\varphi$ s'exprimera rationnellement par $\sin\zeta$ ou x, de manière qu'on aura $\sin\varphi = x \cdot \frac{P}{Q}$, P et Q étant des fonctions paires de x du degré $n^2 - 1$.

Si n est pair, on pourra supposer $n = 2^a p$, p étant un nombre impair ou l'unité. Alors la division de la fonction $F(k, \varphi)$ en n parties égales exigera deux opérations : l'une pour trouver l'amplitude θ telle que $F(k, \theta) = \frac{1}{2^a} F(k, \varphi)$, ce qui se fera par les formules de la bissection, répétées autant de fois que a contient d'unités ; l'autre pour satisfaire à l'équation $F(k, \zeta) = \frac{1}{p} F(k, \theta)$, c'est-à-dire pour diviser la fonction $F(k, \theta)$ en un nombre impair p de parties égales, ce qui se fera par la résolution d'une équation algébrique du degré p^2, ou plutôt par l'application des théorèmes I et II du premier Supplément, qui réduit la résolution de cette équation à celle de deux équations du degré p.

Et lorsque p sera un nombre composé, la résolution algébrique dont nous parlons se simplifiera encore en l'appliquant successivement aux différens facteurs du nombre p. Mais, dans tous les cas, il faut, de plus, supposer connues les fonctions trigonométriques qui se rapportent à la division des fonctions complètes K et K′ en un nombre impair de parties égales. Beaucoup de recherches ont été faites sur ce point très difficile de la théorie ; nous en donnerons le résultat avec tous les développemens nécessaires, dans une autre occasion.

§ II. *Développement des fonctions trigonométriques de l'amplitude en séries composées d'une infinité de facteurs.*

117. Dans le Traité précédent, et surtout dans la partie qui concerne les approximations, nous nous sommes attaché à déterminer les fonctions par leurs amplitudes; nous allons maintenant nous occuper du problème inverse, qui consiste à déterminer les amplitudes par les fonctions.

D'après les formules générales du théorème II (art. 39, Ier Suppl.), l'équation des fonctions $F(h, \psi) = \mu' F(k, \varphi)$ est satisfaite par l'équation des amplitudes

$$z = \frac{y}{\mu'} \cdot \frac{1 + y^2 \cot^2 \mathcal{C}_2}{1 + y^2 \cot^2 \mathcal{C}_1} \cdot \frac{1 + y^2 \cot^2 \mathcal{C}_4}{1 + y^2 \cot^2 \mathcal{C}_3} \cdot \frac{1 + y^2 \cot^2 \mathcal{C}_6}{1 + y^2 \cot^2 \mathcal{C}_5} \cdot \text{etc.},$$

où l'on suppose $y = \sin\psi$, $z = \sin\varphi$, et $F(h', \mathcal{C}_m) = \frac{m}{p} F^1 h' = \frac{m}{p} H'$.

Cette valeur de z, qui se rapporte à un nombre impair donné p et à un module donné k, ne contient en général qu'un nombre déterminé de facteurs; mais lorsque p est infini, ce qui est le cas que nous voulons examiner, la série de ces facteurs s'étend à l'infini, tant dans le numérateur que dans le dénominateur. Alors, quelle que soit la valeur du module donné k, le module transformé h sera infiniment petit, comme le fait voir l'équation

$$h = k^p \sin^4 \alpha_1 \sin^4 \alpha_3 \sin^4 \alpha_5 \text{ etc.}$$

On pourra donc supposer la fonction complète $H = \frac{1}{2}\pi$, et son complément H', exprimé par $\log \frac{4}{h}$, deviendra infini. Mais, par les formules de l'article cité, on a $\mu' = \frac{H}{K} = \frac{\pi}{2K}$ et $\frac{K}{K'} = p\frac{H}{H'}$; donc, $\frac{H'}{p} = \frac{HK'}{K} = \frac{\pi K'}{2K}$, et $\frac{m}{p} H' = \frac{m}{2} \cdot \frac{\pi K'}{K}$.

Tant que m est un nombre fini, on peut supposer $h' = 1$, et $F(h', \mathcal{C}_m) = \frac{1}{2} \log . \frac{1 + \sin \mathcal{C}_m}{1 - \sin \mathcal{C}_m} = \frac{m}{2} \cdot \frac{\pi K'}{K}$. Soit donc $q = e^{-\frac{\pi K'}{K}}$, on aura

$$\frac{1 + \sin \mathcal{C}_m}{1 - \sin \mathcal{C}_m} = q^{-m}, \quad \sin \mathcal{C}_m = \frac{1 - q^m}{1 + q^m},$$

$$\cos \mathcal{C}_m = \frac{2q^{\frac{m}{2}}}{1 + q^m}, \quad \cot^2 \mathcal{C}_m = \frac{4q^m}{(1 - q^m)^2},$$

$$\frac{1 + y^2 \cot^2 \mathcal{C}_m}{1 + y^2 \cot^2 \mathcal{C}_{m-1}} = \left(\frac{1 - q^{m-1}}{1 - q^m}\right) \cdot \frac{1 - 2q^m \cos 2\psi + q^{2m}}{1 - 2q^{m-1} \cos 2\psi + q^{2m-2}}.$$

Au moyen de cette dernière formule, la valeur de z ou $\sin\varphi$ pourra s'exprimer ainsi :

$$\sin\varphi = \frac{2K}{\pi} A^2 \sin\psi \cdot \frac{1-2q^2\cos 2\psi + q^4}{1-2q\cos 2\psi + q^2} \cdot \frac{1-2q^4\cos 2\psi + q^8}{1-2q^3\cos 2\psi + q^6} \cdot \frac{1-2q^6\cos 2\psi + q^{12}}{1-2q^5\cos 2\psi + q^{10}} \cdot \text{etc.},$$

$$A = \frac{1-q}{1-q^2} \cdot \frac{1-q^3}{1-q^4} \cdot \frac{1-q^5}{1-q^6} \cdot \frac{1-q^7}{1-q^8} \cdot \text{etc.}$$

Et puisque la supposition $p=\infty$, qui rend le module h infiniment petit, donne $F(h, \psi) = \psi = \mu' F(k, \varphi) = \frac{\pi}{2K} F(k, \varphi)$, on voit que la formule précédente détermine l'amplitude φ par la fonction $F(k, \varphi)$; car connaissant $F(k, \varphi)$, on connaît l'angle $\psi = \frac{\pi}{2} \cdot \frac{F(k, \varphi)}{K}$.

Si φ est infiniment petit, on aura $\psi = \frac{\pi}{2K}\varphi$, et si $\varphi = \frac{1}{2}\pi$, on aura aussi $\psi = \frac{1}{2}\pi$. Dans le premier cas, on trouve par la formule la même valeur de A en fonction de q, que nous avons rapportée ; dans le second cas, on aura cette seconde valeur

$$A = \left(\frac{\pi}{2K}\right)^{\frac{1}{2}} \cdot \frac{1+q}{1+q^2} \cdot \frac{1+q^3}{1+q^4} \cdot \frac{1+q^5}{1+q^6} \cdot \text{etc.}$$

118. Appliquons maintenant de semblables réductions aux deux formules (45) et (46) de l'article cité.

La supposition de $p=\infty$, qui rend égales à l'unité toutes les quantités $(1-h^2y^2)^{\frac{1}{2}}$, $\sin \mathcal{C}_{p-1}$, $\sin \mathcal{C}_{p-2}$, etc., permet d'écrire ces deux formules de la manière suivante :

$$\cos\varphi = \cos\psi \cdot \frac{1-y^2\cos^2\mathcal{C}_2}{1+y^2\cot^2\mathcal{C}_1} \cdot \frac{1-y^2\cos^2\mathcal{C}_4}{1+y^2\cot^2\mathcal{C}_3} \cdot \frac{1-y^2\cos^2\mathcal{C}_6}{1+y^2\cot^2\mathcal{C}_5} \cdot \text{etc.},$$

$$\Delta(k, \varphi) = \frac{1-y^2\cos^2\mathcal{C}_1}{1+y^2\cot^2\mathcal{C}_1} \cdot \frac{1-y^2\cos^2\mathcal{C}_3}{1+y^2\cot^2\mathcal{C}_3} \cdot \frac{1-y^2\cos^2\mathcal{C}_5}{1+y^2\cot^2\mathcal{C}_5} \cdot \text{etc.}$$

Mettant $\sin^2\psi$ ou $\frac{1}{2}(1-\cos 2\psi)$ à la place de y^2, et substituant les valeurs connues de $\cos^2\mathcal{C}_m$ et $\cot^2\mathcal{C}_m$, on aura

$$\cos\varphi = B^2 \cos\psi \cdot \frac{1+2q^2\cos 2\psi + q^4}{1-2q\cos 2\psi + q^2} \cdot \frac{1+2q^4\cos 2\psi + q^8}{1-2q^3\cos 2\psi + q^6} \cdot \frac{1+2q^6\cos 2\psi + q^{12}}{1-2q^5\cos 2\psi + q^{10}} \cdot \text{etc.}$$

$$B = \frac{1-q}{1+q^2} \cdot \frac{1-q^3}{1+q^4} \cdot \frac{1-q^5}{1+q^6} \cdot \text{etc.},$$

$$\Delta(k, \varphi) = D^2 \cdot \frac{1+2q\cos 2\psi + q^2}{1-2q\cos 2\psi + q^2} \cdot \frac{1+2q^3\cos 2\psi + q^6}{1-2q^3\cos 2\psi + q^6} \cdot \frac{1+2q^5\cos 2\psi + q^{10}}{1-2q^5\cos 2\psi + q^{10}} \cdot \text{etc.},$$

$$D = \frac{1-q}{1+q} \cdot \frac{1-q^3}{1+q^3} \cdot \frac{1-q^5}{1+q^5} \cdot \text{etc.}$$

Outre ces deux valeurs de B et de D, que donne la supposition de $\varphi=0$ et $\psi=0$, on en trouve deux autres par la supposition de $\varphi=\frac{1}{2}\pi$ et $\psi=\frac{1}{2}\pi$, qui donne $\frac{\cos\varphi}{\cos\psi}=\frac{d\varphi \sin\varphi}{d\psi \sin\psi}=\frac{d\varphi}{d\psi}=\frac{2K}{\pi}\sqrt{(1-k^2\sin^2\varphi)}=\frac{2Kk'}{\pi}$.
Ces valeurs sont :

$$B=\left(\frac{2Kk'}{\pi}\right)^{\frac{1}{2}}\cdot\frac{1+q}{1-q^2}\cdot\frac{1+q^3}{1-q^4}\cdot\frac{1+q^5}{1-q^6}\cdot \text{etc.},$$

$$D=(k')^{\frac{1}{2}}\cdot\frac{1+q}{1-q}\cdot\frac{1+q^3}{1-q^3}\cdot\frac{1+q^5}{1-q^5}\cdot \text{etc.}$$

Comparant les deux valeurs de D, on en déduit $D=\sqrt[4]{k'}$, et par conséquent,

$$(6)\qquad \sqrt[4]{k'}=\frac{1-q}{1+q}\cdot\frac{1-q^3}{1+q^3}\cdot\frac{1-q^5}{1+q^5}\cdot \text{etc.}$$

119. On voit que ces formules contiennent diverses fonctions de q, exprimées par une infinité de facteurs binomes, dont il importe de déterminer les valeurs; ces fonctions, au nombre de quatre, sont

$$\alpha=1-q\,.\,1-q^3.\,1-q^5.\text{etc.},\qquad \beta=1+q\,.\,1+q^3.\,1+q^5.\text{etc.},$$
$$\alpha'=1-q^2.\,1-q^4.\,1-q^6.\text{etc.},\qquad \beta'=1+q^2.\,1+q^4.\,1+q^6.\text{etc.}$$

On trouve d'abord qu'elles satisfont à l'équation $\alpha'=\alpha\alpha'\beta\beta'$, ou $1=\alpha\beta\beta'$, car on a immédiatement

$$\alpha\alpha'=1-q\,.\,1-q^2.\,1-q^3.\,1-q^4.\text{etc.},$$
$$\beta\beta'=1+q\,.\,1+q^2.\,1+q^3.\,1+q^4.\text{etc.};$$

donc, $\alpha\alpha'\beta\beta'=1-q^2.\,1-q^4.\,1-q^6.\,1-q^8.\text{etc.}=\alpha'$,

ou $1=\alpha\beta\beta'$. De cette équation on déduirait $\frac{1}{\alpha}=\beta\beta'$, ou

$$\frac{1}{(1-q)(1-q^3)(1-q^5)\ \text{etc.}}=(1+q)(1+q^2)(1+q^3)(1+q^4)\ \text{etc.},$$

ce qui est conforme au théorème connu dans la partition des nombres. (Voyez *Introd. in Anal.*, page 272.)

Maintenant, les équations que nous avons trouvées pour déterminer les coefficiens A, B, D, peuvent s'écrire ainsi :

$$A=\frac{\alpha}{\alpha'}=\left(\frac{\pi}{2K}\right)^{\frac{1}{2}}\frac{\beta}{\beta'},$$

$$B=\frac{\alpha}{\beta'}=\left(\frac{2Kk'}{\pi}\right)^{\frac{1}{2}}\frac{\beta}{\alpha'},$$

$$D=\frac{\alpha}{\beta}=(k')^{\frac{1}{2}}\frac{\beta}{\alpha}.$$

Les deux premières donnant le même résultat que la troisième, savoir, $\frac{\alpha}{\mathfrak{C}} = \sqrt[4]{k'}$, nous n'avons réellement, pour déterminer nos quatre quantités, que les trois équations

$$\frac{\alpha}{\mathfrak{C}} = (k')^{\frac{1}{4}}, \quad \frac{\alpha'}{\mathfrak{C}'} = \left(\frac{2K}{\pi}\right)^{\frac{1}{2}} (k')^{\frac{1}{4}}, \quad \alpha\mathfrak{C}\mathfrak{C}' = 1,$$

et il reste à trouver une quatrième équation.

120. Pour cela, soit $e^{\psi\sqrt{-1}}$ ou $e^{i\psi} = V$, on aura $\sin\psi = \frac{V - V^{-1}}{2i}$, $\cos 2\psi = \frac{V^2 + V^{-2}}{2}$. Cette dernière valeur permettra de partager chaque facteur trinome de l'expression de $\sin\varphi$, en deux facteurs binomes; on obtiendra ainsi :

$$\sin\varphi = \frac{2K}{\pi} A^2 \cdot \frac{V - V^{-1}}{2i} \cdot \frac{\begin{cases} 1 - q^2V^2 \,.\, 1 - q^4V^2 \,.\, 1 - q^6V^2 \ldots \text{ etc.} \\ 1 - q^2V^{-2} \,.\, 1 - q^4V^{-2} \,.\, 1 - q^6V^{-2} \ldots \text{ etc.} \end{cases}}{\begin{cases} 1 - q\,V^2 \,.\, 1 - q^3V^2 \,.\, 1 - q^5V^2 \ldots \text{ etc.} \\ 1 - q\,V^{-2} \,.\, 1 - q^3V^{-2} \,.\, 1 - q^5V^{-2} \ldots \text{ etc.} \end{cases}}$$

Mais on a $\psi = \frac{\pi}{2K} F(k, \varphi)$, ou $\frac{2K\psi}{\pi} = F(k, \varphi)$; donc φ est l'amplitude de la fonction $\frac{2K\psi}{\pi}$, ce que nous exprimons ainsi: $\varphi = \mathcal{A}\left(\frac{2K\psi}{\pi}\right)$ et $\sin\varphi = \sin\mathcal{A}\left(\frac{2K\psi}{\pi}\right)$.

Mettons $\frac{2K}{\pi}\psi + iK'$ à la place de $\frac{2K}{\pi}\psi$; alors $\sin\varphi$ se changera en $\sin\mathcal{A}\left(\frac{2K\psi}{\pi} + iK'\right)$ ou $\frac{1}{k\sin\varphi}$. En même temps ψ devient $\psi + \frac{i\pi K'}{2K}$, et $e^{i\psi}$ ou V devient $e^{i\psi - \frac{\pi K'}{2K}}$ ou $Vq^{\frac{1}{2}}$; d'où l'on voit qu'on peut mettre dans la formule précédente $\frac{1}{k\sin\varphi}$ au lieu de $\sin\varphi$, pourvu qu'on mette en même temps $Vq^{\frac{1}{2}}$ à la place de V. Par cette double substitution, la formule devient

$$\frac{1}{k\sin\varphi} = \frac{2K}{\pi} A^2 \cdot \frac{Vq^{\frac{1}{2}} - V^{-1}q^{-\frac{1}{2}}}{2i} \cdot \frac{\begin{cases} 1 - q^3V^2 \,.\, 1 - q^5V^2 \,.\, 1 - q^7V^2 \ldots \text{ etc.} \\ 1 - q\,V^{-2} \,.\, 1 - q^3V^{-2} \,.\, 1 - q^5V^{-2} \ldots \text{ etc.} \end{cases}}{\begin{cases} 1 - q^2V^2 \,.\, 1 - q^4V^2 \,.\, 1 - q^6V^2 \ldots \text{ etc.} \\ 1 - \quad V^{-2} \,.\, 1 - q^2V^{-2} \,.\, 1 - q^4V^{-2} \ldots \text{ etc.} \end{cases}}$$

Multipliant ces deux formules membre à membre, et réduisant, on trouvera

$$\frac{1}{k} = \left(\frac{2K}{\pi}\right)^2 A^4 \cdot \frac{1}{4q^{\frac{1}{2}}}, \quad \text{d'où résulte} \quad A = \left(\frac{\pi}{k}\right)^{\frac{1}{2}} q^{\frac{1}{8}} k^{-\frac{1}{4}}.$$

121. Connaissant $\mathcal{A}$, on aura d'abord les quatre quantités α, α', β, β', au moyen des formules

$$(7)\quad \left\{\begin{array}{ll} \alpha^6 = 2q^{\frac{1}{4}}k'k^{-\frac{1}{2}}, & \beta^6 = 2q^{\frac{1}{4}}(kk')^{-\frac{1}{2}}, \\ \alpha'^6 = \left(\frac{\mathrm{K}}{\pi}\right)^3 q^{-\frac{1}{2}}(2kk'), & \beta'^6 = \frac{1}{4}(k'q)^{-\frac{1}{2}}. \end{array}\right\} (*)$$

Ensuite on aura $\mathrm{B} = \frac{\alpha}{\beta'} = 2^{\frac{1}{2}}q^{\frac{1}{8}}\left(\frac{k'}{k}\right)^{\frac{1}{4}}$ et $\mathrm{D} = (k')^{\frac{1}{4}}$. Ainsi tous nos coefficiens sont déterminés, et de plus, la valeur des produits α, α', β, β', est connue en fonctions des quantités k, k', K, qui peuvent être déduites de la quantité donnée $q = e^{-\frac{\pi \mathrm{K}'}{\mathrm{K}}}$.

122. Cela posé, les fonctions trigonométriques de l'amplitude $\varphi = \mathcal{A}\left(\frac{2\mathrm{K}\psi}{\pi}\right)$ seront ainsi exprimées :

$$(8)\left\{\begin{array}{l} \sin \mathcal{A}\left(\frac{2\mathrm{K}\psi}{\pi}\right) = \frac{2q^{\frac{1}{4}}}{k^{\frac{1}{2}}} \sin\psi \cdot \frac{1-2q^2\cos 2\psi+q^4}{1-2q\cos 2\psi+q^2} \cdot \frac{1-2q^4\cos 2\psi+q^8}{1-2q^3\cos 2\psi+q^6} \cdot \frac{1-2q^6\cos 2\psi+q^{12}}{1-2q^5\cos 2\psi+q^{10}} . \text{etc.}, \\ \cos \mathcal{A}\left(\frac{2\mathrm{K}\psi}{\pi}\right) = 2q^{\frac{1}{4}}\left(\frac{k'}{k}\right)^{\frac{1}{2}} \cos\psi \cdot \frac{1+2q^2\cos 2\psi+q^4}{1-2q\cos 2\psi+q^2} \cdot \frac{1+2q^4\cos 2\psi+q^8}{1-2q^3\cos 2\psi+q^6} \cdot \frac{1+2q^6\cos 2\psi+q^{12}}{1-2q^5\cos 2\psi+q^{10}} . \text{etc.}, \\ \Delta \mathcal{A}\left(\frac{2\mathrm{K}\psi}{\pi}\right) = (k')^{\frac{1}{2}} \cdot \frac{1+2q\cos 2\psi+q^2}{1-2q\cos 2\psi+q^2} \cdot \frac{1+2q^3\cos 2\psi+q^6}{1-2q^3\cos 2\psi+q^6} \cdot \frac{1+2q^5\cos 2\psi+q^{10}}{1-2q^5\cos 2\psi+q^{10}} . \text{etc.} \end{array}\right.$$

La quantité q, qui entre dans ces formules, est exprimée par l'exponentielle $e^{-\frac{\pi \mathrm{K}'}{\mathrm{K}}}$, de sorte que son logarithme hyperbolique est $-\frac{\pi \mathrm{K}'}{\mathrm{K}}$, et qu'il se détermine ainsi par le rapport des deux fonctions complètes K et K', qui répondent aux modules k et k'. Pour rendre plus facile le calcul des formules très nombreuses dans lesquelles entre la quantité q, il serait bon de dresser une table des valeurs de cette fonction ou de son logarithme, pour tous les dixièmes de degré de l'angle du module, ou seule-

(*) On sait que le produit $(1-q)(1-q^2)(1-q^3)(1-q^4)$ etc., continué à l'infini, donne, par son développement, la suite $1-q-q^2+q^5+q^7-q^{12}-q^{15}+$ etc. dans laquelle les exposans de q sont de la forme $\frac{3n^2 \pm n}{2}$. Cette suite, qui est exprimée par $\alpha\alpha'$, a donc pour somme $\left(\frac{\mathrm{K}}{\pi}\right)^{\frac{1}{2}}(2kk')^{\frac{1}{3}}k^{-\frac{1}{4}}q^{-\frac{1}{24}}$, quantité qu'on peut calculer d'une manière fort approchée par les tables elliptiques, mais qui n'en est pas moins une transcendante fort composée.

ment de degré en degré, ce qui se ferait très facilement, au moyen de la table des fonctions complètes, que nous avons donnée sous le n°. I, dans le tome II.

La fonction q se rapportant au module k, si l'on appelle r la fonction semblable qui se rapporte au module complémentaire k', on aura $\log q = -\frac{\pi K'}{K}$ et $\log r = -\frac{\pi K}{K'}$, par conséquent

$$(9) \qquad \log q \times \log r = \pi^2.$$

Ce produit serait $m^2\pi^2$, m étant pris pour 0,43429..., si les deux logarithmes devenaient des logarithmes vulgaires.

Ainsi, l'on voit que $\log q$ et $\log r$ se déduisent facilement l'un de l'autre, et puisque π est le logarithme hyperbolique de 23,14 à peu près, il y aura toujours un des deux nombres q et r qui sera plus petit que $\frac{1}{23}$.

123. Si l'on considère deux termes consécutifs k et h de l'échelle des modules dont l'indice est n, la quantité q qui se rapporte au module k deviendra q^n pour le module suivant h; et, par la même raison, elle serait $q^{\frac{1}{n}}$ pour le module k_1 qui précède k.

En effet, puisqu'on a, par la propriété générale de l'échelle des modules, $\frac{K}{K'} = n\frac{H}{H'}$, la quantité q_0, qui se rapporte au module h, aura pour valeur $e^{-\frac{\pi H'}{H}}$; on a donc $q_0 = q^n$; par la même raison, la quantité q_1, qui se rapporte au module k_1, ayant pour valeur $e^{-\frac{\pi K'_1}{K_1}}$, on aura $q_1 = q^{\frac{1}{n}}$.

Connaissant donc, en fonction du module k et des quantités dépendantes de k, telles que k', K, K', la somme d'une série quelconque, dont les termes procèdent suivant les puissances de q, comme sont les produits d'une infinité de facteurs, désignés ci-dessus par α, α', β, β', on connaîtra, par une fonction semblable du module h, la somme de la même série, dans laquelle on mettrait q^n au lieu de q; et par une fonction semblable du module k_1, la somme de la même série, dans laquelle on mettrait $q^{\frac{1}{n}}$ au lieu de q.

On peut multiplier ainsi, d'une manière indéfinie, les formules telles que celles qui expriment les sommes des suites α, α', β, β', et une infinité d'autres.

Lorsqu'on fait l'application de l'ancienne échelle, dont l'indice est 2, il faut, en mettant q^n au lieu de q, remplacer en même temps k, k', K, K', par h, h', H, H'; ensuite on pourra mettre pour ces dernières quantités leur valeur en fonctions des premières, savoir, $h=\frac{1-k'}{1+k'}$, $h'=\frac{2\sqrt{k'}}{1+k'}$, $\mathrm{H}=\frac{1+k'}{2}\mathrm{K}$, $\mathrm{H}'=(1+k')\mathrm{K}'$. Par ce moyen, la seconde formule sera exprimée en fonction de k, et l'on pourra de nouveau substituer q^n au lieu de q, ce qui donnera une troisième formule relative au module h_1, qui suit h. On verra ci-après des exemples de ces opérations, qui peuvent être faites, soit dans le sens des modules décroissans, comme on vient de l'indiquer, soit dans le sens inverse.

124. Nous avons trouvé ci-dessus la formule

$$\sqrt[4]{k'}=\frac{1-q}{1+q}\cdot\frac{1-q^3}{1+q^3}\cdot\frac{1-q^5}{1+q^5}\cdot\text{etc.},$$

laquelle s'applique au module donné k; si on l'applique au module suivant h, dans l'échelle dont l'indice est n, on aura

$$(10)\qquad \sqrt[4]{h'}=\frac{1-q^n}{1+q^n}\cdot\frac{1-q^{3n}}{1+q^{3n}}\cdot\frac{1-q^{5n}}{1+q^{5n}}\cdot\text{etc.}$$

Cette formule peut servir à calculer, par approximation, le module h, au moyen du module donné k, dans l'échelle dont l'indice est n, ce qui dispenserait d'avoir recours à l'équation des modules. On aura semblablement la formule

$$(11)\qquad \sqrt[4]{k'_1}=\frac{1-q^{\frac{1}{n}}}{1+q^{\frac{1}{n}}}\cdot\frac{1-q^{\frac{3}{n}}}{1+q^{\frac{3}{n}}}\cdot\frac{1-q^{\frac{5}{n}}}{1+q^{\frac{5}{n}}}\cdot\text{etc.},$$

qui servira à calculer le terme k_1 de la même échelle, qui précède le module donné k. Ainsi, par ces deux formules, on peut connaître successivement tous les termes d'une même échelle dont l'indice est n, tant dans l'ordre croissant que dans l'ordre décroissant, et l'on peut même supposer que n est un nombre rationnel quelconque.

De plus, comme l'on peut, au lieu de $q^{\frac{1}{n}}$, mettre $\epsilon q^{\frac{1}{n}}$, ϵ étant une racine imaginaire de l'équation $\epsilon^n=1$, on voit que n étant un nombre impair quelconque, la seconde formule donnera n valeurs différentes de $\sqrt[4]{k'_1}$, et par conséquent n valeurs du module k_1, qui précède k. Donc, on aura de cette manière $n+1$ transformations du module h, et par conséquent $n+1$ transformations de la fonction donnée $\mathrm{F}(k, \varphi)$, ce qui s'accorde, tant avec les deux exemples connus pour les cas de $n=3$ et $n=5$, qu'avec une règle générale annoncée par MM. Abel et Jacobi. Au reste, de ces $n+1$ transformations, il n'y en a, comme on voit, que deux de réelles, les $n-1$ autres étant imaginaires; et puisque le nombre qui est n en passant du module k au module k_1, devient n^2, n^3, n^4, etc., en passant du module k aux modules suivans k_2, k_3, k_4, etc., on voit que le nombre des transformations imaginaires augmente d'une manière prodigieuse, à mesure qu'on passe du module donné à un module de plus en plus éloigné dans l'ordre croissant.

---

§ III. *Autre sorte de développement des mêmes fonctions trigonométriques de l'amplitude.*

125. Revenons à l'expression de sin φ de l'art. 120, et appelant Ω le produit des facteurs binomes,

$$(V-V^{-1})\begin{cases}1-q^2V^2\,.\,1-q^4V^2\,.\,1-q^6V^2\,.\text{etc.},\\ 1-q^2V^{-2}.\,1-q^4V^{-2}.\,1-q^6V^{-2}.\text{etc.},\end{cases}$$

supposons que ce produit, continué à l'infini, soit égal à la suite

$$A_1(V-V^{-1})+A_2(V^3-V^{-3})+A_3(V^5-V^{-5})+\text{etc.},$$

A_1, A_2, A_3, etc., étant des coefficiens indépendans de V. Si, dans les deux expressions de Ω, on met qV à la place de V, on devra avoir l'équation

$$(qV-q^{-1}V^{-1})\begin{cases}1-q^4V^2.\,1-q^6V^2\,.\,1-q^8V^2\,.\text{etc.}\\ 1-V^{-2}.\,1-q^2V^{-2}.\,1-q^4V^{-2}.\text{etc.}\end{cases}$$
$$=A_1(qV-q^{-1}V^{-1})+A_2(q^3V^3-q^{-3}V^{-3})+A_3(q^5V^5-q^{-5}V^{-5})+\text{etc.}$$

Or, en retranchant les facteurs égaux dans les premiers membres de ces deux équations, ils se réduisent, le premier, à $(V-V^{-1})(1-q^2V^2)$; le second, à $(qV-q^{-1}V^{-1})(1-V^{-2})$. Celui-ci est égal au précédent, multiplié par $-\frac{1}{qV^2}$; donc, si l'on multiplie le second membre de la première équation par qV^2, et qu'à ce produit on ajoute le second membre de la seconde, la somme devra être zéro; on aura donc l'équation identique

$$\begin{aligned}0=\;&A_1V+A_2V^3+A_3V^5+A_4V^7+\text{etc.}\\ &-A_1V+A_1q^2V^3+A_2q^4V^5+A_3q^6V^7+\text{etc.}\\ &-A_1V^{-1}-A_2V^{-3}-A_3V^{-5}-A_4V^{-7}-\text{etc.}\\ &-A_2q^{-2}V^{-1}-A_3q^{-4}V^{-3}-A_4q^{-6}V^{-5}-A_5q^{-8}V^{-7}-\text{etc.}\end{aligned}$$

Par les puissances positives de V, on obtiendra les équations de condition

$$A_2+A_1q^2=0,\quad A_3+A_2q^4=0,\quad A_4+A_3q^6=0,\quad \text{etc.};$$

et comme les puissances négatives donnent les mêmes équations, on en déduira les déterminations suivantes :

$$A_2=-A_1q^2,\quad A_3=-A_2q^4=A_1q^6,\quad A_4=-A_3q^6=A_1q^{12},$$
$$A_5=-A_4q^8=-A_1q^{20},\quad \text{etc.};$$

donc enfin on a Ω ou

$$(V-V^{-1})\left\{\begin{matrix}1-q^2V^2 . 1-q^4V^2 . 1-q^6V^2 .\text{etc.}\\ 1-q^2V^{-2} . 1-q^4V^{-2} . 1-q^6V^{-2} .\text{etc.}\end{matrix}\right.$$
$$=A_1[V-V^{-1}-q^2(V^3-V^{-3})+q^6(V^5-V^{-5})-q^{12}(V^7-V^{-7})+\text{etc.}],$$

formule dans laquelle les exposans de q résultent de l'addition des termes de la progression 2, 4, 6, 8, etc., et sont par conséquent les nombres triangulaires multipliés par 2.

Dans cette formule, le coefficient A_1 étant indépendant de V, peut être déterminé en donnant à V telle valeur qu'on voudra. Soit $V=\sqrt{-1}$, ou $V^2=-1$, on aura

$$A_1=\frac{(q+1^2)^2(1+q^4)^2(1+q^6)^2\text{ etc.}}{1+q^2+q^6+q^{12}+q^{20}+\text{etc.}}.$$

Le numérateur de cette fraction est égal à $\mathcal{C}'^2$; quant au dénominateur, sa valeur sera donnée ci-après, et il en résulte

$$(12)\qquad A_1=q^{\frac{1}{12}}\left(\frac{K}{\pi}\right)^{\frac{1}{2}}(2kk')^{-\frac{1}{6}}.$$

126. La formule que nous venons de trouver, pour l'expression du produit Ω, va nous en fournir une seconde, non moins utile; il suffit, pour cela, de mettre $q^{\frac{1}{2}}V$ à la place de V, et de multiplier ensuite les deux membres par $-q^{\frac{1}{2}}V$; on obtiendra ainsi la formule

$$\left\{\begin{matrix}1-qV^2 . 1-q^3V^2 . 1-q^5V^2 .\text{etc.}\\ 1-qV^{-2} . 1-q^3V^{-2} . 1-q^5V^{-2} .\text{etc.}\end{matrix}\right.$$
$$=A_1[1-q(V^2+V^{-2})+q^4(V^4+V^{-4})-q^9(V^6+V^{-6})+\text{etc.},$$

où l'on voit que les exposans de q, dans le second membre, sont les quarrés des nombres naturels.

127. Si l'on restitue, au lieu de V, sa valeur $e^{i\psi}$ ou $\cos\psi+\sqrt{-1}\sin\psi$, les deux formules que nous venons de trouver s'écriront ainsi :

$$\sin\psi(1-2q^2\cos2\psi+q^4)(1-2q^4\cos2\psi+q^8)(1-2q^6\cos2\psi+q^{12})\text{ etc.}$$
$$=A_1(\sin\psi-q^2\sin3\psi+q^6\sin5\psi-q^{12}\sin7\psi+\text{etc.}),$$
$$(1-2q\cos2\psi+q^2)(1-2q^3\cos2\psi+q^6)(1-2q^5\cos2\psi+q^{10})\text{ etc.}$$
$$=A_1(1-2q\cos2\psi+2q^4\cos4\psi-2q^9\cos6\psi+\text{etc.}).$$

On pourra donc donner aux trois formules de l'art. 122 la forme suivante, où nous mettons x à la place de ψ, en supposant $\frac{2Kx}{\pi}=F(k,\varphi)$, ou $\varphi=\mathcal{A}\left(\frac{2Kx}{\pi}\right)$:

$$(13)\begin{cases}\sin A\left(\frac{2Kx}{\pi}\right)=\left(\frac{1}{k}\right)^{\frac{1}{2}}\cdot\frac{2q^{\frac{1}{4}}\sin x-2q^{\frac{9}{4}}\sin 3x+2q^{\frac{25}{4}}\sin 5x-2q^{\frac{49}{4}}\sin 7x+\text{etc.}}{1-2q\cos 2x+2q^4\cos 4x-2q^9\cos 6x+\text{etc.}},\\ \cos A\left(\frac{2Kx}{\pi}\right)=\left(\frac{k'}{k}\right)^{\frac{1}{2}}\cdot\frac{2q^{\frac{1}{4}}\cos x+2q^{\frac{9}{4}}\cos 3x+2q^{\frac{25}{4}}\cos 5x+2q^{\frac{49}{4}}\cos 7x+\text{etc.}}{1-2q\cos 2x+2q^4\cos 4x-2q^9\cos 6x+\text{etc.}},\\ \Delta A\left(\frac{2Kx}{\pi}\right)=(k')^{\frac{1}{2}}\cdot\frac{1+2q\cos 2x+2q^4\cos 4x+2q^9\cos 6x+\text{etc.}}{1-2q\cos 2x+2q^4\cos 4x-2q^9\cos 6x+\text{etc.}}\end{cases}$$

Ainsi nos trois fonctions trigonométriques de l'amplitude sont exprimées par des suites régulières, dans lesquelles les exposans de q sont, d'une part, les quarrés des nombres naturels ; d'autre part, les quarrés des nombres impairs divisés par 2.

128. La forme de ces expressions très remarquables nous conduit à considérer deux nouvelles transcendantes $\Theta(q, x)$, $\Lambda(q, x)$, ou simplement Θx, Λx, dont les valeurs développées en séries sont :

$$(14)\begin{cases}\Theta x=1-2q\cos 2x+2q^4\cos 4x-2q^9\cos 6x+2q^{16}\cos 8x-\text{etc.},\\ \Lambda x=2q^{\frac{1}{4}}\sin x-2q^{\frac{9}{4}}\sin 3x+2q^{\frac{25}{4}}\sin 5x-2q^{\frac{49}{4}}\sin 7x+\text{etc.};\end{cases}$$

et comme, en mettant $x+\frac{1}{2}\pi$, au lieu de x, on obtient

$$(15)\begin{cases}\Theta(x+\frac{1}{2}\pi)=1+2q\cos 2x+2q^4\cos 4x+2q^9\cos 6x+\text{etc.},\\ \Lambda(x+\frac{1}{2}\pi)=2q^{\frac{1}{4}}\cos x+2q^{\frac{9}{4}}\cos 3x+2q^{\frac{25}{4}}\cos 5x+2q^{\frac{49}{4}}\cos 7x+\text{etc.},\end{cases}$$

il s'ensuit que les trois formules précédentes pourront être présentées sous cette forme très simple :

$$(16)\begin{cases}\sin A\left(\frac{2Kx}{\pi}\right)=(k)^{-\frac{1}{2}}\frac{\Lambda x}{\Theta x},\\ \cos A\left(\frac{2Kx}{\pi}\right)=\left(\frac{k'}{k}\right)^{\frac{1}{2}}\frac{\Lambda(x+\frac{1}{2}\pi)}{\Theta x},\\ \Delta A\left(\frac{2Kx}{\pi}\right)=(k')^{\frac{1}{2}}\frac{\Theta(x+\frac{1}{2}\pi)}{\Theta x}.\end{cases}$$

129. Outre les formules des deux articles précédens, on doit encore à M. Jacobi la formule suivante :

$$(17)\begin{cases}\tan\text{g}\,\frac{1}{2}A\left(\frac{2Kx}{\pi}\right)=\dfrac{\sin\frac{x}{2}+q\sin\frac{3x}{2}-q^3\sin\frac{5x}{2}-q^6\sin\frac{7x}{2}+q^{10}\sin\frac{9x}{2}+\text{etc.}}{\cos\frac{x}{2}-q\cos\frac{3x}{2}-q^3\cos\frac{5x}{2}+q^6\cos\frac{7x}{2}+q^{10}\cos\frac{9x}{2}-\text{etc.}}\\ =\dfrac{\sin\frac{1}{2}x(1+2q\cos x+q^2)(1-2q^2\cos x+q^4)(1+2q^3\cos x+q^6)\text{ etc.}}{\cos\frac{1}{2}x(1-2q\cos x+q^2)(1+2q^2\cos x+q^4)(1-2q^3\cos x+q^6)\text{ etc.}},\end{cases}$$

que nous allons démontrer.

Supposons $\frac{Kx}{\pi} = \frac{1}{2}F(k, \varphi) = F(k, \sigma)$, nous aurons, par les formules de la duplication des fonctions, $\text{tang}\,\frac{1}{2}\varphi = \Delta\sigma\,\text{tang}\,\sigma$; en même temps, si l'on met $\frac{1}{2}x$ à la place de x, dans les formules de l'art. 127, on aura

$$\text{tang}\,\sigma = \left(\frac{1}{k'}\right)^{\frac{1}{2}} \cdot \frac{\sin\frac{1}{2}x - q^2\sin\frac{3}{2}x + q^6\sin\frac{5}{2}x - q^{12}\sin\frac{7}{2}x + \text{etc.}}{\cos\frac{1}{2}x + q^2\cos\frac{3}{2}x + q^6\cos\frac{5}{2}x + q^{12}\sin\frac{7}{2}x + \text{etc.}},$$

$$\Delta\sigma = (k')^{\frac{1}{2}} \cdot \frac{1 + 2q\cos x + 2q^4\cos 2x + 2q^9\cos 3x + \text{etc.}}{1 - 2q\cos x + 2q^4\cos 2x - 2q^9\cos 3x + \text{etc.}}.$$

Multipliant ces deux équations, on aura la valeur de $\text{tang}\,\sigma\Delta\sigma$, ou celle de $\text{tang}\,\frac{1}{2}\mathcal{A}\left(\frac{2Kx}{\pi}\right)$; mais le produit ainsi trouvé n'est pas réduit à la forme la plus simple dont il est susceptible.

Par les formules de l'art. 128, on a

$$\Delta\mathcal{A}\left(\frac{2Kx}{\pi}\right)\text{tang}\,\mathcal{A}\left(\frac{2Kx}{\pi}\right) = \frac{\Lambda x\Theta(x + \frac{1}{2}\pi)}{\Theta x\Lambda(x + \frac{1}{2}\pi)}.$$

Mettant $\frac{1}{2}x$ à la place de x, le premier membre deviendra $\Delta\sigma\,\text{tang}\,\sigma$ ou $\text{tang}\,\frac{1}{2}\varphi$; on aura donc

$$(18)\qquad \text{tang}\,\frac{1}{2}\mathcal{A}\left(\frac{2Kx}{\pi}\right) = \frac{\Lambda\frac{x}{2}\Theta\left(\frac{x}{2} + \frac{\pi}{2}\right)}{\Theta\frac{x}{2}\Lambda\left(\frac{x}{2} + \frac{\pi}{2}\right)}.$$

130. Maintenant, il faut faire voir qu'on peut mettre sous une forme plus simple le produit désigné par $\Lambda x\Theta(x + \frac{1}{2}\pi)$. Or, en combinant les formules de l'art. 128 avec celles de l'art. 127, et faisant

$$C = \frac{1}{A_1} = q^{-\frac{1}{12}}\left(\frac{K}{\pi}\right)^{\frac{1}{2}}(2kk')^{\frac{1}{6}},$$

on a ces quatre nouvelles expressions:

$$(19)\quad \begin{cases} \Theta x = C(1 - 2q\cos 2x + q^2)(1 - 2q^3\cos 2x + q^6)(1 - 2q^5\cos 2x + q^{10})\text{etc.}, \\ \Lambda x = 2q^{\frac{1}{4}}C\sin x(1 - 2q^2\cos 2x + q^4)(1 - 2q^4\cos 2x + q^8)(1 - 2q^6\cos 2x + q^{12})\text{etc.}, \\ \Theta(x + \frac{1}{2}\pi) = C(1 + 2q\cos 2x + q^2)(1 + 2q^3\cos 2x + q^6)(1 + 2q^5\cos 2x + q^{10})\text{etc.}, \\ \Lambda(x + \frac{1}{2}\pi) = 2q^{\frac{1}{4}}C\cos x(1 + 2q^2\cos 2x + q^4)(1 + 2q^4\cos 2x + q^8)(1 + 2q^6\cos 2x + q^{12})\text{etc.} \end{cases}$$

Faisant donc de nouveau $e^{ix} = V$, pour décomposer les facteurs trinomes, chacun en deux facteurs binomes, on aura

$$\Lambda x\Theta(x + \frac{1}{2}\pi) = 2q^{\frac{1}{4}}C^2 \cdot \frac{Z(V)}{2i},$$

$$Z(V) = (V - V^{-1})\begin{cases} 1 + qV^2 \,.\, 1 - q^2V^2 \,.\, 1 + q^3V^2 \,.\, 1 - q^4V^2 \,.\, 1 + q^5V^2 \,.\text{etc.}, \\ 1 + qV^{-2} \,.\, 1 - q^2V^{-2} \,.\, 1 + q^3V^{-2} \,.\, 1 - q^4V^{-2} \,.\, 1 + q^5V^{-2} \,.\text{etc.} \end{cases}$$

Mettons, dans cette dernière équation, $V\sqrt{(-q)}$ à la place de V, nous aurons

$$Z(V\sqrt{-q})=-\left(\frac{1+q^2V}{V\sqrt{(-q)}}\right)\left\{\begin{matrix}1-q^2V^2 \,.\, 1+q^3V^2 \,.\, 1-q^4V^2 \,.\, 1+q^5V^2 \,.\text{etc.}\\ 1-V^{-2}\,.\, 1+q\,V^{-2}\,.\, 1-q^2V^{-2}\,.\, 1+q^3V^{-2}\,.\text{etc.}\end{matrix}\right.$$

Donc, $Z(V)=-V^2\sqrt{(-q)}\,.\,Z(V\sqrt{-q})$. Supposons que la valeur développée de Z(V) soit

$$Z(V)=\alpha(V^1-V^{-1})+\beta(V^3-V^{-3})+\gamma(V^5-V^{-5})+\text{etc.},$$

on aura

$$Z(V\sqrt{-q})=-\alpha\left(\frac{1+qV^2}{V\sqrt{-q}}\right)+\beta\left(\frac{1+q^3V^6}{V^3q\sqrt{-q}}\right)-\gamma\left(\frac{1+q^5V^{10}}{V^5q^2\sqrt{-q}}\right)+\text{etc.}$$

Multipliant de part et d'autre par $-V\sqrt{(-q)}$, on aura cette seconde expression de Z(V)

$$Z(V)=\left\{\begin{matrix}\alpha V+\alpha qV^3-\beta q^2V^5+\gamma q^3V^7-\text{etc.}\\ -\frac{\beta}{q}V^{-1}+\frac{\gamma}{q^2}V^{-3}-\frac{\delta}{q^3}V^{-5}+\frac{\epsilon}{q^4}V^{-7}-\text{etc.}\end{matrix}\right.$$

Comparant les deux valeurs de Z(V), on aura, par les puissances positives de V, comme par les puissances négatives, les mêmes équations de condition, savoir,

$$\beta=\alpha q,\ \gamma=-\alpha q^3,\ \delta=-\alpha q^6,\ \epsilon=\alpha q^{10},\ \zeta=\alpha q^{15},\ \text{etc.},$$

et par conséquent

$$Z(V)=\alpha[V^1-V^{-1}+q(V^3-V^{-3})-q^3(V^5-V^{-5})-q^6(V^7-V^{-7})+q^{10}(V^9-V^{-9})+\text{etc.}].$$

Dans cette expression, les puissances de q ont pour exposans la suite des nombres triangulaires, et ces puissances offrent alternativement deux termes positifs et deux négatifs.

131. D'après ce résultat, on a la formule générale

$$(20)\quad Ax\Theta(x+\tfrac{1}{2}\pi)=M(\sin x+q\sin 3x-q^3\sin 5x-q^6\sin 7x+q^{10}\sin 9x+\text{etc.}),$$

dans laquelle mettant $x+\frac{1}{2}\pi$ à la place de x, et observant que $\Theta(x+\pi)=\Theta x$, on trouve cette autre formule

$$A(x+\tfrac{1}{2}\pi)\,\Theta x=M(\cos x-q\cos 3x-q^3\cos 5x+q^6\cos 7x+q^{10}\cos 9x-\text{etc.}).$$

Si l'on met $\frac{1}{2}x$ au lieu de x, dans ces deux formules, et qu'on divise l'une par l'autre, on aura la première expression de tang $\frac{1}{2}.A\left(\frac{2Kx}{\pi}\right)$, donnée dans l'art. 129. Quant à la seconde expression, elle résulte immédiatement des valeurs de $\Lambda\frac{1}{2}x\,\Theta\left(\frac{x}{2}+\frac{\pi}{2}\right)$ et $\Lambda\left(\frac{x}{2}+\frac{\pi}{2}\right)\Theta\frac{1}{2}x$, développées en facteurs trinomes, d'après les équations (19). Nous ferons voir ci-après comment on détermine le coefficient M qui entre dans ces formules.

---

§ IV. *De quelques séries dont les sommes peuvent être déterminées par les fonctions elliptiques.*

132. Avant d'aller plus loin, nous allons sommer différentes suites ordonnées suivant les puissances de q; elles offrent des résultats très remarquables, qui se réuniront à ceux que nous avons déjà obtenus (art. 121 et 124), et à ceux que nous donnerons ci-après, dans le § VII.

Si l'on fait $x=0$, ou seulement x infiniment petit, dans les équations (13) et (17), on aura les quatre formules suivantes :

$$(21)\quad\left\{\begin{aligned}
\frac{\mathrm{K}k^{\frac{1}{2}}}{\pi} &= \frac{q^{\frac{1}{4}}-3q^{\frac{9}{4}}+5q^{\frac{25}{4}}-7q^{\frac{49}{4}}+\text{etc.}}{1-2q+2q^4-2q^9+2q^{16}-\text{etc.}}\\
\tfrac{1}{2}\left(\frac{k}{k'}\right)^{\frac{1}{2}} &= \frac{q^{\frac{1}{4}}+q^{\frac{9}{4}}+q^{\frac{25}{4}}+q^{\frac{49}{4}}+\text{etc.}}{1-2q+2q^4-2q^9+2q^{16}-\text{etc.}}\\
\left(\frac{1}{k'}\right)^{\frac{1}{2}} &= \frac{1+2q+2q^4+2q^9+2q^{16}+\text{etc.}}{1-2q+2q^4-2q^9+2q^{16}-\text{etc.}}\\
\frac{2\mathrm{K}}{\pi} &= \frac{1+3q-5q^3-7q^6+9q^{10}+11q^{15}-13q^{21}-\text{etc.}}{1-q-q^3+q^6+q^{10}-q^{15}-q^{21}+\text{etc.}}
\end{aligned}\right.,$$

où l'on voit six séries différentes dont il faut trouver les sommes séparément.

133. Soit $\Pi(k)$ la fonction inconnue de k, par laquelle doit être exprimée la suite $1+2q+2q^4+2q^9+2q^{16}+\text{etc.}$; la troisième des équations (21) donnera $1-2q+2q^4-2q^9+\text{etc.}=(k')^{\frac{1}{2}}\Pi(k)$, et par conséquent

$$1+2q^4+2q^{16}+2q^{36}+\text{etc.}=\frac{1+\sqrt{k'}}{2}\,\Pi(k);$$

or, en mettant q^4 au lieu de q, ou h_1 au lieu de k, dans l'équation supposée $1+2q+2q^4+2q^9+\text{etc.}=\Pi(k)$, on a

$$1+2q^4+2q^{16}+q^{36}+\text{etc.}=\Pi(h_1).$$

D'un autre côté, puisqu'on suppose que k, h, h_1, sont trois termes consécutifs dans l'échelle dont l'indice est 2, on a, par la propriété de cette échelle, $\mathrm{K}=(1+h)\mathrm{H}=(1+h)(1+h_1)\mathrm{H}_1=\frac{2}{1+k'}\cdot\frac{2}{1+k'_1}\mathrm{H}_1$ $=\frac{4}{(1+\sqrt{k'})^2}\,\mathrm{H}_1$; donc, $\sqrt{\mathrm{H}_1}=\frac{1+\sqrt{k'}}{2}\sqrt{\mathrm{K}}$; de là et de l'équation $\Pi(h_1)=\frac{1+\sqrt{k'}}{2}\Pi(k)$, on tire

$$\frac{\Pi(h_1)}{\sqrt{\mathrm{H}_1}}=\frac{\Pi(k)}{\sqrt{\mathrm{K}}}.$$

Le premier membre est la même fonction de q^4 que le second de q; donc, $\frac{\Pi(k)}{\sqrt{K}}$ est une quantité constante. Or, lorsque $k=0$, on a $q=0$, $K=\frac{1}{2}\pi$ et $\Pi(k)=1$; donc la constante $=\frac{1}{\sqrt{(\frac{1}{2}\pi)}}$, et par conséquent $\Pi(k)=\sqrt{\left(\frac{2K}{\pi}\right)}$. Donc on a la formule

$$1+2q+2q^4+2q^9+2q^{16}+\text{etc.}=\sqrt{\left(\frac{2K}{\pi}\right)},$$

au moyen de laquelle on en trouve plusieurs autres, telles que les suivantes :

$$1-2q+2q^4-2q^9+2q^{16}-2q^{25}+\text{etc.}=\sqrt{\left(\frac{2Kk'}{\pi}\right)},$$

$$1+2q^4+2q^{16}+2q^{36}+2q^{64}+\text{etc.}=\frac{1+\sqrt{k'}}{2}\sqrt{\left(\frac{2K}{\pi}\right)},$$

$$q^1+q^9+q^{25}+q^{49}+\text{etc.}=\frac{1-\sqrt{k'}}{4}\sqrt{\left(\frac{2K}{\pi}\right)},$$

$$q^{\frac{1}{4}}+q^{\frac{9}{4}}+q^{\frac{25}{4}}+q^{\frac{49}{4}}+\text{etc.}=\sqrt{\left(\frac{Kk}{2\pi}\right)},$$

$$q^{\frac{1}{4}}-3q^{\frac{9}{4}}+5q^{\frac{25}{4}}-7q^{\frac{49}{4}}+\text{etc.}=\left(\frac{K}{\pi}\right)^{\frac{3}{2}}(2kk')^{\frac{1}{2}},$$

$$1-3q^2+5q^6-7q^{12}+\text{etc.}=q^{-\frac{1}{4}}\left(\frac{K}{\pi}\right)^{\frac{3}{2}}(2kk')^{\frac{1}{2}},$$

$$1+q^2+q^6+q^{12}+\text{etc.}=q^{-\frac{1}{4}}\sqrt{\left(\frac{Kk}{2\pi}\right)}.$$

De ces deux dernières on déduira, en mettant $q^{\frac{1}{2}}$ à la place de q, ou k_1 à la place de k, et réduisant, les deux suivantes :

$$1+q+q^3+q^6+q^{10}+q^{15}+\text{etc.}=q^{-\frac{1}{8}}\sqrt{\left(\frac{K\sqrt{k}}{\pi}\right)},$$

$$1-3q+5q^3-7q^6+9q^{10}-11q^{15}+\text{etc.}=q^{-\frac{1}{8}}\left(\frac{K}{\pi}\right)^{\frac{3}{2}}.2k'k^{\frac{1}{4}}.$$

On voit maintenant, par la valeur de la suite $1+q^2+q^6+\text{etc.}$, comment a été trouvé ci-dessus le coefficient A_1, d'où l'on déduit le coefficient

$$C=\frac{1}{A_1}=q^{-\frac{1}{12}}\left(\frac{K}{\pi}\right)^{\frac{1}{2}}(2kk')^{\frac{1}{6}},$$

le même qui entre dans les valeurs des fonctions Θx et Λx développées en facteurs trinomes (Éq. 19).

134. Pour déterminer le coefficient M dans la valeur de $\Lambda x\Theta(x+\frac{1}{2}\pi)$, art. 131, soit $x=\frac{1}{4}\pi$, on aura

$$\Lambda\frac{\pi}{4}\Theta\frac{3\pi}{4}=\frac{M}{\sqrt{2}}(1+q+q^3+q^6+q^{10}+\text{etc.}).$$

Or on a

$$\Lambda\frac{\pi}{4}=2^{\frac{1}{2}}q^{\frac{1}{4}}C(1+q^4)(1+q^8)(1+q^{12}),\text{ etc.},$$

$$\Theta\frac{3\pi}{4}=C(1+q^2)(1+q^6)(1+q^{10}),\text{ etc.},$$

$$\Lambda\frac{\pi}{4}\Theta\frac{3\pi}{4}=2^{\frac{1}{2}}q^{\frac{1}{4}}C^2\mathcal{C}';$$

donc

$$M=\frac{2^{\frac{1}{2}}q^{\frac{1}{4}}C^2\mathcal{C}'}{1+q+q^3+q^6+\text{etc.}}=2q^{\frac{1}{8}}\left(\frac{K}{\pi}\right)^{\frac{1}{2}}(kk')^{\frac{1}{4}}.$$

135. Pour trouver d'autres formules, nous réunirons d'abord ici quelques-unes des principales valeurs des fonctions Θx et Λx :

$$(22)\left\{\begin{array}{ll}\Theta 0=\sqrt{\left(\frac{2Kk'}{\pi}\right)}, & \Lambda 0=0,\\ \Theta\frac{\pi}{4}=\sqrt{\left(\frac{2K}{\pi}\right)}\cdot\sqrt[4]{\left(\frac{1+k'}{2}\sqrt{k'}\right)}, & \Lambda\frac{\pi}{4}=\sqrt{\left(\frac{2K}{\pi}\right)}\cdot\sqrt[4]{\left(\frac{1-k'}{2}\sqrt{k'}\right)},\\ \Theta\frac{\pi}{2}=\sqrt{\left(\frac{2K}{\pi}\right)}, & \Lambda\frac{\pi}{2}=\sqrt{\left(\frac{2Kk}{\pi}\right)};\end{array}\right.$$

à quoi il faut ajouter qu'en supposant x infiniment petit, on a

$$\frac{\Lambda x}{x}=2\left(\frac{K}{\pi}\right)^{\frac{3}{2}}(2kk')^{\frac{1}{2}};$$

ces valeurs se déduisent facilement des formules déjà démontrées.

Cela posé, si l'on fait $x=0$ dans les équations (19) et (20), on en déduira

$$1+3q-5q^3-7q^6+9q^{10}+11q^{15}-\text{etc.}=2q^{-\frac{1}{8}}\left(\frac{K}{\pi}\right)^{\frac{3}{2}}(kk')^{\frac{1}{2}},$$

$$1-q-q^3+q^6+q^{10}-q^{15}-q^{21}+\text{etc.}=q^{-\frac{1}{8}}\left(\frac{K}{\pi}\right)^{\frac{1}{2}}(kk')^{\frac{1}{6}}.$$

Si dans ces deux dernières formules on met q^2 au lieu de q, et h au lieu de k, on en déduira

$$1+3q^2-5q^6-7q^{12}+9q^{20}+11q^{30}-\text{etc.}=q^{-\frac{1}{4}}(1+k')\left(\frac{K}{\pi}\right)^{\frac{3}{2}}\sqrt[4]{\left(\frac{1-k'}{2}\sqrt{k'}\right)},$$

$$1-q^2-q^6+q^{12}+q^{20}-q^{30}-\text{etc.}=q^{-\frac{1}{4}}\left(\frac{K}{\pi}\right)^{\frac{1}{2}}\left(\frac{1-k'}{2}\sqrt{k'}\right)^{\frac{1}{4}}.$$

136. Nous joignons ici le tableau des diverses formules que nous venons de trouver, et de quelques autres qu'on peut aisément en déduire par le procédé indiqué art. 123.

$$
(23)\left\{
\begin{aligned}
&1+2q+2q^4+2q^9+2q^{16}+\text{etc.}=\sqrt{\left(\frac{2K}{\pi}\right)},\\
&1-2q+2q^4-2q^9+2q^{16}-\text{etc.}=\sqrt{\left(\frac{2Kk'}{\pi}\right)},\\
&1+2q^4+2q^{16}+2q^{36}+\text{etc.}=\frac{1+\sqrt{k'}}{2}\sqrt{\left(\frac{2K}{\pi}\right)},\\
&q^1+q^9+q^{25}+q^{49}+\text{etc.}=\frac{1-\sqrt{k'}}{4}\sqrt{\left(\frac{2K}{\pi}\right)},\\
&1+2q^2+2q^8+2q^{18}+2q^{32}+\text{etc.}=\sqrt{\left[\frac{K}{\pi}(1+k')\right]},\\
&1-2q^2+2q^8-2q^{18}+2q^{32}-\text{etc.}=\sqrt{\left(\frac{2K}{\pi}\sqrt{k'}\right)},\\
&1-2q^4+2q^{16}-2q^{36}+2q^{64}-\text{etc.}=\sqrt{\left(\frac{2K}{\pi}\right)}\cdot\sqrt[4]{\left(\frac{1+k'}{2}\sqrt{k'}\right)},\\
&q^{\frac{1}{4}}+q^{\frac{9}{4}}+q^{\frac{25}{4}}+q^{\frac{49}{4}}+\text{etc.}=\sqrt{\left(\frac{Kk}{2\pi}\right)},\\
&1+q^2+q^6+q^{12}+\text{etc.}=q^{-\frac{1}{4}}\sqrt{\left(\frac{Kk}{2\pi}\right)},\\
&q^{\frac{1}{8}}+q^{\frac{9}{8}}+q^{\frac{25}{8}}+q^{\frac{49}{8}}+\text{etc.}=\frac{1}{2}\sqrt{\left[\frac{K}{\pi}(1-k')\right]},\\
&1+q^1+q^3+q^6+q^{10}+\text{etc.}=q^{-\frac{1}{8}}\sqrt{\left(\frac{K}{\pi}\sqrt{k}\right)},\\
&1-q^1-q^3+q^6+q^{10}-\text{etc.}=q^{-\frac{1}{8}}\sqrt{\left(\frac{K}{\pi}\sqrt{kk'}\right)},\\
&1-q^2-q^6+q^{12}+q^{20}-\text{etc.}=q^{-\frac{1}{4}}\sqrt{\left(\frac{K}{\pi}\right)}\cdot\sqrt[4]{\left(\frac{1-k'}{2}\sqrt{k'}\right)},\\
&1-3q+5q^3-7q^6+9q^{10}-\text{etc.}=2q^{-\frac{1}{8}}\left(\frac{K}{\pi}\right)^{\frac{3}{2}}k'\sqrt[4]{k},\\
&1-3q^2+5q^6-7q^{12}+9q^{20}-\text{etc.}=q^{-\frac{1}{4}}\left(\frac{K}{\pi}\right)^{\frac{3}{2}}(2kk')^{\frac{1}{2}},\\
&1-3q^4+5q^{12}-7q^{24}+9q^{40}-\text{etc.}=q^{-\frac{1}{2}}\left(\frac{K}{\pi}\right)^{\frac{3}{2}}\sqrt{\left(\tfrac{1}{2}k^2\sqrt{k'}\right)},\\
&q^1-3q^9+5q^{25}-7q^{49}+\text{etc.}=\frac{1-k'}{4}\left(\frac{K}{\pi}\right)^{\frac{3}{2}}\left[(1+k')2\sqrt{k'}\right]^{\frac{1}{2}},\\
&1+3q-5q^3-7q^6+9q^{10}+11q^{15}-\text{etc.}=2q^{-\frac{1}{8}}\left(\frac{K}{\pi}\right)^{\frac{3}{2}}(kk')^{\frac{1}{2}},\\
&1+3q^2-5q^6-7q^{12}+9q^{20}+11q^{30}-\text{etc.}=q^{-\frac{1}{4}}(1+k')\left(\frac{K}{\pi}\right)^{\frac{3}{2}}\sqrt[4]{\left(\frac{1-k'}{2}\sqrt{k'}\right)},\\
&\qquad\text{etc.},\quad \text{etc.}
\end{aligned}
\right.
$$

Nota. La différentiation de ces formules en produirait une infinité d'autres, par la substitution $\frac{dq}{dk}=-\frac{\frac{1}{2}\pi q}{kk'^2K^2}$.

§ V. *Usage de ces formules pour diverses sortes d'approximations.*

137. Si l'on connaît le rapport des deux fonctions complètes K′ et K, et qu'on appelle α ce rapport $= \frac{K'}{K}$, on connaîtra immédiatement la constante $q = e^{-\alpha\pi}$, dont le log. hyp. $= -\alpha\pi$. Cela posé, il sera facile de calculer, avec tel degré d'approximation qu'on voudra, la fonction K au moyen de la formule

$$K = \frac{\pi}{2}(1 + 2q + 2q^4 + 2q^9 + 2q^{16} + \text{etc.})^2;$$

elle sera toujours très convergente si l'on désigne par k le plus petit des deux modules complémentaires k et k', ou par K la plus petite des deux fonctions complètes K, K′, qui répondent à ces deux modules. Par ce moyen, la quantité q sera plus petite que $\frac{1}{23}$, et la série précédente, bornée à ses quatre premiers termes, savoir $K = \frac{\pi}{2}(1 + 2q + 2q^4 + 2q^9)^2$, suffira pour donner la valeur de K, exacte jusqu'à 20 décimales au moins. Connaissant K, on connaîtra en même temps $K' = \alpha K$.

138. Dans le même cas où q est donné immédiatement, on trouvera les modules k et k' par les formules suivantes, qu'on choisira à volonté,

$$(24)\quad \left\{ \begin{aligned} \sqrt{k'} &= \frac{1 - 2q + 2q^4 - 2q^9 + 2q^{16} - \text{etc.}}{1 + 2q + 2q^4 + 2q^9 + 2q^{16} + \text{etc.}}, \\ \tfrac{1}{2}\sqrt{k} &= \frac{q^{\frac{1}{4}}(1 + q^2 + q^6 + q^{12} + q^{20} + \text{etc.})}{1 + 2q + 2q^4 + 2q^9 + 2q^{16} + \text{etc.}}, \\ \sqrt[4]{k'} &= \frac{1 - 2q^2 + 2q^8 - 2q^{18} + 2q^{32} - \text{etc.}}{1 + 2q + 2q^4 + 2q^9 + 2q^{16} + \text{etc.}}, \\ \sqrt[4]{k'} &= \frac{1 - q - q^3 + q^6 + q^{10} - q^{15} - q^{21} + \text{etc.}}{1 + q + q^3 + q^6 + q^{10} + q^{15} + q^{21} + \text{etc.}}, \\ \sqrt{(\tfrac{1}{2}\sqrt{k})} &= q^{\frac{1}{8}} \cdot \frac{1 + q^2 + q^6 + q^{12} + q^{20} + \text{etc.}}{1 + q + q^3 + q^6 + q^{10} + \text{etc.}}. \end{aligned} \right.$$

La comparaison des valeurs de $\frac{1}{2}\sqrt{k}$ et $\sqrt{\frac{1}{2}\sqrt{k}}$ donne cette propriété générale, qui mérite d'être remarquée :

$$(1+q+q^3+q^6+q^{10}+\text{etc.})^2 = (1+q^2+q^6+q^{12}+q^{20}+\text{etc.})\,(1+2q+2q^4+2q^9+\text{etc.}).$$

On trouvera de même, par la comparaison des valeurs de $\sqrt{k'}$ et $\sqrt[4]{k'}$, cette équation,

$$(1-2q^2+2q^8-2q^{18}+\text{etc.})^2=(1-2q+2q^4-2q^9+\text{etc.})\,(1+2q+2q^4+2q^9+\text{etc.}).$$

139. Supposons maintenant qu'on veuille calculer les valeurs de q par le moyen du module donné k et de son complément k'; nous prendrons pour cet effet, dans le tableau général, l'équation

$$\frac{2q\,(1+q^8+q^{24}+q^{48}+\text{etc.})}{1+2q^4+2q^{16}+2q^{36}+\text{etc.}}=\frac{1-\sqrt{k'}}{1+\sqrt{k'}}$$

Adoptant pour un moment la notation usitée dans la première échelle, nous substituerons c à k et b à k', ce qui donnera $\frac{1-\sqrt{k'}}{1+\sqrt{k'}}=\frac{1-\sqrt{b}}{1+\sqrt{b}}$; mais $\frac{1-\sqrt{b}}{1+\sqrt{b}}=\sqrt{\left(\frac{1+b-2\sqrt{b}}{1+b+2\sqrt{b}}\right)}=\sqrt{\left(\frac{1-b^0}{1+b^0}\right)}$, parce que $b^0=\frac{2\sqrt{b}}{1+b}$.
Donc

$$\frac{2q\,(1+q^8+q^{24}+\text{etc.})}{1+2q^4+2q^{16}+2q^{36}+\text{etc.}}=\sqrt{\left(\frac{1-b^0}{1+b^0}\right)}=\sqrt{c^{00}}.$$

Mettant q^2 à la place de q, il faudra mettre c^{000} à la place de c^{00}, parce qu'on avance ainsi d'un rang dans l'échelle c, c^0, c^{00}, etc.; on aura donc

$$\frac{2q^2\,(1+q^{16}+q^{48}+\text{etc.})}{1+2q^8+2q^{32}+2q^{72}+\text{etc.}}=\sqrt{c^{000}}.$$

Avançant encore d'un rang, on aura

$$\frac{2q^4\,(1+q^{32}+\text{etc.})}{1+2q^{16}+2q^{64}+\text{etc.}}=\sqrt{c^{0000}}.$$

Cela posé, on aura, aux quantités près de l'ordre q^4,

$$q=\tfrac{1}{2}\sqrt{c^{00}};\quad \text{et plus exactement,}\quad q=(1+2q^4)\,\tfrac{1}{2}\sqrt{c^{00}}.$$

On aura de même, aux quantités près de l'ordre q^8,

$$q^2=\tfrac{1}{2}\sqrt{c^{000}};\ \text{et plus exactement,}\ q=(1+q^8)\,\sqrt{\tfrac{1}{2}\sqrt{c^{000}}}.$$

On aura encore, aux quantités près de l'ordre q^{16},

$$q^4=\tfrac{1}{2}\sqrt{c^{0000}},\ \text{et plus exactement,}\ q=(1+\tfrac{1}{2}q^{16})\,\sqrt[4]{\tfrac{1}{2}\sqrt{c^{0000}}},$$

ainsi de suite. Donc enfin, q est égal au dernier terme de la suite

$$\tfrac{1}{2}\sqrt{c^{00}},\ \sqrt{\tfrac{1}{2}\sqrt{c^{000}}},\ \sqrt[4]{\tfrac{1}{2}\sqrt{c^{0000}}},\ \sqrt[8]{\tfrac{1}{2}\sqrt{c^{05}}},\ \text{etc.}$$

Et parce que la suite c^{00}, c^{000}, c^{0000}, etc., est telle, qu'au bout d'un très petit nombre de termes, on aura $(\frac{1}{2}c^\mu)^2 = c^{\mu+1}$, on voit que $\sqrt[m]{\frac{1}{2}\sqrt{c^\mu}}$ sera égal à $\sqrt[2m]{\frac{1}{2}\sqrt{c^{\mu+1}}}$. On voit aussi que la valeur désignée par $q=\sqrt[m]{\frac{1}{2}\sqrt{c^\mu}}$, avant que c^μ ait atteint la limite, sera en erreur d'une quantité que l'on corrigera par la formule

$$q=\left(1+\frac{2}{m}q^{4m}\right)\sqrt[m]{\left(\frac{1}{2}\sqrt{c^\mu}\right)},$$

m étant $2^{\mu-2}$.

La formule rigoureuse est

$$(25)\qquad \frac{q^m+q^{9m}+q^{25m}+\text{etc.}}{1+2q^{4m}+2q^{16m}+2q^{36m}+\text{etc.}}=\frac{1}{2}\sqrt{c^\mu},$$

c^μ désignant le $\mu^{\text{ième}}$ terme de la suite c°, $c^{\circ\circ}$, $c^{\circ\circ\circ}$, etc.

Nous supposons toujours, pour la facilité des calculs d'approximation, que le module k ou c est plus petit que son complément k' ou b, c'est-à-dire qu'il est plus petit que sin 45°. Alors la suite des modules c°, $c^{\circ\circ}$, $c^{\circ\circ\circ}$, etc., calculée d'après les préceptes donnés dans le tome II, conduira promptement au terme c^μ qu'il est inutile de dépasser. On obtiendra donc ainsi la valeur de q avec tel degré d'approximation qu'on voudra.

140. La quantité q est exprimée, suivant les dénominations de l'ancienne échelle, par $e^{-\frac{\pi F^1 b}{F^1 c}}$; changeant à la fois c en b et b en c, et appelant r la nouvelle valeur de q, savoir $r=e^{-\frac{\pi F^1 c}{F^1 b}}$, ce qui donne $\log\frac{1}{q}\,\log\frac{1}{r}=\pi^2$, on aura semblablement

$$\frac{r^n+r^{9n}+r^{25n}+\text{etc.}}{1+2r^{4n}+2r^{16n}+2r^{36n}+\text{etc.}}=\frac{1}{2}\sqrt{b^\nu},$$

en désignant par b^ν le $\nu^{\text{ième}}$ terme de la suite décroissante b', b'', b''', etc., et supposant $n=2^{\nu-2}$.

Et puisque dans la limite fixée, on peut supposer

$$q=\sqrt[m]{\left(\frac{1}{2}\sqrt{c^\mu}\right)}\text{ et }r=\sqrt[n]{\left(\frac{1}{2}\sqrt{b^\nu}\right)},\text{ ou }c^\mu=4q^{2m}\text{ et }b^\nu=4r^{2n},$$

on aura

$$\log\frac{4}{c^\mu}\cdot\log\frac{4}{b^\nu}=2^{\mu+\nu-2}\pi^2,$$

ce qui s'accorde avec l'équation de l'art. 80, tome I.

141. Si l'on désigne de nouveau par k°, $k^{\circ\circ}$, $k^{\circ\circ\circ}$, etc., la suite des mo-

dules décroissans qui se déduisent du module donné k, suivant la loi propre à la première échelle, nous supposerons, pour fixer les idées, que k^{ooo} tient lieu de la limite, en sorte qu'on ait, d'une manière suffisamment approchée, $q=\sqrt{(\frac{1}{2}\sqrt{k^{ooo}})}=\sqrt[4]{\left(\frac{k^{ooo}}{4}\right)}$.

Cela posé, si k et h sont deux termes consécutifs d'une échelle dont l'indice est n, on aura semblablement, ou même à plus forte raison,.... $q^n=\sqrt[4]{\left(\frac{h^{ooo}}{4}\right)}$; donc

$$(26) \qquad \frac{h^{ooo}}{4}=\left(\frac{k^{ooo}}{4}\right)^n.$$

Telle est l'équation algébrique très simple qui suppléera, au moins approximativement, à l'équation des modules pour l'indice n. En effet, si, du module donné k, on veut déduire le module suivant h, on calculera d'abord k^{ooo}, ce qui se fera par de simples extractions de racines quarrées. k^{ooo} étant connu, on aura h^{ooo} par l'équation $h^{ooo}=4\left(\frac{k^{ooo}}{4}\right)^n$. Ensuite on trouvera le module cherché h par les équations successives

$$h^{oo}=\frac{2\sqrt{h^{ooo}}}{1+h^{ooo}}, \qquad h^{o}=\frac{2\sqrt{h^{oo}}}{1+h^{oo}}, \qquad h=\frac{2\sqrt{h^{o}}}{1+h^{o}};$$

on connaît d'ailleurs les moyens les plus simples d'appliquer à ces formules le calcul logarithmique, pour obtenir plus promptement les résultats.

Il en serait de même si l'on voulait calculer le module k_1 qui précède k, ce qui se ferait comme si l'on voulait déterminer k par h; et le degré d'exactitude de ces solutions pourra toujours être fixé à volonté, puisque si la formule $q=\sqrt[4]{\frac{k^{ooo}}{4}}$ n'avait pas la précision suffisante, on pourrait prendre l'une des suivantes, $q=\sqrt[8]{\left(\frac{k^{oooo}}{4}\right)}$, $q=\sqrt[16]{\left(\frac{k^{ooooo}}{4}\right)}$, etc., par lesquelles l'erreur est bientôt réduite au-dessous de toute limite donnée.

142. On pourrait faire usage des formules (23) pour déduire du module donné k, ou de son complément k', la valeur de la fonction complète K, jusqu'à un degré de précision déterminé, sans connaître préalablement la valeur de q. On trouverait, par exemple, en négligeant les quantités de l'ordre q^8,

$$K=\frac{\frac{1}{2}\pi}{\sqrt{\left[\frac{1}{2}(1+k')\sqrt{k'}\right]}},$$

et en négligeant seulement les quantités de l'ordre q^{16},

$$K = \frac{\pi}{\left[\sqrt{\left(\frac{1+k'}{2}\right)} + \sqrt[4]{k'}\right] \sqrt[4]{\left[\frac{1}{2}(1+k')\sqrt{k'}\right]}}.$$

Mais plus ces formules acquièrent de précision, plus elles se rapprochent de la formule la plus simple de toutes, qui, dans les termes de l'ancienne échelle, est

$$F^1c = \frac{\pi}{2} \sqrt{\left(\frac{1}{b} b^0 b^{00} b^{000} \ldots\right)},$$

de sorte qu'il devient inutile de pousser plus loin la recherche des formules d'approximation. Nous saisirons seulement cette occasion de faire voir que la valeur de la fonction complète E^1c, telle que nous l'avons donnée page 114 du tome I, est facile à déduire de celle de F^1c.

En effet, si l'on prend la différentielle logarithmique de la formule précédente, on aura

$$\frac{dF^1}{F^1 dc} = \frac{1}{b^2 c}\left(\frac{E^1}{F^1} - b^2\right) = -\frac{db}{2bdc} + \frac{db^0}{2b^0 dc} + \frac{db^{00}}{2b^{00} dc} + \frac{db^{000}}{2b^{000} dc} + \text{etc.};$$

mais l'équation $b^0 = \frac{2\sqrt{b}}{1+b}$ donne $\frac{db^0}{b^0 dc} = \frac{1}{2} \cdot \frac{c^0 db}{bdc}$; de même on a..... $\frac{db^{00}}{b^{00} dc} = \frac{1}{2} \cdot \frac{c^{00} db^0}{b^0 dc} = \frac{1}{4} c^0 c^{00} \cdot \frac{db}{bdc}$, etc. Le second membre de notre équation devient donc

$$-\frac{db}{bdc}\left(1 - \frac{1}{2} c^0 - \frac{1}{4} c^0 c^{00} - \frac{1}{8} c^0 c^{00} c^{000} - \text{etc.}\right);$$

et parce que $-\frac{db}{bdc} = \frac{c}{b^2}$, on en déduit

$$\frac{E^1c}{F^1c} = b^2 + c^2\left(1 - \frac{1}{2} c^0 - \frac{1}{4} c^0 c^{00} - \text{etc.}\right) = 1 - \frac{1}{2} c^2 c^0 \left(1 + \frac{c^{00}}{2} + \frac{c^{00} c^{000}}{4} + \text{etc.}\right).$$

Cette quantité est ce que nous avons nommé L; ainsi l'on aura $E^1c = LF^1c$.

§ VI. *Diverses propriétés des fonctions* $\Theta(q, x)$ *et* $\Lambda(q, x)$.

143. Ces fonctions, qu'on peut considérer en elles-mêmes et sans aucun rapport aux fonctions elliptiques, ont été considérées jusqu'ici comme se rattachant, par leurs deux élémens q et x, à la fonction de première espèce $F(k, \varphi)$. La constante q est une fonction du module k, déterminée par la formule $q = e^{-\pi\frac{K'}{K}}$, ou $\log q = -\frac{\pi K'}{K}$, K et K′ étant les fonctions complètes relatives aux modules complémentaires k et k'; la variable x est la même chose que l'arc circulaire désigné par Φ dans l'art. 69, tom. I; car, suivant cet article, la fonction $F(k, \varphi)$ est exprimée par la formule $F(k, \varphi) = \frac{F^1 k}{\frac{1}{2}\pi}.\Phi = \frac{2K}{\pi}\Phi$; et d'autre part, nous avons supposé, dans les calculs précédens, $F(k, \varphi) = \frac{2Kx}{\pi}$.

Pour développer les propriétés principales de ces deux fonctions, nous allons d'abord les considérer comme représentant les deux séries suivantes :

$$\Theta x = 1 - 2q\cos 2x + 2q^4\cos 4x - 2q^9\cos 6x + 2q^{16}\cos 8x - \text{etc.},$$
$$\Lambda x = 2q^{\frac{1}{4}}\sin x - 2q^{\frac{9}{4}}\sin 3x + 2q^{\frac{25}{4}}\sin 5x - \text{etc.},$$

où l'on voit que les exposans de q sont, d'une part, les quarrés des nombres naturels, et d'autre part, les quarrés des nombres impairs divisés par 2.

L'inspection de ces suites suffit pour établir les propriétés suivantes :

$$(27)\left\{\begin{array}{l|l} \Theta x = \Theta(-x), & \Lambda x = -\Lambda(-x), \\ \Theta(\pi - x) = \Theta x, & \Lambda(\pi - x) = \Lambda x, \\ \Theta(\pi + x) = \Theta x, & \Lambda(\pi + x) = -\Lambda x, \\ \Theta(\frac{1}{2}\pi + x) = \Theta(\frac{1}{2}\pi - x), & \Lambda(\frac{1}{2}\pi + x) = \Lambda(\frac{1}{2}\pi - x), \end{array}\right.$$

et nous rappellerons ici les valeurs que prennent ces fonctions, dans les trois cas $x = 0$, $x = \frac{1}{4}\pi$, $x = \frac{1}{2}\pi$:

$$(28)\left\{\begin{array}{l|l} \Theta 0 = \sqrt{\left(\frac{2Kk'}{\pi}\right)}, & \Lambda 0 = 0, \\ \Theta\frac{\pi}{4} = \sqrt{\left(\frac{2K}{\pi}\right)}.\sqrt[4]{\left(\frac{1+k'}{2}\sqrt{k'}\right)}, & \Lambda\frac{\pi}{4} = \sqrt{\left(\frac{2K}{\pi}\right)}.\sqrt[4]{\left(\frac{1-k'}{2}\sqrt{k'}\right)}, \\ \Theta\frac{\pi}{2} = \sqrt{\left(\frac{2K}{\pi}\right)}, & \Lambda\frac{\pi}{2} = \sqrt{\left(\frac{2Kk}{\pi}\right)}. \end{array}\right.$$

Ces expressions se rapportent à la quantité q ou au module k; pour avoir les expressions analogues qui se rapportent à la quantité r ou au module k', il suffirait de mettre k' et K' à la place de k et K, et réciproquement.

144. Si l'on met $x+\frac{1}{2}\pi$ au lieu de x, on aura, comme ci-dessus, les deux nouvelles formules :

$$\Theta(\tfrac{1}{2}\pi+x)=1+2q\cos 2x+2q^4\cos 4x+2q^9\cos 6x+\text{etc.},$$
$$\Lambda(\tfrac{1}{2}\pi+x)=2q^{\frac{1}{4}}\cos x+2q^{\frac{9}{4}}\cos 3x+2q^{\frac{25}{4}}\cos 5x+\text{etc.}$$

Maintenant, de ces quatre formules on en peut déduire plusieurs autres, où il conviendra de rétablir la désignation $\Theta(q,\ x)$ à la place de Θx, lorsque q ne sera pas la même constante, dans les diverses fonctions que l'on compare.

On aura d'abord l'équation

$$\tfrac{1}{2}\Theta(q,\ x)+\tfrac{1}{2}\Theta(q,\ x+\tfrac{1}{2}\pi)=1+2q^4\cos 4x+2q^{16}\cos 8x+\text{etc.},$$

dans laquelle le second membre peut être représenté par $\Theta(q^4,\ 2x+\frac{1}{2}\pi)$, ce qui donne la formule

$$\Theta(q,\ x)+\Theta(q,\ x+\tfrac{1}{2}\pi)=2\Theta(q^4,\ 2x+\tfrac{1}{2}\pi),$$

où l'on peut observer que le passage de la constante q à q^4 répond à celui du module k au module h_1, placé deux rangs après k dans l'échelle $k,\ h,\ h_1\ldots$, dont l'indice est 2. Cette formule peut être mise sous ces deux autres formes

$$(29)\ \begin{cases}\Theta(q,\ \frac{1}{2}x-\frac{1}{4}\pi)+\Theta(q,\ \frac{1}{2}x+\frac{1}{4}\pi)=2\Theta(q^4,\ x),\\ \Theta(q^{\frac{1}{4}},\frac{1}{2}x-\frac{1}{4}\pi)+\Theta(q^{\frac{1}{4}},\frac{1}{2}x+\frac{1}{4}\pi)=2\Theta(q,\ x).\end{cases}$$

Ainsi, on peut exprimer toute fonction $\Theta(q,\ x)$ par deux autres fonctions semblables, où q est remplacé par $q^{\frac{1}{4}}$, et qui se rapportent par conséquent à un module k_2, supérieur de deux rangs au module k, dans l'échelle dont l'indice est 2.

145. Les mêmes équations donnent

$$\tfrac{1}{2}\Theta(q,\ x+\tfrac{1}{2}\pi)-\tfrac{1}{2}\Theta(q,\ x)=2q\cos 2x+2q^9\cos 6x+2q^{25}\cos 10x+\text{etc.}$$

Mais on a

$$\Lambda(q,\ x+\tfrac{1}{2}\pi)=2q^{\frac{1}{4}}\cos x+2q^{\frac{9}{4}}\cos 3x+2q^{\frac{25}{4}}\cos 5x+\text{etc.};$$

donc,

$$\Theta(q,\ x+\tfrac{1}{2}\pi)-\Theta(q,\ x)=2\Lambda(q^4,\ 2x+\tfrac{1}{2}\pi),$$

équation qui peut être mise sous ces deux autres formes :

$$(30)\quad \begin{cases} \Lambda(q^4,\ x) = \tfrac{1}{2}\Theta(q,\ \tfrac{1}{2}x + \tfrac{1}{4}\pi) - \tfrac{1}{2}\Theta(q,\ \tfrac{1}{2}x - \tfrac{1}{4}\pi), \\ \Lambda(q,\ x) = \tfrac{1}{2}\Theta(q^{\frac{1}{4}},\ \tfrac{1}{2}x + \tfrac{1}{4}\pi) - \tfrac{1}{2}\Theta(q^{\frac{1}{4}},\ \tfrac{1}{2}x - \tfrac{1}{4}\pi). \end{cases}$$

Ainsi la fonction $\Lambda(q,\ x)$, rapportée au module k, s'exprimera d'une manière linéaire, par deux fonctions Θ rapportées au module k_2. Une semblable réduction peut être faite en sens inverse, pour les fonctions Θ, au moyen de la formule

$$(31)\qquad \Theta(q,\ x) = \Theta\left(q^4,\ \frac{\pi}{2} - 2x\right) - \Lambda\left(q^4,\ \frac{\pi}{2} - 2x\right).$$

146. Il y a d'autres formules par lesquelles on peut déduire la fonction Λ de la fonction Θ, et réciproquement, sans changer de module ou en conservant la même constante q.

En effet, on a les équations

$$\sin\varphi = \left(\frac{1}{k}\right)^{\frac{1}{2}} \frac{\Lambda x}{\Theta x},\quad \cos\varphi = \left(\frac{k'}{k}\right)^{\frac{1}{2}} \frac{\Lambda\,(x + \frac{1}{2}\pi)}{\Theta x},$$

$$\sqrt{(1 - k^2 \sin^2\varphi)} = (k')^{\frac{1}{2}} \frac{\Theta\,(x + \frac{1}{2}\pi)}{\Theta x};$$

d'où l'on tire

$$\Lambda^2 x + k'\Lambda^2\,(x + \tfrac{1}{2}\pi) = k\Theta^2 x,$$
$$\Theta^2 x - k\Lambda^2 x = k'\Theta^2\,(x + \tfrac{1}{2}\pi).$$

Ainsi la fonction Θ peut se déduire de Λ par la formule

$$(32)\qquad \Theta x = \sqrt{\left[\frac{1}{k}\Lambda^2 x + \frac{k'}{k}\Lambda^2(x + \tfrac{1}{2}\pi)\right]};$$

et réciproquement, Λ peut se déduire de Θ par la formule

$$(33)\qquad \Lambda x = \sqrt{\left[\frac{1}{k}\Theta^2 x - \frac{k'}{k}\Theta^2\,(x + \tfrac{1}{2}\pi)\right]}.$$

Une table calculée pour les fonctions $\Theta\,(q,\ x)$, selon les diverses valeurs de q et de x, servirait donc à en former une semblable pour les fonctions $\Lambda\,(q,\ x)$, et réciproquement.

Venons maintenant aux propriétés des mêmes fonctions, qui résultent de leur développement en une infinité de facteurs trinomes.

147. Nous avons trouvé ci-dessus les formules

$$\Theta\,(q, x) = C(1 - 2q\cos 2x + q^2)\,(1 - 2q^3\cos 2x + q^6)\,(1 - 2q^5\cos 2x + q^{10})\ \text{etc.},$$
$$\Lambda\,(q, x) = 2q^{\frac{1}{4}}\,C\sin x(1 - 2q^2\cos 2x + q^4)(1 - 2q^4\cos 2x + q^8)(1 - 2q^6\cos 2x + q^{12})\ \text{etc.}$$

où l'on a

$$C = q^{-\frac{1}{12}}\left(\frac{K}{\pi}\right)^{\frac{1}{2}}(2kk')^{\frac{1}{6}}.$$

Chaque facteur de $\Lambda(q, x)$, désigné par $1 - 2q^{2m}\cos 2x + q^{4m}$, se décompose en deux autres $1 - 2q^m \cos x + q^{2m}$, $1 + 2q^m \cos x + q^{2m}$, de sorte qu'on aura

$$\Lambda(q, x) = \text{C}.4q^{\frac{1}{4}}\begin{cases}\sin\frac{1}{2}x\,(1 - 2q\cos x + q^2)(1 - 2q^2\cos x + q^4)(1 - 2q^3\cos x + q^6)\text{ etc.},\\ \cos\frac{1}{2}x\,(1 + 2q\cos x + q^2)(1 + 2q^2\cos x + q^4)(1 + 2q^3\cos x + q^6)\text{ etc.};\end{cases}$$

mais en mettant $q^{\frac{1}{2}}$ à la place de q, et $\frac{1}{2}x$ à la place de x, on a

$$\Lambda(q^{\frac{1}{2}}, \tfrac{1}{2}x) = \text{C}'.2q^{\frac{1}{8}}\sin\tfrac{1}{2}x\,(1 - 2q\cos x + q^2)(1 - 2q^2\cos x + q^4)(1 - 2q^3\cos x + q^6)\text{ etc.},$$

$$\Lambda(q^{\frac{1}{2}}, \tfrac{1}{2}\pi - \tfrac{1}{2}x) = \text{C}'.2q^{\frac{1}{8}}\cos\tfrac{1}{2}x\,(1 + 2q\cos x + q^2)(1 + 2q^2\cos x + q^4)(1 + 2q^3\cos x + q^6)\text{ etc.}$$

Donc

$$\Lambda(q, x) = \frac{\text{C}}{\text{C}'^2}\,\Lambda(q^{\frac{1}{2}}, \tfrac{1}{2}x)\,\Lambda(q^{\frac{1}{2}}, \tfrac{1}{2}\pi - \tfrac{1}{2}x).$$

La constante C′ est ce que devient C lorsque q se change en $q^{\frac{1}{2}}$, ce qui change en même temps k, k', K en k_1, k'_1, K_1, k_1 étant le module qui précède k dans l'échelle dont l'indice est 2. On aura donc............

$\text{C}' = q^{-\frac{1}{24}}\left(\frac{\text{K}_1}{\pi}\right)^{\frac{1}{2}}(2k_1k_1')^{\frac{1}{6}}$, ou en substituant les valeurs $\text{K}_1 = (1 + k)\text{K}$; $k_1 = \frac{2\sqrt{k}}{1+k}$, $k'_1 = \frac{1-k}{1+k}$, $\text{C}' = q^{-\frac{1}{24}}\left(\frac{\text{K}}{\pi}\right)^{\frac{1}{2}}(2kk')^{\frac{1}{6}}k^{-\frac{1}{4}}$. De là...........

$\frac{\text{C}}{\text{C}'^2} = \left(\frac{2\text{K}k'}{\pi}\right)^{-\frac{1}{2}} = \frac{1}{\Theta(q, 0)} = \text{D}$. D'après cette valeur de D, on aura la formule

$$(34)\qquad \Lambda(q, x) = \text{D}\Lambda(q^{\frac{1}{2}}, \tfrac{1}{2}x)\,\Lambda(q^{\frac{1}{2}}, \tfrac{1}{2}\pi - \tfrac{1}{2}x);$$

on trouverait de la même manière

$$(35)\qquad \Theta(q, x) = \text{D}\Theta(q^{\frac{1}{2}}, \tfrac{1}{2}x)\,\Theta(q^{\frac{1}{2}}, \tfrac{1}{2}\pi - \tfrac{1}{2}x).$$

Les fonctions Θ et Λ, qui se rapportent à la quantité q ou au module k, peuvent donc être exprimées chacune par des fonctions semblables qui se rapportent à la quantité $q^{\frac{1}{2}}$, ou au module k_1 qui précède k dans l'échelle dont l'indice est 2.

148. Pour parvenir à d'autres formules, prenons à volonté les fonctions $\text{F}(k, \varphi)$, $\text{F}(k, \psi)$ et les variables correspondantes x et y, telles qu'on ait

$$\frac{2\text{K}x}{\pi} = \text{F}(k, \varphi), \quad \frac{2\text{K}y}{\pi} = \text{F}(k, \psi).$$

Désignons de plus par μ et ν les amplitudes qui satisfont aux équations

$$\frac{2K(x+y)}{\pi} = F(k,\mu) = F(k,\varphi) + F(k,\psi),$$
$$\frac{2K(x-y)}{\pi} = F(k,\nu) = F(k,\varphi) - F(k,\psi),$$

nous aurons par les formules connues

$$\sin\mu\sin\nu = \frac{\sin^2\varphi - \sin^2\psi}{1 - k^2\sin^2\varphi\sin^2\psi},$$
$$\cos\mu\cos\nu = \frac{\cos^2\varphi\cos^2\psi - k'^2\sin^2\varphi\sin^2\psi}{1 - k^2\sin^2\varphi\sin^2\psi}.$$

Substituant les valeurs

$$\sin\varphi = \left(\frac{1}{k}\right)^{\frac{1}{2}}\frac{\Lambda x}{\Theta x},\quad \cos\varphi = \left(\frac{k'}{k}\right)^{\frac{1}{2}}\frac{\Lambda(x+\frac{1}{2}\pi)}{\Theta x},$$

et les valeurs semblables des autres sinus et cosinus, on aura les deux équations

$$\frac{\Lambda(x+y)\Lambda(x-y)}{\Theta(x+y)\Theta(x-y)} = \frac{\Lambda^2x\Theta^2y - \Lambda^2y\Theta^2x}{\Theta^2x\Theta^2y - \Lambda^2x\Lambda^2y},$$
$$\frac{k}{k'}\cdot\frac{\Lambda(x+y+\frac{1}{2}\pi)\Lambda(x-y+\frac{1}{2}\pi)}{\Theta(x+y)\Theta(x-y)} = \frac{\Lambda^2(x+\frac{1}{2}\pi)\Lambda^2(y+\frac{1}{2}\pi) - \Lambda^2x\Lambda^2y}{\Theta^2x\Theta^2y - \Lambda^2x\Lambda^2y}.$$

Dans les premiers membres de ces deux équations, on connaît les facteurs trinomes des deux termes de chaque fraction; et par l'expression générale de ces facteurs, on trouve aisément que chaque fraction est irréductible. Il en sera de même des deux fractions qui composent les seconds membres; car, supposons, par exemple, que le dénominateur $\Theta^2x\Theta^2y - \Lambda^2x\Lambda^2y$ ait pour facteur $y-\alpha$; si le numérateur $\Lambda^2x\Theta^2y - \Lambda^2y\Theta^2x$ avait le même facteur, il faudrait qu'on eût tout-à-la-fois $\Theta^2x = b^2\Lambda^2x$ et $\Lambda^2x = b^2\Theta^2x$, en faisant $b = \frac{\Lambda\alpha}{\Theta\alpha}$; ces deux conditions ne s'accordent qu'en supposant $b = \pm 1$; mais alors on aurait $\Theta^2x = \Lambda^2x$, équation impossible dans tous les cas, puisqu'on a généralement $\frac{\Lambda x}{\Theta x} = k^{\frac{1}{2}}\sin\varphi$, et par conséquent $\Lambda^2x < k\Theta^2x$. Si l'on supposait, en second lieu, que le facteur commun aux deux termes de la fraction est une fonction de x et y, désignée par $f(x,y)$, alors, en donnant à x une valeur déterminée β, l'équation $f(x,y)=0$ serait satisfaite par une valeur aussi déterminée $y=\alpha$, et l'on retomberait dans le cas démontré impossible

149. Cela posé, on ne peut satisfaire à nos deux équations que par le système des trois équations suivantes, dans lesquelles A est supposé constant :

$$(36)\left\{\begin{array}{l}A\Theta(x+y)\Theta(x-y)=\Theta^2x\Theta^2y-\Lambda^2x\Lambda^2y,\\ A\Lambda(x+y)\Lambda(x-y)=\Lambda^2x\Theta^2y-\Lambda^2y\Theta^2x;\\ \frac{k}{k'}A\Lambda(x+y+\frac{1}{2}\pi)\Lambda(x-y+\frac{1}{2}\pi)=\Lambda^2(x+\frac{1}{2}\pi)\Lambda^2(y+\frac{1}{2}\pi)-\Lambda^2x\Lambda^2y.\end{array}\right.$$

Pour déterminer A, nous supposerons, 1°. dans la première équation, $x=0$ et $y=0$; 2°. dans la deuxième, $y=0$; 3°. dans la troisième, $x=0$ et $y=0$. Ces trois suppositions donneront également pour résultat $A=\Theta^2 0=\frac{2Kk'}{\pi}$.

150. Au moyen de l'équation (34), on peut donner à la seconde des équations (36) la forme suivante, en observant que $AD^2=1$,

$$\Lambda^2x\Theta^2y-\Lambda^2y\Theta^2x=\Lambda\left(q^{\frac{1}{2}},\frac{x+y}{2}\right)\Lambda\left(q^{\frac{1}{2}},\frac{x-y}{2}\right)\Lambda\left(q^{\frac{1}{2}},\frac{\pi-x-y}{2}\right)\Lambda\left(q^{\frac{1}{2}},\frac{\pi-x+y}{2}\right).$$

Le premier membre de celle-ci est composé des deux facteurs $\Lambda x\Theta y-\Lambda y\Theta x$ et $\Lambda x\Theta y+\Lambda y\Theta x$. Quant au second membre, on peut essayer différentes manières de le décomposer en deux facteurs qui répondent aux deux précédens; mais la seule combinaison admissible est la suivante :

$$(37)\left\{\begin{array}{l}\Lambda(q,x)\Theta(q,y)-\Lambda(q,y)\Theta(q,x)=\Lambda\left(q^{\frac{1}{2}},\frac{x-y}{2}\right)\Lambda\left(q^{\frac{1}{2}},\frac{\pi-x-y}{2}\right),\\ \Lambda(q,x)\Theta(q,y)+\Lambda(q,y)\Theta(q,x)=\Lambda\left(q^{\frac{1}{2}},\frac{x+y}{2}\right)\Lambda\left(q^{\frac{1}{2}},\frac{\pi-x+y}{2}\right),\end{array}\right.$$

où l'on voit que les deux équations se déduisent l'une de l'autre, en changeant simplement le signe de y.

Si, dans la seconde, on fait $y=x$, on aura

$$2\Lambda(q,x)\Theta(q,x)=\Lambda\left(q^{\frac{1}{2}},\frac{\pi}{2}\right)\Lambda\left(q^{\frac{1}{2}},x\right).$$

Or, de la valeur $\Lambda\left(q,\frac{\pi}{2}\right)=\sqrt{\left(\frac{2Kk}{\pi}\right)}$, on déduit $\Lambda\left(q^{\frac{1}{2}},\frac{\pi}{2}\right)=\sqrt{\left(\frac{2K_1k_1}{\pi}\right)}$ $=\sqrt{\left(\frac{4K\sqrt{k}}{\pi}\right)}$; donc,

$$\Lambda(q,x)\Theta(q,x)=\left(\frac{K\sqrt{k}}{\pi}\right)^{\frac{1}{2}}\Lambda(q^{\frac{1}{2}},x).$$

Cette formule, la plus remarquable de celles que nous venons de rassembler, offre le moyen de déterminer très simplement la fonction $\Theta(q,x)$, en supposant connues les fonctions Λ, puisqu'elle donne

$$(38)\qquad \Theta(q,x)=\left(\frac{K\sqrt{k}}{\pi}\right)^{\frac{1}{2}}\cdot\frac{\Lambda(q^{\frac{1}{2}},x)}{\Lambda(q,x)}.$$

Au reste, on peut démontrer cette formule d'une manière directe, qui servira de vérification aux calculs précédens.

En effet, on a

$$\Lambda(q\,,\ x)=\mathrm{C}.2q^{\frac{1}{4}}\sin x(1-2q^2\cos 2x+q^4)(1-2q^4\cos 2x+q^8)(1-2q^6\cos 2x+q^{12})\text{ etc.},$$
$$\Lambda(q^{\frac{1}{2}},\ x)=\mathrm{C}'.2q^{\frac{1}{8}}\sin x(1-2q\cos 2x+q^2)(1-2q^2\cos 2x+q^4)(1-2q^3\cos 2x+q^6)\text{ etc.}$$

Et puisque tous les facteurs trinomes de $\Lambda(q,\ x)$ sont compris parmi les facteurs trinomes de $\Lambda(q^{\frac{1}{2}},\ x)$, il s'ensuit qu'on aura

$$\frac{\Lambda(q^{\frac{1}{2}},\ x)}{\Lambda(q\,,\ x)}=\frac{\mathrm{C}'}{\mathrm{C}}\,q^{-\frac{1}{8}}(1-2q\cos 2x+q^2)(1-2q^3\cos 2x+q^6)(1-2q^5\cos 2x+q^{10})\text{ etc.}$$

Ainsi, pour que l'équation (38) ait lieu, il reste seulement à démontrer qu'on a $\mathrm{C}=\frac{\mathrm{C}'}{\mathrm{C}}\,q^{-\frac{1}{8}}\left(\frac{\mathrm{K}\sqrt{k}}{\pi}\right)^{\frac{1}{2}}$; or, c'est ce qui résulte des valeurs connues de C et C'.

151. D'autres combinaisons des formules déjà démontrées conduiraient à de nouvelles formules, dont l'application peut être utile. Prenons, par exemple, dans les art. 128 et 129, les deux formules

$$\sin\varphi=\left(\frac{1}{k}\right)^{\frac{1}{2}}\frac{\Lambda x}{\Theta x},\qquad \operatorname{tang}\tfrac{1}{2}\varphi=\frac{\Lambda\frac{1}{2}x\,\Theta(\frac{1}{2}\pi+\frac{1}{2}x)}{\Theta\frac{1}{2}x\,\Lambda(\frac{1}{2}\pi+\frac{1}{2}x)};$$

puisqu'on a $\sin\varphi=\frac{2\operatorname{tang}\frac{1}{2}\varphi}{1+\operatorname{tang}^2\frac{1}{2}\varphi}$, la substitution des valeurs précédentes donnera la nouvelle équation

$$\frac{\Lambda x}{\Theta x}=\frac{2k^{\frac{1}{2}}\Lambda\frac{1}{2}x\,\Theta\frac{1}{2}x\,\Lambda(\frac{1}{2}\pi+\frac{1}{2}x)\,\Theta(\frac{1}{2}\pi+\frac{1}{2}x)}{\Lambda^2\frac{1}{2}x\,\Theta^2(\frac{1}{2}\pi+\frac{1}{2}x)+\Theta^2\frac{1}{2}x\,\Lambda^2(\frac{1}{2}\pi+\frac{1}{2}x)},$$

dans laquelle toutes les fonctions Θ et Λ se rapportent à une même valeur de q. Maintenant, pour réduire le numérateur du second membre, mettons q^2 à la place de q, dans les équations (34) et (35); ces équations deviendront

$$\Lambda\,(q^2,x)=\mathrm{D}'\Lambda\,(q,\tfrac{1}{2}x)\,\Lambda\,(q,\tfrac{1}{2}\pi-\tfrac{1}{2}x)$$
$$\Theta\,(q^6,x)=\mathrm{D}'\Theta\,(q,\tfrac{1}{2}x)\,\Theta\,(q,\tfrac{1}{2}\pi-\tfrac{1}{2}x),$$

et la valeur de D' se déduira de celle de $\mathrm{D}=\left(\frac{2\mathrm{K}k'}{\pi}\right)^{-\frac{1}{2}}$ en mettant h à la place de k, ce qui donnera $\mathrm{D}'=\left(\frac{2\mathrm{H}h'}{\pi}\right)^{-\frac{1}{2}}=\left(\frac{2\mathrm{K}}{\pi}\sqrt{k'}\right)^{-\frac{1}{2}}$.

Multipliant ces deux équations, et observant qu'on a $\Theta(\frac{1}{2}\pi-\frac{1}{2}x)=\Theta(\frac{1}{2}\pi+\frac{1}{2}x)$ et $\Lambda(\frac{1}{2}\pi-\frac{1}{2}x)=\Lambda(\frac{1}{2}\pi+\frac{1}{2}x)$, le produit sera

$$\Lambda(q,\tfrac{1}{2}x)\Theta(q,\tfrac{1}{2}x)\ \Lambda(q,\tfrac{1}{2}x+\tfrac{1}{2}\pi)\ \Theta(q,\tfrac{1}{2}x+\tfrac{1}{2}\pi)$$
$$=\left(\frac{1}{D'}\right)^2 \Lambda(q^2,x)\Theta(q^2,x)=\frac{2K}{\pi}\sqrt{k'}\,.\,\Lambda(q^2,x)\Theta(q^2,x).$$

Mais par l'équation (38) on a, en mettant q^2 à la place de q et h au lieu de k,

$$\Lambda(q^2,x)\ \Theta(q^2,x)=\left(\frac{H\sqrt{h}}{\pi}\right)^{\frac{1}{2}}\Lambda(q,x)=\left(\frac{Kk}{2\pi}\right)^{\frac{1}{2}}\Lambda(q,x);$$

donc le second membre de l'équation précédente se réduit à

$$\left(\frac{K}{\pi}\right)^{\frac{3}{2}}(2kk')^{\frac{1}{2}}\ \Lambda(q,x).$$

Cela posé, l'équation que nous voulons réduire deviendra

$$\frac{2Kk}{\pi}\left(\frac{2Kk'}{\pi}\right)^{\frac{1}{2}}\Theta x=\Lambda^2\tfrac{1}{2}x\,\Theta^2(\tfrac{1}{2}\pi+\tfrac{1}{2}x)+\Theta^2\tfrac{1}{2}x\,\Lambda^2(\tfrac{1}{2}\pi+\tfrac{1}{2}x);$$

mais par les équations (32) et (33), on a

$$\Lambda^2\tfrac{1}{2}x\,\Theta^2(\tfrac{1}{2}\pi+\tfrac{1}{2}x)+\Theta^2\tfrac{1}{2}x\,\Lambda^2(\tfrac{1}{2}\pi+\tfrac{1}{2}x)=\frac{k}{k'}(\Theta^4\tfrac{1}{2}x-\Lambda^4\tfrac{1}{2}x).$$

Donc enfin si l'on fait $C''=\Theta^3 0=\left(\frac{2Kk'}{\pi}\right)^{\frac{3}{2}}$, on aura

$$(39)\qquad C''\,\Theta x=\Theta^4\tfrac{1}{2}x-\Lambda^4\tfrac{1}{2}x,$$

équation dans laquelle les fonctions sont rapportées au même module k, ou à une même valeur de q. Cette équation serait utile dans la construction d'une table des fonctions Θx et Λx, puisqu'elle servirait à déterminer la fonction Θx par deux autres fonctions rapportées à une variable plus petite $\frac{1}{2}x$. Il est possible aussi d'obtenir un semblable résultat pour les fonctions Λx.

152. En effet, si dans l'équation

$$\cos\varphi=\left(\frac{k'}{k}\right)\frac{\Lambda(\frac{1}{2}\pi+x)}{\Theta x}=\frac{1-\tang^2\frac{1}{2}\varphi}{1+\tang^2\frac{1}{2}\varphi},$$

on substitue la valeur de tang $\frac{1}{2}\varphi$, et qu'on ait égard au résultat précédent, on aura cette nouvelle formule,

$$(40)\quad \Lambda(\tfrac{1}{2}\pi-x)=\left(\frac{k}{k'}\right)^{\frac{1}{2}}.\frac{\left[\Theta^2\frac{1}{2}x-\left(\frac{1+k'}{k}\right)\Lambda^2\frac{1}{2}x\right]\left[\Theta^2\frac{1}{2}x-\left(\frac{1-k'}{k}\right)\Lambda^2\frac{1}{2}x\right]}{C''}.$$

combinant cette équation avec l'équation (39) et avec l'équation (32) mise sous la forme

$$\Lambda^2 x = k\Theta^2 x - k'\Lambda^2(\tfrac{1}{2}\pi - x),$$

on voit la possibilité de calculer les fonctions Θx et Λx par le moyen des fonctions $\Theta \frac{1}{2} x$ et $\Lambda \frac{1}{2} x$. Ces formules résolvent donc assez simplement le problème de la duplication de la variable dans les fonctions Θx et Λx. Réciproquement, on pourra résoudre algébriquement le problème inverse, qui consiste à déterminer $\Theta \frac{1}{2} x$ et $\Lambda \frac{1}{2} x$, par le moyen des fonctions Θx et Λx: En effet, soit $\Theta x = a$, $\Lambda x = b$, $\Lambda(\frac{1}{2}\pi - x) = c$, on déterminera c, au moyen de a et b, par l'équation (32), qui donne

$$k'c^2 = ka^2 - b^2.$$

Soit ensuite $\Theta \frac{x}{2} = \theta$ et $\Lambda \frac{x}{2} = \lambda$, on aura les deux équations à résoudre

$$C''a = \theta^4 - \lambda^4,$$

$$C''c\left(\frac{k'}{k}\right)^{\frac{1}{2}} = \theta^4 - \frac{2}{k}\theta^2\lambda^2 + \lambda^4,$$

ou en faisant

$$\theta^2 = \lambda^2 Z,$$

$$\lambda^4(Z^2 - 1) = C''a,$$

$$\lambda^4\left(Z^2 - \frac{2}{k}Z + 1\right) = C''c\left(\frac{k'}{k}\right)^{\frac{1}{2}}.$$

De là résulte

$$Z = \frac{ka + c(kk')^{\frac{1}{2}}}{a - \sqrt{(a^2 - kb^2)}} \quad \text{et} \quad \lambda^4 = \frac{C''a}{Z^2 - 1};$$

ainsi l'on connaît Z et λ, et par conséquent aussi $\theta = \lambda\sqrt{Z}$.

153. Il nous reste à déterminer les fonctions Θx et Λx pour de très petites valeurs de x.

Pour cela nous développerons les valeurs de Θx et de $\Theta(\frac{1}{2}\pi + x)$, en négligeant les quantités de l'ordre x^4, ce qui donnera

$$\Theta x = \Theta 0 + 4x^2(q - 4q^4 + 9q^9 - 16q^{16} + \text{etc.}),$$
$$\Theta(x + \tfrac{1}{2}\pi) = \Theta\tfrac{1}{2}\pi - 4x^2(q + 4q^4 + 9q^9 + 16q^{16} + \text{etc.})$$

Les suites qui multiplient $4x^2$ ne sont point comprises parmi celles qui ont été déjà sommées ; elles pourraient cependant se déduire des deux premières formules du tableau (23), en les différentiant par rapport à q ; mais on trouvera ci-après, § VII, les valeurs cherchées

$$q - 4q^4 + 9q^9 - 16q^{16} + \text{etc.} = \frac{K^2}{2\pi^2}\left(1 - \frac{E'}{K}\right)\sqrt{\left(\frac{2Kk'}{\pi}\right)},$$

$$q + 4q^4 + 9q^9 + 16q^{16} + \text{etc.} = \frac{K^2}{2\pi^2}\left(\frac{E'}{K} - k'^2\right)\sqrt{\frac{2K}{\pi}}.$$

Donc, si x est assez petit pour qu'on puisse négliger les quantités de l'ordre x^4, on aura

$$(41)\ \begin{cases} \Theta x = \Theta 0 \left[1 + \frac{2K^2x^2}{\pi^2}\left(1 - \frac{E'}{K}\right)\right], \\ \Theta(\frac{1}{2}\pi + x) = \Theta\frac{1}{2}\pi\left[1 - \frac{2K^2x^2}{\pi^2}\left(\frac{E'}{K} - k'^2\right)\right]. \end{cases}$$

Pour avoir une semblable expression de Λx, sans être obligé de sommer une suite que nous n'avons pas encore considérée, je reprends l'équation $\sin\varphi = \left(\frac{1}{k}\right)^{\frac{1}{2}}\frac{\Lambda x}{\Theta x}$, d'où résulte $\Lambda x = k^{\frac{1}{2}}\Theta x \sin\varphi$. Mais on a l'équation $\frac{2Kx}{\pi} = F(k, \varphi)$, dans laquelle la supposition d'une amplitude φ très petite donne $\frac{2Kx}{\pi} = \varphi(1 + \frac{1}{6}k^2\varphi^2)$; de là résulte $\varphi = \frac{2Kx}{\pi}(1 - \frac{1}{6}k^2\varphi^2) = \frac{2Kx}{\pi}\left(1 - \frac{2K^2k^2}{3\pi^2}x^2\right)$, et $\sin\varphi = \varphi(1 - \frac{1}{6}\varphi^2) = \frac{2Kx}{\pi}\left[1 - \frac{2K^2}{3\pi^2}(1 + k^2)x^2\right]$. Substituant cette valeur et celle de Θx dans l'équation $\Lambda x = k^{\frac{1}{2}}\Theta x \sin\varphi$, on aura

$$(42)\qquad \Lambda x = \left(\frac{2K}{\pi}\right)^{\frac{3}{2}}(kk')^{\frac{1}{2}}x\left[1 + \frac{2K^2x^2}{\pi^2}\left(\frac{1 + k'^2}{3} - \frac{E'}{K}\right)\right].$$

Ces formules supposent qu'on peut négliger les quantités de l'ordre K^4x^4, ou celles de l'ordre φ^4 par rapport à l'unité. Ainsi, si l'on veut qu'elles donnent dans les valeurs numériques dix figures exactes, il faudra que φ n'excède pas 10′ 53″, ou que la fonction $F(k, \varphi)$ n'excède pas $\frac{1}{316}$ de la fonction complète K.

154. Considérons encore la formule

$$\Theta x = C(1 - 2q\cos 2x + q^2)(1 - 2q^3\cos 2x + q^6)(1 - 2q^5\cos 2x + q^{10})\ \text{etc.},$$

dans laquelle le second membre est composé d'une infinité de facteurs de la forme $1 - 2q^m\cos 2x + q^{2m}$, m étant un terme quelconque de la suite 1, 3, 5, 7, etc.

On sait que la quantité $1 - 2a\cos 2x + a^2$ peut être regardée comme l'un des n facteurs qui divisent la quantité $1 - 2a^n\cos 2nx + a^{2n}$. Ces n facteurs sont

$$1 - 2a \cos 2x + a^2,$$
$$1 - 2a \cos\left(2x + \frac{2\pi}{n}\right) + a^2,$$
$$1 - 2a \cos\left(2x + \frac{4\pi}{n}\right) + a^2,$$
$$\vdots$$
$$1 - 2a \cos\left(2x + \frac{2n-2}{n}\pi\right) + a^2.$$

Si donc on fait le produit des n fonctions

$$\Theta x \Theta\left(x + \frac{\pi}{n}\right) \Theta\left(x + \frac{2\pi}{n}\right) \Theta\left(x + \frac{3\pi}{n}\right) \ldots \Theta\left(x + \frac{n-1}{n}\pi\right),$$

ce produit sera égal à

$$C^n (1 - 2q^n \cos 2nx + q^{2n}) (1 - 2q^{3n} \cos 2nx + q^{6n}) (1 - 2q^{5n} \cos 2nx + q^{10n}) \text{ etc.}$$

Or, n étant un nombre impair à volonté, si l'on suppose que h est le module qui suit k dans l'échelle dont l'indice est n, la quantité qui est q pour le module k, sera q^n pour le module h, et la fonction $\Theta(q^n, nx)$ sera ainsi exprimée

$$\Theta(q^n, nx) = C'(1 - 2q^n \cos 2nx + q^{2n})(1 - 2q^{3n} \cos 2nx + q^{6n})(1 - 2q^{5n} \cos 2nx + q^{10n}) \text{ etc.},$$

C' étant ce que devient C lorsque k se change en h et q en q^n. On aura donc la formule générale

$$\Theta(q, x)\, \Theta\left(q, x + \frac{\pi}{n}\right) \Theta\left(q, x + \frac{2\pi}{n}\right) \ldots \Theta\left(q, x + \frac{n-1}{n}\pi\right) = \frac{C^n}{C'} \Theta(q^n, nx);$$

on aurait de même

$$\Lambda(q, x)\, \Lambda\left(q, x + \frac{\pi}{n}\right) \Lambda\left(q, x + \frac{2\pi}{n}\right) \ldots \Lambda\left(q, x + \frac{n-1}{n}\pi\right) = \frac{C^n}{C'} \Lambda(q^n, nx);$$

car la démonstration relative à cette seconde formule ne diffère de la précédente qu'à raison du facteur $2 \sin x$ qui se trouve dans $\Lambda(q, x)$. Or, en vertu de la formule connue

$$2^n \sin x \sin\left(x + \frac{\pi}{n}\right) \sin\left(x + \frac{2\pi}{n}\right) \ldots \sin\left(x + \frac{n-1}{n}\pi\right) = 2 \sin nx,$$

la loi du produit général sera toujours la même.

155. Maintenant nous avons la formule $k^{\frac{1}{2}} \sin \mathcal{A}\left(\frac{2Kx}{\pi}\right) = \frac{\Lambda(q, x)}{\Theta(q, x)}$, dont l'application répétée n fois donnera

$$k^{\frac{1}{2}} \sin A\left(\frac{2Kx}{\pi}\right) \sin A\left(\frac{2Kx}{\pi}+\frac{2K}{n}\right) \sin A\left(\frac{2Kx}{\pi}+\frac{4K}{n}\right) \ldots \sin A\left(\frac{2Kx}{\pi}+\frac{2n-2}{n}K\right)$$

$$=\frac{\Lambda(q, x) \Lambda\left(q, x+\frac{\pi}{n}\right) \Lambda\left(q, x+\frac{2\pi}{n}\right) \ldots \Lambda\left(q, x+\frac{n-1}{n} \pi\right)}{\Theta(q, x) \Theta\left(q, x+\frac{\pi}{n}\right) \Theta\left(q, x+\frac{2\pi}{n}\right) \ldots \Theta\left(q, x+\frac{n-1}{n} \pi\right)}.$$

Or, il résulte des formules précédentes que le second membre se réduit à $\frac{\Lambda(q^n, nx)}{\Theta(q^n, nx)}$, qui est la même chose que $h^{\frac{1}{2}} \sin A\left(\frac{2Hnx}{\pi}\right)$.

Donc, on aura enfin

$$(43) \quad \sin A\left(\frac{2Hnx}{\pi}\right)=\left(\frac{h^n}{k}\right)^{\frac{1}{2}} \sin A\left(\frac{2Kx}{\pi}\right) \sin A\left(\frac{2Kx}{\pi}+\frac{2K}{n}\right) \ldots \sin A\left(\frac{2Kx}{\pi}+\frac{2n-2}{n} k\right),$$

formule qui s'accorde avec celle du n° 10 du Ier Supplément, et d'où l'on déduirait aisément l'équation des amplitudes marquée (32) dans ce même Supplément. Une semblable analyse, appliquée à la valeur de $\cos A\left(\frac{2Kx}{\pi}\right) = \left(\frac{k'}{k}\right)^{\frac{1}{2}} \frac{\Lambda\left(x+\frac{1}{2}\pi\right)}{\Theta x}$, conduirait à l'équation des amplitudes marquée (34).

Nous remarquerons ici que c'est par l'application des formules du théorème II que nous sommes parvenus à exprimer les fonctions trigonométriques de l'amplitude par le moyen des deux fonctions $\Theta(q, x)$, $\Lambda(q, x)$, et que réciproquement les propriétés de ces fonctions nous conduisent aux formules principales du théorème I. Nous obtenons ainsi une confirmation très satisfaisante des deux théorèmes généraux qui renferment toute la théorie de la transformation des fonctions elliptiques de la première espèce.

---

§ VII. *Nouvelle formule relative aux fonctions elliptiques de la seconde espèce.*

156. Nous avons fait voir que les fonctions Θx et Λx donnent les moyens d'exprimer les fonctions trigonométriques de l'amplitude qui répondent à une fonction donnée $F\varphi = \frac{2Kx}{\pi}$; ces mêmes fonctions vont nous fournir des formules nouvelles pour exprimer les fonctions de la seconde espèce, et même celles de la troisième.

Reprenons pour cet effet l'équation $\Delta\varphi = (k')^{\frac{1}{2}} \frac{\Theta(x + \frac{1}{2}\pi)}{\Theta x}$, dont la différentielle logarithmique est

$$\frac{-k^2 \sin\varphi \cos\varphi}{1 - k^2 \sin^2\varphi} \cdot \frac{d\varphi}{dx} = \frac{d\,\Theta(x + \frac{1}{2}\pi)}{\Theta(x + \frac{1}{2}\pi)} - \frac{d\Theta x}{\Theta x};$$

si l'on y substitue la valeur $\frac{d\varphi}{dx} = \frac{2K}{\pi}\Delta\varphi$, qui résulte de l'équation $F\varphi = \frac{2Kx}{\pi}$ on aura

$$-\frac{2K}{\pi} \cdot \frac{k^2 \sin\varphi \cos\varphi}{\Delta\varphi} = \frac{d\Theta(x + \frac{1}{2}\pi)}{\Theta(x + \frac{1}{2}\pi)dx} - \frac{d\Theta x}{\Theta x dx}.$$

Soit $F\zeta$ une seconde fonction telle, qu'on ait

$$F\zeta = \frac{2K}{\pi}(x + \tfrac{1}{2}\pi) = F\varphi + F^1 k,$$

on aura, par les propriétés connues,

$$E^1 k + E\varphi - E\zeta = k^2 \sin\varphi \sin\zeta = \frac{k^2 \sin\varphi \cos\varphi}{\Delta\varphi};$$

et si l'on fait $\varepsilon = \frac{E^1}{K}$, E^1 désignant la fonction complète $E^1 k$, on déduira de ces deux équations,

$$\frac{k^2 \sin\varphi \cos\varphi}{\Delta\varphi} = (E\varphi - \varepsilon F\varphi) - (E\zeta - \varepsilon F\zeta).$$

Combinant ensuite ce résultat avec celui qu'a donné la différentiation, on trouve l'équation

$$\frac{2K}{\pi}(E\varphi - \varepsilon F\varphi) - \frac{d\Theta x}{\Theta x dx} = \frac{2K}{\pi}(E\zeta - \varepsilon F\zeta) - \frac{d\Theta(x + \frac{1}{2}\pi)}{\Theta(x + \frac{1}{2}\pi)dx},$$

dans laquelle il importe de remarquer que les deux membres sont des fonctions semblables, l'une de x, l'autre de $x + \frac{1}{2}\pi$.

Nous conclurons de là que chaque membre est une quantité constante (*); et comme le premier membre s'évanouit en faisant $x=0$, et par suite, $\varphi=0$, nous aurons généralement

$$(44)\quad \frac{2K}{\pi}(E\varphi-\varepsilon F\varphi)=\frac{d\Theta x}{\Theta x dx}=\frac{4q\sin 2x-8q^4\sin 4x+12q^9\sin 6x-\text{etc.}}{1-2q\cos 2x+2q^4\cos 4x-2q^9\cos 6x+\text{etc.}},$$

formule qui servira à déterminer la fonction de seconde espèce $E\varphi$, au moyen de la fonction de première espèce $F\varphi=\frac{2Kx}{\pi}$,
de sorte qu'on aura cette expression de $E\varphi$ en fonction de x,

$$(45)\quad E\varphi=E^1\cdot\frac{x}{\frac{1}{2}\pi}+\frac{2\pi}{K}\cdot\frac{q\sin 2x-2q^4\sin 4x+3q^9\sin 6x-\text{etc.}}{1-2q\cos 2x+2q^4\cos 4x-2q^9\cos 6x+\text{etc.}}$$

On peut aussi remarquer que, dans cette formule, l'arc x est la même chose que la limite désignée par Φ (n° 69, tome I) des arcs $\frac{\varphi^0}{2}$, $\frac{\varphi^{00}}{4}$, $\frac{\varphi^{000}}{8}$, etc.

157. Si l'on suppose x infiniment petit, ce qui donne $E\varphi=\varphi=\frac{2Kx}{\pi}$, on aura

$$K-E^1=\frac{2\pi^2}{K}\cdot\frac{q-4q^4+9q^9-16q^{16}+\text{etc.}}{1-2q+2q^4-2q^9+\text{etc.}},$$

et en substituant la valeur connue du dénominateur du second membre, on obtient la somme d'une nouvelle suite fort remarquable, savoir,

$$(46)\quad q-4q^4+9q^9-16q^{16}+25q^{25}-\text{etc.}=\frac{K(K-E^1)}{2\pi^2}\sqrt{\left(\frac{2Kk'}{\pi}\right)};$$

c'est ce qu'on trouverait également en différentiant par rapport à k la seconde des formules du tableau donné ci-dessus, n° 23.

La même formule peut encore se vérifier en substituant dans le second membre les valeurs des fonctions complètes E^1 et K, développées suivant les puissances de k^2 dans les formules de l'art. 48, tome I. On trouverait ainsi, en négligeant seulement les quantités de l'ordre q^4,

$$q=\frac{k^2}{16}\left(1+\tfrac{1}{2}k^2+\tfrac{21}{64}k^4\right),$$

ce qui est la vraie valeur de q.

Enfin, la même équation peut être vérifiée jusqu'à la douzième décimale, pour le cas du module $k=\sin 45°$, au moyen des valeurs connues

(*) *Voyez* le § XI, où cette conclusion est rigoureusement démontrée.

$q = e^{-\pi}$, $\log \mathrm{K} = 0.26812\ 72224\ 12$, et $\mathrm{K} - \mathrm{E}' = 0.50343\ 07962\ 53$.

158. Soit $\mathrm{F}\sigma$ la fonction qui sert de complément à $\mathrm{F}\varphi$, en sorte qu'on ait $\mathrm{F}\varphi + \mathrm{F}\sigma = \mathrm{F}'k$, ou, qu'en faisant $\mathrm{F}\sigma = \frac{2\mathrm{K}y}{\pi}$, on ait $x + y = \frac{1}{2}\pi$. En vertu de cette supposition, on aura

$$\mathrm{E}\varphi + \mathrm{E}\sigma = \mathrm{E}' + k^2 \sin\varphi \sin\sigma = \mathrm{E}' + \frac{k^2 \sin\phi \cos\phi}{\Delta\phi};$$

mais, d'après la valeur $y = \frac{1}{2}\pi - x$, on aura

$$\mathrm{E}\sigma = \mathrm{E}' . \frac{\frac{1}{2}\pi - x}{\frac{1}{2}\pi} + \frac{2\pi}{\mathrm{K}} . \frac{q \sin 2x + 2q^4 \sin 4x + 3q^9 \sin 6x + \text{etc.}}{1 + 2q \cos 2x + 2q^4 \cos 4x + 2q^9 \cos 6x + \text{etc.}}:$$

donc, en ajoutant ces deux équations, et réduisant, on aura la formule suivante, qui coïncide avec celle que donne immédiatement la différentiation (art. 156):

$$(47) \quad \frac{k^2 \sin\varphi \cos\varphi}{\Delta\varphi} = \begin{cases} \frac{2\pi}{\mathrm{K}} . \frac{q \sin 2x - 2q^4 \sin 4x + 3q^9 \sin 6x - \text{etc.}}{1 - 2q \cos 2x + 2q^4 \cos 4x - 2q^9 \cos 6x + \text{etc.}} \\ + \frac{2\pi}{\mathrm{K}} . \frac{q \sin 2x + 2q^4 \sin 4x + 3q^9 \sin 6x + \text{etc.}}{1 + 2q \cos 2x + 2q^4 \cos 4x + 2q^9 \cos 6x + \text{etc.}} \end{cases}$$

Soit x infiniment petit, le premier membre se réduira à $k^2\varphi$ ou $k^2 . \frac{2\mathrm{K}x}{\pi}$, et en divisant de part et d'autre par $\frac{2\pi}{\mathrm{K}} . 2x$, on aura

$$\frac{\mathrm{K}^2 k^2}{2\pi^2} = \frac{q - 4q^4 + 9q^9 - 16q^{16} + \text{etc.}}{1 - 2q + 2q^4 - 2q^9 + \text{etc.}} + \frac{q + 4q^4 + 9q^9 + 16q^{16} + \text{etc.}}{1 + 2q + 2q^4 + 2q^9 + \text{etc.}}.$$

La première partie du second membre $= \frac{\mathrm{K}}{2\pi^2}(\mathrm{K} - \mathrm{E}')$; donc, on a la nouvelle formule

$$\frac{q + 4q^4 + 9q^9 + 16q^{16} + \text{etc.}}{1 + 2q + 2q^4 + 2q^9 + \text{etc.}} = \frac{\mathrm{K}}{2\pi^2}(\mathrm{E}' - k'^2\mathrm{K}),$$

ou en substituant, au lieu du dénominateur, sa valeur $\sqrt{\frac{2\mathrm{K}}{\pi}}$,

$$(48) \quad q + 4q^4 + 9q^9 + 16q^{16} + \text{etc.} = \frac{\mathrm{K}}{2\pi^2}(\mathrm{E}' - k'^2\mathrm{K}) \sqrt{\frac{2\mathrm{K}}{\pi}}.$$

On obtiendrait ce même résultat, en différentiant, par rapport à k, la première formule du tableau (23).

159. Soit ψ une amplitude qui satisfasse à l'équation $\mathrm{F}\psi = 2\mathrm{F}\varphi$, on aura

$$2\mathrm{E}\varphi - \mathrm{E}\psi = k^2 \sin^2\varphi \sin\psi = \frac{2k^2 \sin^3\varphi \cos\varphi \Delta\varphi}{1 - k^2 \sin^4\varphi}.$$

Quant à la valeur de $E\psi$, elle se déduit de celle de $E\varphi$ de l'équation (45), en mettant dans le second membre $2x$ à la place de x; on aura donc

$$\frac{2k^2\sin^3\varphi\cos\varphi\Delta\varphi}{1-k^2\sin^4\varphi}=\left\{\begin{array}{l}\frac{4\pi}{K}\cdot\frac{q\sin 2x-2q^4\sin 4x+3q^9\sin 6x-\text{etc.}}{1-2q\cos 2x+2q^4\cos 4x-2q^9\cos 6x+\text{etc.}}\\-\frac{2\pi}{K}\cdot\frac{q\sin 4x-2q^4\sin 8x+3q^9\sin 12x-\text{etc.}}{1-2q\cos 4x+2q^4\cos 8x-2q^9\cos 12x+\text{etc.}}\end{array}\right..$$

Multipliant d'un côté par $\frac{2d\varphi}{\Delta}$, de l'autre côté par $\frac{4Kdx}{\pi}$, et intégrant, on aura

$$\log A'-\log(1-k^2\sin^4\varphi)=4\log\Theta x-\log\Theta 2x,$$

ou

$$\Theta^4 x(1-k^2\sin^4\varphi)=A'\Theta 2x.$$

On déterminera la constante A' en faisant $\varphi=0$ et $x=0$, ce qui donne $A'=\Theta^3 0=\left(\frac{2Kk'}{\pi}\right)^{\frac{3}{2}}$.

Cette formule apprend déjà que si l'on peut négliger $\sin^4\varphi$ par rapport à l'unité, on aura d'une manière très approchée $\Theta^4 x=A'\Theta 2x$, ce qui donne un moyen très simple de déduire Θx de $\Theta 2x$, ou $\Theta 2x$ de Θx, lorsque x est très petit.

Si ensuite on substitue, au lieu de $\sin\varphi$, sa valeur $\left(\frac{1}{k}\right)^{\frac{1}{2}}\frac{\Lambda x}{\Theta x}$, on aura l'équation $A'\Theta 2x=\Theta^4 x-\Lambda^4 x$, qui s'accorde avec la formule (39) déjà trouvée.

160. La fonction Θx étant développée en facteurs trinomes, comme il suit,

$$\Theta x=C(1-2q\cos 2x+q^2)(1-2q^3\cos 2x+q^6)(1-2q^5\cos 2x+q^{10})\text{etc.},$$

on en tire, par la différentiation,

$$\frac{(d\Theta x)}{\Theta x dx}=\frac{4q\sin 2x}{1-2q\cos 2x+q^2}+\frac{4q^3\sin 2x}{1-2q^3\cos 2x+q^6}+\frac{4q^5\sin 2x}{1-2q^5\cos 2x+q^{10}}+\text{etc.};$$

mais par une formule connue, on a

$$\frac{q\sin 2x}{1-2q\cos 2x+q^2}=q\sin 2x+q^2\sin 4x+q^3\sin 6x+\text{etc.};$$

donc, le second membre de l'équation précédente peut se développer ainsi :

$$\begin{array}{l} 4q \sin 2x + 4q^2 \sin 4x + 4q^3 \sin 6x + 4q^4 \sin 8x + \text{etc.} \\ + 4q^3 \sin 2x + 4q^6 \sin 4x + 4q^9 \sin 6x + 4q^{12} \sin 8x + \text{etc.} \\ + 4q^5 \sin 2x + 4q^{10} \sin 4x + 4q^{15} \sin 6x + 4q^{20} \sin 8x + \text{etc.} \\ + \text{etc.}, \end{array}$$

et si l'on fait une somme de chaque ligne verticale, cette quantité deviendra

$$\frac{4q}{1-q^2}\sin 2x + \frac{4q^2}{1-q^4}\sin 4x + \frac{4q^3}{1-q^6}\sin 6x + \frac{4q^4}{1-q^8}\sin 8x + \text{etc.};$$

donc enfin, l'équation (45) pourra s'écrire ainsi :

$$(49)\quad E\varphi = \frac{2E^1}{\pi}x + \frac{2\pi}{K}\left(\frac{q}{1-q^2}\sin 2x + \frac{q^2}{1-q^4}\sin 4x + \frac{q^3}{1-q^6}\sin 6x + \text{etc.}\right).$$

Si l'on fait x infiniment petit, ce qui donne $E\varphi = \varphi = \frac{2Kx}{\pi}$, on aura la formule

$$E^1 = K - \frac{2\pi^2}{K}\left(\frac{q}{1-q^2} + \frac{2q^2}{1-q^4} + \frac{3q^3}{1-q^6} + \text{etc.}\right),$$

qui servira à calculer la fonction complète E^1, par le moyen des fonctions de première espèce K et K', avec lesquelles on peut déterminer q. On déduit de là la somme de la suite

$$(50)\quad \frac{q}{1-q^2} + \frac{2q^2}{1-q^4} + \frac{3q^3}{1-q^6} + \frac{4q^4}{1-q^8} + \text{etc.} = \frac{K^2}{2\pi^2}\left(1 - \frac{E^1}{K}\right).$$

Dans le cas de $x = \frac{\pi}{4}$, qui donne $F\varphi = \frac{1}{2}K$, on a, par deux expressions différentes,

$$E\varphi = \tfrac{1}{2}E^1 + \frac{2\pi}{K}\left(\frac{q}{1-q^2} - \frac{q^3}{1-q^6} + \frac{q^5}{1-q^{10}} - \text{etc.}\right),$$

$$E\varphi = \tfrac{1}{2}E^1 + \frac{2\pi}{K}\left(\frac{q}{1+q^2} + \frac{q^3}{1+q^6} + \frac{q^5}{1+q^{10}} + \text{etc.}\right).$$

Mais alors on sait que $E\varphi = \frac{1}{2}E^1 + \frac{1}{2}(1-k')$; donc

$$(51)\quad \frac{(1-k')K}{4\pi} = \frac{q}{1-q^2} - \frac{q^3}{1-q^6} + \frac{q^5}{1-q^{10}} - \text{etc.} = \frac{q}{1+q^2} + \frac{q^3}{1+q^6} + \frac{q^5}{1+q^{10}} + \text{etc.}$$

L'égalité des deux suites contenues dans cette double équation se démontre en développant chaque terme du premier membre en une série horizontale, puis sommant les lignes verticales d'où résulteront les termes successifs du second membre.

161. Si l'on différentie la formule (49), on en déduira

$$(52)\quad 1-k^2\sin^2\varphi=\frac{E'}{K}+\frac{2\pi^2}{K^2}\left(\frac{q\cos 2x}{1-q^2}+\frac{2q^2\cos 4x}{1-q^4}+\frac{3q^3\cos 6x}{1-q^6}+\text{etc.}\right).$$

Le cas de $\varphi=0$ a déjà donné un résultat au moyen duquel cette équation peut se réduire à la forme

$$(53)\quad \sin^2\varphi=\frac{4\pi^2}{k^2K^2}\left(\frac{q\sin^2 x}{1-q^2}+\frac{2q^2\sin^2 2x}{1-q^4}+\frac{3q^3\sin^2 3x}{1-q^6}+\text{etc.}\right);$$

nouvelle expression assez élégante, qui peut servir à déterminer l'amplitude par la fonction.

En supposant φ infiniment petit, on tire de cette formule la somme d'une nouvelle série, savoir,

$$(54)\quad \frac{q}{1-q^2}+\frac{2^3q^2}{1-q^4}+\frac{3^3q^3}{1-q^6}+\frac{4^3q^4}{1-q^8}+\text{etc.}=\frac{k^2K^4}{\pi^4};$$

la même somme a lieu, d'après le tableau (23), pour la série qui résulte du développement de

$$q(1+q^1+q^3+q^6+q^{10}+\text{etc.})^8.$$

Ainsi ces deux fonctions de q doivent être identiques, et l'on peut dire de combien de manières un nombre donné N sera la somme de 8 nombres triangulaires. Si le nombre $N+1$ est premier, le nombre de combinaisons dont il s'agit sera $(N+1)^3+1$.

162. Si dans la même équation on fait $\varphi=\frac{1}{2}\pi$, et par suite $x=\frac{1}{2}\pi$, on aura la formule remarquable

$$(55)\quad \frac{q}{1-q^2}+\frac{3q^3}{1-q^6}+\frac{5q^5}{1-q^{10}}+\frac{7q^7}{1-q^{14}}+\text{etc.}=\frac{k^2K^2}{4\pi^2}.$$

Et comme le second membre est aussi l'expression de la puissance...... $(q^{\frac{1}{4}}+q^{\frac{9}{4}}+q^{\frac{25}{4}}+q^{\frac{49}{4}}+\text{etc.})^4$, suivant l'une des équations (23), il s'ensuit qu'on a l'équation identique

$$\frac{q}{1-q^2}+\frac{3q^3}{1-q^6}+\frac{5q^5}{1-q^{10}}+\frac{7q^7}{1-q^{14}}+\text{etc.}=(q^{\frac{1}{4}}+q^{\frac{9}{4}}+q^{\frac{25}{4}}+q^{\frac{49}{4}}+\text{etc.})^4;$$

ou, en mettant q^4 à la place de q (*),

$$(56)\quad \frac{q^4}{1-q^8}+\frac{3q^{12}}{1-q^{24}}+\frac{5q^{20}}{1-q^{40}}+\frac{7q^{28}}{1-q^{56}}+\text{etc.}=(q^1+q^9+q^{25}+q^{49}+\text{etc.})^4.$$

(*) Il suit immédiatement de cette formule, que tout nombre $8n+4$ est la somme de quatre carrés impairs, et de plus, qu'il est autant de fois de cette forme qu'il y a d'unités dans la somme des diviseurs de $2n+1$. De là on conclut aisément que tout

Enfin, si dans l'équation (52) on suppose successivement $x = \frac{1}{2}\pi$ et $x = \frac{1}{4}\pi$, on aura les résultats suivans :

$$(57) \quad \begin{cases} \frac{q}{1-q^2} - \frac{2q^2}{1-q^4} + \frac{3q^3}{1-q^6} - \text{etc.} = \frac{K^2}{2\pi^2}\left(\frac{E'}{K} - k'^2\right) \\ \frac{q}{1-q^4} - \frac{2q^4}{1-q^8} + \frac{3q^6}{1-q^{12}} - \text{etc.} = \frac{K^2}{4\pi^2}\left(\frac{E'}{K} - k'\right). \end{cases}$$

La première de ces équations étant soustraite de l'équation (55), donnera encore ce résultat

$$(58) \qquad \frac{2q^2}{1-q^4} + \frac{4q^4}{1-q^8} + \frac{6q^6}{1-q^{12}} + \text{etc.} = \frac{K^2}{2\pi^2}\left(1 - \frac{k^2}{2} - \frac{E'}{K}\right).$$

L'équation (55) transportée au module h qui suit k, et pour lequel q devient q^2 dans l'échelle dont l'indice est 2, donnera

$$(59) \qquad \frac{q^2}{1-q^4} + \frac{3q^6}{1-q^{12}} + \frac{5q^{10}}{1-q^{20}} + \text{etc.} = \frac{K^2}{16\pi^2}(1-k')^2;$$

et si l'on soustrait de celle-ci la seconde des équations (57), on aura

$$(60) \quad \frac{2q^4}{1-q^8} + \frac{4q^8}{1-q^{16}} + \frac{6q^{12}}{1-q^{24}} + \text{etc.} = \frac{K^2}{4\pi^2}\left[\left(\frac{1+k'}{2}\right)^2 - \frac{E'}{K}\right].$$

Voilà de nouveaux exemples ajoutés à beaucoup d'autres, qui prouvent qu'on peut sommer, à l'aide des fonctions elliptiques, un grand nombre de suites qui seraient très difficiles à sommer par d'autres moyens. On aurait encore par la différentiation de $1 - k^2 \sin^2 \varphi$, cette formule

$$(61) \quad \frac{k^2K^3}{\pi^3} \sin\varphi \cos\varphi \Delta\varphi = \frac{q \sin 2x}{1-q^2} + \frac{4q^2 \sin 4x}{1-q^4} + \frac{9q^3 \sin 6x}{1-q^6} + \text{etc.};$$

d'où résulte, en faisant $x = \frac{1}{4}\pi$, la somme d'une nouvelle série, savoir :

$$(62) \qquad \frac{q}{1-q^2} - \frac{3^2q^3}{1-q^6} + \frac{5^2q^5}{1-q^{10}} - \text{etc.} = \frac{K^3}{\pi^3} k'(1-k').$$

163. On a pu remarquer dans le Traité précédent que les formules pour calculer par approximation la fonction de seconde espèce $E\varphi$, sont en gé-

---

nombre impair $2n+1$ est la somme de quatre carrés, et qu'il en est de même d'un nombre quelconque. On aurait aussi, d'après la même formule, l'identité

$$\frac{1}{1-q} + \frac{3q}{1-q^3} + \frac{5q^2}{1-q^5} + \frac{7q^3}{1-q^7} + \text{etc.} = (1 + q^1 + q^3 + q^6 + q^{10} + \text{etc.})^4,$$

d'où il suit que tout nombre N est la somme de quatre triangulaires, et qu'il l'est autant de fois qu'il y a d'unités dans la somme des diviseurs du nombre $2N+1$.

néral assez compliquées, surtout si le module est très peu différent de l'unité. Celles que nous avons données ci-dessus, sous les n°s 45 et 49, seront préférables dans beaucoup de cas, à cause de la loi très simple qui règne dans les différens termes de ces formules.

Elles supposent qu'on connaît les fonctions complètes K et E', ou F'k et E'k, et de plus la quantité q, pour laquelle il faudrait dresser une table particulière, comme on en a une des fonctions complètes, afin qu'étant donné le module ou seulement l'angle du module, on puisse trouver dans cette table la valeur correspondante de q, ou seulement son logarithme.

Avec ces préliminaires, si l'on prend pour x la valeur $x = \frac{\pi}{2} \cdot \frac{F(k, \varphi)}{K}$, déduite de la fonction donnée F (k, φ), ou, ce qui revient au même, si l'on fait x égal à la limite de la suite $\frac{\varphi^0}{2}$, $\frac{\varphi^{00}}{4}$, $\frac{\varphi^{000}}{4}$, etc., calculée selon la méthode ordinaire d'approximation appliquée à la fonction F (k, φ); la valeur de Eφ pourra se calculer, avec tel degré d'approximation qu'on voudra, par l'une ou l'autre des formules citées, savoir :

$$(63)\begin{cases} E\varphi = \frac{x}{\frac{1}{2}\pi} E' + \frac{2\pi}{K} \cdot \frac{q \sin 2x - 2q^4 \sin 4x + 3q^9 \sin 6x - \text{etc.}}{1 - 2q \cos 2x + 2q^4 \cos 4x - 2q^9 \cos 6x + \text{etc.}}, \\ E\varphi = \frac{x}{\frac{1}{2}\pi} E' + \frac{2\pi}{K} \left(\frac{q}{1-q^2} \sin 2x + \frac{q^2}{1-q^4} \sin 4x + \frac{q^3}{1-q^6} \sin 6x + \text{etc.} \right). \end{cases}$$

Lorsque $k = \sin 45°$, on a $q < \frac{1}{23}$; lorsque $k = \sin 80°$, on a $q < \frac{1}{4.84}$. Ainsi, dans ce dernier cas, la première formule peut encore donner dix décimales exactes, sans aller au-delà des termes affectés de q^9, ce qui suppose qu'on rejette seulement les termes affectés de q^{16}.

164. Nous remarquerons ici que si l'on a une équation quelconque entre les élémens k et φ, qui servent à composer les fonctions F (k, φ), et les élémens q et x qui servent à composer les fonctions $\Theta(q, x)$, $\Lambda(q, x)$, on peut, dans cette équation, changer k et φ en k^0 et φ^0, pourvu qu'on change en même temps q en q^2 et x en $2x$. On obtiendra ainsi d'une manière très simple une transformée qui se rapporte aux élémens k^0 et φ^0 de la fonction F (k^0, φ^0), comme l'équation donnée se rapporte aux élémens k et φ de la fonction F (k, φ). On obtiendrait de même une seconde transformée si l'on changeait k^0 et φ^0 en k^{00} et φ^{00}, et si en même temps on mettait q^2 à la place de q, et $2x$ à la place de x. Cette troisième équation pourrait aussi se déduire immédiatement de la première en mettant tout d'un coup k^{00}, φ^{00}, q^4, $4x$, à la place de k, φ, q, x, respectivement.

Et l'on voit que la série de ces équations peut être prolongée à l'infini, sans qu'il y ait aucun calcul à faire pour leur formation successive.

Comme le but de ces transformations est de déterminer la valeur approchée de la fonction $E(k, \varphi)$, ou de toute autre fonction contenue dans l'équation primitive, il faut supposer que la nature de la question fournira dans chaque cas les relations nécessaires pour que la fonction proposée puisse se déduire facilement de l'une quelconque de ses transformées successives; c'est ce que nous allons faire voir dans le cas de la fonction $E\varphi$.

165. Appelons $G(k, \varphi)$ la fonction complexe $E(k, \varphi) - \varepsilon F(k, \varphi)$, où l'on a $\varepsilon = \frac{E'k}{F'k}$; lorsque k et φ se changeront en k° et φ°, cette fonction deviendra $G(k^\circ, \varphi^\circ) = E(k^\circ, \varphi^\circ) - \varepsilon^\circ F(k^\circ, \varphi^\circ)$, ε° étant mis pour $\frac{E'(k^\circ)}{F'(k^\circ)}$. Nous suivons ici les dénominations usitées dans l'ancienne échelle pour désigner les modules décroissans k, k°, $k^{\circ\circ}$, $k^{\circ\circ\circ}$, etc., et les amplitudes croissantes φ, φ°, $\varphi^{\circ\circ}$, $\varphi^{\circ\circ\circ}$, etc. On a vu que x est égal à la limite de la suite $\frac{\varphi^\circ}{2}, \frac{\varphi^{\circ\circ}}{4}, \frac{\varphi^{\circ\circ\circ}}{8}$, etc.; de même x° serait la limite de la suite $\frac{\varphi^{\circ\circ}}{2}, \frac{\varphi^{\circ\circ\circ}}{4}$, etc., ce qui prouve qu'on a $x^\circ = 2x$.

Soit maintenant $\Theta'(q, x) = \frac{d\Theta(q, x)}{dx}$, ou

$$\Theta'(q, x) = 4q \sin 2x - 8q^4 \sin 4x + 12q^9 \sin 6x - \text{etc.};$$

l'équation (44) sera ainsi représentée

$$G(k, \varphi) = \frac{\pi}{2K} \cdot \frac{\Theta'(q, x)}{\Theta(q, x)};$$

et d'après l'observation contenue dans l'article précédent, on en déduira cette série de transformées

$$G(k^\circ, \varphi^\circ) = \frac{\pi}{2K^\circ} \cdot \frac{\Theta'(q^2, 2x)}{\Theta(q^2, 2x)}, \quad G(k^{\circ\circ}, \varphi^{\circ\circ}) = \frac{\pi}{2K^{\circ\circ}} \cdot \frac{\Theta'(q^4, 4x)}{\Theta(q^4, 4x)}, \text{ etc.}$$

166. Pour avoir la relation entre $G(k, \varphi)$ et $G(k^\circ, \varphi^\circ)$, il faut recourir aux formules connues

$$(1 + k^\circ) E(k, \varphi) = E(k^\circ, \varphi^\circ) - \tfrac{1}{2}(1 - k^{\circ 2}) F(k^\circ, \varphi^\circ) + k^\circ \sin \varphi^\circ,$$
$$(1 + k^\circ) E'k = 2E'k^\circ - (1 - k^{\circ 2}) F'k^\circ,$$
$$F(k, \varphi) = \tfrac{1}{2}(1 + k^\circ) F(k^\circ, \varphi^\circ),$$
$$F'k = (1 + k^\circ) F'k^\circ;$$

d'où l'on tire ces deux équations

$$(1 + k^\circ)\varepsilon = \frac{2}{1 + k^\circ} \cdot \varepsilon^\circ - (1 - k^\circ),$$
$$(1 + k^\circ) G(k, \varphi) = G(k^\circ, \varphi^\circ) + k^\circ \sin \varphi^\circ.$$

Pour simplifier la première, soit $\varepsilon = 1 - k^2 p$, et par conséquent $\varepsilon^\circ = 1 - k^{\circ 2} p^\circ$, on aura

$$1 = 2p - k^\circ p^\circ,$$

d'où résulte

$$p = \tfrac{1}{2} + \frac{k^\circ}{4} + \frac{k^\circ k^{\circ\circ}}{8} + \frac{k^\circ k^{\circ\circ} k^{\circ\circ\circ}}{16} + \text{etc.},$$

et par conséquent

$$\varepsilon = 1 - k^2 \left(\tfrac{1}{2} + \frac{k^\circ}{4} + \frac{k^\circ k^{\circ\circ}}{8} + \frac{k^\circ k^{\circ\circ} k^{\circ\circ\circ}}{16} + \text{etc.} \right).$$

Cette valeur de ε s'accorde avec celle qu'on a trouvée pour la quantité L, art. 90, tome I; et en effet, ces deux quantités représentent également le rapport $\frac{E^1 k}{F^1 k}$.

167. Maintenant, comme on a $K = (1 + k^\circ) K^\circ$, l'équation entre $G(k, \varphi)$ et $G(k^\circ, \varphi^\circ)$ pourra être écrite ainsi :

$$KG(k, \varphi) = K^\circ G(k, \varphi^\circ) + K^\circ k^\circ \sin \varphi^\circ,$$

et il en résulte immédiatement

$$KG(k, \varphi) = K^\circ k^\circ \sin \varphi^\circ + K^{\circ\circ} k^{\circ\circ} \sin \varphi^{\circ\circ} + K^{\circ\circ\circ} k^{\circ\circ\circ} \sin \varphi^{\circ\circ\circ} + \text{etc.}$$

De sorte que la fonction $G(k, \varphi)$ est exprimée par une suite infinie très convergente, et qui se réduira toujours à un très petit nombre de termes, à moins que le module k ne soit extrêmement peu différent de l'unité. Il est facile au reste de s'assurer que cette formule pour déterminer la fonction $E(k, \varphi)$, ne diffère pas de celle que nous avons donnée art. 90, tome I.

Ce n'est que dans les cas particuliers qu'on pourra décider laquelle des deux valeurs de $G(k, \varphi)$, données par l'équation (44) et par l'équation précédente, mérite la préférence pour en tirer plus facilement un certain degré d'approximation. L'usage de l'une et de l'autre deviendra de moins en moins avantageux, à mesure que le module k se rapprochera davantage de l'unité; alors on pourra recourir aux formules que nous avons données dans le chapitre IX, tome II.

---

§ VIII. *Nouvelle expression de la fonction de troisième espèce, à paramètre logarithmique* (*).

168. Soit maintenant $\frac{2Kx}{\pi} = F\varphi$ et $\frac{2Ka}{\pi} = F\alpha$; soit, de plus,

$$\frac{2K}{\pi}(x-a) = F\varphi - F\alpha = F\varphi',$$
$$\frac{2K}{\pi}(x+a) = F\varphi + F\alpha = F\varphi'';$$

on aura d'abord, en considérant α comme constant,

$$\frac{2Kdx}{\pi} = \frac{d\varphi}{\Delta\varphi} = \frac{d\varphi'}{\Delta\varphi'} = \frac{d\varphi''}{\Delta\varphi''};$$

ensuite, l'application de la formule $\frac{d\Theta x}{\Theta x} = \frac{2Kdx}{\pi}(E\varphi - \varepsilon F\varphi)$, où $\varepsilon = \frac{E^1}{K}$, donnera les deux équations

$$\frac{d\Theta(x-a)}{\Theta(x-a)} = \frac{2Kdx}{\pi}(E\varphi' - \varepsilon F\varphi'),$$
$$\frac{d\Theta(x+a)}{\Theta(x+a)} = \frac{2Kdx}{\pi}(E\varphi'' - \varepsilon F\varphi''),$$

d'où l'on tire

$$\frac{d\Theta(x-a)}{\Theta(x-a)} - \frac{d\Theta(x+a)}{\Theta(x+a)} = \frac{d\varphi}{\Delta\varphi}(E\varphi' - E\varphi'' - \varepsilon F\varphi' + \varepsilon F\varphi'').$$

Mais les propriétés des fonctions donnent les équations

$$F\varphi' + F\alpha - F\varphi = 0, \quad E\varphi' + E\alpha - E\varphi = k^2 \sin\alpha \sin\varphi \sin\varphi',$$
$$F\varphi + F\alpha - F\varphi'' = 0, \quad E\varphi + E\alpha - E\varphi'' = k^2 \sin\alpha \sin\varphi \sin\varphi'',$$

d'où résultent les différences

$$F\varphi'' - F\varphi' = 2F\alpha, \quad E\varphi'' - E\varphi' = 2E\alpha - k^2 \sin\alpha \sin\varphi\,(\sin\varphi' + \sin\varphi'');$$

d'ailleurs on a, entre les amplitudes, ces équations :

(*) Nous appelons, pour abréger, *fonction à paramètre logarithmique* la fonction de troisième espèce dont le paramètre est $-k^2\sin^2\alpha$, k étant le module. On sait que ces fonctions diffèrent essentiellement de celles de la même espèce dont le paramètre est ou peut être ramené à la forme $-1 + k'^2\sin^2\alpha$, k' étant le complément de k. Ces dernières devront être appelées *fonctions à paramètre circulaire*.

$$\sin\varphi' = \frac{\sin\varphi\cos\alpha\Delta\alpha - \sin\alpha\cos\varphi\Delta\varphi}{1 - k^2\sin^2\alpha\sin^2\varphi},$$

$$\sin\varphi'' = \frac{\sin\varphi\cos\alpha\Delta\alpha + \sin\alpha\cos\varphi\Delta\varphi}{1 - k^2\sin^2\alpha\sin^2\varphi},$$

$$\sin\varphi' + \sin\varphi'' = \frac{2\sin\varphi\cos\alpha\Delta\alpha}{1 - k^2\sin^2\alpha\sin^2\varphi};$$

donc, en faisant les substitutions, on aura l'équation différentielle

$$\frac{d\Theta(x-a)}{\Theta(x-a)} - \frac{d\Theta(x+a)}{\Theta(x+a)} = \frac{d\varphi}{\Delta\varphi}\left(\frac{2k^2\sin^2\varphi\sin\alpha\cos\alpha\Delta\alpha}{1-k^2\sin^2\alpha\sin^2\varphi} - 2\mathrm{E}\alpha + 2\varepsilon\mathrm{F}\alpha\right),$$

dont l'intégrale est

$$(64)\quad \cot\alpha\Delta\alpha[\Pi(\alpha,\varphi) - \mathrm{F}\varphi] + (\varepsilon\mathrm{F}\alpha - \mathrm{E}\alpha)\mathrm{F}\varphi = \tfrac{1}{2}\log\frac{\Theta(x-a)}{\Theta(x+a)},$$

en désignant par $\Pi(\alpha, \varphi)$ la fonction de troisième espèce $\int\frac{d\varphi}{(1-k^2\sin^2\alpha\sin^2\varphi)\Delta\varphi}$, dont le paramètre est $-k^2\sin^2\alpha$. On n'a point ajouté de constante, parce que les deux membres s'évanouissent lorsque $\varphi = 0$. Ils s'évanouissent aussi lorsque $\alpha = 0$; car en supposant α infiniment petit, la quantité $\Pi(\alpha, \varphi) - \mathrm{F}\varphi$ se réduit à $k^2\sin^2\alpha\int\frac{d\varphi\sin^2\varphi}{\Delta\varphi}$; son produit, par $\cot\alpha\Delta\alpha$, ou simplement par $\cot\alpha$, est donc $k^2\sin\alpha\cos\alpha\int\frac{d\varphi\sin^2\varphi}{\Delta\varphi}$, quantité qui s'évanouit lorsque $\alpha = 0$.

169. Nous obtenons ainsi un résultat très remarquable, qui nous permet de déterminer la fonction de troisième espèce $\Pi(\alpha, \varphi)$, dans le cas du paramètre logarithmique, par la fonction de première espèce $\mathrm{F}\varphi$, et par la fonction $\Theta(q, x)$, qui ne dépend que de deux quantités q et x.

Comme la fonction Θx est une fonction paire de x, on a $\Theta x = \Theta(-x)$, et par conséquent $\Theta(a-x) = \Theta(x-a)$. On peut donc changer a en x et x en a dans notre équation générale, et le second membre restera le même. De là résulte l'équation

$$(65)\quad \left\{\begin{aligned} &\cot\alpha\Delta\alpha[\Pi(\alpha,\varphi) - \mathrm{F}\varphi] - \mathrm{E}\alpha\mathrm{F}\varphi \\ = &\cot\varphi\Delta\varphi[\Pi(\varphi,\alpha) - \mathrm{F}\alpha] - \mathrm{E}\varphi\mathrm{F}\alpha,\end{aligned}\right.$$

qui s'accorde avec celle du n° 115, tom. Ier, et au moyen de laquelle on peut réduire l'une à l'autre les deux fonctions $\Pi(\alpha, \varphi)$, $\Pi(\varphi, \alpha)$.

Cette équation, appliquée au cas de $\varphi = \alpha$, ne détermine pas la fonction $\Pi(\alpha, \alpha)$; mais en faisant $\varphi = \alpha$ dans l'équation (64), on trouve, pour ce cas particulier, la formule

$$(66)\quad \left\{ \begin{array}{l} \cot \alpha \Delta \alpha [\Pi(\alpha, a) - F\alpha] + F\alpha\,(\varepsilon F\alpha - E\alpha) \\ = \frac{1}{2} \log \frac{\Theta o}{\Theta 2a} = \frac{1}{4} \log\left(\frac{2Kk'}{\pi}\right) - \frac{1}{2} \log \Theta(2a). \end{array} \right.$$

Si, dans l'équation (64), on fait $\varphi = \frac{1}{2}\pi$ et $x = \frac{1}{2}\pi$, afin de déterminer la fonction complète $\Pi^1\alpha$, ou $\Pi^1(k, \alpha)$, on aura

$$\cot \alpha\Delta\alpha(\Pi^1\alpha - F^1) + E^1F\alpha - F^1E\alpha = \frac{1}{2} \log \frac{\Theta\left(\frac{\pi}{2} - a\right)}{\Theta\left(\frac{\pi}{2} + a\right)}.$$

Mais on a en général $\Theta\left(\frac{\pi}{2} - a\right) = \Theta\left(\frac{\pi}{2} + a\right)$; donc, le second membre de cette équation se réduit à zéro, et l'on a simplement

$$(67)\qquad \Pi^1\alpha = F^1 + \frac{\tang \alpha}{\Delta\alpha}(F^1E\alpha - E^1F\alpha),$$

ce qui est la formule du n° 116, tom. Ier.

170. Supposons en général $F\varphi = \frac{m}{n} K$, ou $x = \frac{m}{n} \cdot \frac{\pi}{2}$, $\frac{m}{n}$ étant une fraction rationnelle à volonté; on aura $\Pi(\alpha, \varphi) = \frac{m}{n} \Pi^1\alpha + W$, W étant une fonction qui doit pouvoir s'exprimer en logarithmes. Substituant ces valeurs dans l'équation (64), on aura

$$\cot \alpha\Delta\alpha\left(\frac{m}{n}\Pi^1\alpha + W\right) + (\varepsilon F\alpha - E\alpha - \cot\alpha\Delta\alpha)\frac{m}{n}K$$
$$= \frac{1}{2}\log \frac{\Theta\left(\frac{m\pi}{2n} - a\right)}{\Theta\left(\frac{m\pi}{2n} + a\right)};$$

mais on a $\Pi^1\alpha = F^1 + \frac{\tang \alpha}{\Delta\alpha}(F^1E\alpha - E^1F\alpha)$; donc

$$W = \frac{\tang \alpha}{2\Delta\alpha} \log \frac{\Theta\left(\frac{m\pi}{2n}\right) - a}{\Theta\left(\frac{m\pi}{2n}\right) + a},$$

formule qui pourra servir dans beaucoup de cas à déterminer la fonction Θx.

Soit, par exemple, $\frac{m}{n} = \frac{1}{2}$; dans ce cas, on a

$$\sin\varphi = \frac{1}{\sqrt{(1+k')}},\quad \cot\varphi = \sqrt{k'},\ \Delta\varphi = \sqrt{k'},$$

et la formule de l'art. 117, tome I, donne

$$W = \frac{\tan \alpha}{4\Delta\alpha} \log \frac{\Delta\alpha - (1-k')\sin\alpha\cos\alpha}{\Delta\alpha + (1-k')\sin\alpha\cos\alpha};$$

donc on a généralement

$$(68) \qquad \frac{\Theta\left(\frac{\pi}{4}-a\right)}{\Theta\left(\frac{\pi}{4}+a\right)} = \left(\frac{\Delta\alpha - (1-k')\sin\alpha\cos\alpha}{\Delta\alpha + (1-k')\sin\alpha\cos\alpha}\right)^{\frac{1}{2}}.$$

Cette formule fera connaître la fonction $\Theta\left(\frac{\pi}{4}+a\right)$ par le moyen de la fonction $\Theta\left(\frac{\pi}{4}-a\right)$. Si l'on veut donc construire une table des fonctions Θx pour une valeur donnée de k ou de q, il suffira de calculer cette table depuis $x=0$ jusqu'à $x=45^\circ$, et on la continuera facilement depuis $x=45^\circ$ jusqu'à $x=90^\circ$, qui est la limite de la table; car, au-delà de ce terme, on a $\Theta\left(\frac{\pi}{2}+x\right)=\Theta\left(\frac{\pi}{2}-x\right)$.

On pourrait trouver semblablement une expression de $\dfrac{\Theta\left(\frac{\pi}{8}-a\right)}{\Theta\left(\frac{\pi}{8}+a\right)}$ qui permettrait de calculer $\Theta\left(\frac{\pi}{8}+a\right)$ par le moyen de $\Theta\left(\frac{\pi}{8}-a\right)$, de sorte que la table de cette fonction étant formée jusqu'à $x=22^\circ\frac{1}{2}$, on pourrait la continuer jusqu'à $x=45^\circ$, et ensuite, par la première formule, jusqu'à $x=90^\circ$.

171. Cette table serait très utile dans la théorie des fonctions elliptiques, puisque, avec son secours, on pourrait calculer la valeur de toute fonotion de troisième espèce $\Pi(n, k, \varphi)$, dont le paramètre $n=-k^2\sin^2\alpha$. En effet, connaissant les trois élémens k, α, φ, on pourra d'abord chercher, par la table des fonctions F, les valeurs $a=\frac{\pi}{2K}F(k,\alpha)$, $x=\frac{\pi}{2K}F(k,\varphi)$; on cherchera ensuite, d'après le module k, la valeur de la quantité q, ce qui se fera par une table particulière dressée pour cet objet. Enfin, la table des fonctions $\Theta(q, x)$ fera connaître les fonctions $\Theta(x-a)$ et $\Theta(x+a)$ qui répondent à la valeur de q. Ainsi, en ajoutant seulement aux tables qu'on possède, la table des fonctions Θ et une table auxiliaire pour calculer q au moyen du module, on sera en état d'évaluer toute fonction donnée de troisième espèce, à paramètre logarithmique; de sorte que cette fonction, qui dépend en général de trois quantités, pourra être calculée par des tables qui n'en contiennent que deux. M. Jacobi est le premier qui ait remarqué cette

belle propriété que l'usage des fonctions Θ, dont il est l'inventeur, lui a fait découvrir dans les fonctions elliptiques de troisième espèce à paramètre logarithmique. Il a annoncé en même temps que la même propriété pourrait aussi s'appliquer aux fonctions à paramètre circulaire, ce qui serait un très grand perfectionnement de la théorie des fonctions elliptiques, puisque la détermination numérique de ces fonctions ne dépendrait, dans tous les cas, que d'un petit nombre de tables à double entrée, dont les principales sont déjà calculées. Mais, jusqu'à présent, les tentatives que j'ai faites pour étendre aux fonctions à paramètre circulaire, la propriété qui est démontrée pour les fonctions à paramètre logarithmique, sont restées sans succès. Ainsi nous devons suspendre notre jugement sur ce point, jusqu'à ce que M. Jacobi fasse connaître les formules par lesquelles il pourrait justifier son assertion.

Dans le cas où il serait bien constaté que les fonctions à paramètre circulaire ne sont pas susceptibles de la réduction qui a lieu pour les fonctions à paramètre logarithmique, il faudrait admettre que les fonctions à paramètre circulaire constituent une quatrième espèce de fonctions elliptiques plus composée que les trois autres, et qui ne peut se simplifier que pour des valeurs du paramètre, caractérisées par un symptôme général; mais alors elles se réduisent toujours à la première espèce, et ne peuvent plus être rangées dans la quatrième.

---

§ IX. *Application de la même formule aux fonctions à paramètre circulaire.*

172. Reprenons l'équation (65) en joignant aux fonctions l'indication du paramètre, du module et de l'amplitude, nous aurons la formule

$$\cot\alpha\Delta(k,\alpha)[\Pi(-k^2\sin^2\alpha,k,\varphi)-\mathrm{F}(k,\varphi)]-\mathrm{E}(k,\alpha)\mathrm{F}(k,\varphi)$$
$$=\cot\varphi\Delta(k,\varphi)[\Pi(-k^2\sin^2\varphi,k,\alpha)-\mathrm{F}(k,\alpha)]-\mathrm{E}(k,\varphi)\mathrm{F}(k,\alpha).$$

Supposons ensuite $\sin\alpha=i\tang\mathcal{C}$, i désignant $\sqrt{-1}$; on aura successivement $\cos\alpha=\frac{1}{\cos\mathcal{C}}$, $\Delta(k,\alpha)=\sqrt{(1+k^2\tang^2\mathcal{C})}=\frac{\Delta(k',\mathcal{C})}{\cos\mathcal{C}}$, $\cot\alpha=\frac{1}{i\sin\mathcal{C}}$, $\frac{d\alpha}{\Delta(k,\alpha)}=\frac{id\mathcal{C}}{\Delta(k',\mathcal{C})}$, $\mathrm{F}(k,\alpha)=i\mathrm{F}(k',\mathcal{C})$, $\mathrm{E}(k,\alpha)$ $=\int\frac{d\alpha}{\Delta(k,\alpha)}\Delta^2(k,\alpha)=i\int\frac{d\mathcal{C}}{\Delta(k',\mathcal{C})}(1+k^2\tang^2\mathcal{C})=i[\mathrm{F}(k',\mathcal{C})-\mathrm{E}(k',\mathcal{C})$ $+\tang\mathcal{C}\Delta(k',\mathcal{C})]$, $\Pi(-k^2\sin^2\alpha,k,\varphi)=\Pi(k^2\tang^2\mathcal{C},k,\varphi)$, et enfin

$$\Pi(-k^2\sin^2\varphi,k,\alpha)-\mathrm{F}(k,\alpha)=\int\frac{k^2\sin^2\varphi\sin^2\alpha d\alpha}{(1-k^2\sin^2\varphi\sin^2\alpha)\Delta(k,\alpha)}$$
$$=i\int\frac{-k^2\sin^2\varphi\tang^2\mathcal{C}d\mathcal{C}}{(1+k^2\sin^2\varphi\tang^2\mathcal{C})\Delta(k',\mathcal{C})}$$
$$=\frac{ik^2\sin^2\varphi}{\Delta^2(k,\varphi)}[\mathrm{F}(k',\mathcal{C})-\Pi(-1+k^2\sin^2\varphi,k',\mathcal{C})].$$

Substituant ces valeurs dans l'équation que nous voulions transformer, nous aurons le résultat suivant :

$$(69)\quad\left\{\begin{aligned}&\frac{\Delta(k',\mathcal{C})}{\sin\mathcal{C}\cos\mathcal{C}}[\Pi(k^2\tang^2\mathcal{C},k,\varphi)-\cos^2\mathcal{C}\mathrm{F}(k,\varphi)]\\&-\frac{k^2\sin\varphi\cos\varphi}{\Delta(k,\varphi)}[\Pi(-1+k^2\sin^2\varphi,k',\mathcal{C})-\mathrm{F}(k',\mathcal{C})]\\&=\mathrm{E}(k,\varphi)\mathrm{F}(k',\mathcal{C})+\mathrm{E}(k',\mathcal{C})\mathrm{F}(k,\varphi)-\mathrm{F}(k,\varphi)\mathrm{F}(k',\mathcal{C}).\end{aligned}\right.$$

Cette formule permet de réduire la fonction dont le paramètre est $k^2\tang^2\mathcal{C}$, le module k et l'amplitude φ, à une autre fonction de même espèce, dont les élémens semblables sont $-1+k^2\sin^2\varphi$, k', $\mathcal{C}$; et quoique les paramètres soient différemment exprimés, ils appartiennent néanmoins à la même forme dite *circulaire*.

L'équation à laquelle nous venons de parvenir par une analyse assez délicate, fondée sur des substitutions imaginaires, s'accorde entièrement avec l'équation (l') de l'art. 111, tome I; ainsi on voit que la méthode que nous suivons maintenant n'est pas moins sûre que les méthodes plus élémentaires par lesquelles nous avons obtenu les résultats contenus dans les chap. XV et XXIII du tome I. Mais on peut de plus tirer de ces nouvelles méthodes des résultats nouveaux.

173. Pour cela, nous extrairons d'abord du chap. XV deux formules qui pourront être combinées avec la formule (69); ces deux formules, relatives aux fonctions à paramètre circulaire, sont

$$(70)\quad \left\{\begin{aligned} &\Pi(k^2 \operatorname{tang}^2\alpha, k, \varphi) + \Pi(\cot^2\alpha, k, \varphi)\\ &= F(k, \varphi) + \frac{\sin\alpha\cos\alpha}{\Delta(k', \alpha)} M,\\ &\operatorname{tang} M = \frac{\operatorname{tang}\varphi}{\Delta(k, \varphi)} \cdot \frac{\Delta(k', \alpha)}{\sin\alpha\cos\alpha}, \end{aligned}\right.$$

$$(71)\quad \left\{\begin{aligned} &\Pi(\cot^2\alpha, k, \varphi) - \frac{k'^2\sin^2\alpha\cos^2\alpha}{\Delta^2(k', \alpha)}\Pi(-1 + k'^2\sin^2\alpha, k, \varphi)\\ &= \frac{k^2\sin^2\alpha}{\Delta^2(k', \alpha)} F(k, \varphi) + \frac{\sin\alpha\cos\alpha}{\Delta(k', \alpha)} N,\\ &\operatorname{tang} N = \frac{\sin\varphi\cos\varphi}{\Delta(k, \varphi)} \cdot \frac{\Delta(k', \alpha)}{\operatorname{tang}\alpha}. \end{aligned}\right.$$

Il en résulte une troisième formule par laquelle on pourra réduire l'une à l'autre deux fonctions dont les paramètres, toujours de forme circulaire, sont $k^2 \operatorname{tang}^2\alpha$ et $-1 + k'^2\sin^2\alpha$. Voici cette troisième formule

$$(72)\quad \left\{\begin{aligned} &\Pi(k^2\operatorname{tang}^2\alpha, k, \varphi) + \frac{k'^2\sin^2\alpha\cos^2\alpha}{\Delta^2(k', \alpha)}\Pi(-1 + k'^2\sin^2\alpha, k, \varphi)\\ &= \frac{\cos^2\alpha}{\Delta^2(k', \alpha)} F(k, \varphi) + \frac{\sin\alpha\cos\alpha}{\Delta(k', \alpha)}(M - N),\\ &\operatorname{tang}(M - N) = \frac{\Delta(k, \varphi)}{\cot\varphi} \cdot \frac{\Delta(k', \alpha)}{\cot\alpha}. \end{aligned}\right.$$

174. Si l'on combine cette dernière formule, avec la formule (69), dans laquelle on mettra préalablement α à la place de β, on aura pour résultat la nouvelle formule

$$(73)\quad \left\{\begin{aligned} &\frac{k'^2\sin\alpha\cos\alpha}{\Delta(k', \alpha)}[\Pi(-1 + k'^2\sin^2\alpha, k, \varphi) - F(k, \varphi)]\\ &+ \frac{k^2\sin\varphi\cos\varphi}{\Delta(k, \varphi)}[\Pi(-1 + k^2\sin^2\varphi, k', \alpha) - F(k', \alpha)]\\ &= F(k, \varphi)F(k', \alpha) - E(k, \varphi)F(k', \alpha) - E(k', \alpha)F(k, \varphi) + \operatorname{arc\,tang}\left[\frac{\Delta(k, \varphi)}{\cot\varphi} \cdot \frac{\Delta(k', \alpha)}{\cot\alpha}\right]. \end{aligned}\right.$$

Celle-ci établit une propriété générale, en vertu de laquelle on peut réduire l'une à l'autre les deux fonctions $\Pi(-1+k'^2\sin^2\alpha,\ k,\ \varphi)$, $\Pi(-1+k^2\sin^2\varphi,\ k',\ \alpha)$; de sorte qu'on peut échanger entre eux les angles α et φ, pourvu que les modules complémentaires k et k' soient aussi échangés entre eux. C'est la même propriété qu'offre l'équation (i') du chap. XXIII, tom. Ier; car la fonction $\Pi(-1+k^2\sin^2\varphi,\ k',\ \alpha)$ pourrait être exprimée par $\Pi(\cot^2\varphi,\ k',\ \alpha)$, en même temps que la fonction $\Pi(-1+k'^2\sin^2\alpha,\ k,\ \varphi)$ le serait par $\Pi(\cot^2\alpha,\ k,\ \varphi)$, et alors l'équation (73) coïnciderait avec l'équation (i').

175. Introduisons maintenant dans les deux membres de l'équation (64) la même substitution imaginaire que nous avons appliquée à l'équation (65). Par les résultats déjà trouvés, le premier membre, multiplié par i, deviendra

$$\frac{\Delta(k',\,6)}{\sin 6 \cos 6}[\Pi(k^2 \operatorname{tang}^2 6,\ k,\ \varphi) - \cos^2 6\, F(k,\ \varphi)]$$
$$+ [F(k',\ 6) - \frac{E'k}{F'k} F(k',\ 6) - E(k',\ 6)]\, F(k,\ \varphi).$$

Quant au second membre, qu'il faut aussi multiplier par i, il aura pour développement

$$\frac{i}{2}\log\left\{\begin{array}{l}1-2q\cos 2x\cos 2a+2q^4\cos 4x\cos 4a-\text{etc.}\\ \quad-2q\sin 2x\sin 2a+2q^4\sin 4x\sin 4a-\text{etc.}\end{array}\right\}$$
$$-\frac{i}{2}\log\left\{\begin{array}{l}1-2q\cos 2x\cos 2a+2q^4\cos 4x\cos 4a-\text{etc.}\\ \quad+2q\sin 2x\sin 2a-2q^4\sin 4x\sin 4a+\text{etc.}\end{array}\right\}.$$

Mais en faisant $\frac{2K'b}{\pi} = F(k',\ 6)$, l'équation $F(k,\ \alpha) = iF(k',\ 6)$ donne $a = \frac{iK'}{K}b$; par conséquent, $2\cos 2a = e^{-\frac{2K'}{K}b} + e^{\frac{2K'}{K}b} = q^{-\frac{2b}{\pi}} + q^{\frac{2b}{\pi}}$, $2\sin 2a = i\left(q^{-\frac{2b}{\pi}} - q^{\frac{2b}{\pi}}\right)$. On aura des valeurs semblables pour $2\cos 4a$, $2\sin 4a$, etc.; ensuite, faisant

$$P = 1 - q\cos 2x\left(q^{-\frac{2b}{\pi}} + q^{\frac{2b}{\pi}}\right) + q^4\cos 4x\left(q^{-\frac{4b}{\pi}} + q^{\frac{4b}{\pi}}\right) - q^9\cos 6x\left(q^{-\frac{6b}{\pi}} + q^{\frac{6b}{\pi}}\right) + \text{etc.},$$
$$Q = q\sin 2x\left(q^{-\frac{2b}{\pi}} - q^{\frac{2b}{\pi}}\right) - q^4\sin 4x\left(q^{-\frac{4b}{\pi}} - q^{\frac{4b}{\pi}}\right) + q^9\sin 6x\left(q^{-\frac{6b}{\pi}} - q^{\frac{6b}{\pi}}\right) - \text{etc.},$$

on aura

$$\frac{i}{2}\log\Theta(x-a) = \frac{i}{2}\log(P - iQ),$$
$$\frac{i}{2}\log\Theta(x+a) = \frac{i}{2}\log(P + iQ);$$

donc

$$\frac{i}{2}\log\frac{\Theta(x-a)}{\Theta(x+a)}=\frac{i}{2}\log\frac{P-iQ}{P+iQ}.$$

Soit enfin Ω un arc de cercle tel qu'on ait

$$\tang\Omega=\frac{Q}{P}=\frac{q\sin 2x\left(q^{-\frac{2b}{\pi}}-q^{\frac{2b}{\pi}}\right)-q^4\sin 4x\left(q^{-\frac{4b}{\pi}}-q^{\frac{4b}{\pi}}\right)+q^9\sin 6x\left(q^{-\frac{6b}{\pi}}-q^{\frac{6b}{\pi}}\right)-\text{etc.}}{1-q\cos 2x\left(q^{-\frac{2b}{\pi}}+q^{\frac{2b}{\pi}}\right)+q^4\cos 4x\left(q^{-\frac{4b}{\pi}}+q^{\frac{4b}{\pi}}\right)-q^9\cos 6x\left(q^{-\frac{6b}{\pi}}+q^{\frac{6b}{\pi}}\right)+\text{etc.}}$$

La quantité logarithmique qui précède se réduira à l'arc Ω ; ainsi on aura cette nouvelle formule

$$(74)\quad \left\{\begin{aligned}&\frac{\Delta(k',\beta)}{\sin\beta\cos\beta}\left[\Pi(k^2\tang^2\beta,\,k,\,\varphi)-\cos^2\beta F(k,\,\varphi)\right]\\&+\left[\left(1-\frac{E'k}{F'k}\right)F(k',\,\beta)-E(k',\,\beta)\right]F(k,\,\varphi)\end{aligned}\right\}=\Omega.$$

176. On voit maintenant qu'au moyen de la substitution imaginaire $\sin\alpha=i\tang\beta$, la fonction à paramètre logarithmique $\Pi(-k^2\sin^2\alpha,\,k,\,\varphi)$ s'est changée en une fonction à paramètre circulaire $\Pi(k^2\tang^2\beta,\,k,\,\varphi)$; mais cette transformation ne nous procure pas l'avantage d'exprimer la fonction à paramètre circulaire par une nouvelle fonction qui ne dépende que de deux quantités. En effet, la fonction Ω, qui est devenue notre nouvelle auxiliaire, dépend essentiellement de trois quantités q, x, b, et l'on ne voit aucun moyen de la décomposer en deux parties qui pourraient s'exprimer chacune par deux quantités seulement. Ainsi la propriété remarquée dans les fonctions à paramètre logarithmique ne paraît pas s'étendre aux fonctions à paramètre circulaire.

177. Dans la formule (73), nous avons adopté pour type des paramètres circulaires la forme $-1+k'^2\sin^2\alpha$, relative au module k. Pour nous conformer à la même supposition, nous combinerons l'équation (72) avec l'équation (74), après avoir mis dans celle-ci α à la place de β. Nous obtiendrons ainsi, pour les fonctions à paramètre circulaire, la formule type:

$$(75)\quad \left\{\begin{aligned}&\frac{k'^2\sin\alpha\cos\alpha}{\Delta(k',\alpha)}\left[\Pi(-1+k'^2\sin^2\alpha,\,k,\,\varphi)-F(k,\,\varphi)\right]\\&=\left\{\begin{aligned}&\left[\left(1-\frac{E'k}{F'k}\right)F(k',\,\alpha)-E(k',\,\alpha)\right]F(k,\,\varphi)\\&-\Omega+\operatorname{arc\,tang}\left(\frac{\Delta(k,\varphi)}{\cot\varphi}\cdot\frac{\Delta(k',\alpha)}{\cot\alpha}\right),\end{aligned}\right.\\&\tang\Omega=\frac{q\sin 2x\left(q^{-\frac{2a}{\pi}}-q^{\frac{2a}{\pi}}\right)-q^4\sin 4x\left(q^{-\frac{4a}{\pi}}-q^{\frac{4a}{\pi}}\right)+q^9\sin 6x\left(q^{-\frac{6a}{\pi}}-q^{\frac{6a}{\pi}}\right)-\text{etc.}}{1-q\cos 2x\left(q^{-\frac{2a}{\pi}}+q^{\frac{2a}{\pi}}\right)+q^4\cos 4x\left(q^{-\frac{4a}{\pi}}+q^{\frac{4a}{\pi}}\right)-q^9\cos 6x\left(q^{-\frac{6a}{\pi}}+q^{\frac{6a}{\pi}}\right)+\text{etc.}}\end{aligned}\right.$$

Changeons dans cette formule les trois quantités α, k, φ, en trois autres φ, k', α, respectivement, ce qui changera en même temps q et a en r et x; nous aurons la formule semblable

$$(76)\begin{cases} \dfrac{k^2 \sin\varphi\cos\varphi}{\Delta(k,\varphi)}[\Pi(-1+k^2\sin^2\varphi, k', \alpha) - \mathrm{F}(k',\alpha)] \\ = \begin{cases} \left[\left(1-\dfrac{\mathrm{E}^1k'}{\mathrm{F}^1k'}\right)\mathrm{F}(k,\varphi) - \mathrm{E}(k,\varphi)\right]\mathrm{F}(k',\alpha) \\ -\Omega' + \text{arc tang}\left(\dfrac{(\Delta k,\varphi)}{\cot\varphi}\cdot\dfrac{\Delta(k',\alpha)}{\cot\alpha}\right), \end{cases} \\ \text{tang}\,\Omega' = \dfrac{r\sin 2a\left(r^{-\frac{2x}{\pi}} - r^{\frac{2x}{\pi}}\right) - r^4\sin 4a\left(r^{-\frac{4x}{\pi}} - r^{\frac{4x}{\pi}}\right) + r^9\sin 6a\left(r^{-\frac{6x}{\pi}} - r^{\frac{6x}{\pi}}\right) - \text{etc.}}{1 - r\sin 2a\left(r^{-\frac{2x}{\pi}} + r^{\frac{2x}{\pi}}\right) + r^4\cos 4a\left(r^{-\frac{4x}{\pi}} - r^{\frac{4x}{\pi}}\right) - r^9\cos 6a\left(r^{-\frac{6x}{\pi}} + r^{\frac{6x}{\pi}}\right) + \text{etc.}} \end{cases}$$

178. Maintenant, si l'on combine ces deux équations avec l'équation (73), et qu'on applique l'équation des fonctions complémentaires $\frac{\mathrm{E}^1k}{\mathrm{K}} + \frac{\mathrm{E}^1k'}{\mathrm{K}'} - 1 = \frac{\frac{1}{2}\pi}{\mathrm{KK}'}$, on aura la formule suivante, qui contient une propriété fort remarquable des fonctions Ω et Ω',

$$(77)\quad \Omega + \Omega' = \text{arc tang}\left(\frac{\Delta(k,\varphi)}{\cot\varphi}\cdot\frac{\Delta(k',\alpha)}{\cot\alpha}\right) - \tfrac{1}{2}\pi\cdot\frac{\mathrm{F}(k,\varphi)\,\mathrm{F}(k',\alpha)}{\mathrm{KK}'}.$$

On verra ci-après que le cas de $\varphi = \frac{1}{2}\pi = x$ donne $\Omega = 0$ et $\Omega' = \frac{1}{2}\pi - a$, de même que le cas de $\alpha = \frac{1}{2}\pi = a$ donne $\Omega' = 0$ et $\Omega = \frac{1}{2}\pi - x$.

Moyennant cette formule, on peut rendre plus simples les équations (75) et (76), en les écrivant de la manière suivante :

$$(78)\begin{cases} \dfrac{k'^2\sin\alpha\cos\alpha}{\Delta(k',\alpha)}[\Pi(-1+k'^2\sin^2\alpha, k, \varphi) - \mathrm{F}(k,\varphi)] \\ = \Omega' + \left[\dfrac{\mathrm{E}^1k'}{\mathrm{F}^1k'}\mathrm{F}(k',\alpha) - \mathrm{E}(k',\alpha)\right]\mathrm{F}(k,\varphi), \end{cases}$$

$$(79)\begin{cases} \dfrac{k^2\sin\varphi\cos\varphi}{\Delta(k,\varphi)}[\Pi(-1+k^2\sin^2\varphi, k', \alpha) - \mathrm{F}(k',\alpha)] \\ = \Omega + \left[\dfrac{\mathrm{E}^1k}{\mathrm{F}^1k}\mathrm{F}(k,\varphi) - \mathrm{E}(k,\varphi)\right]\mathrm{F}(k',\alpha). \end{cases}$$

179. Pour avoir la fonction complète, soit $\varphi = \frac{1}{2}\pi$, et par suite $x = \frac{1}{2}\pi$, il faut d'abord trouver la valeur de Ω'; or, dans ce cas, la fraction égale à tang Ω', a pour numérateur

$$r\sin 2a(r^{-1} - r^1) - r^4\sin 4a(r^{-2} - r^2) + r^9\sin 6a(r^{-3} - r^3) - \text{etc.},$$

quantité qui se réduit à

$$\sin 2a - r^2(\sin 2a + \sin 4a) + r^6(\sin 4a + \sin 6a) - r^{12}(\sin 6a + \sin 8a) + \text{etc.}$$
$$= 2\cos a(\sin a - r^2\sin 3a + r^6\sin 5a - r^{12}\sin 7a + \text{etc.});$$

le dénominateur de la même fonction se réduit de même à

$$2\sin a(\sin a - r^2\sin 3a + r^6\sin 5a - r^{12}\sin 7a + \text{etc.}).$$

Donc, on a $\tang\Omega' = \frac{\cos a}{\sin a}$, $\Omega' = \frac{1}{2}\pi - a$, et l'équation (78) donne

$$\begin{aligned} &\frac{k'^2 \sin\alpha\cos\alpha}{\Delta(k',\alpha)}[\Pi^1(-1 + k'^2\sin^2\alpha, k) - F^1k] \\ &= \tfrac{1}{2}\pi - a + \left[\frac{E^1k'}{F^1k'}F(k',\alpha) - E(k',\alpha)\right]F^1k; \end{aligned}$$

mettant au lieu de a sa valeur $\frac{\pi}{2K'}F(k',\alpha) = \frac{F(k',\alpha)}{K'}(K'E^1k + KE^1k' - KK')$, on aura la formule

$$(80)\quad \begin{cases} \frac{k'^2 \sin\alpha\cos\alpha}{\Delta(k',\alpha)}[\Pi^1(-1 + k'^2\sin^2\alpha, k) - F^1k] \\ = \frac{1}{2}\pi - F^1kE(k',\alpha) + E^1kF(k',\alpha) + F^1kF(k',\alpha), \end{cases}$$

qui s'accorde avec la formule (m') du chap. XXIII, tom. Ier.

En second lieu, si l'on fait φ et x infiniment petits, on aura

$$\tang\Omega' = -\frac{x}{\pi}\log r.\frac{d\Theta(r,a)}{\Theta(r,a)da}.$$

Mais $\log r = -\frac{\pi K}{K'}$ et $x = \frac{\pi}{2K}F(k,\varphi) = \frac{\pi}{2K}\varphi$; donc, $\Omega' = \frac{\pi}{2K}\varphi.\frac{d\Theta(r,a)}{\Theta(r,a)da}$, et de l'équation (78) on déduira

$$E(k',\alpha) - \frac{E^1k'}{F^1k'}F(k',\alpha) = \frac{\pi}{2K'}.\frac{d\Theta(r,a)}{\Theta(r,a)da},$$

équation qui n'est autre que l'équation (44), dans laquelle on changerait les quatre quantités k, φ, q, x, en quatre autres k', α, r, a, respectivement.

180. Soit maintenant a infiniment petit, ainsi que $\alpha = \frac{2K'a}{\pi}$, on aura

$$\tang\Omega' = \Omega' = 2a.\frac{r\left(r^{-\frac{2x}{\pi}} - r^{\frac{2x}{\pi}}\right) - 2r^4\left(r^{-\frac{4x}{\pi}} - r^{\frac{4x}{\pi}}\right) + 3r^9\left(r^{-\frac{6x}{\pi}} - r^{\frac{6x}{\pi}}\right) - \text{etc.}}{1 - r\left(r^{-\frac{2x}{\pi}} + r^{\frac{2x}{\pi}}\right) + r^4\left(r^{-\frac{4x}{\pi}} + r^{\frac{4x}{\pi}}\right) - r^9\left(r^{-\frac{6x}{\pi}} + r^{\frac{6x}{\pi}}\right) + \text{etc.}}.$$

Soit T ou $T(r,x)$ une fonction de r et x, ainsi exprimée :

$$T = 1 - r\left(r^{-\frac{2x}{\pi}} + r^{\frac{2x}{\pi}}\right) + r^4\left(r^{-\frac{4x}{\pi}} + r^{\frac{4x}{\pi}}\right) - r^9\left(r^{-\frac{6x}{\pi}} + r^{\frac{6x}{\pi}}\right) + \text{etc.},$$

on aura

$$\Omega' = \frac{\pi a}{\log r} \cdot \frac{dT}{Tdx} = -\frac{aK'}{K} \cdot \frac{dT}{Tdx} = -\frac{\pi\alpha}{2K} \cdot \frac{dT}{Tdx},$$

et le second membre de l'équation (78) deviendra

$$\left(\frac{E'k'}{F'k'} - 1\right)\alpha F(k, \varphi) - \frac{\pi}{2K}\alpha\frac{dT}{Tdx}.$$

Quant au premier membre, il se réduit d'abord à

$$\alpha k'^2 \int \frac{d\varphi}{\Delta(k, \varphi)} \left[\frac{1}{1-(1-k'^2\sin^2\alpha)\sin^2\varphi} - 1\right],$$

et ultérieurement à

$$\alpha k'^2 \int \frac{d\varphi \tang^2\varphi}{\Delta(k, \varphi)} = \alpha[\tang\varphi\Delta(k, \varphi) - E(k, \varphi)];$$

donc, la supposition de a infiniment petit donne l'équation

$$\frac{\pi}{2K} \cdot \frac{dT}{Tdx} + \left(1 - \frac{E'k'}{F'k'}\right) F(k, \varphi) = E(k, \varphi) - \tang\varphi\Delta(k, \varphi).$$

Multipliant tous les termes par $\frac{2Kdx}{\pi}$ ou son égale $\frac{d\varphi}{\Delta(k, \varphi)}$, on aura l'équation différentielle

$$\frac{dT}{T} + \frac{d\varphi \sin\varphi}{\cos\varphi} = \frac{d\varphi}{\Delta\varphi} E\varphi - \left(1 - \frac{E'k'}{F'k'}\right) F(k, \varphi) dF(k, \varphi),$$

dont l'intégrale est

$$\log T - \log\cos\varphi = \int \frac{d\varphi}{\Delta\varphi} E\varphi - \left(1 - \frac{E'k'}{F'k'}\right)\frac{F^2(k, \varphi)}{2} + \text{const.}$$

Si l'on suppose l'intégrale $\int \frac{d\varphi}{\Delta\varphi} E\varphi$, prise à compter de $\varphi = 0$, on trouvera la constante $= \log(1 - 2r + 2r^4 - 2r^9 + \text{etc.}) = \frac{1}{2}\log\frac{2K'k}{\pi}$. On a donc généralement, entre la fonction T et la nouvelle transcendante, ... $\int \frac{d\varphi}{\Delta(k, \varphi)} E(k, \varphi)$, que nous représenterons par $\Upsilon(k, \varphi)$, cette équation

$$(81) \quad \log T - \log\cos\varphi = \Upsilon(k, \varphi) - \left(1 - \frac{E'k'}{F'k'}\right)\frac{F^2(k, \varphi)}{2} + \frac{1}{2}\log\frac{2K'k}{\pi}.$$

181. Une équation de même nature va nous être donnée par la formule (77), dans laquelle nous supposerons α et a infiniment petits. Nous avons déjà trouvé que cette supposition donne $\Omega' = -\frac{\pi\alpha}{2K} \cdot \frac{dT}{Tdx}$; elle donne en même temps

$$\Omega = -\frac{4a}{\pi}\log q.\frac{q\sin 2x - 2q^4\sin 4x + 3q^9\sin 6x - \text{etc.}}{1 - 2q\cos 2x + 2q^4\cos 4x - 2q^9\cos 6x + \text{etc.}} = \frac{\pi\alpha}{2K}.\frac{d\Theta(q,x)}{\Theta(q,x)dx}.$$

Enfin, on a dans le même cas

$$\text{arc tang}\left(\frac{\Delta(k,\varphi)}{\cot\varphi}.\frac{\Delta(k',\alpha)}{\cot\alpha}\right) - \tfrac{1}{2}\pi.\frac{F(k,\varphi)F(k',\alpha)}{KK'}$$
$$= \alpha\left(\frac{\Delta(k,\varphi)}{\cot\varphi} - \tfrac{1}{2}\pi.\frac{F(k',\varphi)}{KK'}\right).$$

D'après ces valeurs, l'équation (77) donnera un nouveau résultat, savoir,

$$\frac{\pi}{2K}.\frac{d\Theta(q,x)}{\Theta(q,x)dx} - \frac{\pi}{2K}.\frac{dT}{Tdx} + \frac{\pi}{2K}.\frac{F(k,\varphi)}{K'} = \frac{\Delta(k,\varphi)}{\cot\varphi}.$$

Multipliant tous les termes par $\frac{2K}{\pi}dx$, ou par $\frac{d\varphi}{\Delta(k,\varphi)}$, on aura l'équation différentielle

$$\frac{d\Theta(q,x)}{\Theta(q,x)} - \frac{dT}{T} + \frac{\pi}{2KK'}F(k,\varphi)\,dF(k,\varphi) = \frac{d\varphi\sin\varphi}{\cos\varphi},$$

dont l'intégrale est

(82) $\log T(r,x) - \log\cos\varphi = \log\Theta(q,x) + \frac{\pi}{4KK'}F^2(k,\varphi) + C''.$

Si l'on fait $\varphi = 0$ et $x = 0$, on aura la constante

$$C'' = \log\frac{1 - 2r + 2r^4 - 2r^9 + \text{etc.}}{1 - 2q + 2q^4 - 2q^9 + \text{etc.}} = \tfrac{1}{2}\log\frac{K'k}{Kk'}.$$

182. Si dans l'équation (82) on change les quantités k et φ en k' et α, et par suite les quantités q, r, x en r, q, a, respectivement, la fonction $T(r,x)$ deviendra $T(q,a)$; de sorte qu'on aura

$$T(q,a) = 1 - q\left(q^{-\frac{2a}{\pi}} + q^{\frac{2a}{\pi}}\right) + q^4\left(q^{-\frac{4a}{\pi}} + q^{\frac{4a}{\pi}}\right) - q^9\left(q^{-\frac{6a}{\pi}} + q^{\frac{6a}{\pi}}\right) + \text{etc.}:$$

et cette nouvelle fonction sera déterminée par l'équation

(83) $\log T(q,a) - \log\cos\alpha = \log\Theta(r,a) + \frac{\pi}{4KK'}F^2(k',\alpha) + \tfrac{1}{2}\log\frac{Kk'}{K'k}.$

Si l'on substitue dans ces deux nouvelles formules les valeurs........

$\cos\varphi = \left(\frac{k'}{k}\right)^{\frac{1}{2}}\frac{\Lambda(q, x + \frac{1}{2}\pi)}{\Theta(q,x)}$, $\cos\alpha = \left(\frac{k}{k'}\right)^{\frac{1}{2}}\frac{\Lambda(r, a + \frac{1}{2}\pi)}{\Theta(r,a)}$, on aura

$$\log T(r,x) - \log\Lambda(q, x + \tfrac{1}{2}\pi) = \frac{\pi}{4KK'}F^2(k,\varphi) + \tfrac{1}{2}\log\frac{K'}{K},$$
$$\log T(q,a) - \log\Lambda(r, a + \tfrac{1}{2}\pi) = \frac{\pi}{4KK'}F^2(k',\alpha) + \tfrac{1}{2}\log\frac{K}{K'};$$

et en substituant encore les valeurs $F(k, \varphi) = \frac{2Kx}{\pi}$, $F(k', \alpha) = \frac{2K'a}{\pi}$, on pourra donner à ces équations la forme suivante :

$$(84) \quad T(r, x) = \left(\frac{K'}{K}\right)^{\frac{1}{2}} r^{-\frac{x^2}{\pi^2}} \Lambda(q, x + \tfrac{1}{2}\pi),$$

$$(85) \quad T(q, a) = \left(\frac{K}{K'}\right)^{\frac{1}{2}} q^{-\frac{a^2}{\pi^2}} \Lambda(r, a + \tfrac{1}{2}\pi).$$

D'où l'on voit que les fonctions $T(r, x)$, $T(q, a)$ s'expriment assez simplement par les fonctions $\Lambda(q, x + \frac{1}{2}\pi)$, $\Lambda(r, a + \frac{1}{2}\pi)$; et comme l'une des quantités q et r est plus petite que $\frac{1}{23}$, l'autre étant plus grande, et pouvant même être aussi peu différente de l'unité qu'on voudra, l'une des deux suites désignées par $T(r, x)$ et $T(q, a)$ sera toujours beaucoup moins convergente que l'autre. Or, la suite la moins convergente s'exprimera, dans ce cas, par celle des deux fonctions Λ, qui désigne une suite fort convergente ; de sorte que les formules précédentes serviront à faciliter beaucoup le calcul numérique des fonctions T, comme elles serviraient à faciliter celui des fonctions Λ. Tout se réduit à substituer, dans le cas de non-convergence, une fonction Λ à une fonction T, ou, réciproquement, une fonction T à une fonction Λ.

183. Revenons maintenant à l'équation (81) ; en la comparant à l'équation (82), on en tire cette nouvelle formule,

$$(86) \quad \log \Theta(q, x) = \Upsilon(k, \varphi) - \frac{E^1 k}{2F^1 k} F^2(k, \varphi) + \tfrac{1}{2} \log \frac{2Kk'}{\pi},$$

$\Upsilon(k, \varphi)$ désignant l'intégrale $\int \frac{d\varphi}{\Delta(k, \varphi)} E(k, \varphi)$, prise à compter de $\varphi = 0$.

On peut remarquer que l'équation (44), multipliée par dx, et intégrée, aurait donné immédiatement la formule (86) ; mais il n'était pas inutile de démontrer celle-ci par un autre procédé. Cette formule permettra de déterminer la fonction $\Theta(q, x)$ par l'intégrale $\Upsilon(k, \varphi)$, qui présente plus de facilité pour être réduite en tables, comme nous l'expliquerons ci-après.

184. On sait que pour toute valeur de φ qui satisfait à l'équation $F(k, \varphi) = mF^1 k$, m étant un nombre rationnel, on a

$$\Pi(-1 + k'^2 \sin^2 \alpha, k, \varphi) = m\Pi^1(-1 + k'^2 \sin^2 \alpha, k) + W,$$

W étant une quantité déterminable par des arcs de cercle. De là il suit que dans tous ces cas la quantité Ω' cessera d'être transcendante, et pourra se déterminer algébriquement par des arcs de cercle au moyen de l'équation

$$\Omega' = m(\tfrac{1}{2}\pi - a) + \frac{k'^2 \sin\alpha \cos\alpha}{\Delta(k', \alpha)} W.$$

On pourra donc, en donnant à m des valeurs rationnelles assez simples, trouver différentes formules plus ou moins dignes d'attention pour exprimer les valeurs correspondantes de Ω'; mais nous ne nous arrêterons pas à en donner des exemples.

La théorie contenue dans ce paragraphe nous a fait retrouver, par des moyens nouveaux, toutes les propriétés auxquelles nous étions parvenus dans le chap. XXIII du tome Ier, pour les fonctions à paramètre circulaire. Ainsi, nous avons trouvé, 1°. que la fonction type de cette espèce, représentée par $\Pi(-1 + k'^2 \sin^2 \alpha, k, \varphi)$, peut être exprimée par une autre fonction semblable $\Pi(-1 + k^2 \sin^2 \varphi, k', \alpha)$; de sorte qu'on peut échanger entre eux l'angle du paramètre α et l'amplitude φ, pourvu que le module k soit remplacé par son complément k'. 2°. Que la fonction complète à paramètre circulaire peut toujours s'exprimer par des fonctions de la première et de la seconde espèce, et qu'il en est de même d'une fonction non complète, mais dont l'amplitude φ satisfait à l'équation $F(k, \varphi) = mF^1k$, m étant un nombre rationnel quelconque.

De plus, les formules auxquelles nous sommes parvenus dans ces nouvelles recherches nous ont fait découvrir deux nouvelles transcendantes Ω, Ω', représentant des arcs de cercle, qui se déduisent aisément l'une de l'autre, et dont l'usage est de faciliter autant qu'il est possible la détermination numérique de toute fonction proposée $\Pi(-1 + k'^2 \sin^2 \alpha, k, \varphi)$, jusqu'à tel degré d'approximation qu'on voudra. On choisira, pour cet effet, entre les deux formules (75) et (78) celle qui contient la plus convergente des deux fonctions Ω et Ω'.

Les formules dont nous parlons sont vraisemblablement ce que l'analyse peut offrir de plus parfait pour l'approximation des fonctions à paramètre circulaire; elles paraissent préférables à toutes celles que nous avons données pour le même objet, et elles n'exigent de calculs préliminaires que ceux qui peuvent être faits aisément, soit par la table Ire, soit par la table IX.

§ X. *Seconde manière d'exprimer les fonctions à paramètre logarithmique.*

185. Puisque la fonction $\Theta(q, x)$ peut être exprimée par l'intégrale $\Upsilon(k, \varphi) = \int \frac{d\varphi}{\Delta(k, \varphi)} E(k, \varphi)$, ainsi qu'on l'a vu dans l'art. 176, il s'ensuit que la fonction dont le paramètre est $-k^2 \sin^2 \alpha$ pourra s'exprimer par le moyen de cette même intégrale, ce qui sera un perfectionnement notable apporté à la découverte de M. Jacobi; car, d'une part, on n'aura pas besoin de la table auxiliaire, qui servirait à calculer la quantité q par le moyen du module donné k; et d'autre part, il sera plus facile de construire une table des valeurs de l'intégrale $\Upsilon(k, \varphi)$, d'après les données immédiates k et φ, les mêmes qui sont employées pour trouver les fonctions $F(k, \varphi)$ et $E(k, \varphi)$, qu'il ne le serait de calculer la table des fonctions $\Theta(q, x)$, d'après de nouvelles données q et x. Ajoutez à cela que la méthode des ordonnées moyennes, qui a contribué beaucoup à faciliter le calcul de la table IX, s'appliquerait avec non moins de succès au calcul des intégrales $\int \frac{d\varphi}{\Delta(k, \varphi)} E(k, \varphi)$, puisque l'ordonnée $\frac{E(k, \varphi)}{\Delta(k, \varphi)}$, qui répond à chaque degré de l'amplitude φ, est déjà connue presque entièrement par la valeur de $E(k, \varphi)$ comprise dans la table. Faisons voir d'abord comment on peut parvenir directement à la nouvelle formule de réduction.

186. Soient φ' et φ'' des amplitudes, telles qu'on ait pour le module commun k,

$$F\varphi' = F\varphi - F\alpha,$$
$$F\varphi'' = F\varphi + F\alpha;$$

on aura en même temps

$$E\varphi' + E\alpha - E\varphi = k^2 \sin\alpha \sin\varphi \sin\varphi',$$
$$E\varphi + E\alpha - E\varphi'' = k^2 \sin\alpha \sin\varphi \sin\varphi'';$$

d'ailleurs, les amplitudes φ' et φ'' se déduisent des amplitudes φ et α, par les formules connues

$$\sin\varphi' = \frac{\sin\varphi \cos\alpha \Delta\alpha - \sin\alpha \cos\varphi \Delta\varphi}{1 - k^2 \sin^2\alpha \sin^2\varphi},$$
$$\sin\varphi'' = \frac{\sin\varphi \cos\alpha \Delta\alpha + \sin\alpha \cos\varphi \Delta\varphi}{1 - k^2 \sin^2\alpha \sin^2\varphi}.$$

Considérons maintenant la fonction $Z = \Upsilon\varphi'' - \Upsilon\varphi' = \int \frac{d\varphi''}{\Delta\varphi''} E\varphi'' - \int \frac{d\varphi'}{\Delta\varphi'} E\varphi'$; si l'on regarde α comme constant, on aura $dF\varphi' = dF\varphi$, ou $\frac{d\varphi'}{\Delta\varphi'} = \frac{d\varphi}{\Delta\varphi}$, et semblablement $\frac{d\varphi''}{\Delta\varphi''} = \frac{d\varphi}{\Delta\varphi}$; donc, $Z = \int \frac{d\varphi}{\Delta\varphi}(E\varphi'' - E\varphi')$. Mais, par les formules précédentes, on a

$$E\varphi'' - E\varphi' = 2E\alpha - k^2 \sin\alpha \sin\varphi(\sin\varphi'' + \sin\varphi'),$$

$$\sin\varphi'' + \sin\varphi' = \frac{2\sin\varphi\cos\alpha\Delta\alpha}{1 - k^2\sin^2\alpha\sin^2\varphi};$$

donc

$$Z = \int \frac{d\varphi}{\Delta\varphi}\left(2E\alpha - 2k^2\sin\alpha\cos\alpha\Delta\alpha . \frac{\sin^2\varphi}{1 - k^2\sin^2\alpha\sin^2\varphi}\right),$$

ou en réduisant,

$$Z = (2E\alpha + 2\cot\alpha\Delta\alpha)F\varphi - 2\cot\alpha\Delta\alpha \int \frac{d\varphi}{(1 - k^2\sin^2\alpha\sin^2\varphi)\Delta\varphi};$$

donc on a la formule

$$\Upsilon\varphi'' - \Upsilon\varphi' = 2E\alpha F\varphi - 2\cot\alpha\Delta\alpha[\Pi(-k^2\sin^2\alpha,\ k,\ \varphi) - F(k,\ \varphi)],$$

à laquelle nous n'ajoutons pas de constante, parce que le second membre s'évanouit lorsque $\varphi = 0$; quant au premier membre, il devient $\Upsilon\alpha - \Upsilon(-\alpha)$. Or, il est aisé de voir que l'intégrale $\Upsilon\varphi = \int \frac{d\varphi}{\Delta\varphi} E\varphi$, qu'on suppose prise à compter de $\varphi = 0$, reste le même quand on change le signe de φ, et qu'ainsi $\Upsilon\varphi$ est une fonction paire de φ. Donc, $\Upsilon\alpha = \Upsilon(-\alpha)$, et ainsi le premier membre se réduit encore à zéro, lorsqu'on a $\varphi = 0$.

187. Nous parvenons ainsi directement à l'équation

$$(87)\quad \left\{\begin{array}{l} \cot\alpha\Delta\alpha[\Pi(-k^2\sin^2\alpha,\ k,\ \varphi) - F(k,\ \varphi)] \\ = E\alpha F(k,\ \varphi) - \frac{1}{2}\Upsilon(k,\ \varphi'') + \frac{1}{2}\Upsilon(k,\ \varphi'), \end{array}\right.$$

qu'on aurait également trouvée, à l'aide des équations déjà démontrées,

$$\left.\begin{array}{l} \cot\alpha\Delta\alpha[\Pi(-k^2\sin^2\alpha,\ k,\ \varphi) - F(k,\ \varphi)] \\ + \left(\frac{E^1k}{F^1k}F\alpha - E\alpha\right)F(k,\ \varphi) \end{array}\right\} = \frac{1}{2}\log . \frac{\Theta(x-a)}{\Theta(x+a)},$$

$$\log\Theta x = \Upsilon(k,\ \varphi) - \frac{E^1k}{2F^1k}F^2(k,\ \varphi) + \frac{1}{2}\log . \frac{2Kk'}{\pi}.$$

En effet, puisqu'on a $\frac{2Kx}{\pi} = F(k,\ \varphi)$, $\frac{2Ka}{\pi} = F(k,\ \alpha)$, il en résulte

$$\frac{2K(x-a)}{\pi} = F(k,\ \varphi) - F(k,\ \alpha) = F(k,\ \varphi'),$$

$$\frac{2K(x+a)}{\pi} = F(k,\ \varphi) + F(k,\ \alpha) = F(k,\ \varphi'');$$

et en faisant les substitutions de $x-a$ et $x+a$ à la place de x dans $\log\Theta x$, on en déduit

$$\tfrac{1}{2}\log\frac{\Theta(x-a)}{\Theta(x+a)} = \tfrac{1}{2}\Upsilon(k,\varphi') - \tfrac{1}{2}\Upsilon(k,\varphi'') + \frac{E^1k}{F^1k}F(k,\alpha)F(k,\varphi),$$

ce qui donne encore la même formule

$$\cot\alpha\Delta\alpha\,[\Pi(-k^2\sin^2\alpha,\ k,\ \varphi) - F(k,\ \varphi)]$$
$$= E(k,\alpha)F(k,\varphi) + \tfrac{1}{2}\Upsilon(k,\varphi') - \tfrac{1}{2}\Upsilon(k,\varphi'');$$

et, parce que le module k est commun à tous les termes, on pourra écrire plus simplement

$$\cot\alpha\Delta\alpha\,[\Pi(-k^2\sin^2\alpha,\ \varphi) - F\varphi] = E\alpha F\varphi + \tfrac{1}{2}\Upsilon\varphi' - \tfrac{1}{2}\Upsilon\varphi''.$$

Si l'on change α en φ et φ en α, le module k restant le même, φ' changera de signe, mais non $\Upsilon\varphi'$, qui est une fonction paire de φ'; on aura donc

$$\cot\varphi\Delta\varphi\,[\Pi(-k^2\sin^2\varphi,\ \alpha) - F\alpha] = E\varphi F\alpha + \tfrac{1}{2}\Upsilon\varphi' - \tfrac{1}{2}\Upsilon\varphi'':$$

de là cette formule de transformation déjà connue,

(88) $$\cot\alpha\Delta\alpha\,[\Pi(-k^2\sin^2\alpha,\ \varphi) - F\varphi] - \cot\varphi\Delta\varphi\,[\Pi(-k^2\sin^2\varphi,\ \alpha) - F\alpha]$$
$$= E\alpha F\varphi - E\varphi F\alpha,$$

dans laquelle, si l'on fait $\varphi = \tfrac{1}{2}\pi$, on aura, pour déterminer la fonction complète, l'équation

$$\cot\alpha\Delta\alpha\,[\Pi^1(-k^2\sin^2\alpha,\ k) - F^1k] = E\alpha F^1k - E^1kF\alpha,$$

qui s'accorde également avec la formule connue.

188. Il faut maintenant entrer dans quelques détails sur les moyens de calculer l'intégrale $\Upsilon(k,\varphi)$, et sur la figure de la courbe dont φ serait l'abscisse et $\Upsilon(k,\varphi)$ l'ordonnée; on va voir que cette courbe s'approche beaucoup de la simple parabole dont l'équation est $Ay = \varphi^2$, et qu'il y a entre ces deux courbes une infinité de points communs placés à distances égales dans le sens de la ligne des abscisses.

Considérons d'abord les deux amplitudes ψ et φ, qui satisfont à la formule de duplication $F(k,\psi) = 2F(k,\varphi)$, nous aurons $\frac{d\psi}{\Delta\psi} = \frac{2d\varphi}{\Delta\varphi}$, $2E\varphi - E\psi = k^2\sin^2\varphi\sin\psi = \frac{2k^2\sin^3\varphi\cos\varphi\Delta\varphi}{1-k^2\sin^4\varphi}$, $\Upsilon\varphi = \int\frac{d\varphi}{\Delta\varphi}E\varphi$, $\Upsilon\psi = \int\frac{d\psi}{\Delta\psi}E\psi = 2\int\frac{d\varphi}{\Delta\varphi}E\psi$; donc $2\Upsilon\varphi - \tfrac{1}{2}\Upsilon\psi = \int\frac{d\varphi}{\Delta\varphi}(2E\varphi - E\psi)$ $= \int\frac{2k^2\sin^3\varphi\cos\varphi}{1-k^2\sin^4\varphi}d\varphi = -\tfrac{1}{2}\log(1-k^2\sin^4\varphi)$. D'où l'on voit que la fonction $\Upsilon\psi$ se déduit très simplement de la fonction $\Upsilon\varphi$, qui répond à une fonction $F\varphi$, moitié de la fonction $F\psi$; on aura, en effet,

$$(89)\quad \Upsilon\psi = 4\Upsilon\varphi + \log(1 - k^2\sin^4\varphi).$$

Réciproquement, la fonction $\Upsilon\varphi$ se déduira de la fonction $\Upsilon\psi$ par l'équation

$$\Upsilon\varphi = \tfrac{1}{4}\Upsilon\psi - \tfrac{1}{4}\log(1 - k^2\sin^4\varphi).$$

D'ailleurs, pour déduire φ de ψ, on a l'équation $\tang\frac{1}{2}\psi = \Delta\varphi\tang\varphi$, d'où résulte $1 - k^2\sin^4\varphi = \frac{\cos^2\varphi}{\cos^2\frac{1}{2}\psi}$, et ensuite $\sin\varphi = \frac{\sin\frac{1}{2}\psi}{\sqrt{[\frac{1}{2}(1+\Delta\psi)]}}$, ou $\sin\varphi = \frac{2\sin\frac{1}{2}\psi}{\sqrt{(1+k\sin\psi)}+\sqrt{(1-k\sin\psi)}}$. Telles sont les formules de réduction qui se rapportent à la duplication des fonctions de la première espèce.

189. En second lieu, on peut tirer des fonctions complémentaires d'autres formules de réduction. Soit $F\varphi + F\sigma = F^1k$, on aura...... $\frac{d\varphi}{\Delta\varphi} + \frac{d\psi}{\Delta\psi} = 0$, $E\varphi + E\sigma - E^1k = k^2\sin\varphi\sin\sigma = \frac{k^2\sin\varphi\cos\varphi}{\Delta\varphi}$, et des équations $\Upsilon\varphi = \int\frac{d\varphi}{\Delta\varphi}E\varphi$, $\Upsilon\sigma = \int\frac{d\sigma}{\Delta\sigma}E\sigma = -\int\frac{d\varphi}{\Delta\varphi}E\sigma$, on tirera $\Upsilon\varphi - \Upsilon\sigma$ $= \int\frac{d\varphi}{\Delta\varphi}(E\varphi + E\sigma) = \int\frac{d\varphi}{\Delta\varphi}\left(E^1k + \frac{k^2\sin\varphi\cos\varphi}{\Delta\varphi}\right) = E^1kF\varphi - \frac{1}{2}\log(1 - k^2\sin^2\varphi)$ $+$ const. Si l'on fait $\varphi = 0$, on aura $\sigma = \frac{1}{2}\pi$, et la constante $= -\Upsilon\frac{1}{2}\pi$; donc, ayant supposé $F\varphi + F\sigma = F^1k$, il en résulte la formule

$$(90)\quad \Upsilon\sigma = \Upsilon\tfrac{1}{2}\pi + \Upsilon\varphi - E^1kF\varphi + \log\Delta\varphi.$$

Soit $\sigma = 0$, ou $\varphi = \frac{1}{2}\pi$, cette formule donnera

$$\Upsilon\tfrac{1}{2}\pi = \tfrac{1}{2}F^1kE^1k - \tfrac{1}{2}\log k'.$$

On trouverait le même résultat en faisant $\sigma = \varphi$; car alors on a

$$F\varphi = \tfrac{1}{2}F^1k \quad \text{et} \quad \Delta\varphi = \sqrt{k'}.$$

Si dans la même formule on fait à la fois $\varphi = \pi$ et $\sigma = -\frac{1}{2}\pi$, on aura

$$\Upsilon\sigma = \Upsilon\tfrac{1}{2}\pi,\quad F\varphi = 2F^1k,\quad \Delta\varphi = 1;$$

par conséquent,

$$(91)\quad \Upsilon\pi = 2F^1kE^1k.$$

Soit maintenant $F\varphi + F\psi = F\pi = 2F^1k$; on aura

$$E\varphi + E\psi = 2E^1k,\quad \varphi + \psi = \pi,\quad d\varphi + d\psi = 0,\quad \Delta\varphi = \Delta\psi;$$

donc $\quad \Upsilon\varphi - \Upsilon\psi = \int\left(\frac{d\varphi}{\Delta\varphi}E\varphi - \frac{d\psi}{\Delta\psi}E\psi\right) = \int\frac{d\varphi}{\Delta\varphi}(E\varphi + E\psi)$

$$= \int\frac{d\varphi}{\Delta\varphi}.2E^1k = 2E^1kF\varphi + C.$$

Soit $\varphi = \frac{1}{2}\pi$, on aura $\psi = \frac{1}{2}\pi$; donc $C = -2E'kF'k$, et l'on a la formule

$$(92)\quad \Upsilon\varphi = \Upsilon(\pi - \varphi) - 2E'k(F'k - F\varphi).$$

Cette équation fera connaître la fonction $\Upsilon\varphi$ depuis $\varphi = \frac{1}{2}\pi$ jusqu'à $\varphi = \pi$, en supposant qu'elle soit connue depuis $\varphi = 0$ jusqu'à $\varphi = \frac{1}{2}\pi$; or, il n'y aura jamais lieu de passer cette limite quand on appliquera la formule (87) à la détermination de la fonction $\Pi(-k^2 \sin^2 \alpha, k, \varphi)$. Mais examinons quelle est la loi de progression de la fonction $\Upsilon\varphi$ depuis $\varphi = \pi$ jusqu'à $\varphi = \infty$.

190. Si l'on change le signe de φ dans la formule (92), on pourra, des deux équations, en tirer une troisième, savoir :

$$(93)\quad \Upsilon(\pi + \varphi) + \Upsilon(\pi - \varphi) = 2\Upsilon\varphi + 2\Upsilon\pi.$$

Dans celle-ci, faisons successivement $\varphi = \frac{1}{2}\pi$, π, $\frac{3}{2}\pi$, 2π, etc., nous aurons, en ayant égard aux résultats déjà trouvés,

$$\begin{array}{ll}
\Upsilon\frac{1}{2}\pi = \frac{1}{2}F'kE'k - \frac{1}{2}\log k', & \Upsilon\pi = 2F'kE'k, \\
\Upsilon\frac{3}{2}\pi = \Upsilon\frac{1}{2}\pi + 2\Upsilon\pi, & \Upsilon 2\pi = 4\Upsilon\pi, \\
\Upsilon\frac{5}{2}\pi = \Upsilon\frac{1}{2}\pi + 6\Upsilon\pi, & \Upsilon 3\pi = 9\Upsilon\pi, \\
\Upsilon\frac{7}{2}\pi = \Upsilon\frac{1}{2}\pi + 12\Upsilon\pi, & \Upsilon 4\pi = 16\Upsilon\pi, \\
\text{etc.} & \text{etc.}
\end{array}$$

Il s'ensuit que n étant un entier quelconque, on aura généralement

$$(94)\quad \Upsilon\left(\frac{2n+1}{2}\pi\right) = \left(\frac{2n+1}{2}\right)^2 \Upsilon\pi + \frac{1}{2}\log\frac{1}{k'},\ \Upsilon(n\pi) = n^2\Upsilon\pi.$$

Si l'on imagine donc une parabole qui ait pour équation $Ay = x^2$, le paramètre A étant $\frac{\pi^2}{\Upsilon\pi}$ ou $\frac{\pi^2}{2F'kE'k}$, la courbe dont les abscisses sont φ et les ordonnées $\Upsilon\varphi$, rencontrera la parabole dans tous les points où x est un multiple de π. Dans tous les points intermédiaires, l'ordonnée de la courbe surpassera l'ordonnée de la parabole de la quantité constante $\frac{1}{2}\log\frac{1}{k'}$, quantité d'autant plus petite, que le module k sera plus petit; mais en même temps le point de la courbe qui a pour abscisse $(n + \frac{1}{2})\pi$, sera toujours situé au-dessous de la corde qui joint les deux points dont les abscisses sont $n\pi$ et $(n+1)\pi$, la distance étant $\frac{1}{4}\Upsilon\pi - \frac{1}{2}\log\frac{1}{k'}$, ou $\frac{1}{2}F'kE'k - \frac{1}{2}\log\frac{1}{k'}$, quantité qui a pour limite $\log 2$.

191. Si l'on suppose l'amplitude φ très petite, on aura, pour déterminer $\Upsilon\varphi$, la formule approchée

$$(95)\qquad \Upsilon\varphi = \int \frac{d\varphi}{\Delta\varphi} E\varphi = \frac{\varphi^2}{2}\left(1 + \frac{1}{6}k^2\varphi^2 - \frac{2k^2(1-2k^2)}{45}\varphi^4\right),$$

dont l'erreur ne se fait sentir que dans les termes de l'ordre φ^8. La parabole osculatrice de cette courbe aurait pour équation $y = \frac{\varphi^2}{2}$, et son paramètre serait égal à 2. Dans la parabole que nous avons tracée, le paramètre $A = \frac{\pi^2}{2F^1kE^1k}$; il est égal à 2 lorsque k est très petit, parce qu'alors on a $F^1kE^1k = \frac{\pi^2}{4}$; et lorsque $k = \sin 45°$, on a $A = 1.9706$. Ainsi on voit que même à l'origine des abscisses, les deux courbes se touchent et sont presque confondues, à moins que k ne soit très près de l'unité.

Maintenant il est aisé de voir comment, pour une valeur donnée de φ moindre que $\frac{1}{2}\pi$, on calculera la valeur approchée de l'intégrale $\Upsilon\varphi$. Si l'amplitude φ est très petite, on aura $\Upsilon\varphi = \frac{1}{2}\varphi^2\left(1 + \frac{1}{6}k^2\varphi^2\right)$, l'erreur n'étant que dans les quantités de l'ordre φ^6.

192. Pour ramener à ce cas celui où l'amplitude φ a une valeur quelconque moindre que $\frac{1}{2}\pi$, il faudra, par les formules de la bissection, calculer les amplitudes φ', φ'', φ''', qui répondent aux fonctions $\frac{1}{2}F\varphi$, $\frac{1}{4}F\varphi$, $\frac{1}{8}F\varphi$, etc., et l'on parviendra bientôt à une amplitude φ^μ assez petite pour que l'on puisse négliger les quantités de l'ordre $(\varphi^\mu)^6$ par rapport à $(\varphi^\mu)^2$, ou les quantités $(\varphi^\mu)^4$ par rapport à l'unité. Arrivé à ce terme, où l'on a immédiatement la valeur de $\Upsilon(\varphi^\mu)$, on remontera de chaque amplitude à l'amplitude supérieure, comme nous avons vu que l'on peut remonter de l'amplitude φ à l'amplitude ψ, ce qui se fait par la formule

$$\Upsilon(\psi) = 4\Upsilon(\varphi) + \log(1 - k^2\sin^4\varphi).$$

La multiplication par 4 appliquée à la fonction $\Upsilon\varphi$ pour en déduire $\Upsilon(\psi)$, se répète autant de fois qu'il y a de termes dans la suite des amplitudes calculées φ', φ'', φ''', etc.; mais le degré de l'approximation, rapporté à un terme fixe, est toujours mesuré par les quantités de l'ordre $(\varphi^\mu)^4$.

193. Pour donner un exemple de ces calculs de bissection, supposons qu'étant donné $\Upsilon\frac{1}{2}\pi = \frac{1}{2}E^1kE^1k + \frac{1}{2}\log\left(\frac{1}{k'}\right)$, on veuille avoir la fonction $\Upsilon\varphi$ qui répond à l'amplitude φ, telle que $F\varphi = \frac{1}{2}F^1k$; il faudra, dans les formules de duplication, faire $\psi = \frac{1}{2}\pi$, $\sin^2\varphi = \frac{1}{1+k'}$, ce qui donnera

$$\Upsilon\varphi = \tfrac{1}{4}\Upsilon\tfrac{1}{2}\pi - \tfrac{1}{4}\log\frac{2k'}{1+k'},$$

ou

$$\Upsilon\varphi = \tfrac{1}{8}\,\mathrm{F}^1k\,\mathrm{E}^1k - \tfrac{1}{4}\log\frac{2k'\sqrt{k'}}{1+k'};$$

semblablement, si l'on prend l'amplitude φ' telle que $\mathrm{F}\varphi' = \frac{1}{4}\mathrm{F}^1k$, on trouvera

$$\Upsilon\varphi' = \tfrac{1}{32}\,\mathrm{F}^1k\,\mathrm{E}^1k - \tfrac{1}{16}\log\frac{2k'\sqrt{k'}}{1+k'} - \tfrac{1}{4}\log(1 - k^2\sin^4\varphi');$$

formule où il restera à substituer la valeur

$$\sin^2\varphi' = \frac{\sqrt{(1+k')}-1}{(1+\sqrt{k'})\sqrt{(1+k')}}.$$

194. Ces méthodes feront connaître la valeur de toute fonction proposée $\Upsilon(k,\varphi)$ dont le module donné est k, et dont l'amplitude φ est prise à volonté de 0 à $\frac{1}{2}\pi$. Mais s'il s'agit de la construction d'une table, il serait trop long de calculer chaque terme par les procédés indiqués, et l'on ne pourra mieux faire que d'appliquer la méthode des ordonnées moyennes à la formule intégrale $\int\frac{d\varphi}{\Delta\varphi}\mathrm{E}\varphi$, comme on l'a fait dans la construction de la table IX pour les fonctions de la première et de la seconde espèce, représentées par les intégrales $\int\frac{d\varphi}{\Delta\varphi}$, $\int d\varphi\Delta\varphi$.

On se proposera donc semblablement de calculer la table des fonctions $\Upsilon(k,\varphi)$, pour toutes les valeurs, de degré en degré, tant de l'angle du module que de l'amplitude, depuis 0° jusqu'à 90°. Pour cela, il faut avoir, pour chaque demi-degré du quadrant, la valeur de $\frac{\mathrm{E}\varphi}{\Delta\varphi}$, qui représente l'ordonnée moyenne employée dans le calcul. Et parce que la valeur de $\mathrm{E}\varphi$ n'est donnée immédiatement, dans la table IX, que pour les degrés entiers, on pourra se borner, dans une première opération, à construire la table de 2 en 2 degrés d'amplitude, sauf à intercaler ensuite une moyenne entre deux termes consécutifs, si l'on veut étendre la table à tous les degrés d'amplitude.

§ XI. *Solution d'une difficulté relative à la démonstration de l'équation* (44) *de l'art.* 156.

195. Nous sommes parvenus, dans l'article cité, à une équation dont les deux membres étaient des fonctions semblables, l'une de x, l'autre de $x+\frac{1}{2}\pi$; cette équation pouvait être représentée par $\Phi x = \Phi(x+\frac{1}{2}\pi)$. Nous en avons conclu que chaque membre est une quantité constante; et comme Φx s'évanouit, ainsi que $\Phi(x+\frac{1}{2}\pi)$, lorsque $x = 0$, nous avons cru pouvoir faire en général $\Phi x = 0$, ce qui est l'équation (44).

On peut opposer à cette conclusion que deux fonctions telles que Φx et $\Phi(x+\frac{1}{2}\pi)$, pourraient être égales pour toutes valeurs de x, même devenir nulles simultanément pour un certain nombre déterminé de valeurs de x, sans cependant se réduire à zéro pour une valeur quelconque de x. Par exemple, si la fonction Φx était composée d'un ou plusieurs termes de la forme $A \sin 4mx$, m étant un nombre entier, on pourrait substituer $x+\frac{1}{2}\pi$ à x, sans changer la fonction; de sorte qu'on aurait toujours $\Phi x = \Phi(x+\frac{1}{2}\pi)$: de plus, les deux fonctions s'évanouiraient pour toute valeur de $4x$ égale à un multiple de π, et cependant on n'aurait point en général $\Phi x = 0$.

Pour résoudre cette difficulté, nous aurons recours aux formules de duplication que nous avons rapportées dans l'art. 159; et d'abord il faut prendre, dans l'art. 151, la formule (39), où l'on mettra $2x$ à la place de x, ce qui donnera

$$C''\Theta 2x = \Theta^4 x - \Lambda^4 x.$$

Nous avons d'ailleurs $\sin\varphi = \left(\frac{1}{k}\right)^{\frac{1}{2}} \frac{\Lambda x}{\Theta x}$; ainsi, en substituant la valeur $\Lambda x = k^{\frac{1}{2}} \Theta x \sin\varphi$, nous aurons

$$C''\Theta 2x = \Theta^4 x(1 - k^2 \sin^4\varphi).$$

Cette équation, étant différentiée logarithmiquement, donne

$$\frac{d\Theta 2x}{\Theta 2x} = \frac{4d\Theta x}{\Theta x} - \frac{4k^2 \sin^3\varphi \cos\varphi}{1-k^2 \sin^4\varphi} d\varphi.$$

Si l'on fait ensuite $F\psi = 2F\varphi$, on trouvera aisément, par les formules de l'art. 158, que l'équation précédente peut être mise sous la forme

$$\frac{2K}{\pi}(E\varphi - \varepsilon F\varphi) - \frac{d\Theta x}{\Theta x dx} = \frac{1}{2}\left[\frac{2K}{\pi}(E\psi - \varepsilon F\psi) - \frac{d\Theta 2x}{\Theta 2x . 2dx}\right].$$

Il en résulte par conséquent $\Phi x = \frac{1}{2}\Phi(2x)$, seconde propriété générale des fonctions Φ, qui doit être combinée avec la propriété déjà connue

$\Phi x = \Phi(x + \frac{1}{2}\pi)$; elles supposent toutes deux que le module k reste le même pendant que x varie.

Or, on a $F\varphi = \frac{2Kx}{\pi}$ et $E\varphi = \int \frac{2Kdx}{\pi}\Delta^2\varphi = \int \frac{2Kdx}{\pi}\left(1 - k\frac{A^2x}{\Theta^2 x}\right)$. Ainsi, on voit que la quantité Φx, qui représente le premier membre de l'équation précédente, peut être développée en une série procédant suivant les puissances ascendantes et impaires de x; de sorte qu'on aura

$$\Phi x = Ax + Bx^3 + Cx^5 + Dx^7 + \text{etc.},$$

A, B, C, D, etc., étant des coefficiens constans : mais alors on aurait aussi

$$\Phi(2x) = 2Ax + 2^3Bx^3 + 2^5Cx^5 + 2^7Dx^7 + \text{etc.};$$

et de l'équation $\Phi x = \frac{1}{2}\Phi(2x)$ on conclura $B = 0$, $C = 0$, $D = 0$, etc. Il resterait donc simplement $\Phi x = Ax$, valeur qui ne s'accorde avec la seconde équation $\Phi x = \Phi(x + \frac{1}{2}\pi)$ qu'en supposant $A = 0$; donc on a généralement l'équation $\Phi x = 0$, que nous voulions démontrer. Mais il y a encore une manière non moins satisfaisante de parvenir au même résultat.

196. Dans l'équation (35), mettons q^2 à la place de q, et $2x$ à la place de x, nous aurons

$$\left(\frac{2K\sqrt{k'}}{\pi}\right)^{\frac{1}{2}}\Theta(q^2, 2x) = \Theta(q, x)\,\Theta(q, \tfrac{1}{2}\pi - x).$$

Comme on a d'ailleurs

$$\sqrt{(1 - k^2\sin^2\varphi)} = (k')^{\frac{1}{2}}\frac{\Theta(q, \frac{1}{2}\pi + x)}{\Theta(q, x)},$$

et par conséquent

$$\Theta(q, \tfrac{1}{2}\pi + x) = (k')^{-\frac{1}{2}}\Theta(q, x)\,(1 - k^2\sin^2\varphi)^{\frac{1}{2}} = \Theta(q, \tfrac{1}{2}\pi - x),$$

l'équation précédente pourra s'écrire ainsi,

$$\left(\frac{2Kk'\sqrt{k'}}{\pi}\right)^{\frac{1}{2}}\Theta(q^2, 2x) = \Theta^2(q, x)\,(1 - k^2\sin^2\varphi)^{\frac{1}{2}},$$

et sa différentielle logarithmique sera, en supposant $d\Theta(q, x) = \Theta'(q, x)dx$,

$$\frac{2dx\Theta'(q, x)}{\Theta(q, x)} - \frac{2dx\Theta'(q^2, 2x)}{\Theta(q^2, 2x)} = \frac{k^2d\varphi\sin\varphi\cos\varphi}{1 - k^2\sin^2\varphi}.$$

Si l'on substitue dans ce résultat la valeur $\frac{d\varphi}{dx} = \frac{2K}{\pi}\Delta(k, \varphi)$, on en déduira l'équation

$$\frac{\Theta'(q, x)}{\Theta(q, x)} - \frac{\Theta'(q^2, 2x)}{\Theta(q^2, 2x)} = \frac{Kk^2}{\pi}\cdot\frac{\sin\varphi\cos\varphi}{\Delta(k, \varphi)}.$$

D'un autre côté, nous avons (art. 167) l'équation

$$\frac{2K}{\pi}G(k, \varphi)-\frac{2K^\circ}{\pi}G(k^\circ, \varphi^\circ)=\frac{2K^\circ k^\circ}{\pi}\sin\varphi^\circ;$$

et, en comparant les seconds membres de ces deux équations, on s'assure aisément qu'ils sont égaux ; car, suivant l'art. 63, tome Ier, on a $\sin\varphi^\circ=\frac{2}{1+k^\circ}\cdot\frac{\sin\varphi\cos\varphi}{\Delta(k,\varphi)}$. Il reste donc à faire voir qu'on a......... $\frac{4K^\circ k^\circ}{1+k^\circ}=Kk^2$; c'est ce qui résulte des valeurs connues $K=(1+k^\circ)K^\circ$, $k^2=\frac{4k^\circ}{(1+k^\circ)^2}$. Donc on aura l'équation

$$\frac{2K}{\pi}G(k, \varphi)-\frac{\Theta'(q, x)}{\Theta(q, x)}=\frac{2K^\circ}{\pi}G(k^\circ, \varphi^\circ)-\frac{\Theta'(q^2, 2x)}{\Theta(q^2, 2x)},$$

où l'on remarque que le second membre n'est autre chose que le premier, dans lequel on mettrait k° et φ° à la place de k et φ; car cette substitution exige qu'on mette en même temps q^2 et $2x$ à la place de q et x.

Cela posé, si l'on désigne le premier membre par $\Phi(k, \varphi)$, le second membre sera $\Phi(k^\circ, \varphi^\circ)$, et l'on aura $\Phi(k, \varphi)=\Phi(k^\circ, \varphi^\circ)$. Par la même raison, on aurait $\Phi(k^\circ, \varphi^\circ)=\Phi(k^{\circ\circ}, \varphi^{\circ\circ})$, $\Phi(k^{\circ\circ}, \varphi^{\circ\circ})=\Phi(k^{\circ\circ\circ}, \varphi^{\circ\circ\circ})$, etc.; donc on aura en général $\Phi(k, \varphi)=\Phi(k^\mu, \varphi^\mu)$. Supposons que la suite k, k°, $k^{\circ\circ}$, etc., soit prolongée jusqu'à un terme k^μ, qu'on puisse regarder comme négligeable, ou même infiniment petit, alors la valeur de q, correspondante au module k^μ, sera le terme de rang μ dans la suite q^2, q^4, q^8, etc., et par conséquent sera q^{2^μ}; d'où l'on voit que ce terme sera encore beaucoup plus négligeable que k^μ : et puisqu'on a

$$\Phi(k^\mu, \varphi^\mu)=\frac{2K^\mu}{\pi}G(k^\mu, \varphi^\mu)-\frac{\Theta'(q^{2^\mu}, 2^\mu x)}{\Theta(q^{2^\mu}, 2^\mu x)},$$

on pourra, dans le second terme, faire

$$\Theta(q^{2^\mu}, 2^\mu x)=1, \quad \text{et} \quad \Theta'(q^{2^\mu}, 2^\mu x)=0;$$

ce qui réduit la valeur de $\Phi(k^\mu, \varphi^\mu)$ au premier terme $\frac{2K^\mu}{\pi}G(k^\mu, \varphi^\mu)$ $=\frac{2K^\mu}{\pi}[E(k^\mu, \varphi^\mu)-\varepsilon^\mu F(k^\mu, \varphi^\mu)]$. Mais dans ce cas, où k^μ est censé infiniment petit, on a $K^\mu=\frac{1}{2}\pi=E^1k^\mu$, $\varepsilon^\mu=1$; on a de plus

$$E(k^\mu, \varphi^\mu)=F(k^\mu, \varphi^\mu)=\varphi^\mu; \text{ donc } \Phi(k^\mu, \varphi^\mu)=0:$$

donc on a en général $\Phi(k, \varphi)=0$, ou

$$\frac{2K}{\pi}G(k, \varphi)-\frac{\Theta'(q, x)}{\Theta(q, x)}=0.$$

§ XII. *Démonstration d'une formule générale qui s'applique à un grand nombre de transcendantes.*

197. Considérons l'intégrale $\psi x = \int \frac{fx\,dx}{(x-\alpha)\sqrt{(\varphi x)}}$, dans laquelle fx et φx désignent des fonctions entières de x. Cette intégrale se rapportera aux fonctions elliptiques tant que la variable x ne passera pas le 4e degré dans φx, mais au-delà de ce degré elle désignera des transcendantes d'un ordre de plus en plus élevé. Il s'agit de faire voir que toutes ces transcendantes jouissent d'une propriété générale analogue à celle que nous avons trouvée, pour les fonctions elliptiques, dans le chap. XVI, tome Ier, du Traité précédent.

Pour cela, supposons que la fonction entière φx est le produit de deux autres fonctions aussi entières, que nous désignerons par $\varphi_1 x$ et $\varphi_2 x$, de sorte qu'on ait $\varphi x = \varphi_1 x \,.\, \varphi_2 x$. Soient en même temps θx et $\theta_1 x$ deux autres fonctions entières de x, ainsi exprimées,

$$(1)\quad \begin{cases} \theta x = a_0 + a_1 x + a_2 x^2 + a_3 x^3 \ldots + a_n x^n, \\ \theta_1 x = c_0 + c_1 x + c_2 x^2 \ldots\ldots\ldots\ldots + c_m x^m, \end{cases}$$

lesquelles satisfassent à l'équation

$$(2)\quad (x)^2\theta\varphi_1 x - (\theta_1 x)^2\varphi_2 x = (x - x_1)(x - x_2)(x - x_3)\ldots(x - x_\mu).$$

Il faudra donc que le premier membre, développé suivant les puissances de x, donne identiquement le même polynome en x, du degré μ, qui résulte du développement du second membre. Quant aux coefficiens $a_0, a_1 \ldots a_n$, $c_0, c_1 \ldots c_m$, qui entrent dans les fonctions θx, $\theta_1 x$, ils sont supposés fonctions d'une même variable y indépendante de x, et cette variabilité n'est point partagée par les coefficiens contenus dans les fonctions $\varphi_1 x$ et $\varphi_2 x$, lesquels doivent être considérés comme constans, ainsi que la quantité α comprise dans le dénominateur $x - \alpha$.

Cela posé, nous nous proposons de démontrer qu'on aura généralement l'équation

$$(3)\quad \begin{cases} \varepsilon_1\psi(x_1) + \varepsilon_2\psi x_2 + \varepsilon_3\psi x_3 \ldots\ldots + \varepsilon_\mu \psi x_\mu \\ = \frac{f\alpha}{\sqrt{(\varphi\alpha)}} \log \frac{\theta\alpha\sqrt{(\varphi_1\alpha)} + \theta_1\alpha\sqrt{(\varphi_2\alpha)}}{\theta\alpha\sqrt{(\varphi_1\alpha)} - \theta_1\alpha\sqrt{(\varphi_2\alpha)}} + \mathrm{C} + \Pi(\mathrm{X}), \end{cases}$$

C étant une constante et $\Pi(\mathrm{X})$ désignant le coefficient de $\frac{1}{x}$ dans le développement, suivant les puissances descendantes de x, de la fonction

$$X = \frac{fx}{(x-\alpha)\sqrt{\varphi x}} \log \frac{\theta x \sqrt{(\varphi_1 x)} + \theta_1 x \sqrt{(\varphi_2 x)}}{\theta x \sqrt{(\varphi_1 x)} - \theta_1 x \sqrt{(\varphi_2 x)}}.$$

Quant aux coefficiens $\varepsilon_1, \varepsilon_2, \ldots \varepsilon_\mu$, ils doivent être $+1$ ou -1, selon les différens termes $\psi x_1, \psi x_2, \ldots \psi x_\mu$, auxquels ils sont affectés. Voici maintenant l'analyse qui conduit à la démonstration de ce théorème général.

198. Appelons $P(x)$ le polynome en x du degré μ, qui forme le premier membre de l'équation (2), et supposons que x désigne l'une quelconque des quantités $x_1, x_2, x_3, \ldots x_\mu$; cette supposition donnera $P(x) = 0$. Soit $\frac{dPx}{dx} = P'x$, la différentielle de l'équation $P(x) = 0$, prise tant par rapport à x que par rapport à la variable y, qui entre dans les coefficiens des fonctions θx et $\theta_1 x$, sera

$$P'x.dx + \frac{dP(x)}{dy} dy = 0.$$

Et puisqu'on a $Px = \theta^2 x \varphi_1 x - \theta_1^2 x \varphi_2 x$, la différentielle de cette quantité, par rapport à y, sera

$$\left(2\varphi_1 x \theta x . \frac{d\theta x}{dy} - 2\varphi_2 x \theta_1 x \frac{d\theta_1 x}{dy}\right) dy;$$

de sorte qu'on aura

$$P'xdx = \left(2\varphi_2 x \theta_1 x \frac{d\theta_1 x}{dy} - 2\varphi_1 x \theta x \frac{d\theta x}{dy}\right) dy;$$

mais, d'un autre côté, comme on suppose $Px = 0$, on aura

$$\theta x \sqrt{(\varphi_1 x)} = \varepsilon \theta_1 x \sqrt{(\varphi_2 x)},$$

ε étant ± 1, ce qui donne

$$\theta x \varphi_1 x = \varepsilon \theta_1 x \sqrt{(\varphi_1 x \varphi_2 x)} = \varepsilon \theta_1 x \sqrt{(\varphi x)},$$
$$\theta_1 x \varphi_2 x = \varepsilon \theta x \sqrt{(\varphi_1 x \varphi_2 x)} = \varepsilon \theta x \sqrt{(\varphi x)};$$

donc, on a l'équation différentielle

$$P'x.dx = 2\varepsilon \sqrt{(\varphi x)} \left(\theta x . \frac{d\theta_1 x}{dy} - \theta_1 x \frac{d\theta x}{dy}\right) dy,$$

ou en distinguant par δ les différentielles des fonctions θx, $\theta_1 x$, prises par rapport à y seule,

$$P'xdx = 2\varepsilon \sqrt{(\varphi x)} (\theta x \delta \theta_1 x - \theta_1 x \delta \theta x).$$

Multipliant de part et d'autre par $\varepsilon . \frac{fx}{\sqrt{(\varphi x)}} . \frac{1}{P'x} . \frac{1}{x-\alpha}$, on aura

$$\frac{\varepsilon fx.dx}{(x-\alpha)\sqrt{(\varphi x)}} = \frac{2fx}{(x-\alpha)P'x} (\theta x \delta \theta_1 x - \theta_1 x \delta \theta x).$$

On a désigné par x l'une quelconque des quantités $x_1, x_2, x_3, \ldots x_\mu$; si donc on fait successivement la même substitution pour toutes ces quantités, et qu'on ajoute tous les résultats, leur somme pourra être ainsi exprimée :

$$\Sigma \frac{\iota f x dx}{(x-\alpha)\sqrt{\varphi x}} = \Sigma \frac{2fx}{(x-\alpha)P'x}(\theta x \delta \theta_1 x - \theta_1 x \delta \theta x).$$

Or, on va voir que l'opération indiquée dans le second membre fera disparaître entièrement la variable x, pour n'y laisser que la variable y; alors, en intégrant les deux membres, on aura, d'un côté, $\Sigma \varepsilon \psi x$, qui représente la somme des intégrales $\varepsilon_1 \psi x_1 + \varepsilon_2 \psi x_2 + \varepsilon_3 \psi x_3 \ldots + \varepsilon_\mu \psi_\mu$, et de l'autre une fonction en y qui ne dépend que des coefficiens compris dans les fonctions θx et $\theta_1 x$.

199. Désignons par λx la différentielle $2fx(\theta x \delta \theta_1 x - \theta_1 x \delta \theta x)$; λx sera un polynome en x, d'un certain degré k, dont les coefficiens seront fonctions de y; ce polynome pourra être mis sous la forme $\lambda x = \lambda \alpha + (x-\alpha)\lambda_1 x$, $\lambda_1 x$ étant un second polynome du degré $k-1$; nous aurons donc

$$\Sigma \frac{\lambda x}{(x-\alpha)P'x} = \lambda \alpha \Sigma \frac{1}{(x-\alpha)P'x} + \Sigma \frac{\lambda_1 x}{P'x};$$

mais on a

$$P\alpha = (\alpha - x_1)(\alpha - x_2)(\alpha - x_3) \ldots (\alpha - x_\mu),$$

et si l'on fait

$$\frac{1}{P\alpha} = \frac{A_1}{\alpha - x_1} + \frac{A_2}{\alpha - x_2} + \frac{A_3}{\alpha - x_3} \ldots + \frac{A_\mu}{\alpha - x_\mu},$$

les coefficiens $A_1, A_2 \ldots A_\mu$ étant indépendans de α, on aura A_1 égal à la valeur de $\frac{\alpha - x_1}{P\alpha}$; lorsque $\alpha = x_1$, cette valeur $= \frac{1}{P'x_1}$; donc

$$\frac{1}{P\alpha} = \frac{1}{(\alpha - x_1)P'x_1} + \frac{1}{(\alpha - x_2)P'x_2} + \ldots + \frac{1}{(\alpha - x_\mu)P'x_\mu},$$

et réciproquement

$$\Sigma \frac{1}{(\alpha - x)P'x} = \frac{1}{P\alpha};$$

donc

$$\Sigma \frac{\lambda x}{(x-\alpha)P'x} = -\frac{\lambda \alpha}{P\alpha} + \Sigma \frac{\lambda_1 x}{P'x}.$$

Pour avoir le second terme de cette formule, j'observe que si, dans la suite trouvée pour la valeur de $\frac{1}{P\alpha}$, on développe en série infinie chaque fraction $\frac{1}{\alpha - x}$, on aura

$$\frac{1}{P\alpha} = \frac{1}{\alpha}\Sigma\frac{1}{P'x} + \frac{1}{\alpha^2}\Sigma\frac{x}{P'x} + \frac{1}{\alpha^3}\Sigma\frac{x^2}{P'x} + \text{etc.};$$

donc, $\Sigma\frac{x^m}{P'x}$ est égal au coefficient de $\frac{1}{\alpha^{m+1}}$ dans le développement de $\frac{1}{P\alpha}$ fait suivant les puissances de $\frac{1}{\alpha}$, ou bien à celui de $\frac{1}{\alpha}$ dans le développement de $\frac{\alpha^m}{P\alpha}$. De là on voit aisément que $\Sigma\frac{\lambda_1 x}{P'x}$, où $\lambda_1 x$ est une fonction entière de x, sera égale au coefficient de $\frac{1}{x}$ dans le développement de la fonction $\frac{\lambda_1 x}{Px}$, fait suivant les puissances ascendantes de $\frac{1}{x}$. Or, on a

$$\frac{\lambda_1 x}{Px} = \frac{\lambda x}{(x-\alpha)Px} - \frac{\lambda\alpha}{(x-\alpha)Px},$$

et la moindre puissance de $\frac{1}{x}$, comprise dans le développement du terme $\frac{\lambda\alpha}{(x-\alpha)Px}$, est $\left(\frac{1}{x}\right)^{\mu+1}$, x^μ étant la plus haute puissance de x dans Px; donc ce terme ne contiendra pas la puissance inférieure $\frac{1}{x}$, et l'on aura simplement

$$\Sigma\frac{\lambda_1 x}{P'x} = \Pi\left(\frac{\lambda x}{(x-\alpha)Px}\right),$$

en désignant par Π (X) le coefficient de $\frac{1}{x}$ dans le développement de la fonction X suivant les puissances ascendantes de $\frac{1}{x}$.

200. Cela posé, nous aurons l'équation

$$\Sigma\frac{\epsilon fx dx}{(x-\alpha)\sqrt{\varphi x}} = \begin{cases} -2f\alpha \cdot \dfrac{\theta\alpha\delta\theta_1\alpha - \theta_1\alpha\delta\theta\alpha}{\theta^2\alpha\varphi_1\alpha - \theta_1^2\alpha\varphi_2\alpha}, \\ +\Pi\left(\dfrac{2fx}{x-\alpha}\cdot\dfrac{\theta x\delta\theta_1 x - \theta_1 x\delta\theta x}{\theta^2 x\varphi_1 x - \theta_1^2 x\varphi_2 x}\right). \end{cases}$$

Le premier membre étant intégré par rapport à la seule variable x qu'il renferme, donne $\Sigma\,\epsilon\psi x$, expression qui équivaut à la suite

$$\epsilon_1\psi x_1 + \epsilon_2\psi x_2 + \epsilon_3\psi x_3 \ldots + \epsilon_\mu\psi x_\mu.$$

Pour intégrer semblablement le second membre par rapport à la seule variable y qu'il contient (car la partie affectée de la caractéristique Π est indépendante de x; elle serait la même si l'on mettait toute autre lettre z à la place de x), j'observe que la différentielle $\frac{\theta\delta\theta_1 - \theta_1\delta\theta}{\theta^2\varphi_1 - \theta_1^2\varphi_2}$ a pour intégrale $\frac{1}{2\sqrt{(\varphi_1\varphi_2)}}\log\cdot\frac{\theta\sqrt{\varphi_1} + \theta_1\sqrt{\varphi_2}}{\theta\sqrt{\varphi_1} - \theta_1\sqrt{\varphi_2}}$;

donc on aura enfin la formule générale

$$\varepsilon_1 \psi x_1 + \varepsilon_2 \psi x_2 \ldots + \varepsilon_\mu \psi x_\mu = \begin{cases} C - \dfrac{f\alpha}{\sqrt{(\varphi\alpha)}} \log . \dfrac{\theta\alpha\sqrt{\varphi_1\alpha} + \theta_1\alpha\sqrt{\varphi_2\alpha}}{\theta\alpha\sqrt{\varphi_1\alpha} - \theta_1\alpha\sqrt{\varphi_2\alpha}}, \\ + \Pi\left(\dfrac{fx}{(x-\alpha)\sqrt{(\varphi x)}} \log . \dfrac{\theta x\sqrt{\varphi_1 x} + \theta_1 x\sqrt{\varphi_2 x}}{\theta x\sqrt{\varphi_1 x} - \theta_1 x\sqrt{\varphi_2 x}}\right). \end{cases}$$

Cette formule, qui peut s'appliquer aux fonctions elliptiques et à une infinité de transcendantes plus composées, est due à M. Abel, qui l'a publiée dans le Journal de M. Crelle, année 1828, page 314. Nous développerons dans un autre Supplément quelques-unes des conséquences qu'on en peut déduire.

Paris, le 15 mars 1829.

FIN DU DEUXIÈME SUPPLÉMENT.

TABLE DES MATIÈRES

DU DEUXIÈME SUPPLÉMENT.

FIN DE LA TABLE DU DEUXIÈME SUPPLÉMENT.

THÉORIE DES FONCTIONS ELLIPTIQUES.

TROISIÈME SUPPLÉMENT.

§ Ier. *Addition au § Ier du premier supplément.*

200. Le principe de la double substitution dont nous avons parlé dans l'art. 8 du Ier supplément, nous a servi à démontrer fort simplement que l'équation $y = \frac{x}{\mu} \cdot \frac{U}{V}$, dans laquelle les constantes μ et h sont déterminées par les formules (8) et (9), satisfait généralement à l'équation différentielle $\frac{dx}{\sqrt{(1-x^2)} \cdot \sqrt{(1-k^2x^2)}} = \mu \cdot \frac{dy}{\sqrt{(1-y^2)} \cdot \sqrt{(1-h^2y^2)}}$, et par conséquent à son intégrale $F(k, \varphi) = \mu F(h, \psi)$, ce qui est le théorème Ier de M. Jacobi.

Nous nous proposons maintenant de parvenir au même résultat sans supposer le principe de la double substitution, ou plutôt, en déduisant ce principe de l'analyse du problème; ce qui rendra notre démonstration plus rigoureuse et plus conforme à celle qu'a donnée M. Jacobi dans le n° 127 du Journal de M. Schumacher.

201. Reprenons, pour cet effet, l'équation $y = \frac{x}{\mu} \cdot \frac{U}{V}$, trouvée dans l'art. 7; il faut prouver qu'en mettant $\frac{1}{kx}$ au lieu de x, et $\frac{1}{hy}$ au lieu de y, cette équation pourra subsister, pourvu qu'on donne à la constante h une valeur convenable.

En effet, par la substitution dont il s'agit, le facteur général $\frac{1 - \frac{x^2}{\sin^2 \alpha}}{1 - k^2x^2 \sin^2 \alpha}$ devient $\frac{1}{k^2 \sin^4 \alpha} \cdot \frac{1 - k^2x^2 \sin^2 \alpha}{1 - \frac{x^2}{\sin^2 \alpha}}$; donc la quantité $\frac{U}{V}$, formée du produit de plusieurs facteurs semblablement exprimés, deviendra $\frac{1}{A} \cdot \frac{V}{U}$, en faisant, pour abréger,

$$A = k^{p-1} \sin^4 \alpha_2 \sin^4 \alpha_4 \sin^4 \alpha_6 \ldots \sin^4 \alpha_{p-1};$$

et à la place de l'équation $y = \frac{x}{\mu} \cdot \frac{U}{V}$, on aura

$$\frac{1}{hy} = \frac{1}{\mu} \cdot \frac{1}{kx} \cdot \frac{1}{A} \cdot \frac{V}{U}, \quad \text{ou} \quad y = \frac{\mu^2 kA}{h} \cdot \frac{x}{\mu} \cdot \frac{U}{V}.$$

Or, il est visible que ces deux équations s'accorderaient entre elles si l'on avait $h = \mu^2 kA$, c'est-à-dire en substituant la valeur de μ,

$$h = k^p \sin^4 \alpha_1 \sin^4 \alpha_3 \sin^4 \alpha_5 \ldots \sin^4 \alpha_{p-2}.$$

Il est donc démontré que la double substitution de $\frac{1}{kx}$ à la place de x, et de $\frac{1}{hy}$ à la place de y, qui peut se faire sans donner aucune valeur à h dans l'équation différentielle

$$\frac{dx}{\sqrt{(1-x^2)} \cdot \sqrt{(1-k^2x^2)}} = \mu \cdot \frac{dy}{\sqrt{(1-y^2)} \cdot \sqrt{(1-h^2y^2)}},$$

pourra se faire aussi dans l'équation finie $y = \frac{x}{\mu} \cdot \frac{U}{V}$, pourvu qu'on donne à h la valeur qu'on vient de déterminer.

Il faut se rappeler maintenant que l'équation $y = \frac{x}{\mu} \cdot \frac{U}{V}$ a été déduite de l'équation (4), qu'on peut mettre sous la forme

$$1 - y = (1 \mp x) \cdot \frac{\left(1 - \frac{x}{\sin \alpha_1}\right)^2}{1 - k^2x^2 \sin^2 \alpha_{p-1}} \cdot \frac{\left(1 + \frac{x}{\sin \alpha_3}\right)^2}{1 - k^2x^2 \sin^2 \alpha_{p-3}} \cdots \frac{\left(1 \pm \frac{x}{\sin \alpha_{p-2}}\right)^2}{1 - k^2x^2 \sin^2 \alpha_2}.$$

Ainsi ces deux équations ne sont réellement qu'une seule et même équation entre y et x, mise sous deux formes différentes ; et puisqu'on peut faire la double substitution dans la première équation, en donnant à h une certaine valeur, on pourra la faire aussi dans cette dernière, avec la même condition, ce qui donnera le résultat suivant :

$$1 - \frac{1}{hy} = B\left(1 \mp \frac{1}{kx}\right) \cdot \frac{(1 - kx \sin \alpha_1)^2}{1 - \frac{x^2}{\sin^2 \alpha_{p-1}}} \cdot \frac{(1 + kx \sin \alpha_3)^2}{1 - \frac{x^2}{\sin^2 \alpha_{p-3}}} \cdots \frac{(1 \pm kx \sin \alpha_{p-2})^2}{1 - \frac{x^2}{\sin^2 \alpha_2}},$$

$$\frac{1}{B} = (-1)^{\frac{p-1}{2}} k^{p-1} \sin^2 \alpha_1 \sin^2 \alpha_2 \sin^2 \alpha_3 \ldots \sin^2 \alpha_{p-2} \sin^2 \alpha_{p-1}.$$

202. Nous avons déjà remarqué qu'on pouvait changer à la fois le signe de x et celui de y ; ainsi les deux équations précédentes, qui don-

nent les valeurs de $1 - y$ et de $1 - \frac{1}{hy}$, donneront, avec le changement indiqué, celles de $1 + y$ et de $1 + \frac{1}{hy}$. Multipliant donc entre elles ces quatre valeurs, on aura le produit

$$(1 - y^2)\left(1 - \frac{1}{h^2y^2}\right) = (1 - x^2)\left(1 - \frac{1}{k^2x^2}\right)\cdot\frac{B^2T^2}{U^2V^2},$$

où l'on a fait, pour abréger,

$$T = PQ,$$

$$P = \left(1 - \frac{x^2}{\sin^2\alpha_1}\right)\left(1 - \frac{x^2}{\sin^2\alpha_3}\right)\left(1 - \frac{x^2}{\sin^2\alpha_5}\right)\ldots\ldots\left(1 - \frac{x^2}{\sin^2\alpha_{p-2}}\right),$$

$$Q = (1 - k^2x^2\sin^2\alpha_1)(1 - k^2x^2\sin^2\alpha_3)(1 - k^2x^2\sin^2\alpha_5)\ldots(1 - k^2x^2\sin^2\alpha_{p-2}).$$

De cette équation on déduit

$$(1 - y^2)(1 - h^2y^2) = (1 - x^2)(1 - k^2x^2)\,\frac{h^2B^2T^2}{k^2\mu^2V^4},$$

puis faisant $X = \frac{x}{\mu}U$, ou $y = \frac{X}{V}$, on aura

$$(V^2 - X^2)(V^2 - h^2X^2) = (1 - x^2)(1 - k^2x^2)\,\frac{h^2B^2}{k^2\mu^2}\,T^2.$$

La supposition $x = 0$ donne $X = 0$, $V = 1$, $T = 1$. Ainsi, dans ce cas, l'équation précédente se réduit à $B^2h^2 = k^2\mu^2$; c'est en effet ce qui résulte des valeurs trouvées de B, h et μ. On a donc plus simplement

$$(V^2 - X^2)(V^2 - h^2X^2) = (1 - x^2)(1 - k^2x^2)\,T^2.$$

Le premier membre est le produit des quatre facteurs

$$V - X,\quad V + X,\quad V - hX,\quad V + hX,$$

qui sont des polynomes en x du degré p; car cela résulte des valeurs

$$V = (1 - k^2x^2\sin^2\alpha_2)(1 - k^2x^2\sin^2\alpha_4)\ldots\ldots(1 - k^2x^2\sin^2\alpha_{p-1}),$$

$$X = \frac{x}{\mu}\left(1 - \frac{x^2}{\sin^2\alpha_2}\right)\left(1 - \frac{x^2}{\sin^2\alpha_4}\right)\ldots\ldots\ldots\ldots\left(1 - \frac{x^2}{\sin^2\alpha_{p-1}}\right),$$

où l'on voit que V et X sont des polynomes en x, le premier du degré $p - 1$, le second du degré p. Nous avons donc l'équation

$$(V - X)(V + X)(V - hX)(V + hX) = (1 - x)(1 + x)(1 - kx)(1 + kx)T^2,$$

dans laquelle les quatre facteurs du premier membre sont premiers entre eux, puisque V et X, d'après les valeurs précédentes, ne peuvent avoir aucun commun diviseur. Il est d'ailleurs facile de voir que chacun de ces facteurs est le produit d'un facteur simple par le carré d'un polynome du degré $\frac{p-1}{2}$; car nulle autre supposition ne pourrait faire que chacune des quantités $V-X$, $V+X$, $V-hX$, $V+hX$, fût un polynome en x du même degré p, et que le produit des quatre fût représenté par $(1-x)(1+x)(1-kx)(1+kx)T^2$.

203. Il faut prouver maintenant que la valeur $y=\frac{X}{V}$ satisfait à l'équation différentielle

$$\frac{dx}{\sqrt{(1-x^2)}.\sqrt{(1-k^2x^2)}}=\mu.\frac{dy}{\sqrt{(1-y^2)}.\sqrt{(1-h^2y^2)}}.$$

En effet, on a d'abord

$$V^2\frac{dy}{dx}=V\frac{dX}{dx}-X\frac{dV}{dx}.$$

Appelons, pour abréger, Z le second membre; on aura, en désignant par c une constante quelconque,

$$Z=(V-cX)\frac{dX}{dx}-X.\frac{d(V-cX)}{dx}.$$

Par cette équation, on voit que si $V-cX$ a un facteur double tel que $(\alpha-\beta x)^2$, il y aura nécessairement dans Z un facteur simple $\alpha-\beta x$: or, on a trouvé que tous les facteurs doubles qui entrent dans les quantités $V-X$, $V+X$, $V-hX$, $V+hX$, composent, par leur produit, la valeur de T^2. Donc la quantité Z est divisible par tous les facteurs de T, et par conséquent est divisible par T. Mais X étant un polynome en x du degré p, et V un polynome du degré $p-1$, la quantité $Z=V\frac{dX}{dx}-X\frac{dV}{dx}$ est un polynome du degré $2p-2$. D'un autre côté, on sait que T ou PQ est un polynome du même degré $2p-2$. Donc $\frac{Z}{T}$ est une constante qui, étant nommée λ, donnera $Z=\lambda T=V^2\frac{dy}{dx}$. De là resulte $\frac{dy}{dx}=\frac{\lambda T}{V^2}$; mais on a trouvé $T^2=V^4.\frac{(1-y^2)(1-h^2y^2)}{(1-x^2)(1-k^2x^2)}$; donc

$$\frac{T}{V^2}=\frac{\sqrt{(1-y^2)}.\sqrt{(1-h^2y^2)}}{\sqrt{(1-x^2)}.\sqrt{(1-k^2x^2)}}=\frac{1}{\lambda}.\frac{dy}{dx},$$

ou

$$\frac{dy}{\sqrt{(1-y^2)}.\sqrt{(1-h^2y^2)}}=\frac{\lambda dx}{\sqrt{(1-x^2)}.\sqrt{(1-k^2x^2)}}.$$

De plus, en faisant x infiniment petit, et négligeant les quantités de l'ordre

x^2, on a $X = \frac{x}{\mu}$, $V = 1$, $T = 1$, $Z = V\frac{dX}{dx} = \frac{1}{\mu}$; donc $\lambda = \frac{Z}{T} = \frac{1}{\mu}$. Donc enfin l'équation algébrique $y = \frac{X}{U}$ satisfait généralement, pour toute valeur du nombre impair p, à l'équation différentielle

$$\frac{dx}{\sqrt{(1-x^2)}.\sqrt{(1-k^2x^2)}} = \mu . \frac{dy}{\sqrt{(1-y^2)}.\sqrt{(1-h^2y^2)}},$$

et par conséquent à son intégrale $\quad F(k, \varphi) = \mu F(h, \psi)$.

C'est en cela que consiste le principe général de transformation que nous voulions démontrer.

§ II. *Construction géométrique par laquelle on peut multiplier à volonté la fonction de première espèce* F (c, φ).

204. Étant donnés le module c et l'amplitude φ, on peut trouver, par une construction géométrique assez simple, l'amplitude φ_n qui convient à la fonction F (c, φ_n) égale à nF (c, φ).

Pour cela, sur la circonférence décrite du centre C (fig. 1), avec un rayon égal à l'unité, prenez l'arc AM_1 égal à 2φ ou $2\varphi_1$; prenez ensuite, à compter de la même origine A et dans le même sens, l'arc AM_1M_2 égal à $2\varphi_2$; tirez la corde M_1M_2, et divisez en deux également l'angle AM_1M_2 par une droite M_1D, qui rencontrera en D le rayon AC prolongé. Du point D comme centre, et du rayon DO perpendiculaire à la corde AM_1, décrivez une seconde circonférence qui touchera les deux cordes AM_1, M_1M_2. Cela posé, si du point M_2 on mène au petit cercle une troisième tangente M_2M_3, qui rencontre la grande circonférence au point M_3, ce point M_3 déterminera l'arc $AM_1M_2M_3 = 2\varphi_3$, dont la moitié φ_3 servira à la triplication de la fonction F (c, φ), de sorte qu'on aura

$$F(c, \varphi_3) = 3F(c, \varphi).$$

De même, si du point M_3 on mène une nouvelle droite M_3M_4, qui soit à la fois tangente au petit cercle et corde du grand, on connaîtra le point M_4, qui détermine l'arc $AM_1M_2M_3M_4 = 2\varphi_4$. Continuant ainsi indéfiniment, on formera un polygone dont chaque côté sera tout-à-la-fois inscrit dans la grande circonférence et circonscrit à la petite. Ce polygone déterminera, par les sommets M_1, M_2, M_3, etc., de ses angles successifs, tous les arcs $2\varphi_1$, $2\varphi_2$, $2\varphi_3$, etc., dont l'origine commune est A, et qui, à compter du second, servent à multiplier la fonction F (c, φ) par les nombres 2, 3, 4, 5, etc., jusqu'à telle limite qu'on voudra; d'où il suit que, par une construction géométrique très simple qui n'exige que la règle et le compas, on peut parvenir à déterminer l'amplitude φ_n qui satisfait à l'équation $F(c, \varphi_n) = nF(c, \varphi)$, n étant un nombre entier quelconque. On résout ainsi géométriquement un problème d'analyse qui présente d'assez grandes difficultés (tome Ier, art. 22).

205. Les données dont nous avons fait usage dans la construction de la figure sont l'amplitude φ de la fonction donnée et l'amplitude φ_2 de la fonction double F (c, φ_2); mais on peut déterminer le centre D et le rayon DO du petit cercle par les données immédiates c et φ.

Soit, pour cet effet, $AD = 1 + e$ et $DO = r$; puisque l'arc $AM_1 = 2\varphi$, on a $BM_1 = \pi - 2\varphi$, et l'angle A du triangle rectangle ADO sera égal à $\frac{1}{2}\pi - \varphi$; donc $DO = r = (1 + e)\cos\varphi$. D'un autre côté, la corde $AM_1 = 2\sin\varphi$; donc $OM_1 = (1 - e)\sin\varphi$ et $\operatorname{tang} OM_1D = \frac{r}{(1-e)\sin\varphi} = \frac{1+e}{1-e}\cot\varphi$. Suivant notre première construction, l'arc $AM_1M_2 = 2\varphi_2$, et par conséquent le reste de la circonférence $AM_2 = 2\pi - 2\varphi_2$, ce qui donne l'angle $AM_1D = \frac{\pi}{2} - \frac{1}{2}\varphi_2$. Mais en faisant $\Delta = \sqrt{(1 - c^2\sin^2\varphi)}$, on sait que l'amplitude φ_2 se détermine par la formule $\operatorname{tang}\frac{1}{2}\varphi_2 = \Delta \operatorname{tang}\varphi$; on aura donc $\frac{1-e}{1+e} = \Delta$, ou $e = \frac{1-\Delta}{1+\Delta}$ et $r = (1 + e)\cos\varphi = \frac{2\cos\varphi}{1+\Delta}$, formules au moyen desquelles les inconnues e et r se déduisent assez facilement des données c et φ; et, de cette manière, on évite l'emploi de l'amplitude φ_2.

On voit que les quantités e et r, qui déterminent le centre et le rayon du petit cercle, ne sont point constantes, et qu'elles varient avec l'amplitude φ de la fonction qu'on veut multiplier. Il existe seulement entre ces deux quantités et le module c l'équation $r^2 = (1 + e)^2 - \frac{4e}{c^2}$; d'où il suit que e, distance des centres des deux cercles, est toujours plus petite que le module c^0 qui suit c dans l'échelle ordinaire, dont l'indice est 2; car on a $c^2 = \frac{4c^0}{(1 + c^0)^2}$.

206. Jusqu'ici nous n'avons fait qu'expliquer la construction de la figure, soit d'après les données φ et φ_2, soit d'après les données immédiates c et φ. Il faut maintenant démontrer que la construction du polygone dont AM_1 et M_1M_2 sont les deux premiers côtés, donne effectivement les points qui répondent aux amplitudes sans cesse croissantes $2\varphi_2$, $2\varphi_3$, $2\varphi_4$, etc., par lesquelles la multiplication de la fonction $F(c, \varphi)$ peut être opérée pour un facteur entier quelconque.

Pour rendre la démonstration entièrement générale, nous supposerons qu'après plusieurs circonvolutions du polygone les deux sommets consécutifs M_2, M_3 représentent les extrémités des arcs $2\varphi_{n-1}$, $2\varphi_n$. Si le polygone n'avait pas achevé une révolution pour parvenir du point A au point M_2, l'arc AM_3M_2 serait $2\pi - 2\varphi_{n-1}$; si, pour arriver au même point M_2, le polygone a fait i révolutions, le même arc AM_3M_2 sera $2\pi(i + 1) - 2\varphi_{n-1}$. Dans cette dernière hypothèse, qui s'applique à tous les cas, l'arc AM_3 sera pareillement $2\pi(i + 1) - 2\varphi_n$. Joignez

DM_2, DM_3, AM_2, AM_3, pour former les triangles ADM_2, ADM_3, DM_2M_3.

Dans le triangle ADM_2, on a les deux côtés $AD = 1 + e$, $AM_2 = 2\sin(\pi i + \pi - \varphi_{n-1}) = 2\sin\varphi_{n-1}\cos\pi i$, et l'angle compris $DAM_2 = \varphi_{n-1} - \frac{\pi}{2}(2i+1)$; on aura donc le troisième côté par la formule

$$(DM_2)^2 = (1+e)^2 - 4e\sin^2\varphi_{n-1} = p^2;$$

on aura semblablement

$$(DM_3)^2 = (1+e)^2 - 4e\sin^2\varphi_n = q^2.$$

Avec ces deux côtés, que nous appelons p et q, et le troisième.... $M_2M_3 = 2\sin(\varphi_n - \varphi_{n-1}) = y$, on trouvera l'aire du triangle DM_2M_3 par la formule connue

$$S = \tfrac{1}{4}\sqrt{[2y^2(p^2+q^2) - y^4 - (p^2-q^2)^2]}.$$

Cette même aire $= \frac{1}{2}ry$; donc on aura

$$4r^2 = 2(p^2+q^2) - y^2 - \frac{(p^2-q^2)^2}{y^2}.$$

Substituant les valeurs

$$y = 2\sin(\varphi_n - \varphi_{n-1}),$$
$$p^2 + q^2 = 2(1+e)^2 - 4e(\sin^2\varphi_n + \sin^2\varphi_{n-1}),$$
$$p^2 - q^2 = 4e(\sin^2\varphi_n - \sin^2\varphi_{n-1}) = 4e\sin(\varphi_n + \varphi_{n-1})\sin(\varphi_n - \varphi_{n-1}),$$

on aura

$$4r^2 = 4(1+e)^2 - 8e(\sin^2\varphi_n + \sin^2\varphi_{n-1}) - 4\sin^2(\varphi_n - \varphi_{n-1}) \\ - 4e^2\sin^2(\varphi_n + \varphi_{n-1}),$$

ou

$$r^2 = \cos^2(\varphi_n - \varphi_{n-1}) + 2e\cos(\varphi_n - \varphi_{n-1})\cos(\varphi_n + \varphi_{n-1}) + e^2\cos^2(\varphi_n + \varphi_{n-1});$$

et en extrayant la racine carrée, on obtient ce résultat très simple

$$r = \cos(\varphi_n - \varphi_{n-1}) + e\cos(\varphi_n + \varphi_{n-1}),$$

ou

$$r = (1+e)\cos\varphi_n\cos\varphi_{n-1} + (1-e)\sin\varphi_n\sin\varphi_{n-1}.$$

Maintenant, si l'on se rappelle que l'équation transcendante $F\mu - F\nu = F\varphi$ est satisfaite par l'équation algébrique

$$\cos\mu\cos\nu + \sin\mu\sin\nu\Delta\varphi = \cos\varphi,$$

on verra qu'en faisant $\mu = \varphi_n$ et $\nu = \varphi_{n-1}$, ce qui donne $F\mu - F\nu = F\varphi$ les deux équations précédentes s'accorderont entre elles si l'on a

$$\frac{1-e}{1+e} = \Delta\varphi \quad \text{et} \quad \frac{r}{1+e} = \cos\varphi.$$

Or, ces deux équations sont précisément celles qui déterminent les deux quantités r et e; donc, en vertu de la construction géométrique que nous avons indiquée, deux sommets consécutifs du polygone indéfini qui en résulte sont tels, que si le point M_2 termine l'arc $2\varphi_{n-1}$, le point suivant M_3 terminera l'arc $2\varphi_n$. Or, dans l'origine de la construction, on a désigné par M_2 le point qui termine l'arc $2\varphi_2$; donc alors le point M_3 a dû terminer l'arc $2\varphi_3$; et ainsi, en prolongeant le polygone indéfiniment, on obtient successivement toutes les amplitudes φ_2, φ_3, φ_4, φ_5, etc., qui servent à la multiplication de la fonction $F(c, \varphi)$, suivant l'équation générale $F(c, \varphi_n) = nF(c, \varphi)$.

Nous remarquerons que, pour ne pas tomber dans des cas où la construction deviendrait embarrassante, on pourra toujours se borner au cas où l'amplitude donnée φ est moindre que $\frac{1}{2}\pi$; car toute amplitude plus grande que $\frac{1}{2}\pi$ peut être représentée par $i\pi \pm \varphi$, φ étant moindre que $\frac{1}{2}\pi$: alors la fonction correspondante $= 2iF^1c \pm F(c, \varphi)$, et cette fonction, multipliée par n, serait $2niFc \pm F(c, \varphi_n)$, en supposant.... $F(c, \varphi_n) = nF(c, \varphi)$.

Lorsqu'on suppose $\varphi = \frac{1}{2}\pi$, le rayon du petit cercle r devient nul, et le polygone, dont le premier côté se confond avec le diamètre AB, a tous ses côtés superposés sur ce même diamètre; alors la construction est sans objet, puisque la fonction $F(c, \varphi)$ devient égale à la fonction complète F^1c, et que la valeur $\varphi = \frac{1}{2}\pi$ donne $\varphi_n = \frac{1}{2}n\pi$.

207. Nous remarquerons encore que la construction géométrique que nous avons donnée d'après M. Jacobi, qui en est l'inventeur, pourrait servir à trouver la valeur approchée de toute fonction $F(c, \varphi)$, dont l'amplitude est donnée, en faisant connaître son rapport avec la fonction complète F^1c. En effet, si l'on continue la construction des différens côtés du polygone jusqu'à ce qu'on trouve dans la suite des sommets M_2, M_3, M_4, etc., un point M_n qui soit très près de l'une des extrémités du diamètre AB, il est visible qu'en comptant les circonvolutions du polygone, on saura combien il y a de demi-circonférences dans l'arc $2\varphi_n$ terminé au point M_n. Soit m le nombre de ces demi-circonférences, on aura donc à très peu près $2\varphi_n = m\pi$; par conséquent, $F(c, \varphi_n)$ ou $nF(c, \varphi) = mF^1c$ et $F(c, \varphi) = \frac{m}{n}F^1c$, valeur facile à évaluer numériquement au moyen de notre table des fonctions complètes.

Dans tous les cas, il sera facile de tenir compte de la petite distance qu'il peut y avoir entre le point M_n et l'un des points A et B, pour en déduire une valeur encore plus approchée de la fonction $F(c, \varphi_n)$, et par conséquent une de la fonction $F(c, \varphi)$.

208. Remarquons enfin que le polygone dont nous avons donné la construction sera rentrant sur lui-même, et par conséquent n'aura qu'un nombre de côtés déterminé, si la fonction $F(c, \varphi)$ est dans un rapport rationnel avec la fonction complète F^1c. En effet, si l'on a $F(c, \varphi) = \frac{m}{n} F^1c$, m et n étant des nombres entiers, on aura $F(c, \varphi_n) = nF(c, \varphi) = mF^1c = F\left(c, \frac{m\pi}{2}\right)$, et par conséquent $\varphi_n = \frac{m\pi}{2}$, ou $2\varphi_n = m\pi$.

Si m est un nombre pair, l'arc $2\varphi_n$ sera composé d'un nombre entier $\frac{m}{2}$ de circonférences, et le point M_n, extrémité de l'arc $2\varphi_n$, reviendra au point A, où le polygone sera entièrement fermé; dans ce cas, le polygone n'aura que n côtés, formant $\frac{m}{2}$ révolutions.

Si m est un nombre impair, le point M_n tombera à l'autre extrémité B du diamètre AB; une moitié seulement du polygone sera formée, et il faudra doubler le nombre des côtés pour que le dernier, dont le rang est $2n$, soit terminé au point A. Le polygone aura donc $2n$ côtés formant m révolutions.

Dans tout autre cas où le rapport de $F(c, \varphi)$ à F^1c n'est pas rationnel, le polygone aura un nombre infini de côtés, et il sera impossible que deux sommets se rencontrent en un même point de la circonférence.

En général, comme les côtés du polygone sont des cordes inscrites dans le cercle dont le rayon est 1, lesquelles doivent être en même temps tangentes au cercle excentrique, dont le rayon est r, il est visible que ces cordes seront toujours comprises entre la plus grande, qui passerait par le point a, et la plus petite, qui passerait par le point b, ab étant le diamètre du petit cercle situé dans la direction du diamètre AB. Ainsi, faisant $\cos\alpha = r - e$ et $\cos 6 = r + e$, les côtés du polygone seront toujours compris entre un *maximum* $2\sin\alpha = 2\sqrt{[1-(r-e)^2]}$ et un *minimum* $2\sin 6 = 2\sqrt{[1-(r+e)^2]}$; on aura donc toujours, quel que soit le nombre entier n,

$$\varphi_n - \varphi_{n-1} < \alpha \quad \text{et} \quad \varphi_n - \varphi_{n-1} > 6.$$

209. Nous avons vu que m étant pair, ce qui suppose n impair $= 2i+1$

(car la fraction $\frac{m}{n}$ est censée réduite à sa plus simple expression), le polygone qui a pour sommets les extrémités des arcs $2\varphi_1$, $2\varphi_2$, $2\varphi_3 \ldots 2\varphi_n$, est formé de n côtés qui occupent un nombre $\frac{m}{2}$ de circonférences. Dans ce polygone, il y a toujours un côté moyen qui passe par l'un des points a et b, et qui est par conséquent un *maximum* ou un *minimum*; ce côté moyen est celui qui joint le point M_i, extrémité de l'arc $2\varphi_i$, avec le point M_{i+1}, extrémité de l'arc $2\varphi_{i+1}$.

En effet, le point M_x situé d'un côté du diamètre AB, et le point M_{n-x} situé de l'autre côté du diamètre, sont toujours situés sur la même perpendiculaire à ce diamètre, car on a $F(c, \varphi_x) = \frac{mx}{n} F'c$, $F(c, \varphi_{n-x}) = \frac{m(n-x)}{n} F'c$; donc $F(c, \varphi_x) + F(c, \varphi_{n-x}) = mF'c = \frac{m}{2} F(c, \pi)$, et par conséquent $\varphi_x + \varphi_{n-x} = \frac{m}{2}\pi$, ou $2\varphi_x + 2\varphi_{n-x} = \frac{m}{2} . 2\pi$. Cette équation exprime que, quel que soit x, le point M_x et le point M_{n-x}, qui terminent les arcs $2\varphi_x$ et $2\varphi_{n-x}$, seront toujours situés sur une même perpendiculaire au diamètre AB. Soit $x = i$, on aura $n - x = i + 1$; donc les deux points M_i et M_{i+1} sont placés sur un même côté perpendiculaire au diamètre; et comme ce côté doit être tangent au petit cercle dont le rayon est r, il passera nécessairement par l'un des points a et b : ce côté sera par conséquent un *maximum* ou un *minimum*.

On voit en même temps que les arcs $2\varphi_i$ et $2\varphi_{i+1}$, qui déterminent les extrémités du côté moyen, peuvent se trouver directement par les équations

$$\varphi_i + \varphi_{i+1} = \frac{m}{2}\pi,$$

$$\varphi_{i+1} - \varphi_i = \omega,$$

ω étant l'un des arcs α et β; on aura donc toujours

$$2\varphi_{i+1} = \frac{m}{2}\pi + \omega,$$

$$2\varphi_i = \frac{m}{2}\pi - \omega.$$

D'ailleurs, l'ambiguité qui semble rester dans cette détermination disparaîtra bientôt, en observant que si m est pairement pair, ou de la forme 4μ, l'arc $\frac{m}{2}\pi$, égal à $2\mu\pi$, aura son extrémité en A, et qu'ainsi, dans la valeur $\frac{m}{2}\pi + \omega$ de l'arc $2\varphi_{i+1}$, l'indéterminée ω ne peut être que α. Au contraire, si m est impairement pair, ou de la forme $4\mu+2$, l'arc $\frac{m}{2}\pi$, égal à $2\mu\pi+\pi$, aura son extrémité en B, de sorte que l'arc ω ne pourra être que l'arc β, dont le double est sous-tendu par la plus petite corde. Ainsi, dans tous les cas, on aura la valeur des arcs $2\varphi_i$ et $2\varphi_{i+1}$ sans aucune indétermination, et l'on saura que le côté moyen $2\varphi_{i+1}-2\varphi_i$ est un *maximum* si $m=4\mu$, et un *minimum* si $m=4\mu+2$.

210. Il serait possible que la construction géométrique que nous avons développée conduisît à quelque théorème intéressant, analogue au théorème de Côtes, par lequel on pourrait peut-être simplifier l'analyse assez épineuse qui sert à déduire φ_n de φ, ou réciproquement φ de φ_n, ce qui est le problème de la multiplication ou de la division des fonctions elliptiques; mais nous n'entrerons dans aucune recherche à ce sujet. Nous nous bornerons à remarquer encore qu'après avoir formé la suite des arcs $2\varphi_1$, $2\varphi_2$, $2\varphi_3$..... $2\varphi_n$, dont les extrémités sont les sommets du polygone rentrant qui répond à l'équation $F(c, \varphi)=\frac{m}{n}F^1c$, si l'on forme avec les termes de rang pair la nouvelle suite $2\varphi_2$, $2\varphi_4$, $2\varphi_6$, etc., cette suite représentera celle qui servirait à construire le polygone correspondant à la valeur $F(c, \varphi)=\frac{2m}{n}F^1c$. Ce polygone ne serait plus circonscrit à la circonférence dont le rayon est r, mais, par la nature des choses, il jouit de la propriété d'être circonscriptible à une circonférence plus petite.

De même, si l'on prenait de trois en trois les termes de la série initiale, ce qui formerait la série $2\varphi_3$, $2\varphi_6$, $2\varphi_9$, etc., celle-ci répondrait à la valeur $F(c, \varphi)=\frac{3m}{n}F^1c$, et il en résulterait un nouveau polygone circonscriptible à une circonférence plus petite que les deux autres, et ainsi de suite, jusqu'à ce qu'on ait épuisé les $n-1$ combinaisons possibles.

Ainsi, on voit qu'une seule construction appliquée à la valeur..... $F(c, \varphi)=\frac{1}{n}F^1c$, contient implicitement toutes celles qui conviennent à la valeur $F(c, \varphi)=\frac{m}{n}F^1c$, m étant un nombre entier quelconque moindre que n.

§ III. *Théorème général donné dans le § XII du deuxième supplément. Classement et propriétés générales des transcendantes comprises dans ce théorème.*

211. Les nombreuses applications que nous avons à faire du théorème donné dans le § XII du deuxième supplément, exigent que nous rappelions ici, avec quelques développemens, les formules générales par lesquelles il est exprimé.

Désignons par ψx l'intégrale $\int \frac{fx . dx}{(x-a)\sqrt{(\varphi x)}}$, dans laquelle fx et φx sont des fonctions entières de x, c'est-à-dire des polynomes en x d'un degré quelconque. Cette intégrale aura une origine constante, déterminée dans chaque cas particulier, de sorte qu'elle ne dépendra que de la variable x, qui est sa seconde limite.

Il est inutile d'examiner ce que devient cette intégrale lorsque le polynome φx ne passe pas le second degré; car on sait que, dans ce cas, elle peut toujours s'exprimer en partie algébriquement, en partie par arcs de cercle ou par logarithmes. Elle s'exprime par des fonctions elliptiques lorsque le polynome φx est du troisième ou du quatrième degré; mais, passé le quatrième degré, elle désigne des transcendantes d'un ordre de plus en plus élevé. Toutes ces transcendantes jouissent d'une propriété générale, analogue à celle que nous avons trouvée pour les fonctions elliptiques dans les chap. IX et XVI du tome Ier; et c'est dans cette propriété que consiste le théorème dont les formules suivantes sont l'expression.

212. Supposons d'abord que la fonction φx soit décomposée en deux facteurs réels $\varphi_1 x$ et $\varphi_2 x$, en sorte qu'on ait $\varphi x = \varphi_1 x . \varphi_2 x$. Désignons ensuite par θx et $\theta_1 x$ deux polynomes complets en x, ainsi exprimés

$$(1) \quad \begin{cases} \theta x = a + a_1 x + a_2 x^2 \ldots\ldots + a_n x^n, \\ \theta_1 x = c + c_1 x + c_2 x^2 \ldots\ldots + c_m x^m, \end{cases}$$

et supposons que ces polygones satisfassent, pour toute valeur de x, à l'équation

$$(2) \quad (\theta x)^2 \varphi_1 x - (\theta_1 x)^2 \varphi_2 x = (x - x_1)(x - x_2)(x - x_3) \ldots (x - x_\mu);$$

il faudra donc que le premier membre, développé suivant les puissances de x, donne identiquement le même polynome en x que produit le développement du second membre.

De là résulteront des équations, au nombre de $\mu + 1$, entre les coefficiens a, c, a_1, c_1, etc., et les quantités x_1, x_2, $x_3 \ldots x_\mu$, considérées comme des valeurs particulières de la variable x. Ces équations seront toujours en nombre suffisant, non-seulement pour déterminer les divers coefficiens a, c, a_1, c_1, etc., en fonctions des quantités x_1, x_2, $x_3 \ldots x_\mu$, mais encore pour établir, entre ces dernières seules, des équations qui permettront d'en déterminer un certain nombre par le moyen de toutes les autres, restées entièrement arbitraires.

213. Puisque, en vertu des équations dont nous venons de parler, les coefficiens des fonctions θx, $\theta_1 x$ sont fonctions des quantités restées arbitraires dans la série x_1, $x_2 \ldots x_\mu$, on peut les faire varier, par rapport à une quantité y liée d'une manière quelconque avec ces arbitraires. Cette variabilité, au reste, n'est pas partagée par les coefficiens contenus dans les fonctions fx, $\varphi_1 x$, $\varphi_2 x$, lesquels doivent être considérés comme constans, ainsi que la quantité α comprise dans le dénominateur $x - \alpha$. C'est sur ces principes qu'on a obtenu, dans le § XII du deuxième supplément, l'équation générale

$$(3)\quad \left\{ \begin{aligned} & \varepsilon_1 \psi x_1 + \varepsilon_2 \psi x_2 + \varepsilon_3 \psi x_3 \ldots + \varepsilon_\mu \psi x_\mu \\ & = C + \Pi(X) + \frac{f\alpha}{\sqrt{(\varphi\alpha)}} \log \frac{\theta\alpha \sqrt{(\varphi_1\alpha)} + \theta_1\alpha \sqrt{(\varphi_2\alpha)}}{\theta\alpha \sqrt{(\varphi_1\alpha)} - \theta_1\alpha \sqrt{(\varphi_2\alpha)}}, \end{aligned} \right.$$

C étant une constante, et $\Pi(X)$ désignant le coefficient de $\frac{1}{x}$, dans le développement fait suivant les puissances descendantes de x, de la fonction

$$X = \frac{fx}{(x-\alpha)\sqrt{(\varphi x)}} \log \frac{\theta x \sqrt{(\varphi_1 x)} + \theta_1 x \sqrt{(\varphi_2 x)}}{\theta x \sqrt{(\varphi_1 x)} - \theta_1 x \sqrt{(\varphi_2 x)}}.$$

Quant aux coefficiens ε_1, $\varepsilon_2 \ldots \varepsilon_\mu$, ils ne peuvent être que $+1$ ou -1, suivant les différens termes ψx_1, $\psi x_2 \ldots \psi x_\mu$ auxquels ils sont affectés.

Le premier membre de l'équation (3) peut être désigné par $\Sigma \psi x$, en entendant par ce symbole la somme des fonctions ψx_1, $\psi x_2 \ldots \psi x_\mu$, prises avec les signes convenables, suivant les cas particuliers; le second membre est composé, en général, de trois parties, dont une ou deux peuvent disparaître, suivant la nature de la fonction fx. Nous devons maintenant entrer dans quelques détails sur les diverses transcendantes contenues dans l'expression générale de ψx.

214. Ces transcendantes peuvent être classées convenablement, d'après le plus haut exposant de x contenu dans le polynome φx.

On regardera comme première classe, ou classe n° 1, celle où l'exposant le plus grand de x dans φx est 3 ou 4. Cette classe comprend généralement les trois espèces de fonctions elliptiques.

La seconde classe, ou la classe n° 2, sera celle où le plus haut exposant de x dans φx est 5 ou 6.

La troisième celle où cet exposant est 7 ou 8; et ainsi de suite.

D'après cette énumération, le polynome φx peut être indifféremment du degré pair $2i$ ou du degré impair inférieur $2i-1$, et la fonction ψx appartiendra toujours à la même classe, dont le numéro est $i-1$. En effet, on peut toujours ramener le cas du degré $2i-1$ à celui du degré $2i$; il suffit pour cela de faire $x=\frac{y}{1+\gamma y}$, γ étant une constante à volonté, et la transformée de $\frac{dxfx}{(x-\alpha)\sqrt{(\varphi x)}}$ contiendra un radical $\sqrt{(\Phi y)}$, dans lequel Φy sera un polynome du degré $2i$.

215. La division indiquée est d'autant plus admissible, que chaque classe est distinguée de toutes les autres par une propriété particulière, qui rend impossible la réduction d'une classe quelconque à une classe inférieure, sauf quelques cas particuliers.

Dans toutes les classes on peut, à partir d'un certain *minimum*, augmenter à volonté le nombre des fonctions comprises dans le premier membre de l'équation (3), c'est-à-dire que le nombre des valeurs particulières de x, avec lesquelles on forme un pareil nombre de fonctions, peut, à partir d'un *minimum* déterminé, être aussi grand qu'on voudra; mais parmi toutes ces quantités, dont le nombre est désigné par μ, il n'y en a qu'un certain nombre qui puissent être prises arbitrairement, et celles-ci serviront à déterminer toutes les autres. Or, dans les différentes classes, le plus petit nombre possible des non-arbitraires est déterminé, pour chacune, comme il suit :

Dans la première classe ce nombre est 1, dans la seconde il est 2, dans la troisième 3, et ainsi à l'infini.

En effet, prenant à volonté le nombre n qui détermine le degré du polynome θx, que l'on suppose complet, si l'on appelle λ le degré du polynome φx, λ_1 et λ_2 ceux des polynomes $\varphi_1 x$ et $\varphi_2 x$, on pourra toujours prendre le nombre m qui détermine le degré du second polynome complet $\theta_1 x$, de manière que les deux nombres $2n+\lambda_1$, $2m+\lambda_2$, qui expriment les degrés des produits $(\theta x)^2\varphi_1 x$ et $(\theta_1 x)^2\varphi_2 x$ soient égaux, ou ne diffèrent au plus que d'une unité, le second étant le plus petit des deux. On aura donc en général $\mu=2n+\lambda_1$, et en particulier

$\mu = m + n + \frac{\lambda}{2}$ si λ est pair, et $\mu = m + n + \frac{\lambda+1}{2}$ si λ est impair. Or, le nombre des conditions fournies par l'équation (2) est en général $\mu + 1$, sur quoi il faut prendre $m + n + 2$ équations, pour déterminer les différens coefficiens c, a, c_1, a_1, etc.; il restera donc $\frac{\lambda}{2} - 1$ équations si λ est pair, et $\frac{\lambda+1}{2} - 1$ si λ est impair, au moyen desquelles on pourra réduire d'autant le nombre des quantités x_1, x_2, $x_3 \ldots . x_\mu$. Il y aura donc parmi ces quantités un nombre $\frac{\lambda}{2} - 1$ ou $\frac{\lambda+1}{2} - 1$ d'auxiliaires, qui se détermineront par le moyen de toutes les autres, restées entièrement arbitraires. Ces combinaisons offrent le moindre nombre d'auxiliaires que la nature de la question comporte, comme on peut s'en assurer en donnant à m des valeurs qui rendent la différence.... $(2n + \lambda_1) - (2m + \lambda_2)$ plus grande que l'unité.

Il suit de là qu'il n'y aura qu'une auxiliaire si l'on a $\lambda = 3$ ou $\lambda = 4$, ce qui est le cas des fonctions elliptiques, c'est-à-dire de la première classe de nos transcendantes; que le nombre le plus petit d'auxiliaires sera 2 si l'on a $\lambda = 5$ ou $\lambda = 6$, qu'il sera 3 si l'on a $\lambda = 7$ ou $\lambda = 8$, et ainsi de suite.

Dans la première classe, qui est celle des fonctions elliptiques, la moindre valeur de μ est 3. En effet, si parmi les transcendantes de cette classe on considère la plus simple, $\int \frac{dx}{\sqrt{(\varphi x)}}$, désignée autrement par $F\varphi$, on sait qu'on peut toujours satisfaire, par une équation algébrique, à l'équation transcendante $F\varphi_1 + F\varphi_2 - F\varphi_3 = 0$; c'est-à-dire qu'étant données les deux amplitudes φ_1 et φ_2, on en trouvera algébriquement une troisième φ_3, telle que l'équation $F\varphi_1 + F\varphi_2 = F\varphi_3$ soit satisfaite. En changeant simplement le signe de φ_2, on satisfera également à l'équation $F\varphi_1 - F\varphi_2 = F\varphi_3$. Dès lors, on voit qu'étant donné un nombre quelconque de fonctions elliptiques de la première espèce, on pourra trouver algébriquement une seule fonction égale à la somme des fonctions données, affectées d'ailleurs de tels signes qu'on voudra. Ainsi, dans le cas de la fonction $\psi x = \int \frac{dx}{\sqrt{(\varphi x)}}$, où le polynome φx est du 3e ou du 4e degré, tous les termes du premier membre de l'équation (3) pourront être pris, avec des signes quelconques, hors un seul, dont l'amplitude x_μ sera déterminée par celles de toutes les autres, de manière que la somme de tous sera égale à zéro.

216. Dans une classe quelconque dont le numéro est N, la moindre valeur de μ est N + 1 ; c'est-à-dire que le nombre des variables $x_1, x_2 \ldots x_\mu$, comprises dans le premier membre de l'équation (3), ne peut être moindre que N + 1, afin qu'il y en ait au moins une d'arbitraire, les autres étant déterminées par le moyen de celle qui peut varier à volonté (*). Cette loi ne s'applique cependant pas à la première classe, puisqu'on a vu que, dans ce cas, le nombre des termes compris dans le premier membre de l'équation (3) ne peut être moindre que 3.

Il y a une infinité d'hypothèses sur les valeurs des fonctions θx, $\theta_1 x$, qui peuvent réduire à N + 1 le nombre des termes du premier membre de l'équation (3); car il n'est pas nécessaire pour cela que le second membre de la même équation se réduise à la forme

$$(x - x_1)(x - x_2)\ldots(x - x_{N+1}),$$

ce qui supposerait $\mu = N + 1$; il suffit que ce second membre puisse se réduire à la forme

$$x^{\mu - N - 1}(x - x_1)(x - x_2)\ldots(x - x_{N+1});$$

car alors μ sera d'une grandeur quelconque, et toutes les variables désignées par x_{N+2}, $x_{N+3} \ldots x_\mu$ étant nulles, le premier membre de l'équation (3) ne contiendra que les fonctions ψx_1, $\psi x_2 \ldots \psi x_{N+1}$, dont le nombre est N + 1, et parmi les quantités $x_1, x_2 \ldots x_{N+1}$, il n'y en aura qu'une d'arbitraire, qui servira à déterminer les autres, dont le nombre est N.

217. L'examen approfondi de ces sortes de transcendantes fournit encore un résultat très remarquable.

Si l'on prend pour $\psi_0 x$ la plus simple des transcendantes ψx, c'est-à-dire celle dans laquelle $fx = x - \alpha$, et qui se réduit à l'intégrale $\int \frac{dx}{\sqrt{(\varphi x)}}$, φx étant un polynome en x du degré λ, le premier membre de l'équation (3), dans lequel on déterminera convenablement les signes des différens termes, se réduira toujours à une constante, quel que soit le nombre μ des termes de ce premier membre; car on voit aisément

(*) On pourrait, à la rigueur, réduire ce nombre à N, en supposant que la quantité arbitraire x_1 est infiniment petite, quoique variable; car alors ψx_1 disparaîtrait dans le premier membre de l'équation (3), et la comparaison ne s'établirait par cette équation qu'entre N fonctions.

que, dans ce cas, la quantité désignée par $\Pi(X)$ s'évanouit, ainsi que la quantité logarithmique que cette formule contient. Mais ce qui mérite surtout de fixer l'attention, c'est que l'équation $\Sigma\psi_0 x = C$ étant trouvée pour la fonction simple $\psi_0 x$, on pourra toujours en déduire facilement l'équation semblable qui a lieu pour toute autre fonction ψx comprise dans la formule $\psi x = \int \frac{dx fx}{(x-\alpha)\sqrt{(\varphi x)}}$.

Il suffira, pour cet effet, que chaque terme $\psi_0 t$ de la somme $\Sigma\psi_0 x$, devenu ψt dans la somme $\Sigma\psi t$, conserve le même signe si le facteur $\frac{ft}{t-\alpha}$ est positif, et change de signe si ce facteur est négatif. Avec cette seule modification, la nouvelle somme $\Sigma\psi t$ sera, sans aucune indétermination, égale au second membre de l'équation (3), lequel est composé d'une partie constante, d'une partie algébrique et d'une partie logarithmique, réunies toutes les trois ou réduites à un moindre nombre, suivant les différens cas.

218. La propriété dont on vient de parler semble établir une différence essentielle entre les fonctions de la classe N en général et celles de la première classe, qui sont des fonctions elliptiques. Dans celles-ci, on peut former à volonté le premier membre de l'équation (3), en faisant varier de toutes les manières possibles les signes des différens termes, excepté un seul, dont la variable x_μ ou sin φ_μ peut être déterminée par toutes les autres, de manière que le second membre soit non-seulement constant, mais nul.

Cette équation, une fois formée pour les fonctions F, s'appliquera, sans aucun changement de signe, aux fonctions E de la seconde espèce et aux fonctions Π de la troisième.

Dans les fonctions de la classe N, en général, les variables étant prises de manière que sur le nombre total μ il y en ait $\mu - N$ arbitraires et N non arbitraires ou auxiliaires, lorsqu'on aura une fois déterminé les signes des différens termes, pour que, dans le cas de la simple fonction $\psi_0 x = \int \frac{dx}{\sqrt{(\varphi x)}}$, la somme de toutes soit égale à une constante connue, on voit que ces signes détermineront ceux des fonctions composées, dont la somme, désignée par $\Sigma\psi x$, sera égale au second membre de l'équation (3).

De là il paraît s'ensuivre que la somme $\Sigma\psi x$ ne serait connue et déterminable que pour une certaine combinaison de signes, indiquée par la somme semblable appliquée, pour les mêmes valeurs particulières de x, à la fonction simple $\psi_0 x$.

Mais il faut observer que le problème qui détermine les coefficiens des fonctions θx et $\theta_1 x$, par le moyen des $\mu - N$ valeurs particulières de x, aura toujours, en quantités réelles, autant de solutions qu'il est nécessaire pour que les fonctions composant la somme $\Sigma\psi_0 x$ s'y trouvent dans toutes les combinaisons possibles des signes. Ainsi, la somme désignée par $\Sigma\psi x$ s'exprimera, dans toute combinaison des signes du premier membre, par des quantités algébriques et logarithmiques. Il arrivera seulement que les auxiliaires seront différentes dans les différentes combinaisons, et que quelques-unes d'entre elles pourront être imaginaires; ce qui donnera toujours une solution analytique, mais plus difficile à vérifier. Ces propriétés, au reste, ne peuvent être indiquées ici que très succinctement; nous leur donnerons ci-après de plus grands développemens.

219. Il nous reste enfin à faire observer que les transcendantes dont nous nous occupons jouissent, dans chaque classe, de la propriété de se diviser en trois espèces, comme les fonctions elliptiques.

Les fonctions de la première et de la seconde espèce résultent de la supposition $fx = x^e(x - \alpha)$; elles sont donc comprises dans la formule générale $\psi x = \int \frac{x^e dx}{\sqrt{(\varphi x)}}$, et il est facile de voir que cette formule est susceptible de réduction lorsque l'exposant e est égal à $\lambda - 1$ ou plus grand que $\lambda - 1$.

En effet, soit Z un polynome complet en x du degré r; soit, pour abréger, $Z' = \frac{dZ}{dx}$ et $\varphi' x = \frac{d\varphi x}{dx}$, on aura

$$\frac{d[Z\sqrt{(\varphi x)}]}{dx} = \frac{Z'\varphi x + \frac{1}{2}Z\varphi' x}{\sqrt{(\varphi x)}}.$$

Les coefficiens du polynome Z étant au nombre de $r+1$, on pourra faire en sorte que la quantité $Z'\varphi x + \frac{1}{2}Z\varphi' x$ se réduise aux seuls termes

$$x^e - B_{\lambda-2}x^{\lambda-2} - B_{\lambda-3}x^{\lambda-3} \ldots - B_1 x - B_0.$$

Pour cela, il faudra faire $r = e - \lambda + 1$, et les $r+1$ coefficiens du polynome Z fourniront autant d'équations qu'il est nécessaire pour que la réduction dont il s'agit ait lieu; on connaîtra ainsi tant la valeur du polynome Z que celle des nouveaux coefficiens $B_{\lambda-2}$, $B_{\lambda-3} \ldots B_0$. Cela fait, si l'on appelle, pour abréger, T_n l'intégrale $\int \frac{x^n dx}{\sqrt{(\varphi x)}}$, on aura

$$T_e = Z\sqrt{(\varphi x)} + B_0 T_0 + B_1 T_1 + B_2 T_2 \ldots + B_{\lambda-2} T_{\lambda-2}.$$

De là on voit qu'il suffit de considérer dans l'intégrale $\int \frac{x^e dx}{\sqrt{(\varphi x)}}$ les seuls cas où l'exposant e ne passe pas $\lambda - 2$. Ce résultat est général, et il s'applique aux transcendantes de toutes les classes, à compter de la seconde.

220. Pour distinguer maintenant les valeurs de e qui appartiennent à la première espèce et celles qui appartiennent à la seconde, il faut examiner la manière dont se forme la quantité $\Pi(X)$, d'après l'énoncé du théorème général; et si l'on se rappelle qu'entre les nombres n, m, λ, λ_1, λ_2, qui désignent les degrés des polynomes θx, $\theta_1 x$, φx, $\varphi_1 x$, $\varphi_2 x$, on a trouvé ci-dessus l'équation $\lambda_1 + n - m = \frac{\lambda}{2}$ ou $\frac{\lambda+1}{2}$, selon que λ est pair ou impair, on parviendra aisément à la conclusion suivante :

Si l'exposant e, non plus grand que $\lambda - 2$, est plus petit que $\frac{\lambda}{2} - 1$ ou que $\frac{\lambda-1}{2}$, l'intégrale $\int \frac{x^e dx}{\sqrt{(\varphi x)}}$ se rapportera aux fonctions de la première espèce; si cet exposant est égal à $\frac{\lambda}{2} - 1$, ou plus grand que $\frac{\lambda}{2} - 1$, lorsque λ est pair, et s'il est égal à $\frac{\lambda-1}{2}$, ou plus grand que $\frac{\lambda-1}{2}$, lorsque λ est impair, l'intégrale se rapportera aux fonctions de la seconde espèce.

Il est facile de voir en effet que, dans le premier cas, la quantité X, développée suivant les puissances croissantes de $\frac{1}{x} = u$, ne donnera aucun terme de la forme Au, et qu'ainsi le terme désigné par $\Pi(X) = 0$; au contraire, dans le second cas, le terme Au fera partie de ce développement, ce qui donnera $\Pi(X) = A$.

On peut donc, au premier coup d'œil, distinguer parmi les intégrales $\psi x = \int \frac{x^e dx}{\sqrt{(\varphi x)}}$ celles qui se rapportent à la première espèce et celles qui se rapportent à la seconde. Dans le premier cas, on aura $\Sigma\psi x = C$, C étant une constante qui aura un certain nombre de valeurs déterminées, suivant les différentes valeurs arbitraires de x, qui servent à composer la somme désignée par $\Sigma\psi x$; dans le second cas, on aura $\Sigma\psi x = C + \Pi(X)$, $\Pi(X)$ étant une partie algébrique déterminée par un terme du développement de la fonction X. Dans les deux cas, la partie logarithmique du second membre de l'équation (3) disparaît, puisqu'ayant fait $fx = x^{\epsilon}(x - \alpha)$, on a $f\alpha = 0$.

221. Venons maintenant aux fonctions de la troisième espèce. La forme la plus simple dont elles sont susceptibles résulte de la supposition $fx = 1$, et alors on a la formule type de ces fonctions, qui est $\downarrow x = \int \frac{dx}{(x-\alpha)\sqrt{(\varphi x)}}$, α étant une constante réelle ou imaginaire. Dans le cas où cette constante est imaginaire, si on la représente par..... $\alpha = r(\cos 6 + \sqrt{-1} \sin 6)$, l'intégrale précédente devra être jointe à une autre semblable $\int \frac{dx}{(x-\alpha')\sqrt{(\varphi x)}}$, dans laquelle $\alpha' = r(\cos 6 - \sqrt{-1} \sin 6)$, et la somme des deux sera une quantité réelle.

Si l'on considère plus généralement l'intégrale $\downarrow x = \int \frac{dxfx}{(x-\alpha)\sqrt{(\varphi x)}}$, on devra la partager en deux parties, l'une qui se rapporte à la première et à la deuxième espèce, l'autre qui se rapporte à la troisième. En effet, quelle que soit la fonction entière fx, la quantité $\frac{fx - f\alpha}{x - \alpha}$ sera aussi une fonction entière de x, dont le degré sera moindre d'une unité que celui de la fonction fx. Soit $f_1 x$ cette fonction, et l'on aura

$$\downarrow x = \int \frac{dxf_1 x}{\sqrt{(\varphi x)}} + f\alpha \int \frac{dx}{(x-\alpha)\sqrt{(\varphi x)}},$$

où l'on remarque les deux parties mentionnées.

222. Le théorème général dont nous nous sommes jusqu'ici occupés ne concerne que les intégrales $\downarrow x = \int \frac{dxfx}{(x-\alpha)\sqrt{(\varphi x)}}$, dans lesquelles fx est une fonction entière de x; mais on peut faire rentrer dans la même théorie l'intégrale beaucoup plus générale $\Psi x = \int \frac{dx\mathrm{F}x}{\sqrt{(\varphi x)}}$, dans laquelle $\mathrm{F}x$ désigne une fonction rationnelle quelconque de x. En effet, par les principes connus de la décomposition des fractions rationnelles, on sait que la fonction $\mathrm{F}x$ peut toujours être partagée en une fonction entière fx, jointe à une suite de fractions partielles, telles que

$$\begin{aligned} &\frac{A_1}{x-\alpha} + \frac{B_1}{x-6} + \frac{C_1}{x-\gamma} + \text{etc.} \\ &+ \frac{A_2}{(x-\alpha)^2} + \frac{B_2}{(x-6)^2} + \frac{C_2}{(x-\gamma)^2} + \text{etc.} \\ &+ \text{etc.}; \end{aligned}$$

la première ligne étant due aux facteurs simples qui divisent le dénominateur de Fx, la seconde aux facteurs doubles, et ainsi de suite. Ainsi l'intégrale désignée par Ψx contiendra,

1°. L'intégrale $\int \frac{dx fx}{\sqrt{(\varphi x)}}$, qui s'exprimera par des fonctions de la première et de la seconde espèce, dans la classe déterminée par le plus haut exposant de x dans φx;

2°. Une suite de fonctions de la troisième espèce, représentées par

$$A_1 \int \frac{dx}{(x-\alpha)\sqrt{(\varphi x)}} + B_1 \int \frac{dx}{(x-\mathfrak{b})\sqrt{(\varphi x)}} + \text{etc.};$$

3°. Un ou plusieurs termes de la forme

$$A_2 \int \frac{dx}{(x-\alpha)^2\sqrt{(\varphi x)}} + B_2 \int \frac{dx}{(x-\mathfrak{b})^2\sqrt{(\varphi x)}} + \text{etc.}$$

Et ainsi des autres lignes, jusqu'à ce qu'on ait épuisé tous les facteurs multiples qui peuvent diviser le dénominateur de la fonction Fx.

Tout se réduit donc à ramener chaque intégrale de la forme..... $\int \frac{dx}{(x-\alpha)^n\sqrt{(\varphi x)}}$ à une intégrale semblable, dans laquelle $n = 1$, et qui sera ainsi une fonction de la troisième espèce. Cette réduction peut se faire de plusieurs manières.

On peut d'abord, en laissant α indéterminé, déduire de la première intégrale $Z_1 = \int \frac{dx}{(x-\alpha)\sqrt{(\varphi x)}}$ la seconde $Z_2 = \int \frac{dx}{(x-\alpha)^2\sqrt{(\varphi x)}}$, et successivement toutes les autres, au moyen des formules $Z_2 = \frac{dZ_1}{d\alpha}$, $Z_3 = \frac{1}{2}\cdot\frac{ddZ_1}{d\alpha^2}$, $Z_4 = \frac{1}{2\cdot 3}\cdot\frac{d^3Z_1}{d\alpha^3}$, etc. Une autre solution peut s'obtenir par le procédé connu, qui consiste à différentier la quantité $\frac{\sqrt{(\varphi x)}}{(x-\alpha)^{n-1}}$, puis à revenir de la différentielle à son intégrale. Soit, pour abréger, $\frac{d(\varphi x)}{dx} = \varphi' x$ et $\frac{\varphi x - \varphi\alpha}{x-\alpha} = \pi x$, on trouvera de cette manière la formule

$$(n-1)\varphi\alpha Z_n = -\frac{(\varphi x)^{\frac{1}{2}}}{(x-\alpha)^{n-1}} + \int \frac{\frac{1}{2}\varphi' x - (n-1)\pi x}{(x-\alpha)^{n-1}} \cdot \frac{dx}{\sqrt{(\varphi x)}}.$$

La fraction $\frac{\frac{1}{2}\varphi' x - (n-1)\pi x}{(x-\alpha)^{n-1}}$ étant développée donnera, en général, une fonction entière de x, plus une suite de fractions qui auront pour dénominateurs les puissances successives $x-\alpha$, $(x-\alpha)^2 \ldots (x-\alpha)^{n-1}$. Donc la transcendante Z_n s'exprimera par les transcendantes d'un ordre moindre

Z_1, Z_2.... Z_{n-1}, auxquelles se joindra une partie algébrique, et une autre partie qui ne contient que des fonctions de la première et de la seconde espèce.

Une équation semblable exprimera la transcendante Z_{n-1} par les transcendantes d'ordres inférieurs, jointes aux mêmes parties accessoires. Ainsi l'on voit qu'en définitive la transcendante Z_n et toutes les transcendantes d'un ordre moindre s'exprimeront par les mêmes fonctions auxquelles s'applique directement le théorème général. Ce théorème acquiert ainsi toute l'extension que nous voulions lui procurer.

223. Par les principes élémentaires du calcul intégral, on sait que l'intégrale $\int T dx$ peut être déterminée en partie algébriquement, en partie par arcs de cercle et par logarithmes, toutes les fois que T est une fonction rationnelle de x. Par la théorie dont nous venons d'établir les fondemens, on pourra exprimer semblablement la somme d'un certain nombre d'intégrales particulières, représentées par $\int T dx$, toutes les fois que le quarré de T sera une fonction rationnelle de x.

Les plus simples de ces transcendantes sont celles qui ont reçu le nom de *fonctions elliptiques*; toutes les autres, auxquelles on pourrait donner le nom de *fonctions ultra-elliptiques*, se divisent en une infinité de classes portant les numéros successifs 2, 3, 4, etc. : et dans chaque classe on distingue trois espèces entièrement analogues à celles que la nature des choses a introduites dans la théorie des fonctions elliptiques. La troisième espèce peut même être sous-divisée en deux autres, à l'instar de la sous-division qui a lieu dans les fonctions elliptiques, selon que le paramètre est circulaire ou logarithmique.

Par les travaux successifs de différens géomètres, la théorie des fonctions elliptiques est devenue une branche importante de l'analyse. Par le théorème de M. Abel, une carrière beaucoup plus vaste est ouverte aux recherches des géomètres, puisqu'elle embrasse de nouvelles classes de transcendantes en nombre infini, dont les propriétés ne sont pas moins remarquables que celles des fonctions elliptiques, avec lesquelles elles ont beaucoup d'analogie, et qui étaient restées jusqu'à présent entièrement inconnues.

Nous nous proposons de donner ici, au moins dans quelques exemples, une idée de ces propriétés nouvelles, dont nous avions en quelque sorte provoqué l'investigation dans la première phrase de l'introduction au tome Ier. Pour avancer plus sûrement dans cette nouvelle carrière, nous avons appuyé nos résultats sur des calculs numériques faits avec une grande précision, et nous n'avons pas craint de donner parfois beaucoup d'étendue aux détails de ces calculs fastidieux, qui n'intéresseront guère le lecteur, mais qui serviront au moins de pièces justificatives aux conséquences nombreuses que nous en avons tirées. Ces détails sont d'ailleurs justifiés par le but général de cet ouvrage, qui n'est pas simplement théorique, mais qui est destiné à offrir les moyens de faciliter le calcul numérique de toutes les transcendantes dont nous nous sommes occupés.

§ IV. *Application du théorème général aux fonctions elliptiques.*

224. Au lieu de considérer φx comme un polynome complet du quatrième degré, nous supposerons simplement

$$(4) \qquad \varphi x = (1 - x^2)(1 - k^2x^2);$$

car on sait que c'est à cette forme, où k est < 1, qu'on peut toujours réduire la quantité comprise sous le radical qui entre dans l'expression différentielle primitive de la fonction elliptique proposée. Le polynome φx devant être partagé en deux facteurs $\varphi_1 x$ et $\varphi_2 x$, nous supposerons

$$(5) \qquad \varphi_1 x = 1 - k^2x^2, \quad \varphi_2 x = 1 - x^2;$$

ensuite nous prendrons

$$(6) \qquad \theta x = a + a_1 x, \quad \theta_1 x = c + c_1 x,$$

et il faudra satisfaire à l'équation

$$(7) \quad (a + a_1 x)^2(1 - k^2x^2) - (c + c_1 x)^2(1 - x^2) = (x - x_1)(x - x_2)(x - x_3)(x - x_4),$$

dans laquelle les coefficiens a, c, a_1, c_1, qui sont indépendans de x, doivent être des fonctions de x_1, x_2, x_3 et x_4.

L'identité des deux polynomes compris dans les deux membres fournit cinq équations de condition, dont quatre sont nécessaires pour déterminer les quatre coefficiens a, a_1, c, c_1; la cinquième sera donc une équation de condition entre les quatre quantités x_1, x_2, x_3, x_4, de sorte que l'une d'elles sera une fonction déterminée des trois autres, qu'on pourra prendre à volonté.

On obtient, sous une forme assez simple, quatre des cinq équations dont nous venons de parler, en faisant successivement $x = 1$, $x = -1$, $x = \frac{1}{k}$, $x = -\frac{1}{k}$. Voici ces équations, dans lesquelles on a mis k'^2 au lieu de $1 - k^2$:

$$(a + a_1)^2 k'^2 = (1 - x_1)(1 - x_2)(1 - x_3)(1 - x_4),$$
$$(a - a_1)^2 k'^2 = (1 + x_1)(1 + x_2)(1 + x_3)(1 + x_4),$$
$$(ck + c_1)^2 k'^2 = (1 - kx_1)(1 - kx_2)(1 - kx_3)(1 - kx_4),$$
$$(ck - c_1)^2 k'^2 = (1 + kx_1)(1 + kx_2)(1 + kx_3)(1 + kx_4).$$

Une cinquième est donnée par les coefficiens de x_4, savoir :

$$c^2_1 - a^2_1 k^2 = 1.$$

Enfin, on en aurait une sixième en faisant $x = 0$, laquelle serait

$$a^2 - c^2 = x_1 x_2 x_3 x_4;$$

mais celle-ci est nécessairement comprise dans les cinq autres.

225. Observons maintenant que, dans les fonctions elliptiques, x désigne toujours le sinus d'un arc; et comme les quantités x_1, x_2, x_3, x_4, sont considérées comme des valeurs particulières de x, nous pourrons faire

$$x_1 = \sin \varphi_1, \quad x_2 = \sin \varphi_2, \quad x_3 = \sin \varphi_3, \quad x_4 = \sin \varphi_4;$$

et alors il est aisé de voir qu'on aura les quatre équations suivantes, où $\Delta\varphi$ est mis à la place de $\sqrt{(1 - k^2 \sin^2 \varphi)}$:

$$(a^2 - a^2_1)\, k'^2 = \pm \cos \varphi_1 \cos \varphi_2 \cos \varphi_3 \cos \varphi_4,$$
$$(c^2_1 - c^2 k^2)\, k'^2 = \Delta\varphi_1 \Delta\varphi_2 \Delta\varphi_3 \Delta\varphi_4,$$
$$a^2 - c^2 = \sin \varphi_1 \sin \varphi_2 \sin \varphi_3 \sin \varphi_4,$$
$$c^2_1 - a^2_1 k^2 = 1.$$

De là on tire une équation de condition entre les amplitudes φ_1, φ_2, φ_3, φ_4, savoir :

$$(8) \quad \left\{ \begin{aligned} &\Delta\varphi_1 \Delta\varphi_2 \Delta\varphi_3 \Delta\varphi_4 \pm k^2 \cos \varphi_1 \cos \varphi_2 \cos \varphi_3 \cos \varphi_4 \\ &= k'^2 + k^2 k'^2 \sin \varphi_1 \sin \varphi_2 \sin \varphi_3 \sin \varphi_4. \end{aligned} \right.$$

Remarquez qu'on a dû prendre positivement le premier terme $\Delta\varphi_1 \Delta\varphi_2 \Delta\varphi_3 \Delta\varphi_4$, car si on lui donnait le signe $-$, le premier membre serait toujours une quantité négative, puisqu'en général $\Delta\varphi$ ou $\sqrt{(\cos^2 \varphi + k'^2 \sin^2 \varphi)}$ est $> \cos \varphi$, tandis que le second membre est une quantité toujours positive.

L'équation que nous venons de trouver donne la relation qui doit exister entre les quatre amplitudes φ_1, φ_2, φ_3, φ_4, pour que l'intégrale $\psi x = \int \frac{fx\,dx}{(x - \alpha)\sqrt{(\varphi x)}}$, appliquée aux valeurs particulières $x = \sin \varphi_1$,

$x = \sin\varphi_2$, $x = \sin\varphi_3$, $x = \sin\varphi_4$, jouisse de cette propriété, que la somme des quatre fonctions $\psi\varphi_1$, $\psi\varphi_2$, $\psi\varphi_3$, $\psi\varphi_4$, prises avec des signes convenables, soit égale au second membre de l'équation (3), dans lequel se trouvent réunies ou divisées, suivant les différens cas, une partie constante, une partie algébrique et une partie logarithmique. On exprime ainsi la somme de quatre transcendantes par une quantité beaucoup plus simple que chacune d'elles dans l'ordre analytique; et il est remarquable que cette conséquence a lieu pour toutes les transcendantes désignées par la caractéristique ψ, quelle que soit d'ailleurs la fonction entière de x désignée par fx.

Supposant donc les signes du polynome $\psi\varphi_1 \pm \psi\varphi_2 \pm \psi\varphi_3 \pm \psi\varphi_4$, fixés relativement à la plus simple des fonctions ψx qui représente $\int\frac{dx}{\sqrt{(\varphi x)}}$, ces mêmes signes auront lieu relativement à toute autre valeur de la fonction ψx, qui représente $\int\frac{dxfx}{(x-\alpha)\sqrt{(\varphi x)}}$, fx étant une fonction entière de x autre que $x-\alpha$. On suppose seulement que $\frac{fx}{x-\alpha}$ reste positive dans toute l'étendue de l'intégrale.

226. Il faut faire voir maintenant que l'équation (5) s'accorde avec les formules connues des fonctions elliptiques. Pour cela, considérons les deux équations transcendantes

$$F\mu = F\alpha - F\beta,$$
$$F\mu = F\varphi + F\psi,$$

k étant le module commun de ces fonctions; on aura les équations algébriques correspondantes

$$\cos\mu = \frac{\cos\varphi\cos\psi - \sin\varphi\sin\psi\Delta\varphi\Delta\psi}{1-k^2\sin^2\varphi\sin^2\psi} = \frac{\cos\alpha\cos\beta + \sin\alpha\sin\beta\Delta\alpha\Delta\beta}{1-k^2\sin^2\alpha\sin^2\beta},$$

$$\Delta\mu = \frac{\Delta\varphi\Delta\psi - k^2\sin\varphi\sin\psi\cos\varphi\cos\psi}{1-k^2\sin^2\varphi\sin^2\psi} = \frac{\Delta\alpha\Delta\beta + k^2\sin\alpha\sin\beta\cos\alpha\cos\beta}{1-k^2\sin^2\alpha\sin^2\beta}.$$

Par la combinaison de ces équations, on obtient les suivantes :

$$\Delta\alpha\Delta\beta = \Delta\mu - k^2\cos\mu\sin\alpha\sin\beta,$$
$$\Delta\varphi\Delta\psi = \Delta\mu + k^2\cos\mu\sin\varphi\sin\psi,$$
$$\cos\alpha\cos\beta = \cos\mu - \Delta\mu\sin\alpha\sin\beta,$$
$$\cos\varphi\cos\psi = \cos\mu + \Delta\mu\sin\varphi\sin\psi,$$
$$\Delta\alpha\Delta\beta\Delta\varphi\Delta\psi = \Delta^2\mu + k^2\cos\mu\Delta\mu(\sin\varphi\sin\psi - \sin\alpha\sin\beta) - k^4\cos^2\mu\sin\alpha\sin\beta\sin\varphi\sin\psi,$$

$$\cos\alpha\cos\beta\cos\varphi\cos\psi = \cos^2\mu + \cos\mu\Delta\mu(\sin\varphi\sin\psi - \sin\alpha\sin\beta) - \Delta^2\mu\sin\alpha\sin\beta\sin\varphi\sin\psi.$$

Enfin, de ces deux dernières, on tire une équation indépendante de μ, savoir,

$$\Delta\alpha\Delta\beta\Delta\varphi\Delta\psi - k^2\cos\alpha\cos\beta\cos\varphi\cos\psi = k'^2 + k^2k'^2\sin\alpha\sin\beta\sin\varphi\sin\psi;$$

c'est l'équation algébrique qui répond à l'équation transcendante

$$F\alpha - F\beta = F\varphi + F\psi.$$

Appliquant ce résultat aux deux équations algébriques comprises dans l'équation (8), on voit d'abord que l'équation

$$\Delta\varphi_1\Delta\varphi_2\Delta\varphi_3\Delta\varphi_4 - k^2\cos\varphi_1\cos\varphi_2\cos\varphi_3\cos\varphi_4 = k'^2 + k^2k'^2\sin\varphi_1\sin\varphi_2\sin\varphi_3\sin\varphi_4,$$

correspondra à l'équation transcendante

$$F\varphi_3 = F\varphi_4 + F\varphi_1 + F\varphi_2;$$

et comme on peut, dans l'équation algébrique, faire une permutation quelconque entre les lettres φ_1, φ_2, φ_3, φ_4, cette permutation, introduite également dans l'équation transcendante, fait voir que l'équation algébrique sera satisfaite, pourvu qu'une des quatre fonctions $F\varphi_1$, $F\varphi_2$, $F\varphi_3$, $F\varphi_4$ soit égale à la somme des trois autres. D'ailleurs, comme les quantités algébriques $\sin\varphi$, $\cos\varphi$, $\Delta\varphi$, relatives à l'amplitude φ, restent les mêmes pour toute amplitude $\varphi + 2i\pi$, tandis que $F\varphi$ devient $F\varphi + 4iF^1k$, il est visible qu'on peut ajouter à l'un ou l'autre membre de l'équation transcendante la quantité $4iF^1k$, i étant un entier quelconque, sans que cette équation cesse de correspondre à l'équation algébrique.

Substituant successivement, dans les équations précédentes, $\pi - \varphi_1$ à φ_1, et $\pi - \varphi_3$ à φ_3, on trouvera que la seconde équation algébrique comprise dans l'équation (8), savoir

$$\Delta\varphi_1\Delta\varphi_2\Delta\varphi_3\Delta\varphi_4 + k^2\cos\varphi_1\cos\varphi_2\cos\varphi_3\cos\varphi_4 = k'^2 + k^2k'^2\sin\varphi_1\sin\varphi_2\sin\varphi_3\sin\varphi_4,$$

correspond également aux deux équations transcendantes

$$F\varphi_1 + F\varphi_3 - F\varphi_2 - F\varphi_4 = 2F^1k,$$
$$F\varphi_1 + F\varphi_2 + F\varphi_3 + F\varphi_4 = 2F^1k.$$

La première en représente six par la permutation des lettres, et d'ailleurs on peut ajouter à l'un des membres de ces deux équations la quantité $4iF^1k$, i étant un entier quelconque positif ou négatif.

227. Au reste, il est inutile d'insister sur ces formes diverses de l'équation transcendante qui satisfait à l'une des deux formes de l'équation (8), et l'on peut se borner à considérer la plus simple de ces équations, celle d'où toutes les autres peuvent être déduites. Pour cela, soit $\varphi_4 = 0$, on aura l'équation algébrique

$$(9) \qquad \Delta\varphi_1\Delta\varphi_2\Delta\varphi_3 - k^2 \cos\varphi_1 \cos\varphi_2 \cos\varphi_3 = k'^2,$$

qui correspond à l'équation transcendante

$$F\varphi_3 = F\varphi_2 + F\varphi_1,$$

et qui correspondrait également à l'une des équations

$$F\varphi_2 = F\varphi_1 + F\varphi_3,$$
$$F\varphi_1 = F\varphi_2 + F\varphi_3;$$

en sorte qu'elle exprime, en général, que l'une des trois fonctions est égale à la somme des deux autres. Le résultat précédent se confirme immédiatement par les formules connues des fonctions elliptiques. En effet, on sait qu'à partir de l'équation transcendante

$$F\varphi_3 = F\varphi_1 + F\varphi_2,$$

on a les deux équations algébriques (*)

$$\Delta\varphi_1\Delta\varphi_2 = \Delta\varphi_3 + k^2 \cos\varphi_3 \sin\varphi_1 \sin\varphi_2,$$
$$\cos\varphi_1 \cos\varphi_2 = \cos\varphi_3 + \Delta\varphi_3 \sin\varphi_1 \sin\varphi_2.$$

Multipliant la première par $\Delta\varphi_3$, la seconde par $-k^2\cos\varphi_3$, et ajoutant les produits, on aura

$$\Delta\varphi_1\Delta\varphi_2\Delta\varphi_3 - k^2 \cos\varphi_1 \cos\varphi_2 \cos\varphi_3 = \Delta^2\varphi_3 - k^2 \cos^2\varphi_3 = k'^2,$$

ce qui est l'équation à démontrer.

D'après cette équation, on pourrait chercher les valeurs de $\cos\varphi_3$ et $\Delta\varphi_3$ exprimées en fonctions de $\sin\varphi_1$, $\sin\varphi_2$, $\cos\varphi_1$, $\cos\varphi_2$, $\Delta\varphi_1$, $\Delta\varphi_2$; ce qui serait une dernière vérification de nos formules. Et d'abord faisant disparaître les irrationnelles $\Delta\varphi_1$, $\Delta\varphi_2$, $\Delta\varphi_3$, on aura une équation entièrement rationnelle entre $\cos\varphi_1$, $\cos\varphi_2$, $\cos\varphi_3$, d'où l'on déduira

(*) Ces deux équations algébriques n'en font, à proprement parler, qu'une seule, qui exprime algébriquement la relation entre les amplitudes φ_1, φ_2, φ_3, nécessaire pour que l'équation transcendante ait lieu. C'est de la même source que se tire la valeur de $\sin\varphi_3$, exprimée en fonction de $\sin\varphi_1$, $\sin\varphi_2$, $\cos\varphi_1$, $\cos\varphi_2$, $\Delta\varphi_1$, $\Delta\varphi_2$.

$$\cos\varphi_3 = \frac{\cos\varphi_1 . \cos\varphi_2 \pm \sin\varphi_1 \sin\varphi_2 \Delta\varphi_1 \Delta\varphi_2}{1 - k^2 \sin^2\varphi_1 \sin^2\varphi_2}.$$

Le double signe doit son origine à ce que l'équation algébrique d'où nous sommes partis satisfait également aux deux équations $F\varphi_3 = F\varphi_1 + F\varphi_2$, $F\varphi_3 = F\varphi_1 - F\varphi_2$; si l'on veut qu'elle s'applique à la première, il faudra prendre le signe inférieur, parce que la supposition $k = 0$ donnerait $\varphi_3 = \varphi_1 + \varphi_2$, et par conséquent $\cos\varphi_3 = \cos\varphi_1 \cos\varphi_2 - \sin\varphi_1 \sin\varphi_2$. Donc, en général, si l'équation est $F\varphi_3 = F\varphi_1 + F\varphi_2$, on aura

$$\cos\varphi_3 = \frac{\cos\varphi_1 \cos\varphi_2 - \sin\varphi_1 \sin\varphi_2 \Delta\varphi_1 \Delta\varphi_2}{1 - k^2 \sin^2\varphi_1 \sin^2\varphi_2}.$$

Cette valeur, substituée dans l'équation $\Delta\varphi_1\Delta\varphi_2\Delta\varphi_3 = k'^2 + k^2 \cos\varphi_1 \cos\varphi_2 \cos\varphi_3$, donnera

$$\Delta\varphi_3 = \frac{\Delta\varphi_1 \Delta\varphi_2 - k^2 \sin\varphi_1 \sin\varphi_2 \cos\varphi_1 \cos\varphi_2}{1 - k^2 \sin^2\varphi_1 \sin^2\varphi_2}.$$

Enfin, par l'une ou l'autre de ces valeurs on trouverait

$$\sin\varphi_3 = \frac{\sin\varphi_1 \cos\varphi_2 \Delta\varphi_2 + \sin\varphi_2 \cos\varphi_1 \Delta\varphi_1}{1 - k^2 \sin^2\varphi_1 \sin^2\varphi_2}.$$

Ainsi, nous avons déduit du théorème général les propriétés fondamentales de la fonction de première espèce $F\varphi$, lesquelles découlent de l'équation algébrique qui correspond à l'équation transcendante $F\varphi_3 = F\varphi_1 + F\varphi_2$.

Propriétés des fonctions de la seconde espèce.

228. Pour que la fonction désignée généralement par ψx devienne $E\varphi$, il faut, en supposant toujours $x = \sin\varphi$, faire $fx = (x - \alpha)(1 - k^2x^2)$; car alors on aura

$$\psi x = \int \frac{dx(1 - k^2x^2)}{\varphi x} = \int dx \sqrt{\left(\frac{1 - k^2x^2}{1 - x^2}\right)} = \int d\varphi \sqrt{(1 - k^2\sin^2\varphi)}.$$

La fonction de première espèce $F\varphi$ étant supposée satisfaire à l'équation

$$F\varphi_1 + F\varphi_2 - F\varphi_3 = 0,$$

nous allons rechercher quelle sera la valeur d'une quantité semblablement formée des fonctions de la seconde espèce; cette valeur sera, conformément à la formule générale, $C + \Pi(X)$, C étant une constante et $\Pi(X)$ désignant le coefficient de $\frac{1}{x}$ dans le développement suivant les puissances descendantes de x, de la fonction

$$X = \frac{\varphi_1 x}{\sqrt{(\varphi x)}} \log \frac{\theta x \sqrt{(\varphi_1 x)} + \theta_1 x \sqrt{(\varphi_2 x)}}{\theta x \sqrt{(\varphi_1 x)} - \theta_2 x \sqrt{(\varphi_2 x)}}.$$

Soit $x = \frac{1}{u}$, et $z = \frac{\theta_1 x}{\theta x} \sqrt{\left(\frac{\varphi_2 x}{\varphi_1 x}\right)} = \frac{c_1 + cu}{a_1 + cu} \sqrt{\left(\frac{1 - u^2}{k^2 - u^2}\right)}$, on aura $X = \sqrt{\left(\frac{k^2 - u^2}{1 - u^2}\right)} \log \frac{1 + z}{1 - z}$. Négligeant les u^2 dans le développement de X suivant les puissances croissantes de u, et observant que la supposition $\varphi_4 = 0$, faite ci-dessus, donne $a^2 - c^2 = 0$, ce qui permet de prendre $a = c$, on aura $z = \frac{c_1 + cu}{k(a_1 + cu)} = \frac{c_1}{ka_1}(1 + Mu)$, en faisant, pour abréger, $M = \frac{c}{c_1} - \frac{c}{a_1} = \frac{c(a_1 - c_1)}{a_1 c_1}$; donc

$$X = k \log \left(\frac{1 + z}{1 - z}\right) = k \log \left(\frac{ka_1 + c_1 + c_1 Mu}{ka_1 - c_1 - c_1 Mu}\right).$$

De là on voit que le coefficient de u appelé $\Pi(X)$ dans le théorème général, aura dans cet exemple la valeur

$$\Pi(X) = kc_1 M \left(\frac{1}{ka_1 + c_1} + \frac{1}{ka_1 - c_1}\right),$$

ou en réduisant

$$\Pi(X) = \frac{2k^2 c(c_1 - a_1)}{c^2_1 - k^2 a^2_1} = 2k^2 c(c_1 - a_1).$$

Mais dans le cas de $x_4 = 0$, qui est celui dont nous nous occupons, si l'on égale entre eux les coefficiens de x dans les deux membres de l'équation (7), on aura $2aa_1 - 2cc_1 = -x_1 x_2 x_3$, ou

$$2c(c_1 - a_1) = \sin\varphi_1 \sin\varphi_2 \sin\varphi_3; \quad \text{donc} \quad \Pi(X) = k^2 \sin\varphi_1 \sin\varphi_2 \sin\varphi_3;$$

donc on aura pour les fonctions $E\varphi$, appliquées aux valeurs particulières φ_1, φ_2, φ_3, l'équation

$$E\varphi_1 + E\varphi_2 - E\varphi_3 = C + k^2 \sin\varphi_1 \sin\varphi_2 \sin\varphi_3.$$

Mais le cas de $\varphi_1 = 0$, donne $\varphi_3 = \varphi_2$, d'après l'équation $F\varphi_1 + F\varphi_2 - F\varphi_3 = 0$; donc on a aussi dans le même cas $E\varphi_3 = E\varphi_2$, et par conséquent $C = 0$; donc on a simplement

$$E\varphi_1 + E\varphi_2 - E\varphi_3 = k^2 \sin\varphi_1 \sin\varphi_2 \sin\varphi_3.$$

Ce beau résultat, connu par la théorie des fonctions elliptiques, se déduit donc des formules du théorème général.

On va voir que du même théorème peuvent être tirées également toutes les formules relatives à la comparaison des fonctions elliptiques de la troisième espèce, dans les différens cas dont elles sont susceptibles.

Propriétés des fonctions elliptiques de la troisième espèce.

229. Pour parvenir plus aisément à un résultat qui soit conforme aux formules connues, considérons la formule suivante, formée de deux fonctions qui se déduisent de la formule générale, en faisant $fx = 1$.

$$\psi x = \frac{\alpha}{2}\left[\int \frac{dx}{(x+\alpha)\sqrt{(\varphi x)}} - \int \frac{dx}{(x-\alpha)\sqrt{(\varphi x)}}\right] = \int \frac{\alpha^2 dx}{(\alpha^2 - x^2)\sqrt{(\varphi x)}}.$$

La formule générale étant appliquée aux trois valeurs particulières de x, donnera

$$\psi x_1 + \psi x_2 - \psi x_3$$

$$= \left\{ \begin{array}{l} -\dfrac{\alpha}{2\sqrt{(\varphi\alpha)}} \log \dfrac{\theta\alpha\sqrt{(\varphi_1 a)} + \theta_1\alpha\sqrt{(\varphi_2\alpha)}}{\theta\alpha\sqrt{(\varphi_1\alpha)} - \theta_1\alpha\sqrt{(\varphi_2\alpha)}} \\ + \dfrac{\alpha}{2\sqrt{(\varphi\alpha)}} \cdot \log \dfrac{\theta(-\alpha)\sqrt{(\varphi_1\alpha)} + \theta_1(-\alpha)\sqrt{(\varphi_2\alpha)}}{\theta(-\alpha)\sqrt{(\varphi_1\alpha)} - \theta_1(-\alpha)\sqrt{(\varphi_2\alpha)}}, \end{array} \right.$$

formule où l'on remarquera que la partie $C + \Pi(X)$, qui était dans la formule primitive, a disparu dans la différence des deux équations formées en donnant à α des signes différens, ce qui ne change rien à cette partie.

Le second membre de notre équation, dans laquelle nous ferons $\alpha^2 = \frac{1}{n}$ et $N = \sqrt{\left(\frac{n}{(1-n)(k^2-n)}\right)}$, sera

$$-\frac{N}{2} \log \frac{\left(cn^{\frac{1}{2}} + a_1\right)\sqrt{(k^2-n)} + \left(cn^{\frac{1}{2}} + c_1\right)\sqrt{(1-n)}}{\left(cn^{\frac{1}{2}} + a_1\right)\sqrt{(k^2-n)} - \left(cn^{\frac{1}{2}} + c_1\right)\sqrt{(1-n)}}$$

$$+\frac{N}{2} \log \frac{\left(cn^{\frac{1}{2}} - a_1\right)\sqrt{(k^2-n)} + \left(cn^{\frac{1}{2}} - c_1\right)\sqrt{(1-n)}}{\left(cn^{\frac{1}{2}} - a_1\right)\sqrt{(k^2-n)} - \left(cn^{\frac{1}{2}} - c_1\right)\sqrt{(1-n)}}.$$

C'est cette quantité qui, étant réduite convenablement, donnera la valeur de la somme

$$\Pi(n, \varphi_1) + \Pi(n, \varphi_2) - \Pi(n, \varphi_3),$$

formée avec les fonctions de troisième espèce, comme l'ont été les sommes formées avec les fonctions de première et de seconde espèces, car on voit que dans ce cas l'intégrale $\psi x = \int \frac{d\varphi}{(1-nx^2)\sqrt{(\varphi x)}}$ est représentée par la fonction de troisième espèce

$$\Pi(n, \varphi) = \int \frac{d\varphi}{(1 - n\sin^2\varphi)\Delta\varphi}.$$

Soit, pour abréger,

$$A = \left(cn^{\frac{1}{2}} - a_1\right)\sqrt{(k^2 - n)} + \left(cn^{\frac{1}{2}} - c_1\right)\sqrt{(1 - n)},$$
$$B = \left(cn^{\frac{1}{2}} - a_1\right)\sqrt{(k^2 - n)} - \left(cn^{\frac{1}{2}} - c_1\right)\sqrt{(1 - n)},$$
$$A' = \left(cn^{\frac{1}{2}} + a_1\right)\sqrt{(k^2 - n)} - \left(cn^{\frac{1}{2}} + c_1\right)\sqrt{(1 - n)},$$
$$B' = \left(cn^{\frac{1}{2}} + a_1\right)\sqrt{(k^2 - n)} + \left(cn^{\frac{1}{2}} + c_1\right)\sqrt{(1 - n)}.$$

Le second membre de notre équation sera exprimé par $-\frac{N}{2}\log\frac{B'}{A'} + \frac{N}{2}\log\frac{A}{B}$, ou par $\frac{N}{2}\log\frac{AA'}{BB'}$, et l'on aura

$$\begin{aligned} AA' &= (nc^2 - a^2_1)(k^2 - n) + (c^2_1 - nc^2)(1 - n) \\ &\quad + 2c(a_1 - c_1)\, n^{\frac{1}{2}}(1 - n)^{\frac{1}{2}}(k^2 - n)^{\frac{1}{2}} \\ &= c^2_1 - a^2_1 k^2 + n(a^2_1 - c^2_1 - c^2 k'^2) \\ &\quad + 2c(a_1 - c_1)\, n^{\frac{1}{2}}(1 - n)^{\frac{1}{2}}(k^2 - n)^{\frac{1}{2}}. \end{aligned}$$

Substituant les valeurs $c^2_1 = a^2_1 k^2 + 1$, $2c(a_1 - c_1) = -\sin\varphi_1 \sin\varphi_2 \sin\varphi_3$, $(a^2_1 - c^2)\, k'^2 = \cos\varphi_1 \cos\varphi_2 \cos\varphi_3$, on aura

$$AA' = 1 - n + n\cos\varphi_1\cos\varphi_2\cos\varphi_3 - n^{\frac{1}{2}}(1 - n)^{\frac{1}{2}}(k^2 - n)^{\frac{1}{2}}\sin\varphi_1\sin\varphi_2\sin\varphi_3.$$

On trouverait de même

$$BB' = 1 - n + n\cos\varphi_1\cos\varphi_2\cos\varphi_3 + n^{\frac{1}{2}}(1 - n)^{\frac{1}{2}}(k^2 - n)^{\frac{1}{2}}\sin\varphi_1\sin\varphi_2\sin\varphi_3.$$

Ainsi, pour les fonctions elliptiques de la troisième espèce, on aura cette formule générale de comparaison, qui suppose toujours que les fonctions de première espèce satisfont à l'équation $F\varphi_1 + F\varphi_2 - F\varphi_3 = 0$,

$$\Pi(n,\ \varphi_1) + \Pi(n,\ \varphi_2) - \Pi(n,\ \varphi_3)$$
$$= \frac{n^{\frac{1}{2}}}{2(1 - n)^{\frac{1}{2}}(k^2 - n)^{\frac{1}{2}}}\log\frac{1 - n + n\cos\varphi_1\cos\varphi_2\cos\varphi_3 - n^{\frac{1}{2}}(1 - n)^{\frac{1}{2}}(k^2 - n)^{\frac{1}{2}}\sin\varphi_1\sin\varphi_2\sin\varphi_3}{1 - n + n\cos\varphi_1\cos\varphi_2\cos\varphi_3 + n^{\frac{1}{2}}(1 - n)^{\frac{1}{2}}(k^2 - n)^{\frac{1}{2}}\sin\varphi_1\sin\varphi_2\sin\varphi_3}.$$

Voici maintenant différentes applications de cette formule.

230. Soit 1°. $n = k^2\sin^2 6$, le second membre se réduit à

$$\frac{\tan 6}{2\Delta 6}\log\frac{\Delta^2 6 + k^2\sin^2 6\cos\varphi_1\cos\varphi_2\cos\varphi_3 - k^2\sin 6\cos 6\,\Delta 6\sin\varphi_1\sin\varphi_2\sin\varphi_3}{\Delta^2 6 + k^2\sin^2 6\cos\varphi_1\cos\varphi_2\cos\varphi_3 + k^2\sin 6\cos 6\,\Delta 6\sin\varphi_1\sin\varphi_2\sin\varphi_3}.$$

Pour comparer ce résultat avec celui qu'on trouve art. 59, tome I, il faudra remplacer les lettres φ, ψ, μ de cet article par φ_1, φ_2, φ_3, ainsi que c et θ par k et 6. Alors en supposant qu'on détermine les amplitudes μ' et μ'', qui satisfont aux équations

$$F\mu' = F\mathcal{C} - F\varphi_3, \quad F\mu'' = F\mathcal{C} + F\varphi_3,$$

la quantité précédente s'accordera parfaitement avec celle de l'art. 59, présentée sous la forme

$$\frac{\tang \theta}{2\Delta\theta} \log \frac{1 + c^2 \sin \theta \sin \mu' \sin \varphi \sin \psi}{1 + c^2 \sin \theta \sin \mu'' \sin \varphi \sin \psi}.$$

Ce premier cas est celui des fonctions de troisième espèce à paramètre logarithmique; les deux autres se rapportent aux fonctions à paramètre circulaire, pour lesquelles la quantité logarithmique se change en arc de cercle.

Soit donc, 2°. $n = -\cot^2 \mathcal{C}$, le second membre de notre équation deviendra $\frac{\sin \mathcal{C} \cos \mathcal{C} \sqrt{-1}}{2\Delta\mathcal{C}} \log \left(\frac{1 - Z\sqrt{-1}}{1 + Z\sqrt{-1}}\right)$, en supposant

$$Z = \frac{\cot \mathcal{C}\Delta\mathcal{C} \sin \varphi_1 \sin \varphi_2 \sin \varphi_3}{1 - \cos^2 \mathcal{C} \cos \varphi_1 \cos\varphi_2 \cos \varphi_3};$$

mais on a $\log \left(\frac{1 - Z\sqrt{-1}}{1 + Z\sqrt{-1}}\right) = \int \frac{-2dZ\sqrt{-1}}{1 + Z^2} = -2\sqrt{-1} \text{ arc tang } Z.$

Donc la quantité précédente $= \frac{\sin \mathcal{C} \cos \mathcal{C}}{\Delta\mathcal{C}} \text{ arc tang } \frac{\cot \mathcal{C}\Delta\mathcal{C} \sin \varphi_1 \sin \varphi_2 \sin \varphi_3}{1 - \cos^2 \mathcal{C} \cos\varphi_1 \cos\varphi_2 \cos\varphi_3}$;

donc pour l'intégrale $\Pi\varphi = \int \frac{d\varphi}{(1 + \cot^2 \mathcal{C} \sin^2 \varphi)\, \Delta\varphi}$, on aura la formule

$$\Pi\varphi_1 + \Pi\varphi_2 - \Pi\varphi_3 = \frac{\sin \mathcal{C} \cos \mathcal{C}}{\Delta\mathcal{C}} \text{ arc tang } \frac{\cot \mathcal{C}\Delta\mathcal{C} \sin \varphi_1 \sin \varphi_2 \sin \varphi_3}{1 - \cos^2 \mathcal{C} \cos \varphi_1 \cos \varphi_2 \cos \varphi_3};$$

ce qui s'accorde avec la formule (h'), tome Ier, page 75.

Un résultat semblable s'obtiendrait dans le troisième cas, où l'on a $n = 1 - k'^2 \sin^2 \mathcal{C}$, et qui appartient également aux fonctions de troisième espèce à paramètre circulaire; mais comme ce cas se ramène facilement au cas précédent, nous croyons inutile de nous en occuper.

Autre manière de parvenir à la propriété fondamentale des fonctions elliptiques.

231. Nous avons partagé la fonction φx en deux facteurs $\varphi_1 x = 1 - k^2 x^2$, $\varphi_2 x = 1 - x^2$; ce qui nous a conduits à une équation du quatrième degré, d'où nous avons déduit les propriétés fondamentales des fonctions elliptiques.

On peut parvenir plus simplement aux mêmes résultats en faisant usage d'une autre décomposition de la fonction φx.

En effet, soit $\varphi_1 x = 1 + x$, $\varphi_2 x = (1 - x)(1 - k^2 x^2)$. Si l'on fait en même temps $\theta x = a + a_1 x$ et $\theta_1 x = c$, il faudra satisfaire à l'équation

$$(a + a_1 x)^2 (1 + x) - c^2 (1 - x)(1 - k^2 x^2) = (x - \sin\varphi_1)(x - \sin\varphi_2)(x - \sin\mu).$$

En y faisant successivement $x = \frac{1}{k}$, $x = -\frac{1}{k}$, on a les deux équations de condition

$$(a_1 + ak)^2 (1 + k) = (1 - k \sin\varphi_1)(1 - k \sin\varphi_2)(1 - k \sin\mu),$$
$$(a_1 - ak)^2 (1 - k) = (1 + k \sin\varphi_1)(1 + k \sin\varphi_2)(1 + k \sin\mu);$$

d'où l'on déduit

$$k'(a_1^2 - k^2 a^2) = \pm \Delta\varphi_1 \Delta\varphi_2 \Delta\mu.$$

Par les coefficiens de x^3 et x^0, on a encore les deux équations de condition

$$a_1^2 - c^2 k^2 = 1,$$
$$a^2 - c^2 = - \sin\varphi_1 \sin\varphi_2 \sin\mu.$$

De ces deux dernières on tire

$$a_1^2 - k^2 a^2 = 1 + k^2 \sin\varphi_1 \sin\varphi_2 \sin\mu.$$

Donc on a sans ambiguité

$$\Delta\varphi_1 \Delta\varphi_2 \Delta\mu = k' + k'k^2 \sin\varphi_1 \sin\varphi_2 \sin\mu.$$

Désignons par $F\varphi_3$ le complément de $F\varphi\mu$, en sorte qu'on ait $F\mu + F\varphi_3 = F^1 k$. On pourra substituer dans cette équation les valeurs connues $\sin\mu = \frac{\cos\varphi_3}{\Delta\varphi_3}$, $\Delta\mu = \frac{k'}{\Delta\varphi_3}$, ce qui donnera

$$\Delta\varphi_1 \Delta\varphi_2 = \Delta\varphi_3 + k^2 \sin\varphi_1 \sin\varphi_2 \cos\varphi_3.$$

On obtient ainsi directement l'équation algébrique qui correspond à l'équation transcendante $F\varphi_3 = F\varphi_1 + F\varphi_2$.

§ V. *Des calculs nécessaires pour déterminer les coefficiens des polynomes θx et $\theta_1 x$, ainsi que les N auxiliaires qui ont lieu dans la classe dont le rang est N.*

232. Nous avons vu qu'en appelant λ le degré du polynome φx, λ_1 et λ_2 ceux de ses deux facteurs $\varphi_1 x$ et $\varphi_2 x$, si l'on prend à volonté le nombre n, qui détermine le degré du polynome complet θx, on peut toujours prendre le nombre m, degré du polynome $\theta_1 x$, de manière que le nombre $2m+\lambda_2$, qui exprime le degré du produit $(\theta_1 x)^2\varphi_2 x$, soit égal à $2n+\lambda_1$, degré du produit $(\theta x)^2\varphi_1 x$, ou soit seulement moindre d'une unité; le premier cas ayant lieu lorsque λ est pair, et le second lorsque λ est impair. Les choses étant ainsi préparées, on aura $\mu=2n+\lambda_1$, c'est-à-dire que le nombre des facteurs du second membre de l'équation (2) sera $2n+\lambda_1$. L'identité des deux membres de cette équation donnera donc $2n+\lambda_1+1$ équations de condition; sur ce nombre, $m+n+2$ sont nécessaires pour déterminer les coefficiens des fonctions θx, $\theta_1 x$, au moyen d'un pareil nombre de termes pris arbitrairement dans la suite x_1, $x_2 \ldots x_\mu$. Les N autres équations restantes serviront à déterminer les N autres termes de cette suite. Ainsi l'on voit qu'il y a dans ces calculs deux parties distinctes, l'une qui détermine les coefficiens des fonctions θx et $\theta_1 x$, l'autre qui détermine les auxiliaires, par le moyen des $\mu-\text{N}$ termes pris arbitrairement dans la suite x_1, $x_2 \ldots x_\mu$.

Le nombre des termes qui composent le premier membre de l'équation (3), représenté par $\Sigma\psi x$, sera en général μ ou $2n+\lambda_1$, et il pourra augmenter indéfiniment, à mesure qu'on prendra n plus grand, mais il pourra aussi être plus petit que $2n+\lambda_1$, et même ne pas excéder $\text{N}+1$, quelque grand que soit n; car on peut supposer nuls, ou plutôt infiniment petits, plusieurs des termes pris dans la suite x_1, $x_2 \ldots x_\mu$, et le nombre peut même en être porté jusqu'à $\mu-\text{N}-1$, de sorte que le nombre des termes du premier membre de l'équation (3) ne sera que $\text{N}+1$. On peut même, à la rigueur, supposer que le seul terme laissé arbitraire dans la suite x_1, $x_2 \ldots x_\mu$ est encore infiniment petit, et alors les N auxiliaires ou non arbitraires de la même suite entreront seuls dans le premier membre de l'équation (3), pour former une équation entre N fonctions, nombre absolument le plus petit possible; et ce qui est très remarquable, c'est qu'on pourra former une infinité d'équations de cette sorte, en donnant à n toutes les valeurs possibles. Voici maintenant quelle doit être la marche de l'analyse, suivant les différens cas.

233. Soit t l'une quelconque des quantités x_1, $x_2 \ldots . x_\mu$. Si l'on fait $x = t$ dans l'équation (2), le second membre deviendra nul, et du premier on déduira $\theta_1 t = \theta t \sqrt{\left(\frac{\varphi_1 t}{\varphi_2 t}\right)} = \frac{\theta t \sqrt{(\varphi t)}}{\varphi_2 t}$. Soit $\mathrm{T} = \frac{\sqrt{(\varphi t)}}{\varphi_2 t}$, et l'on aura

$$(10) \quad c + c_1 t + c_2 t^2 + \ldots . + c_m t^m = (a + a_1 t + a_2 t^2 \ldots . + a_n t^n)\,\mathrm{T}.$$

Cette équation se répètera autant de fois qu'on aura de valeurs arbitraires t_1, t_2, t_3, etc., à substituer au lieu de t, ce qui fera connaître autant de valeurs particulières de T, désignées par T_1, T_2, T_3, etc.; et comme on a $m + n + 2$ coefficiens à déterminer, savoir, a, a_1, $a_2 \ldots . a_m$, c, c_1, $c_2 \ldots . c_n$, il faudra prendre arbitrairement $m + n + 1$ termes de la suite x_1, x_2, $x_3 \ldots . x_\mu$. Ces termes t_1, t_2, $t_3 \ldots . t_{m+n+1}$, étant mis successivement, au lieu de t, dans l'équation (10), avec les valeurs correspondantes de T, on aura $m + n + 1$ équations linéaires d'où l'on pourra toujours tirer les valeurs de toutes les quantités

$$\frac{a}{c},\ \frac{a_1}{c},\ \frac{a_2}{c} \ldots . \frac{a_n}{c},\ \frac{c_1}{c},\ \frac{c_2}{c},\ \frac{c_3}{c} \ldots . \frac{c_m}{c},$$

lesquelles sont au nombre de $m + n + 1$. Il ne restera donc à déterminer que la valeur de c; c'est ce qui se fera immédiatement en égalant à l'unité le coefficient de x^μ dans le premier membre de l'équation (2).

Si λ est impair, ce coefficient sera celui de la plus haute puissance de x contenue dans le produit $(\theta x)^2 \varphi_1 x$, savoir, $(a_n)^2 b_1$, en supposant que $b_1 x^{\lambda_1}$ est le terme de $\varphi_1 x$ où l'exposant de x est le plus grand. On aura donc $(a_n)^2 b_1 = 1$, d'où résulte

$$\frac{1}{c^2} = \left(\frac{a_n}{c}\right)^2 b_1;$$

et comme $\frac{a_n}{c}$ est connu, on aura la valeur de $\frac{1}{c^2}$, et par conséquent celle de c. Sur quoi il faut observer que si b_1 était négatif, on devrait néanmoins le prendre positif, afin que c soit réel, changement qui n'aura d'autre effet que d'affecter du signe — le second membre de l'équation (3).

Si λ est pair, et qu'on ait pris le degré du polynome $\theta_1 x$ comme il a été dit (art. 215), le coefficient de x^μ dans le produit $(\theta_1 x)^2 \varphi_2 x$ sera

$(c_m)^2 b_2$, en supposant que $b_2 x^{\lambda_2}$ est le terme de $\varphi_2 x$ où l'exposant de x est le plus grand; on aura donc, dans ce cas, l'équation

$$(a_n)^2 b_1 - (c_m)^2 b_2 = 1,$$

d'où résulte

$$\frac{1}{c^2} = \left(\frac{a_n}{c}\right)^2 b_1 - \left(\frac{c_m}{c}\right)^2 b_2.$$

Le second membre étant connu, devra être pris positivement, quand même il serait négatif, afin qu'on en tire une valeur réelle de c, et cette valeur étant combinée avec celles de $\frac{a_1}{c}$, $\frac{a_2}{c} \ldots \frac{a_n}{c}$, $\frac{c_1}{c}$, $\frac{c_2}{c} \ldots \frac{c_m}{c}$, on connaîtra tous les coefficiens des fonctions θx et $\theta_1 x$.

234. Soit maintenant $x^{m+n+1} - A_1 x^{m+n} + A_2 x^{m+n-1} \pm A_{m+x+1}$ le polynome qui résulte du produit de tous les facteurs connus

$$(x - t_1)(x - t_2)(x - t_3) \ldots (x - t_{m+n+1}),$$

et

$$x^N - P_1 x^{N-1} + P_2 x^{N-2} - \ldots \pm P_N,$$

le polynome qui résulte du produit de tous les facteurs inconnus

$$(x - t_{m+n+2})(x - t_{m+n+3}) \ldots (x - t_\mu);$$

le produit de ces deux polynomes, affecté du signe $+$ ou du signe $-$, selon qu'on aura conservé ou changé le signe de la valeur de c^2, devra être égal au premier membre développé de l'équation (2). De là naîtront plus d'équations qu'il ne faut pour déterminer tous les coefficiens P_1, $P_2 \ldots P_N$, de l'équation algébrique du degré N, dont la résolution donnera les N termes non arbitraires de la suite x_1, x_2, $x_3 \ldots x_\mu$.

Cette méthode est générale et ne souffre aucune exception tant que les termes pris arbitrairement dans la suite x_1, $x_2 \ldots x_\mu$ sont inégaux entre eux. On doit même remarquer que chaque valeur de T peut être prise indifféremment avec le signe $+$ ou avec le signe $-$; d'où il suit que le nombre de solutions obtenues avec une série de $m+n+1$ termes pris arbitrairement est en général 2^{m+n}, solutions qui sont toutes admissibles analytiquement, mais parmi lesquelles il conviendra de rejeter celles qui ne donneraient pas des valeurs réelles pour chacune des auxiliaires déterminées par l'équation algébrique du degré N, dont elles sont les racines.

235. S'il y a des termes égaux parmi ceux qu'on prend arbitrairement, la méthode devra subir les modifications conformes aux règles ordinaires de l'analyse. Si, en particulier, on veut que parmi les termes pris arbitrairement dans la suite x_1, $x_2 \ldots x_\mu$ il y en ait un certain nombre γ qui

soient nuls, ou plutôt qui soient égaux à une même quantité infiniment petite, il faudra que la suite infinie résultant du développement de $\theta x \pm \theta_1 x \sqrt{\left(\frac{\varphi_2 x}{\varphi_1 x}\right)}$, suivant les puissances croissantes de la quantité infiniment petite x, prenne la forme

$$x^\gamma (A_0 + A_1 x + A_2 x^2 + \text{etc.});$$

c'est-à-dire que les γ premiers termes de la série disparaissent, en égalant à zéro leurs coefficiens, ce qui fera γ conditions correspondantes aux γ valeurs égales et infiniment petites de x.

L'expression de ces conditions ne sera sujette à aucune difficulté, si la fonction φx n'est pas divisible par x, parce qu'alors la quantité $\sqrt{\left(\frac{\varphi_2 x}{\varphi_1 x}\right)}$ peut être développée en une suite $A' + B'x + C'x^2 + \text{etc.}$, dont les premiers termes sont toujours faciles à déterminer, et l'on aura immédiatement les équations linéaires qui expriment que les γ premiers termes du développement de la quantité

$$\theta x \pm \theta_1 x (A' + B'x + C'x^2 + \text{etc.})$$

se réduisent à zéro.

Mais si φx est divisible par x, auquel cas l'un des facteurs $\varphi_1 x$, $\varphi_2 x$ est aussi divisible par x, il n'y aura plus lieu de se servir du facteur $\theta x \pm \theta_1 x \sqrt{\left(\frac{\varphi_2 x}{\varphi_1 x}\right)}$, qui contiendrait dans la seconde partie des puissances fractionnaires de x. Il faudra donc développer tout au long, suivant les puissances croissantes de x, le premier membre de l'équation (2), c'est-à-dire la quantité

$$(a + a_1 x + a_2 x^2 \ldots + a_n x^n)^2 \varphi_1 x - (c + c_1 x + c_2 x^2 \ldots + c_m x^m)^2 \varphi_2 x,$$

et l'on égalera à zéro les coefficiens de x^0, x^1, x^2,... jusqu'à x^γ exclusivement, ce qui fera γ équations de condition correspondantes aux γ données égales et infiniment petites. Le reste du calcul sera le même que dans le cas des racines inégales.

Les calculs précédens sont fondés sur ce que, ayant pris à volonté le nombre n, on déterminera le nombre m de manière que la différence $(2n + \lambda_1) - (2m + \lambda_2)$ soit zéro ou 1, selon que λ est pair ou impair. Dans ce système, le nombre des quantités non arbitraires de la suite $x_1, x_2 \ldots . x_\mu$ est toujours égal au nombre N, qui désigne la classe des transcendantes dont on s'occupe; et l'on trouvera facilement que le nombre des quantités non arbitraires deviendrait plus grand si l'on déterminait m de toute autre manière.

§ VI. *Formules pour calculer par approximation les intégrales* $\psi x = \int \frac{dx}{\sqrt{(1-x^5)}}$, $\psi' x = \int \frac{dx}{\sqrt{(1+x^5)}}$.

236. Nous nous proposons de développer avec quelque étendue les propriétés de la transcendante $\psi x = \int \frac{dx fx}{(x-\alpha)\sqrt{(\varphi x)}}$, en supposant.... $\varphi x = 1 - x^5$. Ce cas, qui appartient à la seconde classe des transcendantes comprises dans le théorème général, est à peu près le plus simple de ceux que nous pouvions prendre pour exemple ; mais il suffira pour donner une idée des nombreux résultats qu'on peut obtenir, dans l'analyse de ces transcendantes, à l'aide du beau théorème dont la découverte est due à M. Abel.

Pour cela, nous commencerons par examiner le cas le plus simple de tous ceux qui répondent à la même valeur de φx, c'est celui de l'intégrale $\psi x = \int \frac{dx}{\sqrt{(1-x^5)}}$, qu'on supposera toujours prise à compter de $x = 0$.

Cette intégrale, dans le sens positif, ne s'étend que depuis $x = 0$ jusqu'à $x = 1$, car passé $x = 1$, il est clair qu'elle deviendrait imaginaire : aussi verra-t-on, dans tous nos exemples de calcul, que les valeurs positives de x, prises parmi celles que nous avons nommées *auxiliaires* ou *non arbitraires*, n'excèdent jamais l'unité. A la limite $x = 1$, l'intégrale est complète, et l'on peut en exprimer la valeur exacte au moyen des fonctions Γ, qui en donneront en même temps une valeur très approchée.

Dans le sens négatif, le signe de x change, et l'intégrale $\psi(-x)$ devient $-\psi' x$, en supposant $\psi' x = \int \frac{dx}{\sqrt{(1+x^5)}}$. Cette nouvelle intégrale s'étend de $x = 0$ à $x = \frac{1}{0}$; sa valeur complète sera donc représentée par $\psi' \frac{1}{0}$, et l'on sait, d'après la théorie des intégrales Eulériennes, qu'elle peut encore être exprimée par les fonctions Γ. Nous allons d'abord donner les expressions de ces deux fonctions complètes, ainsi que leurs valeurs numériques approchées.

237. L'intégrale $\int \frac{dx}{\sqrt{(1-x^5)}}$ devant être prise depuis $x = 0$ jusqu'à $x = 1$, si l'on met $x^{\frac{1}{5}}$ à la place de x, elle prendra la forme...... $\int \frac{1}{5} x^{\frac{1}{5}-1} dx (1-x)^{\frac{1}{2}-1}$, et ses limites seront toujours $x = 0$ et $x = 1$;

mais, par les propriétés connues des fonctions Γ, on a (tome II, page 417) pour les mêmes limites la formule

$$\int x^{p-1}dx\,(1-x)^{q-1} = \frac{\Gamma p\,\Gamma q}{\Gamma(p+q)}.$$

Donc l'intégrale complète

$$\psi_1 = \tfrac{1}{5}\cdot\frac{\Gamma\frac{1}{5}\,\Gamma\frac{1}{2}}{\Gamma\frac{7}{10}} = \tfrac{7}{10}\pi^{\frac{1}{2}}\cdot\frac{\Gamma(1.20)}{\Gamma(1.70)},$$

quantité dont le logarithme se trouvera par la table des fonctions Γ, comme il suit :

$\frac{7}{10}$	9.84509 80400 14
$\pi^{\frac{1}{2}}$	0.24857 49363 47
$\Gamma(1.20)$...	9.96292 25038 14
	0.05659 54801 75
$\Gamma(1.70)$..	9.95839 12456 92
$\psi 1$......	0.09820 42344 83.

Connaissant $\psi 1$, on aura immédiatement $\psi'\frac{1}{0}$ par la formule...... $\int\frac{dx}{\sqrt{(1-x^5)}} = \cos\frac{\pi}{5}\int\frac{dz}{\sqrt{(1+z^5)}}$, tom. II, pag. 377, d'où résulte $\psi'\frac{1}{0} = \frac{\psi_1}{\cos\frac{\pi}{5}}$.

$\psi 1$......	0.09820 42344 83
$\cos\frac{\pi}{5}$....	9.90795 76445 86
$\psi'\frac{1}{0}$.....	0.19024 65898 97.

Au moyen de ces deux valeurs logarithmiques, on aura les valeurs approchées

$$\psi 1 = 1.25373\ 06248\ 17$$
$$\psi'\tfrac{1}{0} = 1.54969\ 62777\ 47.$$

On verra dans la suite que ces deux transcendantes, qui sont entre elles :: $\cos\frac{\pi}{5}$: 1 ou :: $1.\sqrt{5}-1$, sont les deux élémens par lesquels on peut toujours exprimer exactement la constante qui forme le second membre de l'équation (3), dans le cas où les fonctions ψx et $\psi' x$ contenues dans le premier membre sont de la première espèce, exprimée par les formules $\psi x = \int\frac{dx}{\sqrt{(1-x^5)}}$, $\psi' x = \int\frac{dx}{\sqrt{(1+x^5)}}$; résultat d'autant plus remarquable, qu'il a lieu quel que soit le nombre de termes contenus dans ce premier membre. On verra que des exemples nombreux appuient cette assertion, que la théorie n'a pas jusqu'à présent établie d'une manière absolument certaine : aussi la vérification qui en a été faite, dans les cas particuliers, a presque toujours causé une sorte de surprise au calculateur; et cependant la confiance qu'elle a fini par lui inspirer l'a mis à portée, nombre de fois, de reconnaître les erreurs qui s'étaient glissées dans ses calculs, toutes les fois qu'ils paraissaient ne pas satisfaire à la propriété énoncée.

238. Venons maintenant aux moyens de calculer, par approximation, l'intégrale $\text{\Large\textit{f}}x = \int \frac{dx}{\sqrt{(1 - x^5)}}$, pour toute valeur donnée de x. Il y a deux cas à considérer :

1°. Si x^5 est $< \frac{1}{2}$, il suffira d'employer la formule que donne l'intégration par série, savoir :

$$\text{\Large\textit{f}}x = x + \tfrac{1}{2} \cdot \frac{x^6}{6} + \frac{1.3}{2.4} \cdot \frac{x^{11}}{11} + \frac{1.3.5}{2.4.6} \cdot \frac{x^{16}}{16} + \text{etc.};$$

mais il sera bon de lui donner la forme suivante :

$$(12) \left\{ \begin{array}{lll} \text{\Large\textit{f}}x = x & + Px^5\ (8.92081\ 87539\ 52) & + Px^5\ (9.92520\ 24413) \\ & + Px^5\ (9.61181\ 98286) & + Px^5\ (9.93291\ 12609) \\ & + Px^5\ (9.75809\ 14565) & + Px^5\ (9.93917\ 87630) \\ & + Px^5\ (9.82390\ 87409) & + Px^5\ (9.94437\ 47863) \\ & + Px^5\ (9.86148\ 84562) & + Px^5\ (9.94875\ 25602) \\ & + Px^5\ (9.88582\ 30932) & + Px^5\ (9.95249\ 13194) \\ & + Px^5\ (9.90287\ 45097) & + Px^5\ (9.95572\ 14996) \\ & + Px^5\ (9.91548\ 99205) & + Px^5\ (9.95854\ 02889) \\ & & + \text{etc.} \end{array} \right.$$

Dans chaque terme Px^5 (A) dont le rang est n, P désigne le terme précédent du rang $n - 1$, dont on a calculé le logarithme. Il faut joindre à ce logarithme celui de x^5, ainsi que le nombre A, qui représente le logarithme du facteur par lequel il faut multiplier le coefficient du rang $n - 1$, pour avoir le coefficient du rang n qu'on calcule. De cette manière, on forme successivement les logarithmes des différens termes de la série, lesquels termes sont d'autant plus petits qu'ils sont plus éloignés du commencement de la série. Par cette raison, les logarithmes renfermés entre parenthèses pourraient être diminués d'une décimale, à des intervalles de trois et quatre termes alternativement; mais nous leur avons laissé le nombre constant de dix décimales, que chaque calculateur pourra diminuer à son gré.

Si x^5 est très près de la limite $\frac{1}{2}$, le résultat de la série, que nous avons bornée au dix-septième terme, ne pourra être en défaut que d'une ou deux unités au plus, dans la septième décimale; mais moyennant la correction qu'on pourra lui ajouter, il deviendra exact jusqu'à la neuvième décimale.

Soit A le dernier terme calculé, B l'avant-dernier, on pourra supposer que les termes qui suivent B et A forment la progression $\frac{A^2}{B}$, $\frac{A^3}{B^2}$, $\frac{A^4}{B^3}$, etc., dont la somme est $\frac{A^2}{B-A}$. Cette somme, toujours facile à calculer, devra être ajoutée à la suite de A, pour tenir compte du reste de la série.

Lorsque x^5 sera moins près de la limite $\frac{1}{2}$, il faudra employer moins de termes de la série pour obtenir un égal degré d'approximation, en tenant toujours compte de la correction qu'on vient d'indiquer.

2°. Si x^5 est $> \frac{1}{2}$, il faudra calculer la partie de l'intégrale comprise depuis $x^5 > \frac{1}{2}$ jusqu'à $x = 1$. Cette partie étant trouvée, on la retranchera de l'intégrale complète représentée par $\psi 1$, et le reste sera la valeur de ψx.

Pour trouver la portion d'intégrale dont il s'agit, soit $1 - x^5 = u$, ou $x = (1-u)^{\frac{1}{5}}$, on aura $\frac{dx}{\sqrt{(1-x^5)}} = -\frac{1}{5}u^{-\frac{1}{2}}du(1-u)^{-\frac{4}{5}}$. Faisant donc $U = \int \frac{1}{5}u^{-\frac{1}{2}}du(1-u)^{-\frac{4}{5}}$, cette intégrale, qui devra être prise depuis $u = 0$ jusqu'à $u = 1 - x^5$, sera exprimée par la série

$$U = \tfrac{2}{5}u^{\frac{1}{2}}\left(1 + \frac{4}{5}\cdot\frac{u}{3} + \frac{4\cdot 9}{5.10}\cdot\frac{u^2}{5} + \frac{4\cdot 9\cdot 14}{5.10.15}\cdot\frac{u^3}{7} + \text{etc.}\right),$$

d'où l'on tire la formule suivante, pour faciliter le calcul numérique de U,

$$(13)\quad \left\{\begin{array}{ll} U = \frac{2}{5}u^{\frac{1}{2}} + Pu\,(9.42596\ 87322\ 72) & + Pu\,(9.94193\ 54831) \\ \quad + Pu\,(9.73239\ 37598\ 23) & + Pu\,(9.94776\ 03819) \\ \quad + Pu\,(9.82390\ 87409\ 4) & + Pu\,(9.95252\ 25291) \\ \quad + Pu\,(9.86857\ 91358\ 6) & + Pu\,(9.95648\ 85886) \\ \quad + Pu\,(9.89512\ 10573) & + Pu\,(9.95984\ 28619) \\ \quad + Pu\,(9.91272\ 60760) & + Pu\,(9.96271\ 68170) \\ \quad + Pu\,(9.92526\ 29659) & + Pu\,(9.96520\ 67604) \\ \quad + Pu\,(9.93464\ 69534) & + \text{etc.} \end{array}\right.$$

Cette valeur étant trouvée, on aura $\psi x = \psi 1 - U$.

239. Proposons-nous maintenant de trouver, par approximation, l'autre

intégrale $\psi' x = \int \frac{dx}{\sqrt{(1+x^5)}}$. Si l'on a $x^5 < \frac{1}{2}$, la valeur de cette intégrale sera

$$\psi' x = x - \frac{1}{2} \cdot \frac{x^6}{6} + \frac{1.3}{2.4} \cdot \frac{x^{11}}{11} - \frac{1.3.5}{2.4.6} \cdot \frac{x^{16}}{16} + \text{etc.}$$

Cette suite se calculera par la formule (12), en ayant soin seulement de donner le signe — aux termes de rang pair. La série étant calculée jusqu'au terme $\pm A$, qu'on suppose précédé du terme $\mp B$, le reste de la série, dont il faut tenir compte, pourra être exprimé approximativement par $\mp \frac{A^2}{B+A}$. On pourra ainsi trouver une valeur suffisamment approchée de $\psi' x$, tant que x^5 n'excédera pas $\frac{1}{2}$; mais pour aller jusqu'à $x = 1$, il convient de suivre une autre formule.

Soit, pour cet effet, $\frac{x^5}{1+x^5} = u$, ou $x^5 = \frac{u}{1-u}$, on aura

$$\frac{dx}{\sqrt{(1+x^5)}} = \frac{1}{5} u^{\frac{1}{5}-1} du (1-u)^{-\frac{7}{10}},$$

et en intégrant par série,

$$\psi' x = u^{\frac{1}{5}} \left(1 + \frac{7}{10} \cdot \frac{u}{6} + \frac{7.17}{10.20} \cdot \frac{u^2}{11} + \frac{7.17.27}{10.20.30} \cdot \frac{u^3}{16} + \text{etc.}\right),$$

ce qui donne, pour le calcul numérique, la formule suivante :

$$(14) \left\{ \begin{array}{lll} \psi' x = u^{\frac{1}{5}} & + Pu\,(9.06694\ 67896\ 30) & + Pu\,(9.94195\ 93899) \\ & + Pu\,(9.66617\ 74909\ 4) & + Pu\,(9.94737\ 32416) \\ & + Pu\,(9.79151\ 52119) & + Pu\,(9.95186\ 28077) \\ & + Pu\,(9.84804\ 24207) & + Pu\,(9.95564\ 62682) \\ & + Pu\,(9.88037\ 38004) & + Pu\,(9.95887\ 81183) \\ & + Pu\,(9.90133\ 52594) & + Pu\,(9.96167\ 08322) \\ & + Pu\,(9.91603\ 59557) & + Pu\,(9.96410\ 82432) \\ & + Pu\,(9.92691\ 93822) & + \text{etc.} \\ & + Pu\,(9.93530\ 27682) & \end{array} \right.$$

L'usage de cette formule doit être borné à la limite $x = 1$; si l'on a $x > 1$, il faudra faire une autre transformation. Soit alors...... $\frac{1}{1+x^5} = u$, ou $x^5 = \frac{1-u}{u}$, on aura $\frac{dx}{\sqrt{(1+x^5)}} = -\frac{1}{5} u^{-\frac{7}{10}} du (1-u)^{-\frac{4}{5}}$. Soit donc $U = \int \frac{1}{5} u^{-\frac{7}{10}} du (1-u)^{-\frac{4}{5}}$. Cette intégrale étant prise depuis $u = 0$ jusqu'à $u = \frac{1}{1+x^5}$, on aura l'intégrale cherchée $\psi' x = \psi' \frac{1}{0} - U$.

Or l'intégration par série donne

$$U = 2u^{\frac{3}{10}}\left(\frac{1}{3} + \frac{4}{5}\cdot\frac{u}{13} + \frac{4.9}{5.10}\cdot\frac{u^2}{23} + \frac{4.9.14}{5.10.15}\cdot\frac{u^3}{33} + \text{etc.}\right),$$

ou en adaptant cette formule au calcul numérique

$$(15)\quad \left\{\begin{array}{llll}
U = \frac{2}{3}u^{\frac{3}{10}} & + Pu\ (9.26626\ 78894\ 05) & + Pu\ (9.94083\ 53066) \\
 & + Pu\ (9.70645\ 80257\ 3) & + Pu\ (9.94687\ 17996) \\
 & + Pu\ (9.81325\ 06728) & + Pu\ (9.95178\ 98515) \\
 & + Pu\ (9.86276\ 90896) & + Pu\ (9.95587\ 40933) \\
 & + Pu\ (9.89146\ 38190) & + Pu\ (9.95932\ 00878) \\
 & + Pu\ (9.91021\ 20633) & + Pu\ (9.96226\ 66542) \\
 & + Pu\ (9.92342\ 85620) & + Pu\ (9.96481\ 50630) \\
 & + Pu\ (9.93324\ 93834) & + \text{etc.}
\end{array}\right.$$

240. Cette formule peut être employée depuis $x = 1$ jusqu'à $x = \frac{1}{a}$; mais pourvu que x^5 surpasse 2, on pourra faire usage d'une formule plus simple que donne la substitution $x = \frac{1}{u}$; on en tire $\int \frac{dx}{\sqrt{(1 + x^5)}} = -\int \frac{u^{\frac{1}{2}}du}{\sqrt{(1 + u^5)}}$; faisant donc $U = \int \frac{u^{\frac{1}{2}}du}{\sqrt{(1 + u^5)}}$, on aura, en intégrant par série,

$$U = 2u^{\frac{3}{2}}\left(\frac{1}{3} - \frac{1}{2}\cdot\frac{u^5}{13} + \frac{1.3}{2.4}\cdot\frac{u^{10}}{23} - \frac{1.3.5}{2.4.6}\cdot\frac{u^{15}}{33} + \text{etc.}\right),$$

ce qui donne pour le calcul numérique la formule

$$(16)\quad \left\{\begin{array}{llll}
U = \frac{2}{3}u^{\frac{3}{2}} & - Pu^5\ (9.06214\ 79067\ 49) & - Pu^5\ (9.92577\ 15601) \\
 & + Pu^5\ (9.62727\ 67796\ 81) & + Pu^5\ (9.93336\ 93291) \\
 & - Pu^5\ (9.76403\ 26500\ 9) & - Pu^5\ (9.93955\ 53951) \\
 & + Pu^5\ (9.82705\ 35373\ 2) & + Pu^5\ (9.94468\ 99263) \\
 & - Pu^5\ (9.86343\ 50954) & - Pu^5\ (9.94902\ 01312) \\
 & + Pu^5\ (9.88714\ 67593) & + Pu^5\ (9.95272\ 13363) \\
 & - Pu^5\ (9.90383\ 30060) & - Pu^5\ (9.95592\ 13498) \\
 & + Pu^5\ (9.91621\ 60442) & + \text{etc.}
\end{array}\right.$$

U étant trouvé, on aura $\psi'x = \psi'\frac{1}{a} - U$.

Telles sont les formules les plus simples par lesquelles on pourra le plus souvent calculer jusqu'à la dixième, et quelquefois jusqu'à la douzième décimale, ou même au-delà, la valeur de ψx et celle de $\psi'x$. Voici maintenant quelques exemples de ces calculs, qui auront leur application dans les recherches suivantes.

Exemple Ier.

241. Les nombres α et β étant déterminés d'après les formules

$$\alpha = \sqrt{\left(\frac{5-m}{2}\right)} - \left(\frac{3-m}{2}\right),$$

$$\beta = \sqrt{\left(\frac{5-m}{2}\right)} + \frac{3-m}{2},$$

où l'on a $m = \sqrt{5} = 2.23606\ 79774\ 99788$; on demande les valeurs de $\psi\alpha$ et $\psi'\beta$, approchées jusqu'à la dixième décimale au moins.

Pour obtenir plus facilement les valeurs numériques de α et β, j'observe qu'on a, d'après la table III, tome II,

$$\tfrac{1}{2}(\beta + \alpha) = \sqrt{\left(\frac{5-m}{2}\right)} = 2 \sin 36° = 1.17557\ 05045\ 84946,$$

$$\tfrac{1}{2}(\beta - \alpha) = \frac{3-m}{2} = 2 - 2\cos 36° = 0.38196\ 60112\ 50106;$$

$$\text{de là } \begin{cases} \beta = 1.55753\ 65158\ 35052, \\ \alpha = 0.79360\ 44933\ 34840. \end{cases}$$

Pour avoir le logarithme de α, je remarque que 7936 étant le produit de 256 par 31, on a, par la table de Gardiner,

$$\log(0.7936) = 9.89960\ 16591\ 46122.$$

Faisant donc $a = 0{,}7936$, $x = 0.00000\ 44933\ 3484$, et appliquant les formules $\log(a+x) = \log a + \mathrm{R}$, $\log \mathrm{R} = \log\left(\frac{m'x}{a}\right) - \frac{1}{2}.\frac{m'x}{a}$, où $m' = 0.43429$, etc., on aura

$$\log \alpha = 9.89960\ 41180\ 9900.$$

Ensuite, puisqu'on a $\alpha\beta = m - 1 = 4 \sin 18°$, on trouve, par la table III, $\log \alpha\beta = 0.09204\ 23554\ 1403$, et par conséquent

$$\log \beta = 0.19243\ 82373\ 1503.$$

Calcul de $\psi\alpha$.

242. Puisque, d'après la valeur trouvée, on a $\alpha^5 < \frac{1}{2}$, il convient de se servir de la formule (12), dont les différens termes, désignés par 1), 2), 3), etc., se déduiront de leurs valeurs logarithmiques comme il suit:

1) ou α	9.89960 41180 99	
α^5....	9.49802 05904 95	
	8.92081 87539 52	
2)	8.31844 34625 46	
	9.49802 05904 95	
	9.61181 98286 2	
3)	7.42828 38816 6	
	9.49802 05904 9	
	9.75809 14565	
4)	6.68439 59286 5	
	9.49802 05905	
	9.82390 87409 4	
5)	6.00632 52600	
	9.49802 05905	
	9.86148 84562	
6)	5.36583 43067	
	9.49802 05905	
	9.88582 30932	
7)	4.74967 79904	

	4.74967 79904
	9.49802 05905
	9.90287 45097
8)	4.15057 30906
	9.49802 05905
	9.91548 99205
9)	3.56408 36016
	9.49802 05905
	9.92520 24413
10)	2.98730 66334
	9.49802 05905
	9.93291 12609
11)	2.41823 84848
	9.49802 05905
	9.93917 87630
12)	1.85543 78383
	9.49802 05905
	9.94437 47863
13)	1.29783 32151
	etc.

1) =	0.79360 44933 35
2)	2081 82137 13
3)	268 09201 67
4)	48 34993 88
5)	10 14671 03
6)	2 32185 08
7)	56192 45
	0.81771 74314 59
	19141 48
$\psi\alpha$ =	0.81771 93456 07.

8) =	0.00000 14144 03
9)	3665 04
10)	971 20
11)	261 96
12)	71 69
13)	19 85
R.	7 71
	19141 48

Calcul de $\psi'\mathfrak{C}$.

243. On appliquera dans ce cas la formule (15); et d'abord connaissant

$$\log \mathfrak{C} = 0.19243\ 82373\ 15,$$
$$\log \mathfrak{C}^5 = 0.96219\ 11865\ 75,$$

il faut déduire de ce dernier le logarithme de $1+\beta^5$, qui fera connaître celui de $u = \frac{1}{1+\beta^5}$.

Pour cela, je remarque qu'une valeur approchée de β^5 est...... $9.16625 = \frac{7333}{800} = a$, dont le logarithme, calculé avec 12 décimales par la table V, est

$$\log a = 0.96219\ 16980\ 04;$$

de sorte qu'en faisant $r = 0.00000\ 05114\ 29$, on aura $\log \beta^5 = \log a - r$. Maintenant on peut connaître, avec une semblable approximation, le logarithme du nombre $1 + a = \frac{8133}{800} = 0.375 \times 2711$: ce logarithme est

$$\log(1+a) = 1.00716\ 07853\ 082.$$

Il ne reste donc plus qu'à appliquer les formules connues

$$\log(1+\beta^5) = \mathrm{l}(1+a) - \mathrm{R}, \qquad r' = \frac{r}{1+a},$$
$$\log \mathrm{R} = \mathrm{l}(ar') - \tfrac{1}{2} r'.$$

En voici le calcul :

r.....	3.70878	53505
$1+a$.	1.00716	07853
r'.....	2.70162	45652
a.....	0.96219	16980
$-\frac{1}{2}r'$.		$-$ 251
R. ...	3.66381	62381

$1+a$....	1.00716	07853	082
R...............		4611	224
$1+\beta^5$...	1.00716	03241	858
u.......	8.99283	96758	142.

Au moyen de la valeur logarithmique de u, on procédera au calcul de la formule (15) comme il suit :

			5.28625 62590 7
$a^{0.3}$...	9.69785 19027 4426		8.99283 96758 1
$\frac{5}{8}$.....	9.82390 87409 4432		9.86276 908 6
1)	9.52176 06436 8858	5)	4.14186 50244 8
u.....	8.99283 96758 142		8.99283 96758 1
	9.26626 78894 05		9.89146 38190
2)	7.78086 82089 08	6)	3.02616 85192 9
	8.99283 96758 14		8.99283 96758 1
	9.70645 80257 3		9.91021 20633
3)	6.48016 59104 52	7)	1.92922 02584
	8.99283 96758 14		8.99283 96758
	9.81325 06728		9.92342 85620
4)	5.28625 62590 66	8)	0.84548 84962.

Pour trouver avec 12 décimales le nombre dont 1) désigne le logarithme, voici le procédé dont on use ordinairement, pour suppléer aux tables qui n'ont que dix décimales. Par les tables ordinaires, on trouve que 0.332476 est une valeur approchée du nombre que l'on cherche; pour en trouver commodément le logarithme avec 12 décimales ou plus, je réduis ce nombre à $332475 = 403 \times 825$. Soit donc $a = 0.332475$, et l'on aura, par la table I de Gardiner,

$$\log a = 9.52175\ 89946\ 9103.$$

Appelant A le nombre cherché, on aura $\log A = \log a + r$, en faisant $r = 0.00000\ 16489\ 9755$. On déterminera ensuite $A - a$ par la formule très simple $\log(A - a) = \log(aMr) + \frac{1}{2}r$, dans laquelle M est le nombre connu 2.3025, etc., dont le logarithme $= 0.36221\ 56887$.

a........	9.52175 89946 9	
M.......	0.36221 56887	
r........	4.21722 00103 3	
	8245 0	
$A - a$....	4.10119 55182 2	$A - a = 0.00000\ 12623\ 9574$;
		donc $A = 0.33247\ 62623\ 9574$.

On pourra calculer d'une manière semblable le terme 2); les autres se calculent par les tables ordinaires, et l'on a les résultats suivans :

1)	= 0.33247 62623 957	6)	= 0.00000 01062 108
2)	603 76538 281	7)	84 961
3)	30 21105 632	8)	7 006
4)	1 93310 863	R............	0 646
5)	13863 249		1154 721
	0.33883 67441 982		0.33883 67441 982
		U =	0.33883 68596 703.

Connaissant U, on aura

$$\psi'\beta = \psi'\tfrac{1}{0} - U = 1.21085\ 94180\ 77.$$

Exemple II.

244. Les nombres α et β étant déterminés par les formules

$$\alpha = \frac{3+m}{2} - \sqrt{\left(\frac{5+m}{2}\right)},$$

$$\beta = \frac{3+m}{2} + \sqrt{\left(\frac{5+m}{2}\right)},$$

où l'on a $\frac{3+m}{2} = 1 + 2\cos 36^\circ$ et $\sqrt{\left(\frac{5+m}{2}\right)} = 2\cos 18^\circ$,

on en tire, par la table III, tome II,

$\alpha = 0.71592\ 09561\ 59586,$ $\log \alpha = 9.85486\ 50751\ 0294,$

$\beta = 4.52014\ 70213\ 40202,$ $\log \beta = 0.65515\ 25608\ 1099.$

Il s'agit ensuite d'avoir les valeurs de $\psi'\alpha$ et $\psi'\beta$.

Calcul de $\psi'\alpha$.

Puisqu'on a encore $\alpha^5 < \frac{1}{2}$, il conviendra de se servir de la formule (12), dans laquelle les termes de rang pair devront être pris avec le signe —. Voici ce calcul :

1) α....	9.85486 50751 0294
α^5...	9.27432 53755 147
	8.92081 87539 52
2) —	8.05000 92045 696
	9.27432 53755 147
	9.61181 98286
3)	6.93615 44086 84
	9.27432 53755 15
	9.75809 14565
4) —	5.96857 12407
	9.27432 53755
	9.82390 87409
5)	5.06680 53571
	9.27432 53755
	9.86148 84562
6) —	4.20261 91888
	4.20261 91888
	9.27432 53755
	9.88582 30932
7)	3.36276 76575
	9.27432 53755
	9.90287 45097
8) —	2.53996 75427
	9.27432 53755
	9.91548 99205
9)	1.72978 28387
	9.27432 53755
	9.92520 24413
10) —	0.92931 06555
	9.27432 53755
	9.93291 12609
11)	0.13654 72919
	9.14773 79
R —	9.28428 52.

1) =	0.71592 09561 596
2) —	1122 04223 496
	0.70470 05338 100
3)	86 32854 233
	0.70556 38192 333
4) —	9 30189 088
	0.70547 08003 245
5)	1 16628 679
	0.70548 24631 924
6) —	15944 804
	0.70548 08687 120
	0.70548 08687 120
7)	2305 513
	10992 633
8) —	346 711
	10645 922
9)	53 676
	10699 598
10) —	8 498
	10691 100
11)	1 569
	10692 469
R —	192

$\psi'\alpha = 0.70548\ 10692\ 277.$

Calcul de $\psi'ϐ$.

Il convient, dans ce cas, de faire usage de la formule (16), dont voici le calcul :

ϐ.	0.65515 25608 11
u.	9.34484 74391 89
$u^{\frac{1}{2}}$. . . .	9.67242 37195 945
$\frac{2}{3}$.	9.82390 87409 443
1)	8.84117 98997 278
u^5.	6.72423 71959 45
	9.06214 79067 49
2) —	4.62756 50024 22
	6.72423 71959 45
	9.62727 67797
3)	0.97907 89781
	6.72423 71959
	9.76403 265
4) —	87.46734 882

1) =	0.06937 13106 362
2) —	42419 447
	0.06936 70686 915
3)	9 530
	70696 445
4) —	3
U =	0.06936 70696 442
$\psi'\frac{1}{0}$ =	1.54969 62777 47
$\psi'ϐ$ =	1.48032 92081 03.

Exemple III.

Voici encore quelques exemples qui auront, ainsi que les précédens, leur application dans les recherches suivantes :

$$\psi\tfrac{1}{2} = 0.50131\ 90336\ 614,$$
$$\psi'\tfrac{1}{2} = 0.49871\ 42706\ 664,$$
$$\psi'1 = 0.93885\ 14394\ 40,$$
$$\psi'2 = 1.31483\ 28467\ 595.$$

Les deux premiers ont été calculés par la formule (12), les deux autres par la formule (15).

§ VII. *Application du théorème général au cas de la fonction* $\varphi x = 1 - x^5$, *et en supposant* $\mu = 5$.

245. Dans cette supposition, nous bornons à cinq le nombre des transcendantes ψx ou $\psi' x$ formant le premier membre de l'équation (3). Parmi ces cinq transcendantes, trois sont censées connues par autant de valeurs particulières de x prises à volonté, et qui serviront à déterminer deux autres valeurs de x nécessaires pour compléter le nombre de cinq transcendantes avec lesquelles se forme le premier membre de l'équation (3); et comme sur les trois valeurs arbitraires de x une, deux et même trois peuvent être supposées nulles, les calculs que nous allons développer s'appliquent non-seulement au cas où les fonctions comprises dans le premier membre de l'équation (3) sont au nombre de cinq, mais encore à plusieurs de ceux où les fonctions sont au nombre de quatre, trois ou même deux seulement.

Cela posé, on sait qu'en faisant $m = \sqrt{5}$, le binome $1 - x^5$ est le produit du facteur simple $1 - x$ par les deux facteurs doubles $1 + x\left(\frac{m+1}{2}\right) + x^2$ et $1 - x\left(\frac{m-1}{2}\right) + x^2$; on pourra donc faire

$$\varphi_1 x = (1 - x)\left(1 - x.\frac{m-1}{2} + x^2\right) = 1 - x.\frac{m+1}{2} + x^2.\frac{m+1}{2} - x^3,$$

$$\varphi_2 x = 1 + x.\frac{m+1}{2} + x^2.$$

Prenant en même temps $\theta x = a + x$ et $\theta_1 x = c + c_1 x$, il faudra, pour la solution de notre problème, satisfaire à l'équation

$$(17)\quad (c + c_1 x)^2\left(1 + x.\frac{m+1}{2} + x^2\right) - (a + x)^2\left(1 - x.\frac{m+1}{2} + x^2.\frac{m+1}{2} - x^3\right)$$
$$= (x - x_1)(x - x_2)(x - x_3)(x - x_4)(x - x_5),$$

dans laquelle on remarquera que $(a + x)^2$ est mis à la place de $(a + a_1 x)^2$, qu'indique la forme générale de θx, parce que le coefficient de x^5 devant être le même dans les deux membres, il aurait été nécessaire de faire $(a_1)^2 = 1$, ce qui permet de prendre $a_1 = 1$. Si l'on remarquait que les signes du premier membre de l'équation précédente sont contraires à ceux du premier membre de l'équation (2), considérée comme type de toutes les autres, nous répondrons qu'on peut changer à la fois les signes de $\varphi_1 x$ et $\varphi_2 x$, sans changer le produit φx, et sans rien changer non plus au second membre de l'équation (3).

Maintenant l'équation (17) est préparée de manière à satisfaire à tous les cas particuliers que nous avons indiqués. Elle offre, en général, cinq équations de condition, dont trois sont nécessaires pour déterminer les coefficiens c, c_1, a en fonctions des trois quantités prises arbitrairement dans la série x_1, x_2, x_3, x_4, x_5; elle donnera en même temps l'équation du second degré, qui a pour racines les deux autres valeurs particulières de x, prises dans la même série. C'est avec tous ces élémens qu'on formera, pour toutes valeurs données de la fonction entière fx et de la constante α, l'équation (3), qui contient une propriété générale relative à cinq des fonctions désignées par ψx ou $\psi' x$.

246. Pour considérer d'abord le cas le plus simple, supposons que deux des valeurs arbitraires de x soient nulles; il faudra que chaque membre de l'équation (17) soit divisible par x^2, c'est-à-dire que le coefficient de x^0 et celui de x soient nuls dans le premier membre; ce qui donnera les deux équations de condition

$$0 = c^2 - a^2,$$
$$0 = \frac{m+1}{2}(c^2 + a^2) + 2cc_1 - 2a.$$

La première permet de prendre $a = c$, car le signe de c est à volonté dans le carré $(c + c_1 x)^2$, et alors la seconde donnera

$$c_1 = 1 - c\left(\frac{m+1}{2}\right).$$

Au moyen de ces valeurs, le premier membre de l'équation (17) étant divisé par x^2, donnera pour quotient

$$\begin{aligned} x^3 &+ x^2\left[\frac{m+3}{2}c^2 - (m-1)c - \left(\frac{m-1}{2}\right)\right] \\ &+ x[2c^2 - 2(m+1)c + m + 1] \\ &- (m+1)c^2 + (m+1)c. \end{aligned}$$

Le second membre de la même équation, divisé également par x^2, ne contiendra plus que trois facteurs

$$(x - x_1)(x - x_2)(x - x_3).$$

Soit t la valeur prise arbitrairement de l'une des quantités x_1, x_2, x_3, et soit $x^2 - px + q = 0$ l'équation du second degré, qui a pour racines les deux autres quantités; ce second membre s'exprimera encore par

$(x-t)(x^2-px+q)$, et son développement sera

$$x^3-(p+t)x^2+(pt+q)x-qt;$$

on aura donc les trois équations

$$\begin{aligned} p+t &= -\left(\frac{m+3}{2}\right)c^2+(m-1)c+\frac{m-1}{2}, \\ pt+q &= 2c^2-2(m+1)c+m+1, \\ qt &= (m+1)c^2-(m+1)c. \end{aligned}$$

Éliminant p et q de ces équations, on aura entre c et t l'équation

$$\begin{aligned} 0 = c^2&\left(\frac{m+3}{2}t^2+2t-m-1\right) \\ &-c[(m-1)t^2+2(m+1)t-m-1] \\ &+t^3-\left(\frac{m-1}{2}\right)t^2+(m+1)t. \end{aligned}$$

Celle-ci donnera la valeur de c en fonction de t, savoir

$$(18) \qquad c=\frac{\frac{3-m}{2}t^2+2t-1+\sqrt{(1-t^3)}}{\frac{m+1}{2}t^2+(m-1)t-2},$$

valeur qu'on aurait trouvée plus directement par la formule du n° 233.

Connaissant le coefficient c, on aura les valeurs de p et q par les formules

$$(19)\quad \left\{ \begin{aligned} p &= -t-\left(\frac{m+3}{2}\right)c^2+(m-1)c+\frac{m-1}{2}, \\ q &= -tp+2c^2-2(m+1)c+m+1, \\ \text{ou } q &= \frac{m+1}{t}(c^2-c); \end{aligned} \right.$$

et la résolution de l'équation $x^2-px+q=0$ donnera les deux autres racines $x=\beta$, $x=\gamma$, qui serviront à former le premier membre de l'équation (3).

On voit que par la seule donnée t, dont la valeur positive doit être plus petite que 1, et la valeur négative peut être d'une grandeur quelconque, on déterminera d'abord le coefficient c, puis les deux racines $x=\beta$, $x=\gamma$, au moyen desquelles la somme des trois fonctions ψt, $\psi\beta$, $\psi\gamma$, prises avec des signes convenables, sera égale au second membre de l'équation (3), composé en général d'une partie constante, d'une partie algébrique et d'une partie logarithmique, lesquelles pourront être réduites à une ou à deux, ou prises toutes ensemble, suivant les différens cas.

247. A l'égard des signes dont ces fonctions doivent être affectées, il suffira de les déterminer pour le cas où l'on considère la fonction la plus simple de première espèce $\int \frac{dx}{\sqrt{(\varphi x)}}$; car nous avons déjà dit (218) que les signes des termes de la somme $\Sigma \psi_0 x$ étant connus, on en déduit facilement ceux des termes de la somme $\Sigma \psi x$, qui s'applique à toute autre fonction comprise dans la formule générale $\psi x = \int \frac{dxfx}{(x - \alpha)\sqrt{(\varphi x)}}$. Nous donnerons ci-après une règle sûre et facile pour déterminer les signes de tous les termes qui composent la somme $\Sigma \psi_0 x$, quel que soit le nombre des valeurs données de x, et dans toutes les combinaisons qui peuvent servir à déterminer tant les coefficiens des fonctions θx et $\theta_{,} x$ que les auxiliaires qui, concurremment avec les fonctions données, forment la somme dont il s'agit; mais comme nous considérons maintenant le cas de la seule donnée désignée par t, l'emploi de cette règle n'est pas absolument nécessaire : d'ailleurs, nous y suppléerons par une construction géométrique adaptée particulièrement au cas dont nous nous occupons.

Avant de faire des applications de la formule (18), nous devons encore remarquer que cette formule donne deux solutions, à raison du double signe dont $\sqrt{(1 - t^5)}$ est susceptible ; et, parce qu'on peut aussi changer le signe de m, en mettant $-\sqrt{5}$ au lieu de $+\sqrt{5}$, il est visible que chaque valeur de t fournira quatre solutions, c'est-à-dire qu'il y aura quatre manières de faire en sorte que la fonction donnée ψt ou $\psi' t$, jointe à deux autres fonctions de la même espèce, prises avec des signes convenables, soit égale à une constante déterminée. Il pourra arriver, dans l'une de ces solutions, que les valeurs des deux auxiliaires soient imaginaires, mais la solution n'en existera pas moins analytiquement.

Maintenant, nous allons faire voir, dans un assez grand nombre d'exemples appliqués à la simple fonction de première espèce....... $\psi x = \int \frac{dx}{\sqrt{(1 - x^5)}}$, comment on détermine la constante, qui est alors le second membre de l'équation (3). Cette question, dont il ne paraît pas qu'on puisse donner la solution *a priori* et d'une manière générale, mérite de fixer l'attention des analystes, par les résultats très peu variés et très simples qu'on obtient constamment dans les cas particuliers.

Exemple Ier. $t=0$.

248. Alors on aura les deux valeurs $c=0$, $c=1$.

Soit, 1°. $c=0$, les équations (19) donneront $p=\frac{m-1}{2}$, $q=m+1$; on aura donc à résoudre l'équation

$$x^2-\left(\frac{m-1}{2}\right)x+m+1=0,$$

d'où résulte

$$x=\frac{m-1}{4}\pm\frac{1}{4}\sqrt{(-18m-10)}.$$

Ces valeurs étant imaginaires, nous ne nous en occuperons pas, quant à présent; mais en changeant le signe de m, on a une solution réelle, savoir :

$$x=-\left(\frac{m+1}{4}\right)\pm\frac{1}{4}\sqrt{(18m-10)}.$$

Substituant la valeur connue de m, et faisant

$$\begin{aligned}&\beta=0.56596\ 53599\ 43561, &&\log\beta=9.75278\ 98508\ 95,\\ &\gamma=2.18399\ 93486\ 93455, &&\log\gamma=0.33925\ 25045\ 1856,\end{aligned}$$

les racines de notre équation seront $x=\beta$, $x=-\gamma$; ainsi le premier membre de l'équation (3) sera $\psi'\gamma\pm\psi\beta$, le signe de $\psi\beta$ étant encore non déterminé.

Calcul de $\psi\beta$ par la formule (12).

1) β...	9.75278 98508 95
β^5...	8.76394 92544 75
	8.92081 87539 52
2)	7.43755 78593 22
	8.76394 92544 75
	9.61181 98286
3)	5.81332 69424
	8.76394 92545
	9.75809 14565
4)	4.33536 76534

1)	= 0.56596 53599 4356
2)	273 87844 8726
3)	6 50619 3005
4)	21645 5016
5)	837 9646
6)	35 3723
7)	1 5792
8)	733
Reste de la série.....	37
$\psi\beta$ =	0.56877 14584 1034.

	4.33536 76534			1.54866 33595
	8.76394 92545			8.76394 92545
	9.82390 87409			9.88582 30932
5)	2.92322 56488		7)	0.19843 57072
	8.76394 92545			8.76394 92545
	9.86148 84562			9.90287 45097
6)	1.54866 33595		8)	8.86525 94714.

Calcul de $\psi'\gamma$ par la formule (15).

γ	0.33925 25045 1856
γ^5	1.69626 25225 928
a	1.69626 02565 7946
$l\gamma^5 = la + r$, $r =$	22660 1334
$1+a$	1.70491 37234 829
R	22213 092
$1+\gamma^5$ ...	1.70491 59447 921
u	8.29508 40552 079
$u^{\frac{3}{10}}$	9.48852 52165 6237
$\frac{2}{3}$	9.82390 87409 4432
1)	9.31243 39575 067
u	8.29508 40552 079
	9.26626 78894 05
2)	6.87378 59021 196
	8.29508 40552 1
	9.70645 80257 3
3)	4.87532 79830 6
	8.29508 40552 1
	9.81325 06728
4)	2.98366 27110 7
	8.29508 40552 1
	9.86276 90896
5)	1.14151 58558 8
	8.29508 40552 1
	9.89146 38190
6)	9.32806 37301

$$a = 49.689 = 9 \times 5.521,$$
$$1 + a = 50.689 = 173 \times 0.293,$$
$$l(1+\gamma^5) = l(1+a) + R, \quad r' = \frac{r}{1+a},$$
$$l\,R = l(ar') + \tfrac{1}{2} r'.$$

r	4.35526 24622
$1+a$ ...	1.70491 37235
r'	2.65034 87387
a	1.69626 02566
$\frac{1}{2} r'$	223
R	4.34660 90176.

1) =	0.20532 12773 810
2)	74 78007 599
3)	75046 080
4)	963 081
5)	13 852
6)	213
R	3
U =	0.20607 66804 638
$\psi'\frac{1}{0}$	1.54969 62777 47
$\psi'\gamma$ =	1.34361 95972 832
$\psi\mathit{6}$ =	0.56877 14584 103
C =	0.77484 81388 729.

On voit qu'en faisant $\psi'\gamma - \psi\mathcal{C} = \mathrm{C}$, la constante C a une valeur qui s'accorde, aussi parfaitement qu'il est possible, avec la valeur connue $\frac{1}{2}\psi'\frac{1}{0} = 0.77484\ 81388\ 735$; ainsi on devra avoir exactement

$$\psi'\gamma - \psi\mathcal{C} = \tfrac{1}{2}\psi'\tfrac{1}{0}.$$

C'est l'équation qui résulte de la supposition $t = 0$, en choisissant la valeur $c = 0$, et prenant m négatif.

249. Soit, 2°. $c = 1$, on aura l'équation

$$x^2 + (3 - m)x - m + 1 = 0,$$

dont les racines sont

$$x = -\left(\frac{3-m}{2}\right) + \sqrt{\left(\frac{5-m}{2}\right)},$$

$$x = -\left(\frac{3-m}{2}\right) - \sqrt{\left(\frac{5-m}{2}\right)}.$$

Ces racines sont les mêmes qu'on a désignées ci-dessus (241) par $x = \alpha$, $x = -\mathcal{C}$; et le calcul qui a été fait des fonctions $\psi\alpha$, $\psi'\mathcal{C}$, a donné pour résultat

$$\psi'\mathcal{C} = 1.21085\ 94180\ 77,$$

$$\psi\alpha = 0.81771\ 93456\ 07.$$

Avec ces deux fonctions on formera l'équation

$$\psi'\mathcal{C} + \psi\alpha = \mathrm{C}',$$

dans laquelle $\mathrm{C}' = 2.02857\ 87636\ 84$. Or, par les valeurs des fonctions entières $\psi 1$ et $\psi'\frac{1}{0}$, données art. 237, on trouve

$$\psi 1 + \tfrac{1}{2}\psi'\tfrac{1}{0} = 2.02857\ 87636\ 905;$$

ce qui s'accorde, aussi bien qu'il est possible, avec la valeur précédente de C' : donc on doit avoir exactement

$$\psi'\mathcal{C} + \psi\alpha = \psi 1 + \tfrac{1}{2}\psi'\tfrac{1}{0}.$$

250. 3°. Si l'on prend toujours $c = 1$, mais qu'on change le signe de m, on aura deux nouvelles valeurs de x, savoir :

$$x = -\left(\frac{3+m}{2}\right) + \sqrt{\left(\frac{5+m}{2}\right)},$$

$$x = -\left(\frac{3+m}{2}\right) - \sqrt{\left(\frac{5+m}{2}\right)}.$$

Ces valeurs ont été désignées ci-dessus (244) par $-\alpha$ et par $-\mathcal{C}$, et l'on a trouvé

$$\psi'\alpha = 0{,}70548\ 10692\ 277$$
$$\psi'\beta = 1.48032\ 92081\ 03$$
$$\psi'\beta - \psi'\alpha = 0.77484\ 81388\ 753.$$

On voit donc que la valeur de $\psi'\beta - \psi'\alpha$ s'accorde, aussi exactement qu'il est possible, avec la valeur connue de $\frac{1}{2}\psi'\frac{1}{0}$; donc on a exactement

$$\psi'\beta - \psi'\alpha = \tfrac{1}{2}\psi'\tfrac{1}{0}.$$

C'est la même constante que nous avons trouvée pour les valeurs $t = 0$, $c = 0$, et en prenant, comme nous venons de le faire, m négatif.

Ainsi le cas de $t = 0$, qui devait fournir en général quatre solutions, en donne trois réelles et une imaginaire.

Dans le cas des racines réelles, la constante du second membre de l'équation (3) s'exprime exactement par les fonctions connues $\psi 1$ et $\psi'\frac{1}{0}$, lesquelles appartiennent à un ordre de transcendantes plus simples, puisqu'elles s'expriment par les fonctions Γ.

Exemple II. $t = 1$.

251. Alors, de l'équation (18) on tirera la valeur unique $c = \frac{m+1}{2}$, et l'on aura l'équation à résoudre

$$x^2 + (3 + m)x + 1 + m = 0;$$

d'où l'on tire

$$x = -\left(\frac{3+m}{2}\right) + \sqrt{\left(\frac{5+m}{2}\right)},$$
$$x = -\left(\frac{3+m}{2}\right) - \sqrt{\left(\frac{5+m}{2}\right)}.$$

Ces deux valeurs ont déjà été désignées, dans l'exemple précédent, par $x = -\alpha$, $x = -\beta$, et nous avons trouvé

$$\psi'\beta - \psi'\alpha = \tfrac{1}{2}\psi'\tfrac{1}{0}.$$

Ajoutant de part et d'autre $\psi 1$, on aura entre les trois fonctions $\psi 1$, $\psi'\alpha$, $\psi'\beta$ l'équation

$$\psi 1 + \psi'\beta - \psi'\alpha = \psi 1 + \tfrac{1}{2}\psi\tfrac{1}{0}.$$

On aurait, entre les mêmes fonctions, l'équation

$$\psi 1 - \psi'\beta + \psi'\alpha = \psi 1 - \tfrac{1}{2}\psi'\tfrac{1}{0} = 0.47888\ 24859\ 435;$$

ce qui offre une nouvelle constante qui ne s'est point encore présentée.

Si l'on changeait le signe de m dans les deux valeurs de x, on aurait encore les mêmes valeurs, désignées par α et -6 dans l'exemple Ier, n° 241, ce qui ne produirait aucun nouveau résultat.

Exemple III. $t = -1$.

252. Alors l'équation (18) donne, en faisant $\sqrt{(1-t^5)} = -\sqrt{2}$,

$$c = \frac{m+1}{2} + \frac{m-1}{2}\sqrt{2}, \quad c^2 = \frac{9-m}{2} + 2\sqrt{2};$$

il en résulte

$$p = -m - 3 - 2m\sqrt{2},$$
$$q = 1 - 3m - 2m\sqrt{2};$$

et en résolvant l'équation $x^2 - px + q = 0$, on aura les deux racines

$$x = -\left(\frac{m+3}{2}\right) - m\sqrt{2} \pm \sqrt{\left[\frac{25+9m}{2} + 5(m+1)\sqrt{2}\right]}.$$

Voici d'abord comment on peut réduire en décimales les nombres de cette formule, au moyen de la table III du tome II :

$$\frac{m+3}{2} = 2.61803\ 39887\ 49894$$
$$m\sqrt{2} = 2\sin 45^\circ + 4\cos 27^\circ - 4\sin 27^\circ = 3.16627\ 76601\ 68380$$
$$5.78031\ 16489\ 18274$$
$$5(m+1)\sqrt{2} = 20(\sin 9^\circ + \cos 9^\circ) = 22.88245\ 61127\ 07380$$
$$\frac{25+9m}{2} = 22.56230\ 58987\ 49046$$
$$45.44476\ 20114\ 56426.$$

On aura donc

$$x = -5.78031\ 16489\ 18274 \pm \sqrt{(45.44476\ 20114\ 56426)}.$$

Désignant ces deux valeurs par $x = \alpha$, $x = -6$, on aura

$$\alpha = 0.96096\ 13771\ 10, \qquad \log\alpha = 9.98270\ 59328\ 87,$$
$$6 = 12.52158\ 46749\ 4655, \qquad \log 6 = 1.09765\ 92946\ 92.$$

Calcul de $\psi\alpha$ *par la formule* (13).

α..........	9.98270 59328 87		5.10745 19198 6
α^5..........	9.91352 96644 35		9.25656 47910 3
$u = 1 - \alpha^5$..	9.25656 47910 31		9.89512 10573
		6)	4.25913 77681 9

$u^{\frac{1}{2}}$	9.62828 23955 15
0.4	9.60205 99913 28
1)	9.23034 23868 43
u	9.25656 47910 31
	9.42596 87322 72
2)	7.91287 59101 46
	9.25656 47910 31
	9.73239 35598 23
3)	6.90183 44610 0
	9.25656 47910 3
	9.82390 87409 4
4)	5.98230 79929 7
	9.25656 47910 3
	9.86857 91358 6
5)	5.10745 19198 6
6)	4.25913 77681 9
	9.25656 47910 3
	9.91272 60760
7)	3.42842 86352 2
	9.25656 47910 3
	9.92526 29659
8)	2.61025 63921 5
	9.25656 47910 3
	9.93464 69534
9)	1.80146 81365 8
	9.25656 47910 3
	9.94193 54831
10)	0.99996 84107 1
	9.25656 47910 3
	9.94776 03819
11)	0.20429 35836 4
	9.28576 039
12) etc.	9.49005 397.

1) =	0.16995 83032 930
2)	818 23096 369
3)	79 76905 754
4)	9 60081 261
5)	1 28071 330
6)	18160 917
	0.17904 89348 561

	0.17904 89348 561
7)	2681 814
8)	407 621
9)	63 309
10)	9 999
11)	1 601
12)	309
	0.17904 92513 214
$\psi 1$	1.25373 06248 17
$\psi \alpha =$	1.07468 13734 956.

Calcul de $\psi'\beta$ *par la formule* (16).

β	1.09765 92946 92
u	8.90234 07053 08
$u^{\frac{1}{3}}$	9.45117 03526 54
$\frac{2}{3}$	9.82390 87409 44
1)	8.17741 97989 06

1) =	0.01504 59563 99054
2) −	56 39898
3)	8
	0.01504 59507 59164

1) 8.17741 97989 06
u^5 ...... 4.51170 35265 40
9.06214 79067 49

2) 1.75127 12321 95
4.51170 35265 4
9.62727 67796 8

3) 85.89025 15384 1

\- 0.01504 59507 59164
1.54969 62777 47
$\psi'\beta =$ 1.53465 03269 878
$\psi\alpha =$ 1.07468 13734 956
0.45996 89534 922
$\psi'1 =$ 0.93885 14394 40
$C'' =$ 0.47888 24859 478.

Cette constante C″ formée, comme on voit, de la somme $\psi'1 + \psi\alpha - \psi'\beta$, s'accorde, aussi bien qu'il est possible, avec la quantité connue $\psi 1 - \frac{1}{2}\psi'\frac{1}{0} = 0.47888\ 24859\ 435$; ainsi l'on aura exactement

$$\psi'1 + \psi\alpha - \psi'\beta = \psi 1 - \tfrac{1}{2}\psi'\tfrac{1}{0}.$$

La formule d'où l'on a tiré cette première solution en donnera successivement trois autres, par le changement de signe de l'une des quantités m et $\sqrt{2}$ ou de toutes les deux.

Seconde solution, en changeant le signe de m.

Alors la formule est

$$x = -\left(\frac{3-m}{2}\right) + m\sqrt{2} \pm \sqrt{\left[\frac{25-9m}{2} - 5(m-1)\sqrt{2}\right]};$$

mais la quantité sous le radical étant négative, parce que le changement de signe a été fait de manière que m désigne toujours $\sqrt{5}$, ces racines sont imaginaires.

Troisième solution, en changeant le signe de $\sqrt{2}$.

On trouve encore que les racines sont imaginaires.

Quatrième solution, en changeant le signe de m et celui de $\sqrt{2}$.

253. Alors la formule est

$$x = -\left(\frac{3-m}{2}\right) - m\sqrt{2} \pm \sqrt{\left[\frac{25-9m}{2} + 5(m-1)\sqrt{2}\right]};$$

et en mettant les valeurs numériques connues, on a

$$x = -3.54424\ 36714\ 18486 \pm \sqrt{(11.17801\ 45902\ 27374)}.$$

Ces deux valeurs sont toutes deux négatives; en les désignant par $x = -\alpha$ et $x = -\beta$, on aura

$\alpha = 0.20088\ 98776\ 61767$, $\log \alpha = 9.30295\ 80542\ 87378$,
$\beta = 6.88759\ 74651\ 75195$, $\log \beta = 0.83806\ 77575\ 25197$.

Calcul de $\psi'\alpha$ par la formule (12).

1) α... 9.30295 80542 87378
α^5.. 6.51479 02714 3689
8.92081 87539 52

2) — 4.73856 70796 76
6.51479 02714 37
9.61181 98286

3) 0.86517 71797 1
6.51479 02714 4
9.75809 14565

4) — 87.13805 89076 5

1) = 0.20088 98776 61767
2) — 54773 06951
44003 54816
3) 7 33124
44010 87940
4) — 137
$\psi'\alpha$ = 0.20088 44010 87803.

Calcul de $\psi'\beta$ par la formule (16).

$u = \frac{1}{\beta}$.. 9.16193 22424 74803
$u^{\frac{1}{2}}$..... 9.58096 61212 37401
9.82390 87409 44319

1) 8.56680 71046 56523
u^5..... 5.80966 12123 74015
9.06214 79067 49

2) — 3.43861 62237 795
5.80966 12123 74
9.62727 67796 8

3) 88.87555 42158 3

1) = 0.03688 13750 62905
2) — 2745 46697
11005 16208
3) 7508
0.03688 11005 23716
1.54969 62777 47
$\psi'\beta$ = 1.51281 51772 233.

Avec les valeurs trouvées, on essaiera les combinaisons suivantes :

$\psi'\beta$ = 1.51281 51772 233
$\psi'\alpha$ = 0.20088 44010 866
$\psi'\beta + \psi'\alpha$ = 1.71369 95783 099
$\psi'1$ = 0.93885 14394 40
$\psi'\beta + \psi'\alpha - \psi'1$ = 0.77484 81388 699
$\frac{1}{2}\psi'\frac{1}{0}$ = 0.77484 81388 735.

Ainsi, il est visible qu'on a exactement

$$\psi'\beta + \psi'\alpha - \psi'1 = \frac{1}{2}\psi'\frac{1}{0}.$$

254. Voici un petit tableau qui contient les cinq résultats trouvés dans nos trois exemples, et dont le nombre pourrait être multiplié indéfiniment, en prenant pour t d'autres valeurs particulières à volonté.

Trois valeurs de x, dont une donnée $= t$, les deux autres conclues.	Équation entre les trois fonctions correspondantes.
$t = 0$, $x = -\left(\frac{m+1}{4}\right) \pm \frac{1}{4}\sqrt{(18m-10)}$, $x = \alpha$, $x = -6$, $\alpha = 0.56596\ 53599\ 43561$, $6 = 2.18399\ 93486\ 93455$.	$\psi t = 0$, $\psi\alpha = 0.56877\ 14584\ 1034$, $\psi' 6 = 1.34361\ 95972\ 832$, $\psi' 6 - \psi\alpha = \frac{1}{2}\psi' \frac{1}{0}$ $= 0.77484\ 81388\ 735$.
$t = 0$, $x = -\left(\frac{3-m}{2}\right) \pm \sqrt{\left(\frac{5-m}{2}\right)}$, $x = \alpha$, $x = -6$, $\alpha = 0.79360\ 44933\ 34840$, $6 = 1.55753\ 65158\ 35052$.	$\psi t = 0$, $\psi\alpha = 0.81771\ 93456\ 07$, $\psi' 6 = 1.21085\ 94180\ 77$, $\psi\alpha + \psi' 6 = \psi 1 + \frac{1}{2}\psi' \frac{1}{0}$ $= 2.02857\ 87636\ 905$.
$t = 0$, $x = -\left(\frac{3+m}{2}\right) \pm \sqrt{\left(\frac{5+m}{2}\right)}$, $x = -\alpha$, $x = -6$, $\alpha = 0.71592\ 09561\ 59586$, $6 = 4.52014\ 70213\ 40202$.	$\psi t = 0$, $\psi'\alpha = 0.70548\ 10692\ 277$, $\psi' 6 = 1.48032\ 92081\ 03$, $\psi' 6 - \psi'\alpha = \frac{1}{2}\psi' \frac{1}{0}$.
$t = -1$, $x = -\left(\frac{m+3}{2}\right) - m\sqrt{2}$ $\pm\sqrt{\left[\frac{25+9m}{2} + 5(m+1)\sqrt{2}\right]}$, $x = \alpha$, $x = -6$, $\alpha = 0.96096\ 13771\ 10$, $6 = 12.52158\ 46749\ 4655$.	$\psi' 1 = 0.93885\ 14394\ 40$, $\psi\alpha = 1.07468\ 13734\ 956$, $\psi' 6 = 1.53465\ 03269\ 878$, $\psi' 1 + \psi\alpha - \psi' 6 = \psi 1 - \frac{1}{2}\psi' \frac{1}{0}$ $= 0.47888\ 24859\ 435$.
$t = -1$, $x = -\left(\frac{3-m}{2}\right) - m\sqrt{2}$ $\pm\sqrt{\left[\frac{25-9m}{2} + 5(m-1)\sqrt{2}\right]}$, $x = -\alpha$, $x = -6$, $\alpha = 0.20088\ 98776\ 61767$, $6 = 6.88759\ 74651\ 75195$.	$\psi' 1 = 0.93885\ 14394\ 40$, $\psi'\alpha = 0.20088\ 44010\ 87803$, $\psi' 6 = 1.51281\ 51772\ 233$, $\psi'\alpha + \psi' 6 - \psi' 1 = \frac{1}{2}\psi' \frac{1}{0}$.

255. On peut, par une construction géométrique, rendre compte des différentes valeurs que peut avoir la constante qui forme le second membre de l'équation (3), quand on ne fait entrer que trois fonctions dans le premier membre, c'est-à-dire quand on détermine, d'après les équations (18) et (19), deux valeurs particulières de x correspondantes à une valeur donnée $x = t$. On trouvera que la constante dont il s'agit ne peut avoir que trois valeurs différentes, tant que m est pris positivement dans les équations citées.

En effet, si l'on considère t comme l'abscisse et c comme l'ordonnée, l'équation (18) deviendra celle de la courbe tracée dans la fig. 2. L'origine des abscisses étant fixée en A, les abscisses positives ne s'étendent que jusqu'à la limite $AC = 1$, où l'on a l'ordonnée extrême $Cc = \frac{m+1}{2}$; dans le sens négatif AH, les abscisses s'étendent à l'infini.

La courbe dont il s'agit a deux asymptotes BE, DF perpendiculaires à la ligne des abscisses; on détermine leur position en égalant à zéro le dénominateur $\frac{m+1}{2}t^2 + (m-1)t - 2$; il en résulte

$$t = -\left(\frac{3-m}{2}\right) \pm \sqrt{\left(\frac{5-m}{2}\right)}.$$

Ainsi l'on a les valeurs déjà considérées

$$AB = \sqrt{\left(\frac{5-m}{2}\right)} - \left(\frac{3-m}{2}\right) = 0.79360, \text{ etc.},$$

$$AD = \sqrt{\left(\frac{5-m}{2}\right)} + \frac{3-m}{2} = 1.55753, \text{ etc.}$$

256. Trois branches principales se font remarquer dans cette courbe, qui présente un aspect fort bizarre. Une première branche $aabcz$ est renfermée dans le *biangle* indéfini FDCc; à compter du point m, où l'ordonnée est un *minimum*, cette branche s'élève d'un côté, pour s'approcher de l'asymptote DF; de l'autre côté elle s'élève jusqu'au point c, où elle touche l'ordonnée Cc, puis, en continuant de monter, elle se rapproche de plus en plus de l'asymptote BE.

Une seconde branche IA$\alpha\beta$ a dans le sens positif une partie AI qui converge vers l'asymptote verticale BK, et dans le sens positif une autre partie, située tout entière au-dessus de l'axe, laquelle a pour asymptote la branche supérieure de la parabole qui a pour équation $\frac{m+1}{2}y = \frac{3-m}{2} + \sqrt{x}$, x étant égal à $-t$.

La troisième branche est située dans l'angle GDH, où les abscisses et les ordonnées sont négatives. A partir du point m', où l'ordonnée négative est un *minimum*, la courbe converge graduellement d'un côté vers l'asymptote DG, de l'autre côté vers la branche inférieure de la parabole dont l'équation est $\frac{m+1}{2}y = \frac{3-m}{2} - \sqrt{x}$.

257. Si l'on mène par les points c, m, m' des parallèles à l'axe, elles partageront l'espace occupé par la courbe en trois zones distinctes, qui seront affectées chacune à une constante particulière.

La zone située indéfiniment au-dessus de la parallèle $c\pi$ comprend toute la partie de la courbe où l'on a c positif et $> \frac{m+1}{2}$; elle jouit de cette propriété, que si α, β, γ sont les abscisses de trois points placés dans cette zone sur une même parallèle à l'axe, la somme des fonctions $\psi\alpha$, $\psi\beta$, $\psi\gamma$, prises avec les signes convenables, et en changeant ψ en ψ' si l'abscisse est négative, sera égale à la constante $\psi 1 - \frac{1}{2}\psi'\frac{1}{0}$ $= 0.47888\ 24859\ 435$.

La zone suivante, située entre les parallèles à l'axe menées par les points c et m, comprend toute la partie de la courbe où l'ordonnée positive c est comprise entre la valeur $Cc = \frac{m+1}{2}$, et le *minimum* $Mm = 0.90795$, etc.; alors la somme des trois fonctions déterminées par les trois abscisses qui répondent à une même valeur de c, est égale à la constante $\psi 1 + \frac{1}{2}\psi'\frac{1}{0} = 2.02857\ 87636\ 905$.

Enfin, la troisième zone, placée au-dessous de la parallèle $m'\delta$, comprend la portion de courbe dans laquelle l'ordonnée c est négative et plus grande que le *minimum* $m'M' = 1.77613$, etc. Dans cette zone la constante sera $\psi 1 + \frac{3}{2}\psi'\frac{1}{0} = 3.57827\ 50414\ 375$.

On voit, de plus, qu'il existe une quatrième zone comprise entre les deux parallèles $m\gamma$, $m'\delta$, menées par les points m et m' où l'ordonnée est un *minimum*. Mais toute parallèle à l'axe, menée au dedans de cette zone, ne rencontrera que la branche de courbe IA, ce qui signifie que les deux autres intersections sont imaginaires.

258. Nous ajouterons encore que dans chaque zone on peut déterminer généralement les signes des trois fonctions ψ ou ψ' qui composent le premier membre de l'équation (3).

Soient α, $-\beta$, $-\gamma$ les abscisses des points dans lesquels toute parallèle à l'axe, menée dans la première zone, rencontre la courbe, on aura $\alpha > AB$, $\beta < AD$, $\gamma > AD$, et l'équation des fonctions sera, sans aucune ambiguité,

$$\psi\alpha + \psi'\beta - \psi'\gamma = \psi 1 - \tfrac{1}{2}\psi'\tfrac{1}{0}.$$

En effet, dans la limite supérieure, lorsque $c = \frac{1}{0}$, on a $\alpha = \text{AB}$, $\beta = \text{AD}$ et $\gamma = \frac{1}{0}$; alors l'équation devient $\psi(\text{AB}) + \psi'(\text{AD}) = \psi 1 + \frac{1}{2}\psi'\frac{1}{0}$, comme on l'a déjà trouvée (254).

Dans la limite inférieure, on a $c = \frac{m+1}{2}$, $\alpha = 1$, $\beta = 0.71592...$, $\gamma = 4.52015...$; alors l'équation devient

$$\psi 1 + \psi'\beta - \psi'\gamma = \psi' - \tfrac{1}{2}\psi'\tfrac{1}{0}, \quad \text{ou} \quad \psi'\gamma - \psi'\beta = \tfrac{1}{2}\psi'\tfrac{1}{0},$$

équation comprise dans notre tableau (art. 254.)

Dans la seconde zone, il y a deux cas qui donnent lieu à deux équations de forme différente.

Premier cas. Si la parallèle est menée dans la partie supérieure de la zone, entre les parallèles $c\pi$ et ba, les abscisses des trois points d'intersection seront désignées, comme dans la première zone, par α, $-\beta$, $-\gamma$, avec cette seule différence qu'on aura $\beta < 0.71592...$ et $\gamma < 4.520...$; l'équation des fonctions sera, dans ce cas,

$$\psi\alpha - \psi'\beta + \psi'\gamma = \psi 1 + \tfrac{1}{2}\psi'\tfrac{1}{0}.$$

Cette équation se vérifie immédiatement sur les parallèles $c\pi$ et ba.

Second cas. Si la parallèle est menée dans la partie inférieure de la zone, c'est-à-dire entre les parallèles ba et $m\gamma$; appelons α, β, $-\gamma$ les abscisses des points d'intersection, on aura l'équation

$$\psi\alpha + \psi\beta + \psi'\gamma = \psi 1 + \tfrac{1}{2}\psi'\tfrac{1}{0}.$$

Celle-ci est liée avec la précédente par la loi de continuité, car si β devient $-\beta$, $\psi\beta$ se changera en $-\psi'\beta$.

Dans la troisième section, où l'ordonnée c est constamment négative et prend toutes les valeurs, depuis le *minimum* $\text{M}'m' = 1.77613....$ jusqu'à l'infini, soient α, $-\beta$, $-\gamma$ les abscisses des points d'intersection d'une parallèle à l'axe avec la courbe, on aura $\alpha < \text{AB}$, $\beta > \text{AD}$, $\gamma > \text{AM}'$, et l'équation des fonctions sera

$$\psi\alpha + \psi'\beta + \psi'\gamma = \psi 1 + \tfrac{3}{2}\psi'\tfrac{1}{0}.$$

Cette équation se vérifie à la première limite, où l'on a $\beta = \gamma$, ainsi qu'on le montrera ci-après; elle se vérifie également à la dernière limite, où $c = -\frac{1}{0}$, car alors on a $\alpha = \text{AB}$, $\beta = \text{AD}$ et $\gamma = \frac{1}{0}$. L'équation des fonctions devient, dans ce cas particulier, $\psi(\text{AB}) + \psi'(\text{AD}) + \psi'\frac{1}{0} = \psi 1 + \frac{3}{2}\psi'\frac{1}{0}$, ou $\psi(\text{AB}) + \psi'(\text{AD}) = \psi 1 + \frac{1}{2}\psi'\frac{1}{0}$; ce qui s'accorde avec le deuxième cas du tableau (art. 254).

259. Par cette énumération des différens cas, on voit qu'il importe de fixer la position des points m et m' où l'ordonnée est un *minimum*, puisque ces points déterminent, l'un la limite inférieure de la seconde zone, l'autre la limite supérieure de la troisième.

Désignons toujours par t l'abscisse AM du point m, et par c l'ordonnée Mm; l'équation (18), mise sous la forme rationnelle, sera $0 = \text{A}c^2 + 2\text{B}c + 2\text{D}$, en faisant, pour abréger,

$$\begin{aligned} \text{A} &= (m + 3)t^2 + 4t - 2m - 2, \\ \text{B} &= (m - 1)t^2 + (2m + 2)t - m - 1, \\ \text{D} &= t^3 - \tfrac{1}{2}(m - 1)t^2 + (m + 1)t. \end{aligned}$$

Dans le cas du *minimum* de la quantité c, on pourra différentier, par rapport à t, l'équation $0 = \text{A}c^2 - 2\text{B}c + 2\text{D}$, en regardant c comme constante; ce qui donnera une seconde équation $0 = \text{A}'c^2 - 2\text{B}'c + 2\text{D}'$, où l'on suppose

$$\begin{aligned} \text{A}' &= 2(m + 3)t + 4, \\ \text{B}' &= 2(m - 1)t + 2m + 2, \\ \text{D}' &= 3t^2 - (m - 1)t + m + 1. \end{aligned}$$

Éliminant c de ces deux équations, on aura, pour déterminer t, l'équation

$$(\text{AD}' - \text{A}'\text{D})^2 = 2(\text{AB}' - \text{A}'\text{B})(\text{BD}' - \text{B}'\text{D}),$$

qui peut se développer ainsi :

$$\begin{aligned} 0 = {} & [(m + 3)t^4 + 8t^3 - 12(m + 1)t^2 + 8t - 4(m + 3)]^2 \\ & + 8m(m + 1)\left[t^2 - \left(\frac{m-1}{2}\right)t + 1\right][(m-1)t^4 + 4(m+1)t^3 - (3m+11)t^2 + 4t - 2m - 6]. \end{aligned}$$

C'est donc par une équation du huitième degré qu'on pourra déterminer directement la valeur de t, tant pour le point m que pour le point m'; et il ne paraît pas que le degré de cette équation puisse être abaissé au-dessous de 8; car une autre manière de traiter le problème conduit à l'équation

$$2m\left[t^2 - \left(\frac{m-1}{2}\right)t + 1\right]\sqrt{(1 - t^6)} = \frac{m+3}{4}t^6 + 3t^5 - \frac{5}{2}(m + 1)t^4 + (m + 3)t + 2,$$

qui semble plus facile à résoudre par les fausses positions, mais qui, dégagée du radical, monterait au douzième degré.

Remarquons cependant que l'équation du huitième degré, à laquelle nous sommes parvenus, peut se mettre sous une forme plus simple par le procédé suivant.

Ayant mis l'équation (18) sous la forme $o = Ac^2 - 2Bc + 2D$, on trouve $(Ac - B)^2 = B^2 - 2AD = (m+1)^2(1 - t^5)$, et la différentielle de cette dernière équation donne

$$BB' - AD' - A'D = -\tfrac{5}{2}(m+1)^2 t^4.$$

Mais en développant l'équation déjà trouvée

$$(AD' - A'D)^2 = 2(AB' - A'B)(BD' - B'D),$$

on en tire

$$(AD' - A'D)^2 = 2BB'(AD' + A'D) - 2A'D'B^2 - 2ADB'^2,$$

ou

$$(AD' + A'D - BB')^2 = B^2B'^2 - 2A'D'B^2 - 2ADB'^2 + 4AA'DD'.$$

Le premier membre de celle-ci $= \frac{25}{4}(m+1)^4 t^8$, et le second est le produit des deux facteurs

$$B^2 - 2AD = (m+1)^2(1 - t^5),$$
$$B'^2 - 2A'D' = 16 - 8t(1+m) + 8t^2 - 12t^3(m+3).$$

L'équation à résoudre peut donc être mise sous cette forme plus simple

$$\frac{25}{8}(3+m)\frac{t^8}{1-t^5} = 4 - 2(1+m)t + 2t^2 - 3(3+m)t^3,$$

et ultérieurement sous la forme

$$\frac{25}{8}\cdot\frac{t^8}{1-t^5} = 3 - m - (m-1)t + \frac{3-m}{2}t^2 - 3t^3.$$

260. Après quelques tentatives, on trouve que l'abscisse t du point m, où l'ordonnée est un *minimum*, est déterminée à peu près par la valeur $\log t = 9.65536\ 96$; elle servira de première hypothèse, d'après laquelle nous calculerons les deux membres de notre équation de la manière suivante :

$\log t^5 = 8.27684\ 80$	$m - 1 \ldots\ 0.09204\ 23554\ 14$
$t^5 = 0.18916\ 81427\ 8$	$t \ldots\ 9.65536\ 96$
$1 - t^5 = 0.91083\ 18572\ 2$	1) $9.74741\ 19554\ 14$

$\frac{25}{8}$	0.49485 00216 8
t^8	7.24295 68000 0
	7.73780 68216 8
$1 - t^5$ ...	9.99170 58326 3
M	7.74610 09890 5

$\frac{3-m}{2}$	9.58202 47195 00
t^2	9.31073 92
2)	8.89276 39195
t^3	8.96610 88
3	0.47712 12547 20
3)	9.44323 00547 20.

$3 - m =$	0.76393 20225 002	
1) $-$	0.55900 01898 894	
	0.20493 98326 108	
2) $+$	0.07812 03030 741	
	0.28305 21356 849	
3) $-$	0.27747 89578 524	
	0.00557 31778 325	second membre.
M $=$	0.00557 31532 968	premier membre.
Diff.	$+$ 245 357.	

Maintenant que nous connaissons l'erreur de la première hypothèse, voici un procédé par lequel on obtiendra assez facilement la correction qu'il faut appliquer à la valeur supposée pour t.

Soit cette valeur corrigée $= t(1 + \omega)$, ω étant une quantité assez petite pour qu'on puisse négliger son carré. Il faudra substituer, en général, $t^n(1 + n\omega)$ au lieu de t^n, et alors le second membre de notre équation recevra l'incrément

$$-(m - 1)t\omega + \frac{3 - m}{2}t^2.2\omega - 3t^3.3\omega,$$

qu'on peut représenter par $\omega[-(1) + 2(2) - 3(3)]$; or, on a trouvé

$$1) = 0.55900\ 01899$$
$$2) = 0.07812\ 03031$$
$$3) = 0.27747\ 89578.$$

Ainsi l'incrément dont il s'agit $= -\omega(1.23519\ 64573)$; celui du premier membre sera un peu moins facile à calculer. Par la substitution de $t(1 + \omega)$ à la place de t, ce premier membre devient

$$\frac{25}{8}\cdot\frac{t^8(1 + 8\omega)}{1 - t^5(1 + 5\omega)} = \frac{25}{8}\cdot\frac{t^8}{1 - t^5}\cdot\left(1 + 8\omega + \frac{5t^5\omega}{1 - t^5}\right),$$

et son incrément $= \text{M}\omega\left(8 + \frac{5t^5}{1 - t^5}\right)$.

t^5......	8.27684 80	M =	0.00557 31522 968
$1-t^5$..	9.99170 58326 3	8M...	0.04458 52263 744
	8.28514 21673 7	N....	0.00053 72954 47
M.....	7.74610 09890 5		0.04512 25218 2.
5......	0.69897 00043 4		
N......	6.73021 31607 6		

On aura donc pour déterminer ω l'équation

$$\omega(0.04512\ 252182) = 245\ 357 - \omega(1.23519\ 64573);$$

d'où résulte

$$\omega = \frac{245.357}{1.280319} = 191.6374.$$

On voit d'ailleurs que les 191 unités comprises dans cette valeur sont, comme celles de 245, des unités décimales du dixième ordre. Il en résulte pour log t la correction $\omega(0.43429) = 83.227$; de sorte qu'on aura la valeur corrigée

$$\log t = 9.65536\ 96083\ 227.$$

261. Appelons α la valeur qu'on vient de trouver de l'abscisse t au point du minimum positif m; la parallèle à l'axe menée par le point m rencontrera la courbe en un point γ dont l'abscisse négative sera désignée par $-\beta$: les trois racines désignées par x_1, x_2, x_3, dans l'art. 246, seront α, α, $-\beta$, parce que le point de contingence m équivaut à deux intersections. Il faudra donc qu'on ait, suivant ce même article,

$$\begin{aligned}(x-\alpha)^2(x+\beta) = x^3 + x^2\left[\frac{m+3}{2}c^2 - (m-1)c - \left(\frac{m-1}{2}\right)\right] \\ + x\left[2c^3 - 2c^2 - 2(m+1)c + m + 1\right] \\ - (m+1)c^3 + (m+1)c;\end{aligned}$$

ce qui donnera les trois équations

$$\begin{aligned}\beta - 2\alpha &= \frac{m+3}{2}c^2 - (m-1)c - \left(\frac{m-1}{2}\right),\\ \alpha^2 - 2\alpha\beta &= 2c^2 - 2(m+1)c + m + 1,\\ \alpha^2\beta &= -(m+1)c^2 + (m+1)c;\end{aligned}$$

de là résulte, en éliminant c,

$$\beta = \frac{\frac{3-m}{2} + 2\alpha - \left(\frac{m-1}{4}\right)\alpha^2}{1 - \left(\frac{m-1}{2}\right)\alpha + \alpha^2}.$$

Substituant dans cette équation la valeur $\alpha = 0.45224\ 06621\ 46$, déduite du logarithme trouvé $9.65536\ 96083\ 227$, on aura les résultats suivans :

$\frac{m-1}{4}\ldots$	9.48998 23640 86		$\frac{3-m}{2} =$	0.38196 60112 501
$\alpha^2\ldots\ldots$	9.31073 92766 45		$2\alpha\ldots\ldots$	0.90448 13242 92
1)	8.80072 15807 31			1.28644 73355 421
			1)	0.06320 06552 550
			Num.	1.22324 66802 871
$\frac{m-1}{2}\ldots$	9.79101 23597 50		$1+\alpha^2 =$	1.20452 16164 98
$\alpha\ldots\ldots$	9.65536 96083 23		2)	0.27950 01003 01
2)	9.44638 19680 73		Dén.	0.92502 15161 97.

$$\beta = \frac{1.22324\ 66802\ 87}{0.92502\ 15161\ 97} = 1.32239\ 80835\ 776,$$

$$\log \beta = 0.12136\ 22111\ 832.$$

On trouve en même temps l'ordonnée *minimum* $c = 0.90795\ 04561\ 376$.

Il faut maintenant calculer les fonctions $\psi\alpha$, $\psi'\beta$, afin de vérifier l'équation $2\psi\alpha + \psi'\beta = \psi 1 + \frac{1}{2}\psi'\frac{1}{0}$.

Calcul de $\psi\alpha$ par la formule (12).

1) = $\alpha\ldots$	9.65536 96083 227		1) =	0.45224 06621 46
$\alpha^5\ldots$	8.27684 80416 135		2)	71 29127 862
	8.92081 87539 52		3)	55170 164
2)	6.85303 64038 88		4)	597 921
	8.27684 80416 13		5)	7 540
	9.61181 98286		6) etc.	105
3)	4.74170 42741		$\psi\alpha =$	0.45295 91525 052.
	8.27684 80416			
	9.75809 14565			
4)	2.77664 37722			
	8.27684 80416			
	9.82390 87409			
5)	0.87740 05547			
	8.27684 80416			
	9.86148 84562			
6)	9.01573 70525			

Calcul de $\psi'ϐ$ *par la formule* (16).

ϐ.....		0.12136 22111 832
u.....		9.87863 77888 168
$u^{\frac{1}{2}}$....		9.93931 88944 084
$\frac{2}{3}$.....		9.82390 87409 443
1)		9.64186 54241 695
u^5....		9.39318 89440 84
		9.06214 79067 49
2)	—	8.09720 22750 0
		9.39318 89440 8
		9.62727 67796 8
3)		7.11766 79987 6
		9.39318 89440 8
		9.76403 26500 9
4)	—	6.27488 95929 3
		9.39318 89440 8
		9.82705 35373 2
5)		5.49513 20743 3
		9.39318 89440 8
		9.86343 50954
6)	—	4.75175 61138
		9.39318 89441
		9.88714 67593
7)		4.03209 18172

7)		4.03209 18172
		9.39318 89441
		9.90383 30060
8)	—	3.32911 37673
		9.39318 89441
		9.91621 60442
9)	—	2.63851 87556
		9.39318 89441
		9.92577 15601
10)	—	1.95747 92598
		9.39318 89441
		9.93336 93291
11)		1.28403 75330
		9.39318 89441
		9.93955 53951
12)	—	0.61678 18722
		9.39318 89441
		9.94468 99263
13)		9.95466 07426.

1)	=	0.43839 48303 104
2)	—	1250 84148 075
		0.42588 64155 029
3)		131 11971 566
		0.42719 76126 595
4)	—	18 83170 286
		0.42700 92956 309

		0.42700 92956 309
5)		3 12703 019
		0.42704 05659 328
6)	—	56461 981
		0.42703 49197 347
7)		10766 928
		0.42703 59964 275

	0.42703 59964 275		0.42703 58194 260
8) —	2133 604	12) —	4 138
	0.42703 57830 671		58190 122
9)	435 029	13)	901
	58265 700	14) etc. —	251
10) —	90 673	$U =$	0.42703 58190 772
	58175 027		1.54969 62777 47
11)	19 233	$\psi'\beta =$	1.12266 04586 70
	58194 260	$2\psi\alpha =$	0.90591 83050 10
			2.02857 87636 80.

On voit que la somme $2\psi\alpha + \psi'\beta$ s'accorde, autant qu'il est possible, avec la constante connue $\psi 1 + \frac{1}{2}\psi'\frac{1}{0} = 2.02857\ 87636\ 905$; ainsi l'on a exactement l'équation

$$\psi'\beta + 2\psi\alpha = \psi 1 + \tfrac{1}{2}\psi'\tfrac{1}{0},$$

qu'il s'agissait de vérifier.

262. Nous allons déterminer semblablement l'autre *minimum*. Pour cela, nous mettrons l'équation à résoudre sous la forme

$$\frac{25}{8}\cdot\frac{t^3}{1-t^5} = \frac{1}{8}t^3 + \frac{3-m}{2}t^2 - (m-1)t + 3 - m;$$

et comme la valeur de t est négative, nous ferons $t = -\alpha$, ce qui donne l'équation

$$\frac{25}{8}\cdot\frac{\alpha^3}{1+\alpha^5} = \frac{1}{8}\alpha^3 - \left(\frac{3-m}{2}\right)\alpha^2 - (m-1)\alpha - (3-m).$$

Après quelques essais, on trouve la valeur approchée $\alpha = 5.21189$, que nous prendrons pour première hypothèse, en faisant.......... $\log\alpha = 0.71699\ 52410\ 97$. Voici, d'après cette valeur, le calcul des différens termes de l'équation :

α^3.....	2.15098 57232 91	α^3.....	2.15098 57232 91
$\frac{25}{8}$.....	0.49485 00216 80	8......	0.90308 99869 92
	2.64583 57449 71	1)	1.24789 57362 99
$1+\alpha^5$..	3.58508 91204 87		
M.....	9.06074 66244 84		

1) =	17.69684 04856 886
2) —	10.37564 73326 233
	7.32119 31530 653
3) —	6.44225 03312 498
	0.87894 28218 155
$3 - m$) —	0.76393 20225 002
	0.11501 07993 153 second membre.
M =	0.11501 29239 274 premier membre.
	21246 121 différence.

α^2.....	1.43399 04821 94
$\frac{3-m}{2}$..	9.58202 47195 00
2)	1.01601 52016 94
α......	0.71699 52410 97
$m-1$..	0.09204 23554 14
3)	0.80903 75965 11.

Pour corriger cette erreur, mettons $\alpha(1+\omega)$ au lieu de α; l'équation à résoudre deviendra, en négligeant les ω^2, ω^3, etc.,

$$\frac{25}{8}\cdot\frac{\alpha^3(1+3\omega)}{1+\alpha^5(1+5\omega)} = \frac{1}{8}\alpha^3(1+3\omega) - \left(\frac{3-M}{2}\right)\alpha^2(1+2\omega)$$
$$- (m-1)\alpha(1+\omega) - (3-m).$$

L'incrément du premier membre est

$$\omega\left(-2M + \frac{5M}{\alpha^5+1}\right) = \omega(-0.22987\ 63525\ 65);$$

celui du second membre $= 1)\ 3\omega - (2).2\omega - (3)\,\omega$
$= \omega(25.89697\ 65605\ 69)$.

On aura donc pour déterminer ω l'équation

$$\omega(26.12685\ 29131\ 34) = 21246.121;$$

d'où résulte $\omega = 813.191$.

La valeur corrigée de α est donc 5.21189 04238 26,
et son logarithme.............. 0.71699 52764 135.

D'après cette valeur corrigée, il faut calculer l'abscisse positive $x=\mathfrak{b}$, qui répond au point d'intersection de la parallèle à l'axe menée par le point m'; cette abscisse est donnée par la formule

$$\mathfrak{b} = \frac{\frac{m-1}{4}\alpha^2 + 2\alpha - \left(\frac{3-m}{2}\right)}{\alpha^2 + \frac{m-1}{2}\alpha + 1};$$

d'où résulte

$$\log \mathfrak{b} = 9.76894\ 30111\ 131,$$
$$\mathfrak{b} = 0.58741\ 22662\ 00.$$

31..

Calcul de $\psi'\alpha$ par la formule (16).

α	0.71699 52764 135
u	9.28300 47235 865
$u^{\frac{1}{2}}$	9.64150 23617 932
$\frac{2}{3}$	9.82390 87409 443
1)	8.74841 58263 24
u^5	6.41502 36179 32
	9.06214 79067 49
2) —	4.22558 73510 05
	6.41502 36179 32
	9.62727 67796 81
3)	0.26788 77486 18
	6.41502 36179 32
	9.76403 26500 9
4) —	86.44694 40166 4

1) =	0.05602 93812 345
2) —	16810 760
	77001 585
3)	1 853
U =	0.05602 77003 438
	1.54969 62777 47
$\psi'\alpha$ =	1.49366 85774 032.

Calcul de $\psi\beta$ par la formule (12).

1) = β...	9.76894 30111 13
β^5...	8.84471 50555 65
	8.92081 87539 52
2)	7.53447 68206 3
	8.84471 50555 6
	9.61181 98286
3)	5.99101 17047 9
	8.84471 50555 7
	9.75809 14565
4)	4.59381 82168 6
	8.84471 50555 6
	9.82390 87409
5)	3.26244 20133 2

	3.26244 20133 2
	8.84471 50555 7
	9.86148 84562
6)	1.96864 55250 9
	9.84471 50555 6
	9.88582 30932
7)	0.69918 36738 5
	8.84471 50555 7
	9.90287 45097
8)	9.44677 32391
$\psi\beta$ =	0.59093 78866 222
$2\psi'\alpha$ =	2.98733 71548 064
	3.57827 50414 286.

1)	$= 0.58741\ 22662\ 00$
2)	$342\ 35511\ 48$
3)	$9\ 79516\ 384$
4)	$39248\ 062$
5)	$1829\ 962$
6)	$93\ 035$
7)	$5\ 003$
8) etc.	296
$\psi\beta$	$= 0.59093\ 78866\ 222.$

On voit encore que la somme $\psi\beta + 2\psi'\alpha$ s'accorde, autant qu'il est possible, avec la constante $\psi 1 + \frac{3}{2}\psi'\frac{1}{0} = 3.57827\ 50414\ 375$; ainsi on doit avoir exactement

$$2\psi'\alpha + \psi\beta = \psi 1 + \tfrac{3}{2}\psi'\tfrac{1}{0}.$$

Dans ce cas, on trouve l'ordonnée *minimum* $c = -1.77613\ 34389\ 5$; elle se tire aisément de l'équation $(m+1)(c^2 - c) = \alpha^2\beta$.

Ces calculs achèvent de vérifier tout ce que nous avons dit sur les constantes affectées aux trois zones de notre courbe; cette courbe, au reste, est construite dans la supposition de m positif $= \sqrt{5}$: une autre courbe de même nature pourrait être construite pour le cas de $m = -\sqrt{5}$, et offrirait, sans aucun doute, des propriétés semblables.

263. Dans les applications précédentes, nous nous sommes bornés à considérer le cas le plus simple, qui est celui de trois fonctions. Nous allons maintenant donner quelques exemples de la comparaison de quatre et de cinq fonctions, et nous ferons voir que la loi générale a toujours lieu, c'est-à-dire que la somme de ces fonctions, prises avec les signes convenables, est égale à une constante formée d'une manière très simple avec les fonctions complètes $\psi 1$ et $\psi'\frac{1}{0}$, qui sont des transcendantes d'un ordre inférieur, puisqu'elles peuvent s'exprimer par les fonctions Γ; d'ailleurs, ces deux transcendantes peuvent se réduire à une seule, puisqu'on a $\psi 1 = \cos\frac{\pi}{5}\psi'\frac{1}{0}$.

Exemple Ier.

264. Supposons que sur les cinq valeurs particulières de x, désignées par $x_1, x_2 \ldots x_5$ dans l'équation (17), les trois prises arbitrairement soient 0, $\frac{1}{2}$, $-\frac{1}{2}$, les deux autres étant les racines de l'équation..... $x^2 - px + q = 0$. Alors le second membre de cette équation sera

$x(x^2 - \frac{1}{4})(x^2 - px + q)$; de sorte qu'elle sera exprimée, dans ce cas particulier, comme il suit :

$$(A)\left\{\begin{array}{l}(c + c_1 x)^2\left(1 + x.\frac{m+1}{2} + x^2\right) - (a + x)^2\left(1 - x.\frac{m+1}{2} + x^2.\frac{m+1}{2} - x^3\right) \\ = x(x^2 - \frac{1}{4})(x^2 - px + q).\end{array}\right.$$

Soit d'abord $x = 0$, on aura $c^2 - a^2 = 0$; ce qui permet de supposer $a = c$.

Soit ensuite $x = \frac{1}{2}$; le second membre devenant nul, on tirera du premier l'équation linéaire

$$c + \tfrac{1}{2}c_1 = (c + \tfrac{1}{2})\lambda,$$

dans laquelle

$$\lambda = \frac{\sqrt{(1 - x^5)}}{1 + x.\frac{m+1}{2} + x^2} = \frac{\sqrt{(15\frac{1}{2})}}{m+6} = 0.47801\ 98448\ 776.$$

Enfin, la supposition $x = -\frac{1}{2}$ donnera semblablement

$$c - \tfrac{1}{2}c_1 = (c - \tfrac{1}{2})\lambda',$$

$$\lambda' = \frac{\sqrt{(16\frac{1}{2})}}{4 - m} = 2.30282\ 07155\ 968.$$

De ces équations, on tire

$$\begin{aligned} c = \frac{\frac{1}{2}(\lambda' - \lambda)}{\lambda + \lambda' - 2} &= 1.16848\ 49398\ 7719, \\ \log c &= 0.06762\ 31193\ 21, \\ c_1 &= -0.74183\ 20554\ 73, \\ \log(-c_1) &= 9.87030\ 55957\ 95. \end{aligned}$$

Maintenant, il résulte de l'équation (A) qu'on a pour déterminer p et q les diverses formules

$$p = -2c - c_1^2 + \frac{m+1}{2},$$

$$\tfrac{1}{4}p = c_1^2 + cc_1(m+1) + c(m+1) - c^2\left(\frac{m-1}{2}\right) - 1,$$

$$q = \tfrac{1}{4} + \frac{m+1}{2} + 2cc_1 + c_1^2.\frac{m+1}{2} + c^2 - c(m+1),$$

$$\frac{q}{4} = 2c - c^2(m+1) - 2cc_1.$$

En voici le calcul :

$c^2{}_1 =$	0.55031 47985 2653	$-2cc_1 =$	1.73363 91694 756
$2c =$	2.33696 98797 5438	$2c =$	2.33696 98797 5438
$-$	2.88728 46782 8091		4.07060 90492 2998
$\frac{m+1}{2} =$	1.61803 39887 4989	$c^2(m+1)\ldots$	4.41838 82426 331
$p = -$	1.26925 06895 3102	$\frac{q}{4} = -$	0.34777 91934 0312
		$q = -$	1.39111 67736 1248.

D'après ces valeurs de p et q, la résolution de l'équation $x^2 - px + q = 0$ donnera les racines $x = \alpha$, $x = -\beta$, savoir :

$\alpha = 0.70472\ 75220\ 441$, $\log \alpha = 9.84802\ 12325\ 287$,
$\beta = 1.97397\ 82115\ 751$, $\log \beta = 0.29534\ 23546\ 938$.

Calcul de $\sqrt[4]{\alpha}$ *par la formule* (12).

1) $\alpha\ldots$	9.84802 12325 287	7)	3.15060 85377 3
$\alpha^5\ldots$	9.24010 61626 435		9.24010 61626 4
	8.92081 87539 52		9.90287 45097
2)	8.00894 61491 24	8)	2.29358 92100 7
	9.24010 61626 44		9.24010 61626 4
	9.61181 98286		9.91548 99205
3)	6.86087 21403 7	9)	1.44918 52932 1
	9.24010 61626 4		9.24010 61626 4
	9.75809 14565		9.92520 24413
4)	5.85906 97595 1	10)	0.61449 38971 5
	9.24010 61626 4		9.24010 61626 4
	9.82390 87409		9.93291 12609
5)	4.92308 46630 5	11)	9.78751 13206 9
	9.24010 61626 4		9.24010 61626 4
	9.86148 84562		9.93917 87630
6)	4.02467 92818 9	12)	8.99679 62463 3
	9.24010 61626 4		9.24010 61626 4
	9.88582 30932		9.94437 47863
7)	3.15060 85377 3	13)	8.15127 71952 7.

1) = 0.70472 75220 441	
2)	1020 81289 8915
3)	72 58922 1775
4)	7 22885 9095
5)	83769 2569
6)	10584 7177
7)	1414 5182
	0.71574 34086 9123
	229 5720
$\psi\alpha$ =	0.71574 34316 4843

8)	0.00000 00196 6026
9)	28 1310
10)	4 1162
11)	6131
12)	926
13)	139
14) etc.	26
	229 5720.

Calcul de $\psi'\mathcal{C}$ par la formule (16).

$\mathcal{C}$....	0.29534 23546 938
u....	9.70465 76453 062
$u^{\frac{1}{2}}$...	9.85232 88226 531
$\frac{3}{8}$....	9.82390 87409 443
1)	9.38089 52089 036
u^5...	8.52328 82265 31
	9.06214 79067 49
2) —	6.96633 13421 836
	8.52328 82265 31
	9.62727 67796 81
3)	5.11689 63483 95
	8.52328 82265 3
	9.76403 26500 9
4) —	3.40421 72250 1
	8.52328 82265 3
	9.82705 35373 2
5)	1.75455 89888 6
	8.52328 82265 3
	9.86343 50954
6)	0.14128 23107 9
	8.52328 82265 3
	9.88714 67593
7)	8.55171 72966 2

1) =	0.24037 82720 2906
2) —	92 54039 3561
	0.23945 28680 9345
3) +	1 30886 9502
	0.23946 59567 8847
4) —	2536 3970
	57031 4877
5) +	56 8276
	57088 3153
6) —	1 3845
	57086 9308
7) +	356
8) —	9
U =	0.23946 57086 9655
	1.54969 62777 47
$\psi'\mathcal{C}$ =	1.31023 05690 5045
$\psi\alpha$ =	0.71574 34316 4812
	2.02597 40006 9857
$\psi\frac{1}{2} - \psi'\frac{1}{2}$ =	260 47629 9534
C =	2.02857 87636 939.

On voit que la constante C, égale à la somme $\psi'\beta + \psi\alpha + \psi\frac{1}{2} - \psi'\frac{1}{2}$, s'approche beaucoup de la constante connue $\psi 1 + \frac{1}{2}\psi'\frac{1}{0} = 2.02857\ 87636\ 905$; donc on a exactement

$$\psi\tfrac{1}{2} - \psi'\tfrac{1}{2} + \psi\alpha + \psi'\beta = \psi 1 + \tfrac{1}{2}\psi'\tfrac{1}{0}.$$

Exemple II.

265. Soient maintenant $\frac{1}{2}$, 1, -2 les trois valeurs données de x; alors l'équation (18) sera, pour ce cas particulier,

$$(c+c_1x)^2\left(1+x.\frac{m+1}{2}+x^2\right)-(a+x)^2\left(1-x.\frac{m+1}{2}+x^2.\frac{m+1}{2}-x^3\right)$$
$$=(x-\tfrac{1}{2})(x-1)(x+2)(x^2+px+q).$$

Et, parce que $x-1$ divise à la fois le second membre et la seconde partie du premier, il faudra aussi que $c+c_1x$ soit divisible par $x-1$, c'est-à-dire qu'on ait $c_1=-c$; alors, en effectuant la division par $x-1$, on aura la nouvelle équation

$$\text{(B)}\left\{\begin{array}{l}(a+x)^2\left(1-x.\frac{m-1}{2}+x^2\right)-c^2(1-x)\left(1+x.\frac{m+1}{2}+x^2\right)\\ =(x-\frac{1}{2})(x+2)(x^2-px+q).\end{array}\right.$$

Soit $x=\frac{1}{2}$, on aura

$$c=(2a+1)\lambda,\quad \lambda=\frac{\sqrt{(15\frac{1}{2})}}{6+m}=0.47801\ 98448\ 776,$$
$$\log\lambda = 9.67944\ 59266\ 1617.$$

Soit ensuite $x=-2$, on aura

$$c=(a-2)\lambda',\quad \lambda'=\sqrt{\left(\frac{21+8m}{33}\right)}=1.08556\ 00959\ 0355,$$
$$\log.\lambda'=0.03565\ 38707\ 17076;$$

de là on tire

$$a=\frac{\lambda+2\lambda'}{\lambda'-2\lambda}=\frac{2.64914\ 00366\ 847}{0.12952\ 04061\ 4835}=20.45345\ 68371\ 445,$$
$$\log a = 1.31076\ 67186\ 2324,$$
$$\log c = 1.30173\ 16040\ 6701.$$

L'équation (B) donne de plus

$$p=1+\frac{m}{2}-2a-c^2,$$
$$q=c^2-a^2,$$

$$\begin{array}{rlrl}
a^2 = & 418.34389\ 65889\ 372 & c^2 = & 401.29450\ 05963\ 921 \\
c^2 = & 401.29450\ 05963\ 921 & 2a = & 40.90691\ 36742\ 890 \\
\hline
q = - & 17.04939\ 59925\ 451 & & -442.20141\ 42706\ 811 \\
 & & 1+\frac{m}{2} = & 2.11803\ 39887\ 499 \\
\hline
 & & p = & -440.08338\ 02819\ 312.
\end{array}$$

D'après ces valeurs de p et q, l'équation $x^2 - px + q = 0$ donnera $x = \alpha$, $x = -\beta$.

$$\begin{array}{ll}
\alpha = 0.03873\ 78758\ 966, & \log \alpha = 8.58813\ 58034\ 849, \\
\beta = 440.12211\ 81578\ 278, & \log \beta = 2.64357\ 31944\ 037.
\end{array}$$

Calcul de $\psi\alpha$ par la formule (12).

$$\begin{array}{rlrl}
1)\ \alpha \ldots & 8.58813\ 58034\ 849 & \alpha = & 0.03873\ 78758\ 966 \\
\alpha^5 \ldots & 2.94067\ 90174\ 245 & 2) & 2\ 816 \\
 & 8.92081\ 87539\ 52 & & \\
\hline
2) & 0.44963\ 35748\ 614 & \psi\alpha = & 0.03873\ 78761\ 782.
\end{array}$$

Calcul de $\psi'\beta$ par la formule (16).

$$\begin{array}{rlrl}
u \ldots & 7.35642\ 68055\ 963 & 1) & 0.00007\ 22019\ 5372 \\
u^{\frac{1}{2}} \ldots & 8.67821\ 34027\ 9815 & & 1.54969\ 62777\ 47 \\
\frac{2}{3} \ldots & 9.82390\ 87409\ 4432 & \psi'\beta = & 1.54962\ 40757\ 9328. \\
\hline
1) & 5.85854\ 89493\ 388 & &
\end{array}$$

Nous avons maintenant les valeurs approchées de nos cinq fonctions comme il suit :

$$\begin{aligned}
\psi'1 &= 1.25373\ 06248\ 17, \\
\psi\tfrac{1}{2} &= 0.50131\ 90336\ 614, \\
\psi'2 &= 1.31483\ 28467\ 595, \\
\psi\alpha &= 0.03873\ 78761\ 782, \\
\psi'\beta &= 1.54962\ 40757\ 933.
\end{aligned}$$

Quatre d'entre elles satisfont à l'équation

$$\psi\alpha + \psi'\beta + \psi\tfrac{1}{2} - \psi'2 = 0.77484\ 81388\ 734,$$

dans laquelle le second membre est la valeur connue de............ $\frac{1}{2}\psi'\frac{1}{0} = 0.77484\ 81388\ 735$. Ainsi l'on a exactement

$$\psi\alpha + \psi\tfrac{1}{2} + \psi'\beta - \psi'2 = \tfrac{1}{2}\psi'\tfrac{1}{0}.$$

Ajoutant de part et d'autre $\psi 1$, on aura pour les cinq fonctions dont il s'agit l'équation

$$\psi 1 + \psi\tfrac{1}{2} - \psi'2 + \psi\alpha - \psi'\beta = \psi 1 + \tfrac{1}{2}\psi'\tfrac{1}{0},$$

dont le second membre est la même constante qui a lieu dans toute l'étendue de la seconde zone, pour le cas de trois fonctions.

266. Dans cet exemple, après avoir trouvé les deux racines $x = \alpha$, $x = -\beta$, qui, avec les valeurs données $x = 1$, $x = \frac{1}{2}$, $x = -2$, déterminent les cinq fonctions comprises dans le premier membre de l'équation (3), nous avons combiné les signes de ces fonctions de manière que la somme des quatre

$$\psi\tfrac{1}{2} - \psi'2 + \psi\alpha + \psi'\beta$$

se trouve égale à la constante connue $\frac{1}{2}\psi'\frac{1}{0}$; ce qui s'exprime autrement par l'équation

$$\psi 1 + \psi\tfrac{1}{2} - \psi'2 + \psi\alpha + \psi'\beta = \psi 1 + \tfrac{1}{2}\psi'\tfrac{1}{0}.$$

Cette combinaison, pour obtenir le résultat cherché, n'a pas exigé beaucoup de tâtonnemens dans la question actuelle, où l'on pouvait faire abstraction du terme $\psi 1$, compris ordinairement dans les constantes, et qui ne laissait ainsi que quatre termes A, B, C, D, dont trois peuvent être joints au premier, considéré comme positif, de huit manières différentes, comme on le voit ici :

$$A+B+C+D,\ A+B+C-D,\ A+B-C+D,\ A-B+C+D,$$
$$A+B-C-D,\ A-B+C-D,\ A-B-C+D,\ A-B-C-D.$$

Dans d'autres cas, le tâtonnement pourrait être beaucoup plus long et plus laborieux ; c'est pourquoi il ne sera pas inutile d'indiquer ici un procédé par lequel on pourra, dans tous les cas, parvenir d'une manière sûre au vrai résultat que l'on cherche.

Observons d'abord que le coefficient ε est en général affecté à la fonction ψx, de sorte qu'il prend successivement les valeurs ε_1, ε_2, ε_3,... etc., quand il s'applique aux fonctions particulières ψx_1, ψx_2, ψx_3, etc. ; et c'est ainsi que se forme la somme $\varepsilon_1\psi x_1 + \varepsilon_2\psi x_2 + \varepsilon_3\psi x_3 +$ etc., représentée par $\Sigma(\varepsilon\psi x)$, premier membre de l'équation (3).

Le coefficient ε, dont les valeurs particulières ne peuvent jamais être que $+1$ ou -1, pourra toujours se déterminer par l'équation générale $\theta x\sqrt{(\varphi_1 x)} = \varepsilon\theta_1 x\sqrt{(\varphi_2 x)}$, que l'on trouve art. 198 du deuxième supplément.

Cette équation se simplifie en observant que $\sqrt{(\varphi_1 x)}$ et $\sqrt{(\varphi_2 x)}$ doivent toujours être des quantités positives; de sorte que pour déterminer le signe de ε il suffira d'examiner si $\frac{\theta x}{\theta_1 x}$ est positif ou négatif pour chaque valeur particulière de x, telle que $x = t$. Si cette quantité est positive, on aura $\varepsilon = +1$, et la fonction ψt entrera avec le signe $+$ dans la somme $\Sigma(\varepsilon\psi x)$; dans le cas contraire, on aura $\varepsilon = -1$, et la fonction ψt entrera avec le signe $-$ dans la même somme.

267. Appliquons cette règle aux valeurs successives $x = \frac{1}{2}$, -2, α, $-\beta$, considérées dans l'exemple II.

La quantité $\frac{\theta x}{\theta_1 x}$, dont le signe détermine celui de ψx, est dans ce cas $\frac{a+x}{c}$, suivant l'équation (B) de l'art. 265. Cette quantité est positive pour les trois premières valeurs mentionnées, et négative pour la valeur $x = -\beta$. Ainsi la fonction $\psi(-\beta)$ devra être prise négativement, et les trois autres positivement, dans la somme $\Sigma\psi x$, laquelle sera par conséquent

$$\psi\tfrac{1}{2} + \psi(-2) + \psi(\alpha) - \psi(-\beta),$$

ou, suivant notre notation ordinaire,

$$\psi\tfrac{1}{2} - \psi'2 + \psi\alpha + \psi'\beta.$$

Cette somme, d'après les valeurs trouvées, se réduit à $\frac{1}{2}\psi'\frac{1}{0}$; c'est le résultat qu'on obtient ainsi de la manière la plus directe et sans aucun tâtonnement.

Si l'on change le signe de l'une des quantités λ et λ', on aura une seconde solution. Soit donc $\lambda = -0.47801\ 98448\ 776$; on aura, en conservant la même valeur de λ' et ne poussant l'approximation que jusqu'à cinq décimales,

$$a = \frac{\lambda + 2\lambda'}{\lambda' - 2\lambda} = 0.82930,\quad c = -1.27083,\quad c' = -c,$$
$$p = -1.15566,\quad q = 0.92736;$$

de là on voit que $p^2 - 4q$ est négatif, et qu'ainsi cette seconde solution est imaginaire.

On aurait deux autres solutions du même problème en changeant le signe de m dans les formules primitives; mais nous allons passer à un autre exemple, qui offrira un plus grand nombre de solutions.

Exemple III.

268. Soient $\frac{1}{2}$, -1, -2 les trois valeurs données de x; l'équation (17) à laquelle il faudra satisfaire sera, dans ce cas,

$$(C)\left\{\begin{aligned} &(c+c_1x)^2\left(1+x.\frac{m+1}{2}+x^2\right)-(a+x)^2\left(1-x.\frac{m+1}{2}+x^2.\frac{m+1}{2}-x^3\right)\\ &=(x-\tfrac{1}{2})(x+1)(x+2)(x^2-px+q)\\ &=x^5+x^4(\tfrac{5}{2}-p)+x^3(\tfrac{1}{2}-\tfrac{5}{2}p+q)+x^2(\tfrac{5}{2}q-1-\tfrac{1}{2}p)\\ &\qquad\qquad+x(p+\tfrac{1}{2}q)-q.\end{aligned}\right.$$

Les suppositions $x=\frac{1}{2}$, $x=-2$ donnent, conformément aux résultats déjà trouvés, les deux équations

$$c+\tfrac{1}{2}c_1=(a+\tfrac{1}{2})\lambda,\quad \lambda=0.47801\ 98448\ 776,\quad \log\lambda=9.67944\ 59266\ 162,$$
$$c-2c_1=(a-2)\lambda',\quad \lambda'=3.25668\ 02877\ 106,\quad \log\lambda'=0.51277\ 51254\ 367.$$

La supposition $x=-1$ donnera une troisième équation

$$c-c_1=(a-1)\lambda'',\quad \lambda''=\frac{2\sqrt{2}}{3-m}=3.70245\ 91736\ 438,$$
$$\log\lambda''=0.56849\ 02783\ 319;$$

de là on tire

$$a=\frac{5\lambda''-6\lambda'+\lambda}{5\lambda''-3\lambda'-2\lambda}=-\frac{0.54976\ 60131\ 67}{7.78621\ 53153\ 32}=-0.07060\ 76047\ 2,$$
$$\log(-a)=8.84885\ 14788\ 2,$$
$$c=-1.18445\ 49250\ 3,\quad \log(-c)=0.07351\ 85381\ 00,$$
$$c_1=2.77942\ 60224\ 3,\quad \log c_1=0.44395\ 51192\ 89.$$

Pour déterminer p et q, on a les équations

$$\tfrac{5}{2}-p=c_1^2+2a-\left(\frac{m+1}{2}\right),$$
$$q=a^2-c^2;$$

d'où résulte

$$p=-3.46595\ 98159\ 66,\quad \log 0.53982\ 35232\ 35,$$
$$q=-1.39794\ 80355\ 93,\quad \log 0.14549\ 10281\ 52.$$

Ensuite, la résolution de l'équation $x^2-px+q=0$ donnera $x=\alpha$, $x=-\beta$, savoir :

$$\alpha=0.36491\ 60372\ 60,\quad \log\alpha=9.56219\ 29500\ 747,$$
$$\beta=3.83087\ 58532\ 26,\quad \log\beta=0.58329\ 80780\ 774.$$

Calcul de $\psi\alpha$ par la formule (12).

1) = α...	9.56219 29500 747
α^5...	7.81096 47503 735
	8.92081 87539 52
2)	6.29397 64544 002
	7.81096 47503 735
	9.61181 98286
3)	3.71676 10333 74
	7.81096 47503 73
	9.75809 14565
4)	1.28581 72402 5
	7.81096 47503 7
	9.82390 87409 4
5)	88.92069 07315 6

1) =	0.36491 60372 60
2)	19 67779 602
3)	5209 080
4)	19 312
5)	83
$\psi\alpha$ =	0.36511 33380 677.

Calcul de $\psi'\beta$ par la formule (16).

u.....	9.41670 19219 226
$u^{\frac{1}{2}}$....	9.70835 09609 613
$\frac{2}{3}$.....	9.82390 87409 443
1)	8.94896 16238 282
u^5....	7.08350 96096 130
	9.06214 79067 49
2) —	5.09461 91401 90
	7.08350 96096 13
	9.62727 67796 8
3)	1.80540 55294 8
	7.08350 96096 1
	9.76403 26500 9
4) —	88.65294 77891 8

1) =	0.08891 22547 605
2) —	1 24342 370
	0.08889 98205 235
3)	63 886
4) —	45
U =	0.08889 98269 076
	1.54969 62777 47
$\psi'\beta$ =	1.46079 64508 394.

Nous avons maintenant cinq fonctions, dont les valeurs approchées sont

$$\begin{aligned}
\psi \tfrac{1}{2} &= 0.50131\ 90336\ 614,\\
\psi' 1 &= 0.93885\ 14394\ 40,\\
\psi' 2 &= 1.31483\ 28467\ 595,\\
\psi \alpha &= 0.36511\ 33380\ 677,\\
\psi' \beta &= 1.46079\ 64508\ 394;
\end{aligned}$$

et pour former une équation avec ces cinq fonctions, il faut recourir à la règle donnée ci-dessus, n° 266.

En vertu de cette règle, la quantité $\frac{\theta x}{\theta_1 x}$, dont le signe détermine celui de ψx, a pour expression

$$\frac{a+x}{c+c_1 x} = \frac{x - 0.070607}{x(2.779426) - 1.184455}.$$

Appliquant cette formule aux valeurs successives $x = \frac{1}{2}, -1, -2, \alpha, -\beta$, on trouve que les signes des cinq résultats sont $+, +, +, -, +$; donc le premier membre de l'équation (3) sera

$$\psi \tfrac{1}{2} + \psi(-1) + \psi(-2) - \psi \alpha + \psi(-\beta),$$

ou, suivant la notation ordinaire,

$$\psi \tfrac{1}{2} - \psi' 1 - \psi' 2 - \psi \alpha - \psi' \beta.$$

Changeant tous les signes pour que la somme soit positive, elle deviendra

$$\psi \alpha + \psi' \beta + \psi' 2 + \psi' 1 - \psi \tfrac{1}{2}.$$

Or, d'après les valeurs trouvées, cette somme est égale à la constante $C = 3.57827\ 50413\ 852$, et comme cette constante est très peu différente de la constante connue $\psi 1 + \frac{3}{2} \psi' \frac{1}{0} = 3.57827\ 50414\ 365$, on aura exactement

$$\psi \alpha + \psi' \beta + \psi' 2 + \psi' 1 - \psi \tfrac{1}{2} = \psi 1 + \tfrac{3}{2} \psi' \tfrac{1}{0}.$$

Nous avons déjà dit que les trois mêmes données $\frac{1}{2}$, -1, -2 sont susceptibles de produire jusqu'à huit solutions; en effet, si l'on change successivement le signe de chacune des quantités λ, λ', λ'', les deux autres restant les mêmes, on obtiendra trois autres solutions.

Si ensuite on change le signe de m dans l'équation (C), on aura une nouvelle formule d'où l'on déduira semblablement quatre autres solutions. Nous allons indiquer sommairement les résultats que présente l'analyse de ces huit solutions.

Second cas, où l'on change le signe de λ.

269. Alors les équations déduites de la formule (C) donneront, par ce changement de signe, les valeurs suivantes :

$$a = \frac{5\lambda'' - 6\lambda' - \lambda}{5\lambda'' - 3\lambda' + 2\lambda} = -\frac{1.50580\ 57029\ 2}{9.69829\ 46948\ 4} = -0.15526\ 49979\ 8,$$

$$c + \tfrac{1}{2}c_1 = -0.16479\ 01723\ 6,$$

$$c - 2c_1 = -7.01900\ 90325\ 1,$$

$$c = -1.53563\ 39443\ 9,\quad p = -3.08828\ 66030\ 8,$$

$$c_1 = 2.74168\ 75440\ 6,\quad q = -2.33406\ 43917\ 7,$$

et la résolution de l'équation $x^2 - px + q = 0$, donnera

$$x = \alpha,\quad \alpha = 0.62805\ 44167\ 2,\quad \log\alpha = 9.79799\ 72740\ 8,$$

$$x = -6,\quad 6 = 3.71634\ 10198\ ,\quad \log 6 = 0.57011\ 55590\ 2.$$

Au moyen de ces valeurs, on trouve

$$\psi'\alpha = 0.63338\ 56174\ 8,$$

$$\psi'6 = 1.45665\ 73386\ 8;$$

puis en combinant entre elles les cinq fonctions, suivant la règle générale, on formera la somme

$$\psi\tfrac{1}{2} + \psi'1 + \psi'2 - \psi\alpha + \psi'6 = 3.57827\ 50410\ 6.$$

Le second membre est la valeur approchée de la constante connue $\psi 1 + \frac{3}{2}\psi'\frac{1}{0}$; ainsi on a exactement

$$\psi\tfrac{1}{2} + \psi'1 + \psi'2 - \psi\alpha + \psi'6 = \psi 1 + \tfrac{3}{2}\psi'\tfrac{1}{0}.$$

Troisième cas, où l'on change le signe de λ'.

Alors les équations déduites de la formule (C) présentent les résultats suivans :

$$a = \frac{5\lambda'' + 6\lambda' + \lambda}{5\lambda'' + 3\lambda' - 2\lambda} = \frac{38.53039\ 74393\ 602}{27.32629\ 70415\ 956} = 1.41001\ 16595\ 214,$$

$$c + \tfrac{1}{2}c_1 = 0.91302\ 31486\ 99\ ,\quad \log a = 0.14922\ 27038\ 835,$$

$$c - c_1 = 1.51805\ 14299\ 827,$$

$$c = 1.11469\ 92424\ 60\ ,\quad \tfrac{5}{2} - p = c_1^2 + 2a - \left(\frac{m+1}{2}\right),$$

$$c_1 = -0.40335\ 21875\ 225,\quad q = a^2 - c^2.$$

D'après ces valeurs, on aura à peu près $p = 1.13524$ et $q = 0.74554$, d'où il suit que $p^2 - 4q$ sera une quantité négative, et qu'ainsi cette troisième solution est imaginaire.

Quatrième cas, λ'' pris négativement.

Alors on a

$$a = \frac{5\lambda'' + 6\lambda' - \lambda}{5\lambda'' + 3\lambda' + 2\lambda} = 1.28510\ 41114\ 444,$$

$$c + \tfrac{1}{2}c_1 = \quad 0.85331\ 51904\ 27, \quad c = 0.21701\ 46827\ 12\ ,$$

$$c - 2c_1 = -\ 2.32818\ 73481\ 5, \quad c_1 = 1.27260\ 10154\ 308.$$

De là résulte encore une solution imaginaire. Ainsi la supposition de m positif donne deux solutions réelles et deux imaginaires.

Cinquième cas, m négatif.

270. Si nous changeons maintenant le signe de m dans l'équation (C), le système des valeurs de λ, λ', λ'', sera remplacé par de nouvelles valeurs, dont les logarithmes se déduisent aisément des premiers et donnent les résultats suivans :

$$c + \tfrac{1}{2}c_1 = (a + \tfrac{1}{2})\lambda\ , \quad \log\lambda = 0.01952\ 40777\ 20\ ,$$

$$c - 2c_1 = (a - 2)\lambda', \quad \log\lambda' = 9.96434\ 61292\ 83\ ,$$

$$c - c_1 = (a - 1)\lambda'', \quad \log\lambda'' = 9.73253\ 97173\ 32.$$

D'ailleurs on aura toujours $a = \frac{5\lambda'' - 6\lambda' + \lambda}{5\lambda'' - 3\lambda' - 2\lambda}$; et en substituant les valeurs

$$\lambda = 1.04598\ 16791\ 4\ ,$$

$$\lambda' = 0.92118\ 34552\ 1\ ,$$

$$\lambda'' = 0.54018\ 15135\ 0\ ,$$

il viendra $a = \frac{1.78021\ 14846\ 2}{2.15460\ 61564\ 1} = 0.82623\ 52167\ 4.$

$$c + \tfrac{1}{2}c_1 = \quad 1.38721\ 77389\ ,$$

$$c - 2c_1 = -\ 1.08125\ 26986\ 3\ ,$$

$$c = \quad 0.89352\ 36513\ 9, \quad \log c = 9.95110\ 60526\ 6\ ,$$

$$c_1 = \quad 0.98738\ 81750\ 12, \quad \log c_1 = 9.99448\ 79218.$$

Ensuite il faudra calculer p et q par les formules

$$\tfrac{5}{2} - p = c_1^2 + 2a + \frac{m - 1}{2}\ ,$$

$$q = a^2 - c^2.$$

ce qui donnera

$$p = -0.74543\ 98303\ 2,$$
$$q = -0.11571\ 98822\ 1;$$

de là les deux racines $x = \alpha$, $x = -\mathfrak{b}$, savoir :

$$\alpha = 0.13189\ 87699\ 5, \quad \log\alpha = 9.12024\ 07454\ 9,$$
$$\mathfrak{b} = 0.87733\ 86002\ 7, \quad \log\mathfrak{b} = 9.94316\ 72374\ 45;$$

calculant $\psi\alpha$ par la formule (12) et $\psi'\mathfrak{b}$ par la formule (14), on aura

$$\psi\alpha = 0.13189\ 92087\ 54,$$
$$\psi'\mathfrak{b} = 0.84561\ 79047\ 47;$$

combinant ensuite ces deux fonctions avec les trois fonctions connues $\psi'1$, $\psi'2$, $\psi\frac{1}{2}$, on formera l'équation

$$\psi'1 + \psi'2 - \psi\tfrac{1}{2} - \psi\alpha - \psi'\mathfrak{b} = 0.77484\ 81390\ 39;$$

et parce que le second membre approche beaucoup de la constante connue $\frac{1}{2}\psi'\frac{1}{0} = 0.77484\ 81388\ 735$, on aura exactement

$$\psi'1 + \psi'2 - \psi\tfrac{1}{2} - \psi\alpha - \psi'\mathfrak{b} = \tfrac{1}{2}\psi'\tfrac{1}{0}.$$

Sixième cas, λ négatif.

Supposant toujours m négatif, si l'on change le signe de λ, on aura les résultats suivans :

$$a = -1.90811\ 39367\ 73, \quad l(-a) = 0.28060\ 43036\ 03,$$
$$c = 0.45827\ 11239\ 25,$$
$$c_1 = 2.02918\ 05117\ 236.$$

Nous n'allons pas plus loin, parce que ces valeurs conduisent à une solution imaginaire.

Septième cas, λ' négatif.

Si, en partant toujours des formules qui supposent m négatif, on prend λ' négatif, on aura les résultats suivans :

$$a = 2.74989\ 02583\ 8, \quad \log a = 0.43931\ 53625\ 1,$$
$$c = 2.58130\ 32354\ 2,$$
$$c_1 = 1.63604\ 48672\ 3.$$

Calculant ensuite les valeurs de p et q par les formules

$$\tfrac{5}{2} - p = c^2_1 + 2a + \frac{m-1}{2}, \quad q = a^2 - c^2,$$

on trouvera

$$p = -6.29445\ 73130\ 6, \quad q = 0.89877\ 00395\ 2;$$

de là les racines $x = -\alpha$, $x = -6$,

$$\alpha = 0.14618\ 24763\ 5, \quad \log \alpha = 9.16489\ 53146\ 4,$$
$$6 = 6.14827\ 48367\ 1, \quad \log 6 = 0.78875\ 32728\ 4;$$

et le calcul des fonctions donnera

$$\psi'\alpha = 0.14618\ 16631\ 848,$$
$$\psi'6 = 1.50596\ 69170\ 61.$$

D'après ces valeurs, on trouve que la somme $\psi'\alpha + \psi'6 + \psi'1 - \psi 2 - \psi\frac{1}{2}$ se réduit à $0.77484\ 81392\ 65$, quantité qui s'approche beaucoup de la constante connue $\frac{1}{2}\psi'\frac{1}{0}$; ainsi l'on aura exactement

$$\psi'\alpha + \psi'6 + \psi'1 - \psi'2 - \psi\tfrac{1}{2} = \tfrac{1}{2}\psi'\tfrac{1}{0}.$$

Huitième cas, λ'' négatif.

Alors on aura

$$a = 0.95045\ 34412\ 04, \quad \log a = 9.97793\ 08474\ 26,$$
$$c = 1.02035\ 31954\ 26,$$
$$c_1 = 0.99358\ 90604\ 88,$$
$$p = -1.00616\ 00922\ 9,$$
$$q = -0.13775\ 88996\ 2;$$

de là les deux racines $x = \alpha$, $x = -6$,

$$\alpha = 0.12209\ 86742\ 62, \quad \log \alpha = 9.08671\ 09483\ 9,$$
$$6 = 1.12825\ 87166\ 5, \quad \log 6 = 0.05240\ 87166\ 66,$$

et les fonctions correspondantes

$$\psi\alpha = 0.12209\ 89503\ 76,$$
$$\psi'6 = 1.02228\ 47156\ 53.$$

Au moyen de ces valeurs, on trouve que la somme

$$\psi\tfrac{1}{2} + \psi'1 - \psi'2 + \psi\alpha - \psi'6$$

se réduit à $-0.77484\ 81389\ 3$, quantité très approchée de la constante $\frac{1}{2}\psi'\frac{1}{0} = 0.77484\ 81388\ 735$; ainsi l'on a exactement

$$\psi'2 - \psi'1 - \psi\tfrac{1}{2} + \psi'6 - \psi\alpha = \tfrac{1}{2}\psi'\tfrac{1}{0}.$$

271. Il résulte de tous ces calculs, que sur les huit solutions dont

l'exemple proposé est susceptible, cinq sont réelles et trois imaginaires. Voici un tableau qui comprend les cinq solutions réelles :

$$m \text{ pos.}\begin{cases} \psi'1 + \psi'2 - \psi\tfrac{1}{2} = \psi 1 + \tfrac{3}{2}\psi'\tfrac{1}{0} - \psi\alpha - \psi'\mathcal{C} \begin{cases} \alpha = 0.36491\ 60372\ 60, \\ \mathcal{C} = 3.83087\ 58532\ 26, \end{cases} \\ \psi'1 + \psi'2 + \psi\tfrac{1}{2} = \psi 1 + \tfrac{3}{2}\psi'\tfrac{1}{0} + \psi\alpha - \psi'\mathcal{C} \begin{cases} \alpha = 0.62805\ 44167\ 2, \\ \mathcal{C} = 3.71634\ 10198, \end{cases} \end{cases}$$

$$m \text{ nég.}\begin{cases} \psi'1 + \psi'2 - \psi\tfrac{1}{2} = \tfrac{1}{2}\psi'\tfrac{1}{0} + \psi\alpha + \psi'\mathcal{C}.\ldots \begin{cases} \alpha = 0.13189\ 87699\ 5, \\ \mathcal{C} = 0.87733\ 86002\ 7, \end{cases} \\ \psi'2 - \psi'1 + \psi\tfrac{1}{2} = \psi'\alpha + \psi'\mathcal{C} - \tfrac{1}{2}\psi'\tfrac{1}{0}.\ldots \begin{cases} \alpha = 0.14618\ 24763\ 5, \\ \mathcal{C} = 6.14827\ 48367\ 1, \end{cases} \\ \psi'1 - \psi'2 + \psi\tfrac{1}{2} = \tfrac{1}{2}\psi'\tfrac{1}{0} + \psi\alpha - \psi'\mathcal{C}.\ldots \begin{cases} \alpha = 0.12209\ 86742\ 62, \\ \mathcal{C} = 1.12825\ 87166\ 5. \end{cases} \end{cases}$$

Le premier membre de chaque équation contient les fonctions qui répondent aux trois valeurs données de x; on a fait en sorte, dans cette disposition, qu'il n'y eût, au plus, qu'une fonction précédée du signe —, chose toujours facile à obtenir au moyen d'un changement de signe qu'on opérerait, au besoin, dans les deux membres. Maintenant on voit que toutes les combinaisons de signe entre les trois fonctions données se trouvent dans ce tableau, avec la condition mentionnée qui n'admet que quatre combinaisons; aussi voit-on que la combinaison $\psi'1 + \psi'2 - \psi\frac{1}{2}$ s'y trouve deux fois. Ce résultat trouvé, pour le cas de $\mu = 5$, dans une transcendante de la seconde classe, ne peut manquer de s'étendre à toute autre valeur de μ dans les transcendantes de la même classe; c'est-à-dire qu'étant donné un nombre quelconque $\mu - 2$ de valeurs de x, pour déterminer un pareil nombre de transcendantes ψx ou $\psi' x$, on pourra toujours trouver une somme de ces transcendantes prises avec les signes qu'on voudra, de manière que cette somme soit composée d'une constante déterminée et de deux fonctions, dont les variables α et $\mathcal{C}$ sont déterminées algébriquement par le moyen des $\mu - 2$ valeurs données de x. On peut s'assurer, en outre, que le même résultat peut être généralisé pour les transcendantes de toutes les classes; c'est-à-dire qu'étant donnés les signes des différens termes d'une somme proposée de fonctions, on pourra trouver assez facilement, *a priori*, les signes avec lesquels on doit prendre les quantités analogues à celles que nous avons nommées λ, λ', λ'', etc., pour que la somme des fonctions prises avec les signes donnés se réduise à une constante, jointe à un nombre de fonctions auxiliaires toujours égal au numéro de la classe. La règle, pour cet objet, se déduira toujours aisément de celle que nous avons donnée pour former la somme $\Sigma\varphi x$, qui compose le premier membre de l'équation (3).

272. Il suffit, pour s'en convaincre, de chercher comment dans le dernier exemple, où l'on a pris m négatif, on aurait pu, *a priori*, parvenir directement à la combinaison qui donne la valeur de....... $\psi'1 - \psi'2 + \psi\frac{1}{2}$.

D'abord cette combinaison, exprimée par les seules fonctions ψx, est

$$\psi\tfrac{1}{2} - \psi(-1) + \psi(-2).$$

Dans le cas dont il s'agit, la quantité $\frac{\theta x}{\theta_1 x}$, qui doit servir à déterminer les signes des fonctions, est $\frac{a+x}{c+c_1x}$.

Dans le cas de $x = \frac{1}{2}$, cette quantité, qui devient $\frac{a+\frac{1}{2}}{c+\frac{1}{2}c_1} = \frac{1}{\lambda}$, a par conséquent le même signe que λ.

Dans le cas de $x = -1$, cette quantité $= \frac{c-c_1}{c-c_1} = \frac{1}{\lambda''}$ a le même signe que λ''.

Enfin, dans le cas de $x = -2$, cette quantité a le même signe que λ'.

De là il suit que pour obtenir la combinaison cherchée $\psi\frac{1}{2} - \psi(-1) + \psi(-2)$, il faudra prendre

λ positif, λ'' négatif et λ' positif.

C'est en effet la combinaison qui a produit ce résultat, et d'où l'on a déduit l'équation

$$\psi'1 - \psi'2 + \psi\tfrac{1}{2} = \tfrac{1}{2}\psi'\tfrac{1}{0} + \psi\alpha - \psi'\beta,$$

dans laquelle

$$\alpha = 0.12209\ 86742\ 62,$$
$$\beta = 1.12825\ 87166\ 50.$$

Cette application suffit pour faire voir que le problème dont il s'agit se résoudra toujours avec beaucoup de facilité dans les transcendantes de toutes les classes.

Ainsi, étant donné un nombre quelconque $\mu - N$ de valeurs particulières de x, on peut adopter telle combinaison de signes qu'on voudra dans la somme des fonctions ψx, où nous supposons ψx une fonction de la première espèce, représentée par $\int\frac{dx}{\sqrt{(\varphi x)}}$, et l'on pourra toujours déterminer les signes des nombres λ correspondans à chaque valeur particulière de x, de manière que la somme des fonctions prises avec les signes proposés soit égale à une constante connue, jointe à N autres fonctions dont les variables seront déterminées par le moyen des μ — N valeurs données de x. Il pourra arriver qu'une ou plusieurs paires de ces variables soient imaginaires, mais la solution n'en existera pas moins analytiquement.

§ VIII. *Suite des mêmes recherches, appliquées successivement à une seconde fonction de la première espèce et à deux fonctions de la seconde espèce.*

273. En appliquant à l'intégrale $\int\frac{x^e dx}{\sqrt{(1-x^5)}}$ ce que nous avons dit en général (n° 220) de l'intégrale $\int\frac{x^e dx}{\sqrt{(\varphi x)}}$, φx étant un polynome en x du degré λ, on voit que $\int\frac{xdx}{\sqrt{(1-x^5)}}$ est une seconde fonction de la première espèce, et que $\int\frac{x^2dx}{\sqrt{(1-x^5)}}$ et $\int\frac{x^3dx}{\sqrt{(1-x^5)}}$ sont deux fonctions de la seconde espèce; il est inutile, d'ailleurs, d'admettre dans l'intégrale $\int\frac{x^e dx}{\sqrt{(1-x^5)}}$, qui résulte de la supposition $fx = x^e(x-\alpha)$, des puissances de x plus élevées que la troisième, puisqu'on a prouvé que l'intégrale $\int\frac{x^e dx}{\sqrt{(\varphi x)}}$, où φx est un polynome en x du degré λ, peut toujours se ramener à des intégrales semblables, dans lesquelles l'exposant e est moindre que $\lambda - 1$.

Pour distinguer les nouvelles intégrales de celles que nous avons considérées jusqu'ici, nous désignerons $\int\frac{xdx}{\sqrt{(1-x^5)}}$ et $\int\frac{xdx}{\sqrt{(1+x^5)}}$ par $\psi_1 x$ et $\psi'_1 x$; semblablement $\int\frac{x^2dx}{\sqrt{(1-x^5)}}$ et $\int\frac{x^2dx}{\sqrt{(1+x^5)}}$ par $\psi_2 x$ et $\psi'_2 x$.

Si nous partons d'une équation $\Sigma\psi x = C$, trouvée pour la plus simple des fonctions de la première espèce, il suffira de changer les fonctions ψx en $\psi_1 x$, et les fonctions $\psi' x$ en $-\psi'_1 x$, et l'on aura semblablement $\Sigma\psi_1 x = C_1$, C_1 étant une constante déduite de C, en mettant $\psi_1 1$ à la place de $\psi 1$, et $-\psi'_1 \frac{1}{0}$ à la place de $\psi' \frac{1}{0}$. Ces résultats, indiqués par la théorie précédente, vont être vérifiés dans différens exemples; mais auparavant il est nécessaire de donner les formules par lesquelles on pourra calculer facilement les valeurs numériques des nouvelles fonctions $\psi_1 x$ et $\psi'_1 x$.

Des intégrales $\psi_1 x = \int \frac{xdx}{\sqrt{(1-x^5)}}$, $\psi'_1 x = \int \frac{xdx}{\sqrt{(1+x^5)}}$.

274. Il faut d'abord calculer les fonctions complètes $\psi_1 1$ et $\psi'_1 \frac{1}{0}$, la première par la formule page 408, la seconde par la formule (Z), page 377, tome II; on aura les résultats suivans :

$$\psi_1 1 = \frac{1}{5} \cdot \frac{\Gamma\frac{2}{5}\Gamma\frac{1}{2}}{\Gamma\frac{9}{10}} = \frac{9}{20} \cdot \frac{\pi^{\frac{1}{2}}\Gamma(1.4)}{\Gamma(1.9)},$$

$\pi^{\frac{1}{2}}$	0.24857 49363 47
0.45.....	9.65321 25137 75
$\Gamma(1.40)$...	9.94805 27714 11
	9.84984 02215 33
$\Gamma(1.90)$...	9.98306 93440 86
$\psi_1 1$......	9.86677 08774 47
$\psi_1 1 =$	0.73581 87960 81

$$\int \frac{zdz}{\sqrt{(1+z^5)}} = \frac{1}{\cos\frac{2}{5}\pi} \int \frac{xdx}{\sqrt{(1-x^5)}},$$

$\psi_1 1$......	9.86677 08774 47
$\cos\frac{2}{5}\pi$...	9.48998 23640 86
$\psi'_1 \frac{1}{0}$.....	0.37678 85133 61
$\psi'_1 \frac{1}{0} =$	2.38115 96432 39.

A l'égard de la fonction indéfinie, il faut distinguer deux cas :

1°. Lorsqu'on a $x^5 < \frac{1}{2}$, l'intégration donne immédiatement

$$\psi_1 x = x^2 \left(\frac{1}{2} + \frac{1}{2} \cdot \frac{x^5}{7} + \frac{1.3}{2.4} \cdot \frac{x^{10}}{12} + \frac{1.3.5}{2.4.6} \cdot \frac{x^{15}}{17} + \text{etc.}\right);$$

2°. Lorsque x^5 est $> \frac{1}{2}$, on fera $1 - x^5 = u$, ou $x = (1-u)^{\frac{1}{5}}$, et alors on aura $\int \frac{xdx}{\sqrt{(1-x^5)}} = \psi_1 - \text{U}$, $\text{U} = \frac{1}{5} \int u^{-\frac{1}{2}} du (1-u)^{-\frac{3}{5}}$, ou

$$\text{U} = \frac{2}{5} u^{\frac{1}{2}} \left(1 + \frac{3}{5} \cdot \frac{u}{3} + \frac{3.8}{5.10} \cdot \frac{u^2}{5} + \frac{3.8.13}{5.10.15} \cdot \frac{u^3}{7} + \text{etc.}\right).$$

Ces mêmes formules, adaptées au calcul numérique, prennent la forme suivante :

$$(20) \left\{ \begin{array}{ll} \psi_1 x = \frac{1}{2}x^2 + \text{P}x^5\,(9.15490\ 19600) & + \text{P}x^5\,(9.90476\ 35709) \\ \quad + \text{P}x^5\,(9.64097\ 80574) & + \text{P}x^5\,(9.91692\ 37101) \\ \quad + \text{P}x^5\,(9.76955\ 10786) & + \text{P}x^5\,(9.92632\ 78487) \\ \quad + \text{P}x^5\,(9.83003\ 42936) & + \text{P}x^5\,(9.93381\ 81196) \\ \quad + \text{P}x^5\,(9.86530\ 14261) & + \text{etc.} \\ \quad + \text{P}x^5\,(9.88842\ 52249) & \end{array} \right.$$

$$
(21)\quad \left\{\begin{aligned}
\mathrm{U} = \tfrac{2}{5}u^{\frac{1}{2}} &+ \mathrm{P}u\,(9.30102\ 99957) + \mathrm{P}u\,(9.89748\ 61095)\\
&+ \mathrm{P}u\,(9.68124\ 12374) + \mathrm{P}u\,(9.91229\ 79888)\\
&+ \mathrm{P}u\,(9.79172\ 40576) + \mathrm{P}u\,(9.92336\ 59430)\\
&+ \mathrm{P}u\,(9.84509\ 80400) + \text{etc.}\\
&+ \mathrm{P}u\,(9.87663\ 76516)
\end{aligned}\right.
$$

Venons à l'autre fonction $\psi'_{,}x = \int \frac{xdx}{\sqrt{(1+x^5)}}$. Si l'on a $x^5 < \frac{1}{2}$, cette fonction se calculera par la formule (20), en observant de prendre négativement les termes de rang pair.

Si l'on a $x^5 > \frac{1}{2}$ et $x < 1$, il faudra faire $\frac{x^5}{1+x^5} = u$, ou $x = \left(\frac{1-u}{u}\right)^{-\frac{1}{5}}$; ce qui donnera $\psi'_{,}x = \int \frac{1}{5}u^{-\frac{3}{5}}du\,(1-u)^{-\frac{9}{10}}$, ou, en intégrant par série,

$$\psi'_{,}x = u^{\frac{2}{5}}\left(\frac{1}{2} + \frac{9}{10}\cdot\frac{u}{7} + \frac{9\cdot19}{10.20}\cdot\frac{u^2}{12} + \frac{9\cdot19\cdot29}{10.20.30}\cdot\frac{u^3}{17} + \text{etc.}\right).$$

Il en résulte, pour le calcul numérique, la formule

$$
(22)\quad \left\{\begin{aligned}
\psi'_{,}x = \quad & u^{\frac{2}{5}}(9.67897\ 00043\ 3602) + \mathrm{P}u\,(9.93069\ 93050)\\
&+ \mathrm{P}u\,(9.41017\ 44650\ 89) \quad + \mathrm{P}u\,(9.93948\ 95380)\\
&+ \mathrm{P}u\,(9.74364\ 03992\ 6) \quad + \mathrm{P}u\,(9.94629\ 89297)\\
&+ \mathrm{P}u\,(9.83400\ 90678\ 5) \quad + \mathrm{P}u\,(9.95172\ 97089)\\
&+ \mathrm{P}u\,(9.87703\ 08562) \qquad + \mathrm{P}u\,(9.95616\ 23007)\\
&+ \mathrm{P}u\,(9.90228\ 49924) \qquad + \text{etc.}\\
&+ \mathrm{P}u\,(9.91891\ 45471)
\end{aligned}\right.
$$

Cette formule servira depuis $x^5 = \frac{1}{2}$ jusqu'à $x = 1$ ou $u = \frac{1}{2}$; passé $x = 1$, il faudra recourir à une autre formule.

Soit $\frac{1}{1+x^5} = u$, ou $x = \left(\frac{1-u}{u}\right)^{\frac{1}{5}}$, on aura $\frac{xdx}{\sqrt{(1+x^5)}} = -\frac{1}{5}u^{-\frac{9}{10}}du(1-u)^{-\frac{3}{5}}$; soit donc $\mathrm{U} = \int \frac{1}{5}u^{-\frac{9}{10}}du\,(1-u)^{-\frac{3}{5}}$, ou

$$\mathrm{U} = 2u^{\frac{1}{10}}\left(1 + \frac{3}{5}\cdot\frac{u}{11} + \frac{3.8}{5.10}\cdot\frac{u^2}{21} + \frac{3.8.13}{5.10.15}\cdot\frac{u^3}{31} + \text{etc.}\right).$$

Cette formule, adaptée au calcul numérique, prendra la forme

$$(23)\quad \left\{\begin{array}{lll} \mathrm{U} = 2u^{\frac{1}{10}} & + \mathrm{P}u\,(8.73675\ 85652\ 26) & + \mathrm{P}u\,(9.92049\ 69351) \\ & + \mathrm{P}u\,(9.62226\ 37774\ 16) & + \mathrm{P}u\,(9.92969\ 95684) \\ & + \mathrm{P}u\,(9.76870\ 96941\ 5) & + \mathrm{P}u\,(9.93699\ 12516) \\ & + \mathrm{P}u\,(9.83282\ 03465\ 5) & + \mathrm{P}u\,(9.94291\ 15751) \\ & + \mathrm{P}u\,(9.86900\ 15079\ 7) & + \text{etc.} \\ & + \mathrm{P}u\,(9.89227\ 71177) & \\ & + \mathrm{P}u\,(9.90851\ 73818) & \end{array}\right.$$

et l'on aura $\psi',x = \psi', \frac{1}{0} - \mathrm{U}$, valeur qui servira depuis $x = 1$ jusqu'à $x = \frac{1}{0}$.

Enfin, lorsque x sera > 2, on aura une formule plus simple en faisant $x = \frac{1}{u}$ ou $u = \frac{1}{x}$, ce qui donnera $\psi',x = \psi', \frac{1}{0} - \mathrm{U}$, $\mathrm{U} = \int u^{-\frac{1}{2}}(1+u^5)^{-\frac{1}{2}}$ $= 2u^{\frac{1}{2}}\left(1 - \frac{1}{2}.\frac{u^5}{11} + \frac{1.3}{2.4}.\frac{u^{10}}{21} - \text{etc.}\right)$, ou

$$(24)\quad \left\{\begin{array}{lll} \mathrm{U} = 2u^{\frac{1}{2}} & - \mathrm{P}u^5\,(8.65757\ 73191\ 78) & - \mathrm{P}u^5\,(9.90188\ 68029) \\ & + \mathrm{P}u^5\,(9.59423\ 46538) & + \mathrm{P}u^5\,(9.91474\ 46062) \\ & - \mathrm{P}u^5\,(9.75167\ 63549) & - \mathrm{P}u^5\,(9.92462\ 00428) \\ & + \mathrm{P}u^5\,(9.82058\ 58901) & + \mathrm{P}u^5\,(9.93244\ 36238) \\ & - \mathrm{P}u^5\,(9.85945\ 61901) & - \text{etc.} \\ & + \mathrm{P}u^5\,(9.88445\ 17801) & \end{array}\right.$$

Exemple Ier.

275. Les valeurs de α et β étant les mêmes que dans les art. 250 et 251, on a trouvé

$$\psi 1 + \psi'\beta - \psi'\alpha = \psi 1 + \tfrac{1}{2}\psi'\tfrac{1}{0},$$

ou simplement $\psi'\beta - \psi'\alpha = \frac{1}{2}\psi'\frac{1}{0}$. Si de cette équation, pour les fonctions ψx, on veut passer à une équation semblable pour les fonctions ψ,x, il faudra, conformément à notre théorie, changer les signes des fonctions ψ', ce qui ne produit, dans le fait, aucun changement; on devra donc avoir dans les nouvelles fonctions

$$\psi',\beta - \psi',\alpha = \tfrac{1}{2}\psi',\tfrac{1}{0}.$$

En effet, si d'après les valeurs de α et β données art. 244, savoir :

$\alpha = 0.71592\ 09561\ 59586$, $\quad\log \alpha = 9.85486\ 50751\ 0294$,
$\beta = 4.52014\ 70213\ 40202$, $\quad\log \beta = 0.65515\ 25608\ 1099$,

on calcule les fonctions $\psi'_1\alpha$ et $\psi'_1\beta$ par les formules (20) et (24), on trouvera

$$\begin{aligned}\psi'_1\beta &= 1.44047\ 67295\ 14\\ \psi'_1\alpha &= 0.24989\ 69079\ 40\\ \hline \psi'_1\beta - \psi'_1\alpha &= 1.19057\ 98215\ 74.\end{aligned}$$

Or, on a $\frac{1}{2}\psi'_1\frac{1}{0} = 1.19057\ 98216\ 075$; et puisque ces deux nombres, calculés tous deux par approximation, diffèrent si peu l'un de l'autre, on est en droit de conclure que l'équation

$$\psi'_1\beta - \psi'_1\alpha = \tfrac{1}{2}\psi'_1\tfrac{1}{0},$$

semblable à l'équation $\psi'\beta - \psi'\alpha = \frac{1}{2}\psi'\frac{1}{0}$, a lieu exactement, suivant la loi générale qui avait été annoncée.

Exemple II.

276. En supposant, comme à l'art. 249,

$$\alpha = \sqrt{\left(\frac{5-m}{2}\right)} - \left(\frac{3-m}{2}\right) = 0.79360\ 44933\ 34840,$$

$$\beta = \sqrt{\left(\frac{5-m}{2}\right)} + \frac{3-m}{2} = 1.55753\ 65158\ 35052,$$

nous avons trouvé l'équation

$$\psi\alpha + \psi'\beta = \psi 1 + \tfrac{1}{2}\psi'\tfrac{1}{0}.$$

Ainsi l'on devra avoir pour les fonctions ψ_1 l'équation

$$\psi_1\alpha - \psi'_1\beta = \psi_1 1 - \tfrac{1}{2}\psi'\tfrac{1}{0};$$

en effet, on trouve par les formules précédentes

$$\begin{aligned}\psi'_1\beta &= 0.78623\ 81308\ 95\\ \psi_1\alpha &= 0.33147\ 71051\ 82\\ \hline \psi'_1\beta - \psi_1\alpha &= 0.45476\ 10257\ 13.\end{aligned}$$

Cette constante s'accorde très bien avec la valeur de $\frac{1}{2}\psi'_1\frac{1}{0} - \psi_1 1$, comme on le voit ici :

$$\begin{aligned}\tfrac{1}{2}\psi'_1\tfrac{1}{0} &= 1.19037\ 98216\ 195\\ \psi_1 1 &= 0.73581\ 87960\ 81\\ \hline \tfrac{1}{2}\psi'_1\tfrac{1}{0} - \psi_1 1 &= 0.45476\ 10255\ 385.\end{aligned}$$

Ainsi l'on aura exactement

$$\psi'_1\beta - \psi_1\alpha = \tfrac{1}{2}\psi'_1\tfrac{1}{0} - \psi_1 1,$$

comme la théorie l'avait indiqué.

Exemple III.

277. Nous avons trouvé ci-dessus (268) pour les fonctions ψx l'équation

$$\psi\alpha + \psi'\beta + \psi\tfrac{1}{2} + \psi' 2 = \tfrac{1}{2}\psi'\tfrac{1}{0}.$$

En passant des fonctions ψ aux fonctions ψ_1, il n'y aura à changer que le signe des fonctions ψ', et l'on devra avoir l'équation

$$\psi_1\alpha - \psi'_1\beta + \psi_1\tfrac{1}{2} + \psi'_1 2 = -\tfrac{1}{2}\psi'_1\tfrac{1}{0};$$

c'est ce qu'il faut vérifier par le calcul de ces nouvelles fonctions.

Calcul de $\psi_1\frac{1}{2}$ par la formule (20).

1) $\frac{1}{2}x^{n}$.....	9.09691 00130 08
x^5....	8.49485 00216 80
	9.15490 19600
2)	6.74666 19946 9
	8.49485 00216 8
	9.64097 80574
3)	4.88249 00737 7
	8.49485 00216 8
	9.76955 10786
4)	3.14689 11540 5
	8.49485 00216 8
	9.83003 42936
5)	1.47177 54693
	8.49485 00217
	9.86530 14261
6)	89.83192 69171

1) =	0.12500 00000 00
2)	55 80357 14
3)	76293 95
4)	1402 46
5)	29 63
6)	68
7) etc.	2
$\psi_1\frac{1}{2}$ =	0.12556 58083 88.

Calcul de $\psi'_1 2$ par la formule (24).

$$u = \tfrac{1}{2},\quad 2u^{\frac{1}{2}} = \sqrt{2}.$$

1) $2u^{\frac{1}{2}}$....	0.15051 49978 32
u^5......	8.49485 00216 80
	8.65757 73191 78
2)	7.30294 23386 9

1) =	1.41421 35623 731
2) −	200 88260 83
	1.41220 47362 90

	7.30294 23386 9
	8.49485 00216 8
	9.59423 46538
3)	5.39202 70141 7
	8.49485 00216 8
	9.75167 63549
4) —	3.63855 33907 5
	8.49485 00216 8
	9.82058 58901
5)	1.95398 93025
	8.49485 00217
	9.85945 61901
6) —	0.30829 55143

	1.41220 47362 90
3)	2 46619 27
	1.41222 93982 17
4) —	4350 64
	1.41222 89631 53
5)	89 95
6) —	2 03
7) etc.	4
U =	1.41222 89719 49
$\psi'_1\frac{1}{0}$	2.38115 96432 39
$\psi'_1 2 =$	0.96893 06712 90.

Calcul de $\psi_1\alpha$ par la formule (20).

α.....	8.58813 58034 849
1) $\frac{1}{2}\alpha^2$.	6.87524 16113 06
α^5....	2.94067 90174 24
	9.15490 19600
2)	88.97082 25887 3

1) =	0.00075 03115 145
2)	93
$\psi_1\alpha =$	0.00075 03115 238.

Calcul de $\psi'_1 6$ par la formule (24).

6.....	2.64357 31944 037
u.....	7.35642 68055 963
$u^{\frac{1}{2}}$....	8.67821 34027 981
2.....	0.30102 99956 64
1)	0.97924 33984 62

1) =	0.09533 30304 173 = U
$\psi'_1\frac{1}{0} =$	2.38115 96432 39
$\psi'_1 6 =$	2.28582 66128 217.

Au moyen de ces valeurs, on trouve que la somme $\psi_1\alpha - \psi'_1 6 + \psi_1\frac{1}{2} + \psi'_1 2$ se réduit à $-$ 1.19057 98216 199, nombre qui s'accorde, aussi bien qu'il est possible, avec la constante connue........ $\frac{1}{2}\psi'_1\frac{1}{0} =$ 1.19057 98216 195; ainsi l'on a exactement

$$\psi'_1 6 - \psi_1\alpha - \psi_1\tfrac{1}{2} - \psi'_1 2 = \tfrac{1}{2}\psi'_1\tfrac{1}{0},$$

comme la théorie l'avait indiqué.

Des intégrales $\psi_2 x = \int \frac{x^2 dx}{\sqrt{(1-x^5)}}$, $\psi'_2 x = \int \frac{x^2 dx}{\sqrt{(1+x^5)}}$.

278. Ces intégrales représentent la première fonction de seconde espèce sous les deux formes dont elle est susceptible, selon que x est positif ou négatif. Nous allons d'abord chercher la valeur de la première dans sa limite $x = 1$, et celle de l'autre dans sa limite $x = \frac{1}{0}$. Nous nous occuperons ensuite des moyens de calculer les deux intégrales indéfinies.

Si l'on met $x^{\frac{1}{5}}$ à la place de x dans l'intégrale $\int x^2 dx (1-x^5)^{-\frac{1}{2}}$, elle deviendra $\frac{1}{5}\int x^{-\frac{2}{5}} dx (1-x)^{-\frac{1}{2}}$; et en appliquant la formule

$$\int x^{p-1} dx (1-x)^{q-1} = \frac{\Gamma p \Gamma q}{\Gamma(p+q)},$$

qui a lieu lorsque l'intégrale est prise entre les limites $x = 0$, $x = 1$, on aura l'intégrale complète

$$\psi_2 1 = \frac{1}{5} \cdot \frac{\Gamma(0.60)\Gamma\frac{1}{2}}{\Gamma(1.10)} = \frac{1}{3} \cdot \frac{\Gamma\frac{1}{2}\Gamma(1.60)}{\Gamma(1.10)}.$$

$\frac{1}{3}$	9.52287 87452 803
$\Gamma\frac{1}{2}$	0.24857 49363 47
$\Gamma(1.60)$...	9.95110 20174 50
$1 : \Gamma(1.10)$.	0.02165 93260 38
$\psi_2 1$	9.74421 50251 153,

$\psi_2 1 = 0.55490\ 03837\ 086.$

Venons maintenant à l'autre intégrale $\psi'_2 x = \int \frac{x^2 dx}{\sqrt{(1+x^5)}}$; elle devient infinie dans la limite $x = \frac{1}{0}$; mais si on la compare à la simple intégrale $\int \frac{x^2 dx}{\sqrt{x^5}}$, ou $\int x^{-\frac{1}{2}} dx = 2\sqrt{x}$, la différence des deux, savoir :

$$\int \left[x^{-\frac{1}{2}} dx - \frac{x^2 dx}{\sqrt{(1+x^5)}} \right],$$

est une quantité toujours finie, et dont la valeur pour la limite $x = \frac{1}{0}$ se détermine exactement par la formule (a′) page 378, tome II; en effet, faisant $a = \frac{1}{2}$, $x = 5$, cette formule donne

$$A \int \left[x^{-\frac{1}{2}} dx - \frac{x^2 dx}{\sqrt{(1+x^5)}} \right] = \frac{4\pi}{5 \sin \frac{\pi}{5}}, \quad A = \frac{1}{\cos \frac{\pi}{10}} \int \frac{x^{-\frac{1}{2}} dx}{\sqrt{(1-x^5)}};$$

d'un autre côté, la formule (Z), page 377, donne

$$A = \frac{1}{5\cos\frac{\pi}{10}} \int x^{\frac{1}{10}-1} dx(1-x)^{-\frac{1}{2}} = \frac{1}{5\cos\frac{\pi}{10}} \cdot \frac{\Gamma\frac{1}{10}\Gamma\frac{1}{2}}{\Gamma\frac{6}{10}};$$

donc x devenant infini, on a

$$2\sqrt{x} - \psi'_2 x = B = \frac{\pi^{\frac{1}{2}}}{3\sin\frac{\pi}{10}} \cdot \frac{\Gamma(1.6)}{\Gamma(1.1)} = \frac{\psi_2 1}{\sin\frac{\pi}{10}}$$

$\psi_2 1$	9.74421 50251 15
$\sin\frac{\pi}{10}$	9.48998 23640 86
$\log B =$	0.25423 26610 29
$B =$	1.79569 53623 81.

De là on voit que plus le nombre x sera grand, plus l'équation $\psi'_2 x = 2\sqrt{x} - B$ approchera d'être exacte.

279. Cherchons maintenant les formules par lesquelles on calculera les deux mêmes intégrales pour toute valeur donnée de x.

Si l'on a $x^5 < \frac{1}{2}$, l'intégrale $\psi_2 x = \int \frac{x^2 dx}{\sqrt{(1-x^5)}}$ se calculera par la série ordinaire

$$\psi_2 x = x^3\left(\frac{1}{3} + \frac{1}{2}\cdot\frac{x^5}{8} + \frac{1.3}{2.4}\cdot\frac{x^{10}}{13} + \frac{1.3.5}{2.4.6}\cdot\frac{x^{15}}{18} + \text{etc.}\right).$$

Si l'on a $x^5 > \frac{1}{2}$, soit $1 - x^5 = u$, et $U = \int \frac{1}{5} u^{-\frac{1}{2}} du(1-u)^{-\frac{2}{5}}$, on aura $\psi_2 x = \psi_2 1 - U$, et U se calculera par la suite

$$U = \frac{2}{5} u^{\frac{1}{2}}\left(1 + \frac{2}{5}\cdot\frac{u}{3} + \frac{2.7}{5.10}\cdot\frac{u^2}{5} + \frac{2.7.12}{5.10.15}\cdot\frac{u^3}{7} + \text{etc.}\right).$$

Ces deux formules, adaptées au calcul numérique, pourront s'écrire comme il suit :

$$(25)\quad \left\{\begin{array}{l} \psi_2 x = \frac{x^3}{3} + Px^5(9.27300\ 12720\ 64) + Px^5(9.90654\ 56598\ 9) \\ \qquad + Px^5(9.66420\ 78980\ 77) + Px^5(9.91828\ 64174\ 4) \\ \qquad + Px^5(9.77948\ 96011\ 56) + \text{etc.} \\ \qquad + Px^5(9.83555\ 27221\ 1) \\ \qquad + Px^5(9.86881\ 23141\ 2) \\ \qquad + Px^5(9.89085\ 55305\ 8) \end{array}\right.$$

$$(26)\left\{\begin{array}{ll}
\mathrm{U} = \frac{2}{5}u^{\frac{1}{2}} + \mathrm{P}u\,(9.12493\ 87366\ 08) & + \mathrm{P}u\,(9.89893\ 40272) \\
\quad + \mathrm{P}u\,(9.62324\ 92904\ 0) & + \mathrm{P}u\,(9.91178\ 40704) \\
\quad + \mathrm{P}u\,(9.75696\ 19513) & + \mathrm{P}u\,(9.92173\ 20970) \\
\quad + \mathrm{P}u\,(9.82027\ 44563) & + \mathrm{P}u\,(9.92966\ 21597) \\
\quad + \mathrm{P}u\,(9.85733\ 24964) & + \text{etc.} \\
\quad + \mathrm{P}u\,(9.88189\ 18423) &
\end{array}\right.$$

280. A l'égard de la fonction $\psi'_2 x = \int \frac{x^2 dx}{\sqrt{(1+x^5)}}$, elle se calculera par la formule (25), si l'on a $x^5 < \frac{1}{2}$, en ayant soin de prendre négativement tous les termes de rang pair.

Si l'on a $x^5 > \frac{1}{2}$ et $x < 1$, il faudra faire $\frac{x^5}{1+x^5} = u$, ou $x = \left(\frac{1-u}{u}\right)^{-\frac{1}{5}}$, ce qui donnera $\frac{x^2 dx}{\sqrt{(1+x^5)}} = \frac{1}{5}u^{-\frac{2}{5}}du(1-u)^{-\frac{11}{10}}$, et en intégrant,

$$\psi'_2 x = u^{\frac{3}{5}}\left(\frac{1}{3} + \frac{11}{10}\cdot\frac{u}{8} + \frac{11.21}{10.20}\cdot\frac{u^2}{13} + \frac{11.21.31}{10.20.30}\cdot\frac{u^3}{18} + \text{etc.}\right).$$

Cette formule servira depuis $x^5 = \frac{1}{2}$ jusqu'à $x = 1$ ou $u = \frac{1}{2}$; elle peut s'écrire ainsi :

$$(27)\left\{\begin{array}{ll}
\psi'_2 x = \quad u^{\frac{3}{5}}\,(9.52287\ 87452\ 80) & + \mathrm{P}u\,(9.93582\ 26761) \\
\quad + \mathrm{P}u\,(9.61542\ 39528\ 86) & + \mathrm{P}u\,(9.94489\ 06520) \\
\quad + \mathrm{P}u\,(9.81033\ 59337\ 6) & + \text{etc.} \\
\quad + \mathrm{P}u\,(9.87291\ 12863\ 2) & \\
\quad + \mathrm{P}u\,(9.90426\ 85345) & \\
\quad + \mathrm{P}u\,(9.92316\ 99764) &
\end{array}\right.$$

Si l'on a $x > 1$, il faudra faire $1 + x^5 = \frac{1}{u}$, ou $x = \left(\frac{1-u}{u}\right)^{\frac{1}{5}}$, ce qui donnera

$$\frac{x^2 dx}{\sqrt{(1+x^5)}} = -\frac{1}{5}u^{-\frac{11}{10}}du\,(1-u)^{-\frac{2}{5}};$$

développant le second membre et intégrant, on aura $\psi'_2 x = \mathrm{C} + 2u^{-\frac{1}{10}} - \mathrm{U}$,

$$\mathrm{U} = \frac{1}{5}u^{\frac{9}{10}}\left(\frac{1}{9} + \frac{7}{10}\cdot\frac{u}{19} + \frac{7.12}{10.15}\cdot\frac{u^2}{29} + \frac{7.12.17}{10.15.20}\cdot\frac{u^3}{39} + \text{etc.}\right).$$

Cette dernière formule peut s'écrire ainsi :

$$(28)\quad \left\{\begin{array}{ll} U = \quad u^{\frac{9}{10}}(8.94884\ 74775\ 526) + Pu\,(9.89308\ 48549) \\ \quad + Pu\,(9.52058\ 69485\ 01) \quad + Pu\,(9.90736\ 37322) \\ \quad + Pu\,(9.71944\ 55900\ 5) \quad + \text{etc.} \\ \quad + Pu\,(9.80075\ 23166) \\ \quad + Pu\,(9.84535\ 11991) \\ \quad + Pu\,(9.87358\ 65778) \end{array}\right.$$

Pour déterminer la constante C, il faut observer qu'en faisant $x = \frac{1}{0}$, on a $u^{-\frac{1}{10}} = x^{\frac{1}{2}}$, et $U = 0$, ce qui donne $\psi'_2 x = 2x^{\frac{1}{2}}$; mais nous savons que dans ce cas on a $\psi'_2 x = 2x^{\frac{1}{2}} - B$; donc, $C = -B$; donc pour une valeur quelconque de x plus grande que 1, on a, en faisant $u = \frac{1}{1+x^5}$,

$$\psi'_2 x = 2u^{-\frac{1}{10}} - B - U.$$

Le cas de $x = 1$ donnera $\psi'_2 1 = 2.2^{\frac{1}{10}} - B - U^{\circ}$, U° étant la valeur de U lorsque $u = \frac{1}{2}$. La même quantité se déduirait plus directement de la formule (27), en faisant $u = \frac{1}{2}$; mais la première expression qui dépend de la valeur de B, donne plus promptement le même degré d'approximation; on en tire

$$\psi'_2 1 = 0.28922\ 48101\ 897.$$

281. Les formules étant ainsi préparées pour les différens cas, nous allons étendre aux fonctions $\psi_2 x$, $\psi'_2 x$, quelques-uns des exemples calculés dans le § VII, pour les fonctions de première espèce ψx, $\psi' x$; mais il est nécessaire, avant tout, de chercher l'expression générale du terme ΠX qui entre dans le second membre de l'équation (3), lorsqu'il s'agit des fonctions de la seconde espèce. Dans le cas de la fonction $\psi_2 x = \int \frac{x^2 dx}{\sqrt{(1-x^5)}}$, la valeur de X est en général

$$X = \frac{x^2}{\sqrt{(\varphi x)}} \log \frac{\theta x \sqrt{(\varphi_1 x)} + \theta_1 x \sqrt{(\varphi_2 x)}}{\theta x \sqrt{(\varphi_1 x)} - \theta_1 x \sqrt{(\varphi_2 x)}};$$

et si l'on fait $Z = \frac{\theta_1 x}{\theta x} \cdot \frac{\sqrt{(\varphi_2 x)}}{\sqrt{(\varphi_1 x)}}$, cette valeur deviendra

$$X = \frac{x^2}{\sqrt{(\varphi x)}} \log \left(\frac{1+Z}{1-Z}\right),$$

ou, en développant la quantité logarithmique,

$$X = \frac{2x^2 Z}{\sqrt{(\varphi x)}} \left(1 + \frac{Z^2}{3} + \frac{Z^4}{5} + \text{etc.}\right).$$

Le premier terme de cette série $\frac{2x^2 Z}{\sqrt{(\varphi x)}}$ se réduit à $\frac{2x^2\theta_1 x}{\theta x\varphi_1 x}$, et en substituant les valeurs $\theta x = a + x$, $\theta_1 x = c + c_1 x$, $\varphi_1 x = (1-x)\left(1 - x.\frac{m-1}{2} + x^2\right)$, il devient

$$\frac{2x^2(c + c_1 x)}{(a+x)(1-x)\left(1-x.\frac{m-1}{2}+x^2\right)}.$$

Cette quantité, développée suivant les puissances de $\frac{1}{x} = u$, sera de la forme $Au + Bu^2 + Cu^3 +$ etc., et il est visible qu'on a $A = -2c_1$. D'ailleurs, les autres termes de la série, dus aux facteurs $\frac{Z^3}{3}$, $\frac{Z^4}{5}$, etc., étant développés semblablement, on verra aisément qu'ils ne contiennent que des puissances de u de plus en plus élevées; ainsi le coefficient A égal à $-2c_1$ est le seul qui entre dans la valeur de la quantité désignée par ΠX, et l'on aura par conséquent $\Pi X = -2c_1$.

Cette valeur ne s'applique qu'à la première fonction de la seconde espèce, désignée par $\psi_2 x = \int \frac{x^2 dx}{\sqrt{(1-x^5)}}$; on trouverait, par un calcul semblable, mais dont le résultat est moins simple, la valeur de ΠX, qui s'applique à la seconde fonction de seconde espèce désignée par......
$\psi_3 x = \int \frac{x^3 dx}{\sqrt{(1-x^5)}}$.

Exemple Ier.

282. Supposons, comme dans l'art. 251, $t = 1$; on a vu que les racines $x = -\alpha$, $x = -6$, qui résultent de cette supposition, satisfont à l'équation

$$\psi' 6 - \psi' \alpha = \tfrac{1}{2}\psi' \tfrac{1}{c}.$$

Si nous passons maintenant des fonctions ψ de la première espèce aux fonctions ψ_2 de la seconde, on devra avoir l'équation

$$\psi'_2 6 - \psi'_2 \alpha = const. - 2c_1.$$

Or, dans l'exemple dont il s'agit, on a $c = \frac{m+1}{2}$ et $c_1 = 1 - c\left(\frac{m+1}{2}\right) = -\left(\frac{m+1}{2}\right)$; donc le second membre de l'équation précédente doit être $const. + (m+1)$: c'est ce qu'il s'agit de vérifier.

Calcul de $\psi'_2\alpha$ par la formule (25).

α....	9.85486 50751 03
α^3...	9.56459 52253 09
$\frac{1}{3}$....	9.52287 87452 80
1)	9.08747 39705 89
α^5...	9.27432 53755 15
	9.27300 12720 64
2) —	7.63480 06181 68
	9.27432 53755 15
	9.66420 78980 77
3)	6.57333 38917 6
	9.27432 53755 1
	9.77948 96011 6
4) —	5.62714 88684 3

	5.62714 88684 3
	9.27432 53755 2
	9.83555 27221 1
5)	4.73702 69660 6
	9.27432 53755 1
	9.86881 23141 2
6) —	3.88016 46556 9
	9.27432 53755 2
	9.89085 55305 7
7)	3.04534 55617 8
	9.27432 53755 1
	9.90654 56598 9
8) —	2.22621 65971 8
	9.27432 53755 2
	9.91828 64174 4
9)	1.41882 83901 4.

1) =	0.12231 33808 41
2) —	431 32101 47
	0.11800 01706 94
3)	37 43983 204
	0.11837 45690 144
4) —	4 23788 208
	0.11833 21901 936
5)	54579 175
	0.11833 76481 111

	0.11833 76481 111
6) —	7588 652
	68892 459
7)	1110 058
	70002 517
8) —	168 351
	69834 166
9) +	26 231
10) —	2 214
$\psi'_2\alpha$ =	0.11833 69858 183.

Calcul de $\psi'_2\beta$ par la formule (28).

β.......	0.65515 25608 11
β^5......	3.27576 28040 55
$1+\beta^5$...	3.27599 28986 70
$u^{-0.1}$...	0.32759 92898 67
2.......	0.30102 99956 64
1)	0.62862 92855 31

$u^{0.9}$...	7.05160 63911 97
	8.94884 74775 53
2)	6.00045 38687 50
u.....	6.72400 71013 30
	9.52058 69485 01
3)	2.24504 79185 8

1) =	4.25235 27665 226
M.	0.00010 01221 479
	4.25225 26443 747
B......	1.79569 53623 81
$\psi'_2 \beta$ =	2.45655 72819 937
$\psi'_2 \alpha$	0.11833 69858 183
Diff....	2.33822 02961 754

	2.24504 79185 8
	6.72400 71013 3
	9.71994 55900 5
4)	88.68900 06099 6
2) =	0.00010 01045 618
3)	175 812
4)	49
M =	0.00010 01221 479.

Maintenant, si de la quantité $\psi'_2\beta - \psi'_2\alpha = 2.33822\ 02961\ 754$,
on retranche.................. $m + 1 = 3.23606\ 79774\ 998$,
on aura la valeur de la constante.. $C = -0.89784\ 76813\ 244$.

Cette constante diffère très peu de $\frac{1}{2}B = 0.89784\ 76811\ 905$. Ainsi l'on aura exactement l'équation

$$\psi'_2\beta - \psi'_2\alpha = m + 1 - \tfrac{1}{2}B.$$

Cette équation est, comme on voit, dans la forme indiquée par la théorie, et l'on remarque que le terme $\frac{1}{2}\psi'\frac{1}{0}$, relatif aux fonctions de la première espèce, est remplacé, pour les fonctions de la seconde espèce, non par le terme semblable $\frac{1}{2}\psi'_2\frac{1}{0}$, qui est infini, mais par la constante $-\frac{1}{2}B$, comprise dans $\frac{1}{2}\psi'_2 x$ lorsque x est infini.

Exemple II.

283. On a supposé, dans l'art. 252, $t = -1$, et faisant $\sqrt{(1-t^5)} = -\sqrt{2}$, on a trouvé les valeurs

$$c = \frac{m+1}{2} + \frac{m-1}{2}\sqrt{2},$$

$$c_1 = 1 - c\left(\frac{m+1}{2}\right) = -\left(\frac{m+1}{2}\right) - \sqrt{2},$$

et ensuite les auxiliaires $x = \alpha$, $x = -\beta$; d'où est résulté l'équation des fonctions

$$\psi\alpha - \psi'\beta + \psi'1 = \psi_1 - \tfrac{1}{2}\psi'\tfrac{1}{0}.$$

Si l'on passe maintenant des fonctions ψx de la première espèce aux fonctions $\psi_2 x$ de la seconde, cette équation deviendra

$$\psi_2\alpha - \psi'_2\beta + \psi'_2 1 = \psi_2 1 + \tfrac{1}{2}B - 2c_1,$$

et en substituant la valeur de $2c_1$, le second membre devient....... $\psi_2 1 + \frac{1}{2}B + (m + 1) + 2\sqrt{2}$. C'est ce qu'il s'agit de vérifier par le calcul des fonctions $\psi_2\alpha$, $\psi'_2\beta$, d'après les valeurs de α et β données art. 252.

Calcul de $\psi_2\alpha$ par la formule (26).

$1 - \alpha^5 = u$..	9.25656 47910 31
$u^{\frac{1}{2}}$....	9.62828 23955 155
	9.60205 99913 28
1)	9.23034 23868 43
u.....	9.25656 47910 31
	9.12493 87366 08
2)	7.61184 59144 82
	9.25656 47910 31
	9.62324 92904
3)	6.49165 99959 1
	9.25656 47910 3
	9.75696 19513
4)	5.50518 67382 4
	9.25656 47910 3
	9.82027 44563
5)	4.58202 59855 7
	4.58202 59855 7
	9.25656 47910 3
	9.85733 24964
6)	3.69592 32730
	9.25656 47910
	9.88169 18423
7)	2.83417 99063
	9.25656 47910
	9.89893 40272
8)	1.98967 87245
	9.25656 47910
	9.91178 40704
9)	1.15802 75859
	9.25656 47910
	9.92173 20970
10)	0.33632 44739

1) =	0.16995 83032 95
2)	409 11548 184
3)	31 02130 016
4)	3 20027 087
5)	38196 712
6)	4965 046
7)	682 621
8)	97 651
9)	14 389
10) etc.	2 562
	0.17439 60697 218
	0.55490 03837 09
$\psi_2\alpha$ =	0.38050 43139 872.

Calcul de $\psi'_2\beta$ par la formule (28).

β......	1.09765 92946 92
β^5.....	5.48829 64734 60
$1+\beta^5$..	5.48829 78843 30
$u^{-\frac{1}{10}}$....	0.54882 97884 33
	0.30102 99956 64
1)	0.84985 97840 97
1) =	7.07717 25457 492
M.....	10218 328
	7.07717 15239 164
B......	1.79569 53623 81
$\psi'_2\beta$ =	5.28147 61615 354

$u^{\frac{9}{10}}$....	5.06053 19041 03
	8.94884 74775 53
2)	4.00937 93816 56
u......	4.51170 21156 70
	9.52058 69485 01
3)	88.04166 84458 27
2) =	0.00000 10218 317
3)	11
M.....	0.00000 10218 328.

Il résulte maintenant des valeurs trouvées qu'on a

$$\psi'_2\beta - \psi_2\alpha - \psi'_2 1 = 4.61174\ 70373\ 585;$$

d'un autre côté, on a

$$m + 1 + 2\sqrt{2} = 6.06449\ 51022\ 460$$
$$\psi_2 1 + \tfrac{1}{2}B = 1.45274\ 80648\ 691$$
$$m + 1 + 2\sqrt{2} - \psi_2 1 - \tfrac{1}{2}B = 4.61174\ 70373\ 499.$$

Ces deux résultats étant si peu différens l'un de l'autre, il s'ensuit qu'on aura exactement

$$\psi_2\alpha - \psi'_2\beta + \psi'_2 1 = \psi_2 1 + \tfrac{1}{2}B - m - 1 - 2\sqrt{2}.$$

De là on voit que dans le résultat indiqué par la théorie il faut changer le signe de $2c_1$, c'est-à-dire que, dans cet exemple, la quantité désignée par ΠX a pour valeur $2c_1$, et non pas $-2c_1$. Dans tout autre cas il sera toujours facile de reconnaître, au premier coup d'œil, quel signe il faut donner à la valeur de la quantité désignée par ΠX.

Exemple III.

284. On a trouvé, dans l'art. 253, qu'en changeant à la fois le signe de m et celui de $\sqrt{2}$, on obtient deux nouvelles valeurs de x dési-

gnées par $x = -\alpha$, $x = -\beta$, qui satisfont à l'équation

$$\psi'\beta + \psi'\alpha - \psi'1 = \tfrac{1}{2}\psi'\tfrac{1}{0}.$$

Si donc on passe des fonctions ψx aux fonctions $\psi_2 x$ de la seconde espèce, on aura une nouvelle équation

$$\psi'_2\beta + \psi'_2\alpha - \psi'_2 1 = -\tfrac{1}{2}B + \Pi X,$$

dans laquelle on devra faire $\Pi X = 2c_1$; et parce qu'on avait dans l'exemple précédent $2c_1 = -m - 1 - 2\sqrt{2}$, le changement des signes de m et de $\sqrt{2}$ donnera, pour le cas présent, $2c_1 = m - 1 + 2\sqrt{2}$, de sorte qu'on devra avoir

$$\psi'_2\beta + \psi'_2\alpha - \psi_2 1 = -\tfrac{1}{2}B + m - 1 + 2\sqrt{2}.$$

C'est ce qu'il faut vérifier par le calcul des nouvelles fonctions $\psi'_2\alpha$, $\psi'_2\beta$, qui se fera très aisément, à cause de la petitesse de α et de la grandeur de β.

Calcul de $\psi'_2\alpha$ par la formule (25).

α.....	9.30295 80542 874
α^3....	7.90887 41628 622
$\frac{1}{3}$.....	9.52287 87452 80
1)	7.43175 29081 42
α^5....	6.51479 02714 37
	9.27300 12720 64
2)	3.21954 44516 43
	6.51479 02714 37
	9.66420 78980 77
3)	89.39854 26211 57

1) =	0.00270 24203 845
2) −	1657 847
3)	250
$\psi'_2\alpha$ =	0.00270 22546 248.

Calcul de $\psi'_2\beta$ par la formule (28).

β.......	0.83806 77575 252
β^5......	4.19033 87876 260
$1+\beta^5$...	4.19036 68052 64
$u^{-\frac{1}{10}}$....	0.41903 66805 264
2.......	0.30102 99956 640
A......	0.72006 66761 904

$u^{\frac{9}{10}}$.........	6.22866 98752 624
	8.94884 74775 526
1)	5.17751 73528 15
u...........	5.80963 31947 36
	9.52058 69485 01
2)	0.50773 74960 52

A =	5.24888	03886	606
	1	50496	584
	5.24886	53390	022
B.	1.79569	53623	81
$\psi'_2 6$ =	3.45316	99766	212
$\psi'_2\alpha$	0.00270	22546	248
	3.45587	22312	460
$\psi'_2 1$	0.28922	48101	897
	3.16664	74210	563

1) =	0.00001	50493	365
2)		3	219
	0.00001	50496	584
$m-1+2\sqrt{2}$ =	4.06449	51022	460
$\frac{1}{2}$B.	0.89784	76811	905
	3.16664	74210	555

Par ces valeurs, on voit que la différence entre les deux membres de l'équation

$$\psi'_2 6 + \psi'_2\alpha + \psi'_2 1 = -\tfrac{1}{2}B + m - 1 + 2\sqrt{2}$$

est tout-à-fait insensible. Cette équation a donc lieu exactement, et les résultats précédens sont pleinement confirmés.

Des intégrales $\psi_3 x = \int \frac{x^3 dx}{\sqrt{(1-x^5)}}$, $\psi'_3 x = \int \frac{x^3 dx}{\sqrt{(1+x^5)}}$.

285. Ces intégrales représentent la seconde fonction de seconde espèce sous les deux formes dont elle est susceptible. Pour donner quelques exemples de l'application de notre théorie à cette fonction, il faut d'abord trouver la valeur complète de la première intégrale lorsque $x = 1$, et l'expression de la seconde lorsque x est infini. Or, il résulte des formules citées ci-dessus, dans la théorie des fonctions Γ, qu'on a

$$\psi_3 1 = \frac{1}{4}\pi^{\frac{1}{2}} \cdot \frac{\Gamma(1.80)}{\Gamma(1.30)},$$

$$\int\left(x^{\frac{1}{2}}dx - \frac{x^3 dx}{\sqrt{(1+x^5)}}\right) = \frac{\psi_3 1}{\sin\frac{3\pi}{10}} = B',$$

$$\psi_3 1 = 0.45985\ 75636\ 893,$$
$$B' = 0.56841\ 52086\ 874.$$

$\frac{1}{4}\pi^{\frac{1}{2}}$.	9.64651	49450	191
Γ(1.80). . . .	9.96912	86662	41
1 : Γ(1.30).	0.04697	97228	50
$\psi_3 1$.	9.66262	33341	10
$\sin\frac{3\pi}{10}$.	9.90795	76445	86
B'.	9.75466	56895	24.

286. Voici maintenant les séries par lesquelles on pourra calculer les deux intégrales pour toute valeur donnée de x :

(I) $x^5 < \frac{1}{2}$.

$$\psi_3 x = x^4\left(\frac{1}{4} + \frac{1}{2}\cdot\frac{x^5}{9} + \frac{1.3}{2.4}\cdot\frac{x^{10}}{14} + \frac{1.3.5}{2.4.6}\cdot\frac{x^{15}}{19} + \text{etc.}\right).$$

(II) $x^5 > \frac{1}{2}$.

Soit $1 - x^5 = u$, on aura $\psi_3 x = \psi_3 1 - \text{U}$, et U, qui représente l'intégrale $\frac{1}{5}\int u^{-\frac{1}{2}} du\,(1-u)^{-\frac{1}{5}}$, se calculera par la formule

$$\text{U} = \frac{2}{5}u^{\frac{1}{2}}\left(1 + \frac{1}{5}\cdot\frac{u}{3} + \frac{1.6}{5.10}\cdot\frac{u^2}{5} + \frac{1.6.11}{5.10.15}\cdot\frac{u^3}{7} + \text{etc.}\right).$$

(III) $x^5 < \frac{1}{2}$.

La valeur de $\psi'_3 x$ se calculera par la série (I), en prenant avec le signe — les termes de rang pair.

(IV) $x^5 > \frac{1}{2}$ et < 1.

Soit $u = \frac{x^5}{1+x^5}$, on aura

$$\psi'_3 x = u^{\frac{4}{5}}\left(\frac{1}{4} + \frac{13}{10}\cdot\frac{u}{9} + \frac{13.23}{10.20}\cdot\frac{u^2}{14} + \frac{13.23.33}{10.20.30}\cdot\frac{u^3}{19} + \text{etc.}\right).$$

(V) $x > 1$.

Il faudra faire $u = \frac{1}{1+x^5}$, et l'on aura $\int\frac{x^3dx}{\sqrt{(1+x^5)}} = -\int\frac{1}{5}u^{-\frac{13}{10}}du(1-u)^{-\frac{1}{5}}$, ensuite

$$\psi'_3 x = \frac{2}{3}u^{-\frac{3}{10}} - \text{B}' - \text{U},$$

$$\text{U} = \frac{2}{5}u^{-\frac{7}{10}}\left(\frac{1}{7} + \frac{6}{10}\cdot\frac{u}{17} + \frac{6.11}{10.15}\cdot\frac{u^2}{27} + \frac{6.11.16}{10.15.20}\cdot\frac{u^3}{37} + \text{etc.}\right).$$

Si l'on fait $x = \frac{1}{0}$, la dernière formule se réduit à $\psi'_3 x = \frac{2}{3}x^{\frac{3}{2}} - \text{B}'$, comme l'a donnée la théorie des fonctions Γ.

Exemple Ier.

287. On a trouvé, dans l'art. 251, les valeurs $x = -\alpha$, $x = -6$, qui, appliquées aux fonctions de la première espèce, donnent l'équation

$$\psi'6 - \psi'\alpha = \tfrac{1}{2}\psi'\tfrac{1}{0}.$$

Si des fonctions ψx nous passons aux fonctions de seconde espèce $\psi_3 x$, on devra avoir l'équation

$$\psi'_3 6 - \psi'_3 \alpha = \text{const.} - \Pi(X).$$

Pour avoir la valeur du coefficient de $\frac{1}{x}$, désignée par $\Pi(X)$, il faut observer qu'on a, dans ce cas,

$$X = \frac{2x^3\theta_1 x}{\theta x \varphi_1 x}\left(1 + \frac{Z^2}{3} + \frac{Z^4}{5} + \text{etc.}\right),$$

$$Z = \frac{\theta_1 x}{\theta x}\sqrt{\left(\frac{\varphi_2 x}{\varphi_1 x}\right)}.$$

Cette quantité, dans laquelle on substitue les valeurs $\theta x = c + x$, $\theta_1 x = c + c_1 x$, étant développée suivant les puissances descendantes de x, donnera un résultat de la forme $X = A + A'u + A''u^2 + \text{etc.}$, dans lequel on a $u = \frac{1}{x}$ et

$$A = -2c_1, \quad A' = -2c + 2cc_1 - c_1(m+1) - \frac{(c_1)^2}{3}A.$$

On voit que A' est la quantité désignée par $\Pi(X)$; ainsi l'on aura

$$\Pi(X) = -2c + 2cc_1 + c_1(m+1) + \tfrac{2}{3}(c_1)^3.$$

Dans l'exemple proposé, on a $c = \frac{m+1}{2}$ et $c_1 = 1 - c.\frac{m+1}{2} = -c$;

donc $\Pi(X) = -2c - \frac{2}{3}c^3 = -\left(\frac{7+5m}{3}\right)$, et l'équation à vérifier sera

$$\psi'_3 6 - \psi'_3 \alpha = \text{const.} + \frac{7+5m}{3}.$$

Maintenant, si l'on fait le calcul de $\psi'_3\alpha$ d'après la formule (I), en ayant soin de prendre négativement les termes de rang pair, on trouvera

$$\psi'_3\alpha = 0.06315\ 36566\ 968.$$

A l'égard de $\psi'_3 6$, voici le calcul détaillé des différens termes, suivant la formule (V); on y a employé une partie des résultats déjà trouvés art. 282.

$u^{-0.1}$....	0.32759 92898 67	$u^{0.7}$...	7.70680 49709 31
$u^{-0.3}$....	0.98279 78696 01	$\frac{2}{35}$....	8.75696 19513 14
$\frac{2}{3}$.......	9.82390 87409 44	2)	6.46376 69222 45
1)	0.80670 66105 45	u.....	6.72400 71013 30
		$\frac{42}{170}$...	9.39280 03690 20
		3)	2.58057 43925 95

1) =	6.40776 55105 447
B'.....	0.56841 52086 874
	5.83935 03018 573
U......	29 09536 196
$\psi'_3 \beta$ =	5.83905 93482 377
$\psi'_3 \alpha$ =	0.06315 36566 968
$\psi'_3 \beta - \psi'_3 \alpha$ =	5.77590 56915 409

	2.58057 43925 95
	6.72400 71013 30
	9.66438 65833 22
4)	88.96896 80772 47
2) =	0.00029 09155 410
3)	380 693
4)	93
U =	0.00029 09536 196
$\frac{7+5m}{3}$ =	6.06011 32958 3298
$\frac{1}{2}$B'.....	0.28420 76043 437
	5.77590 56914 893.

On voit maintenant que dans l'équation

$$\psi'_3 \beta - \psi'_3 \alpha = -\tfrac{1}{2} B' + \frac{7+5m}{3}$$

les valeurs que nous venons de trouver des deux membres ne diffèrent entre elles que de cinq unités du onzième ordre de décimales, qui est le douzième chiffre significatif. Donc l'équation dont il s'agit a lieu exactement, ainsi que la théorie l'avait annoncé.

Exemple II.

288. Supposons, comme dans les art. 252 et 283, $t = -1$, $x = \alpha$, $x = -\beta$, valeurs qui ont donné pour la première fonction de première espèce l'équation

$$\psi \alpha - \psi' \beta + \psi' 1 = \psi 1 - \tfrac{1}{2} \psi' \tfrac{1}{0}.$$

Si de ces fonctions on passe aux fonctions de seconde espèce $\psi_3 x$, on aura l'équation

$$\psi_3 \alpha + \psi'_3 \beta - \psi'_3 1 = \psi_3 1 - \tfrac{1}{2} B' + \Pi(X).$$

Dans ce même cas, la valeur des coefficiens c et c_1 étant

$$c = \frac{m+1}{2} + \frac{m-1}{2}\sqrt{2},$$

$$c_1 = -\left(\frac{m+1}{2}\right) - \sqrt{2},$$

on en déduit

$$\Pi(X) = -2c + 2cc_1 - c_1(m+1) + \tfrac{2}{3}(c_1)^3,$$

ou, en substituant les valeurs,

$$\Pi(X) = -\left(\frac{6m+16}{3}\right)\sqrt{2} - \left(\frac{17m+7}{3}\right).$$

Cette quantité se réduit à $\Pi(X) = -28.87141\ 28588\ 254$; mais on verra qu'elle doit être employée dans notre équation avec le signe $+$, circonstance qui s'est déjà offerte, et qui s'explique en observant que la formule qui exprime la valeur de $\Pi(X)$ change de signe, en mettant à la fois $-\varphi_1 x$ et $-\varphi_2 x$ à la place de $\varphi_1 x$ et $\varphi_2 x$, ce qui ne change rien à l'équation (2), par laquelle les coefficiens des fonctions θx et $\theta_1 x$ ont été déterminés.

Maintenant il s'agit, pour vérifier notre équation, de calculer les valeurs des fonctions $\psi_3 \alpha$, $\psi'_3 6$, $\psi'_3 1$. Voici le détail du calcul des deux premières, en partant des valeurs logarithmiques trouvées art. 283 :

Calcul de $\psi_3 \alpha$ par la formule (II).

u.....	9.25656 47910 31
$u^{\frac{1}{2}}$....	9.62828 23955 15
	9.60205 99913 28
1)	9.23034 23868 43
u.....	9.25656 47910 31
$\frac{1}{15}$....	8.82390 87409 44
2)	7.31081 59188 18
	9.25656 47910 31
$\frac{18}{50}$....	9.55630 25007 67
3)	6.12368 32106 16
	9.25656 47910 31
$\frac{11}{21}$....	9.71917 33904 24
4)	5.09942 13920 7
	9.25656 47910 3
$\frac{28}{45}$....	9.79394 55175 7
5)	4.14993 17006 7

	4.14993 17006 7
	9.25656 47910 3
$\frac{189}{275}$...	9.83712 91103 4
6)	3.24362 56020 4
	9.25656 47910 3
$\frac{286}{390}$...	9.86530 14261 0
7)	2.36549 18191 7
	9.25656 47910 3
$\frac{403}{525}$...	9.88514 57427 3
8)	1.50720 23529 3
	9.25656 47910 3
$\frac{27}{34}$....	9.89988 48471 2
9)	0.66365 19910 8.

1) =	0.16995 83032 95	5) =	0.00000 14123 154
2)	204 55774 094	6)	1752 369
3)	13 29484 292	7)	232 002
4)	1 25724 927	8)	32 152
M. . . .	16145 059	9)	4 610
U =	0.17215 10161 322	10) etc.	772
$\psi_3 1$. . .	0.45985 75636 893	M.	16145 059.
$\psi_3 \alpha$ =	0.28770 65475 571		

Calcul de $\psi'_3 \mathcal{C}$ par la formule (V).

$1 + \mathcal{C}^5$. . .	5.48829 78843 30	1) =	29.53915 76227 429
$u^{-0,3}$. . . .	1.64648 93652 99	B'. . . .	0.56841 52086 874
$\frac{2}{3}$.	9.82390 87409 44		28.97074 24140 555
1)	1.47039 81062 43	2)	82253 319
$u^{\frac{7}{10}}$.	6.15819 14809 69		28.97073 41887 236
$\frac{2}{35}$.	8.75696 19513 14.	3)	66
2)	4.91515 34322 83	$\psi'_3 \mathcal{C}$ =	28.97073 41887 170.
u.	4.51170 21156 70		
$\frac{42}{170}$.	9.39280 03690 20		
3)	88.81965 59169 73		

Pour trouver, enfin, la valeur de $\psi'_3 1$, on se servira de la formule (V), qui offre la série la plus convergente pour ce cas particulier, où l'on a $u = \frac{1}{2}$; cette formule est $\psi'_3 x = \frac{n}{3} u^{-\frac{3}{10}} - B' - U$,

$$U = \frac{2}{5} u^{\frac{7}{10}} \left(\frac{1}{7} + \frac{6}{10} \cdot \frac{u}{17} + \frac{6.11}{10.15} \cdot \frac{u^2}{27} + \frac{6.11.16}{10.15.20} \cdot \frac{u^3}{37} + \text{etc.} \right).$$

On trouvera d'abord

$$\frac{2}{3} u^{-\frac{3}{10}} - B' = 0.25234\ 77335\ 416;$$

ensuite, prolongeant la série U jusqu'au onzième terme, on aura les résultats suivans, à compter du premier terme marqué (2):

2) =	0.03517 55546
3)	434 52156
4)	100 31547
5)	29 28127
6)	9 68151
7)	3 45930
M......	2 16596
U =	0.04096 98053
	0.25234 77335
ψ'_{31} =	0.21137 79282

8) =	0.00001 30332
9)	57033
10)	20576
11)	8489
12) etc.	6166
M.........	2 16596.

On remarquera qu'à cause du peu de convergence de la série qu'on vient de calculer, la valeur trouvée de ψ'_{31} doit être à peine exacte jusqu'à la huitième décimale. Au reste, les deux membres de l'équation à vérifier offrent les résultats suivans, d'après les valeurs calculées :

$\psi'_3\beta$ =	28.97073 41887 170
$\psi_3\alpha$	0.28770 65475 571
	29.25844 07362 741
ψ'_{31}	0.21137 79282
1er memb. =	29.04706 28080

ΠX =	28.87141 28588 254
ψ_{31}	0.45985 75636 893
	29.33127 04225 147
$\frac{1}{2}B'$	0.28420 76043 437
2e memb. =	29.04706 28181 710.

La différence ne se trouve que d'une unité dans le huitième ordre de décimales, qui est le dixième chiffre significatif. Ainsi l'équation dont il s'agit a lieu exactement, conformément à la théorie; les deux membres d'ailleurs s'accorderaient entièrement en supposant

$$\psi'_{31} = 0.21137\ 79181\ 031,$$

valeur que l'on aurait sans doute obtenue en calculant la série dont elle dépend avec plus de termes et plus de décimales.

§ IX. *Examen des propriétés de la même transcendante, en supposant successivement $\mu = 4$ et $\mu = 3$.*

289. Tous les calculs précédens ont été faits dans la supposition de $\mu = 5$; nous allons maintenant revenir sur nos pas, en réduisant l'équation primitive au quatrième degré ou même au troisième, c'est-à-dire en supposant successivement $\mu = 4$ et $\mu = 3$, mais en conservant toujours la même valeur de la fonction φx, savoir, $\varphi x = 1 - x^5$. Nous formerons ainsi deux nouveaux systèmes, qui auraient dû être les premiers dans l'ordre de ces recherches, et qui offriront, comme le système de $\mu = 5$, une infinité de manières de comparer entre elles les transcendantes ψx.

Pour établir l'équation fondamentale dans le système $\mu = 4$, nous prendrons $\theta x = c + x$, $\theta_1 x = a$, $\varphi_1 x = 1 + \frac{m+1}{2} x + x^2$,

$$\varphi_2 x = (1 - x)\left(1 - x.\frac{m-1}{2} + x^2\right) = 1 - x.\frac{m+1}{2} + x^2.\frac{m+1}{2} - x^3,$$

et alors l'équation (2) deviendra

$$\text{(D)} \left\{ \begin{array}{l} (c+x)^2\left(1 + \frac{m+1}{2} x + x^2\right) \\ -a^2\left(1 - x.\frac{m+1}{2} + x^2.\frac{m+1}{2} - x^3\right) \end{array} \right\} = (x - x_1)(x - x_2)(x - x_3)(x - x_4).$$

On remarquera que nous avons mis $c + x$ à la place de $c + c_1 x$, qu'indique la formule générale; mais, dans le cas présent, le coefficient de x^4 devant être le même dans les deux membres, on aurait la condition $(c_1)^2 = 1$, qui permet de prendre $c_1 = 1$.

Il ne reste donc dans notre équation que deux coefficiens a et c à déterminer; pour cela, il faut supposer connues deux des valeurs particulières de x comprises dans la suite x_1, x_2, x_3, x_4. Soient ces deux valeurs $x = t$, $x = t'$, on aura, comme ci-dessus, les équations

$$c + t = a\lambda, \quad \lambda = \frac{\sqrt{(1 - t^5)}}{1 + t.\frac{m+1}{2} + t^2},$$

$$c + t' = a\lambda', \quad \lambda' = \frac{\sqrt{(1 - t'^5)}}{1 + t'.\frac{m+1}{2} + t'^2};$$

d'où l'on tirera les valeurs

$$a = \frac{t'-t}{\lambda'-\lambda},\quad c = a\lambda - t = \frac{\lambda t' - \lambda' t}{\lambda'-\lambda}.$$

Soit ensuite $x^2 + px + q = 0$ l'équation qui a pour racines les deux autres termes de la suite x_1, x_2, x_3, x_4, et l'on aura, pour déterminer p et q, l'équation

$$\left.\begin{array}{l}(c+x)^2\left(1 + x.\frac{m+1}{2} + x^2\right)\\ -a^2\left(1 - x.\frac{m+1}{2} + x^2\frac{m+1}{2} - x^3\right)\end{array}\right\} = (x-t)(x-t')(x^2 - px + q);$$

d'où l'on tire

$$p = -t - t' - a^2 - 2c - \left(\frac{m+1}{2}\right),$$

$$q = \frac{c^2 - a^2}{tt'} = -\frac{1}{t+t'}\left[ptt' + \frac{m+1}{2}(a^2 + c^2) + 2c\right].$$

L'équation à résoudre pour avoir les deux auxiliaires sera, par conséquent,

$$0 = x^2 + x\left(\frac{m+1}{2} + a^2 + 2c + t + t'\right) + \frac{c^2 - a^2}{tt'},$$

et, avec les quatre racines ainsi déterminées, on formera le premier membre de l'équation (3).

290. Le cas le plus simple est celui où l'on suppose nulle l'une des données t et t'; supposant donc $t' = 0$, ce qui donne $\lambda' = 1$ et $a = c$, on n'aura plus que la donnée $x = t$, qui devra être combinée avec les deux racines de l'équation

$$0 = x^2 + x\left(\frac{m+1}{2} + a^2 + 2c + t\right) - \frac{2c}{t}\left(1 + \frac{m+1}{2}c\right).$$

Il faudra d'ailleurs substituer dans cette formule la valeur $c = \frac{t'}{\lambda - 1}$, qui peut se mettre sous cette autre forme :

$$(29)\qquad c = \frac{-1 - t.\frac{m+1}{2} - t^2 \pm \sqrt{(1 - t^5)}}{m + 1 - t.\frac{m-1}{2} + t^2}.$$

Avant de donner des exemples de ces formules, il ne sera pas inutile d'examiner la figure de la courbe représentée par l'équation (29), en regardant t comme l'abscisse et c comme l'ordonnée.

291. Cette courbe, tracée fig. 3, n'a point d'asymptote verticale,

comme celle de la fig. 2; en effet, le dénominateur $m + 1 - t.\frac{m-1}{2} + t^2$, dans lequel nous supposons m positif, ne peut se réduire à zéro, puisque ses facteurs sont imaginaires.

A partir du point A, origine des abscisses, l'arc de courbe AC, dirigé dans le sens des abscisses positives, se prolonge au-dessous de l'axe AC jusqu'au point C, dont les coordonnées sont $AB = 1$, $BC = 1$. En ce point la courbe est tangente à l'ordonnée CB; elle se prolonge ensuite dans l'arc indéfini CKDEFG, dirigé tout entier dans le sens des abscisses négatives. Les points les plus remarquables de ce prolongement sont le point K, où l'ordonnée négative est un *maximum*, le point E, où l'ordonnée pareillement négative est un *minimum*, et les deux points D et F, situés, comme le point C, sur une parallèle à l'axe menée à la distance $CB = 1$. On déterminera ci-après la position des points K et E; quant à celle des points D et F, elle se détermine par les valeurs de t qui ont lieu lorsque $c = -1$. Or, on a en général $t = c(\lambda - 1)$; faisant donc $c = -1$, on aura $t = 1 - \lambda$, ou $\lambda = 1 - t$ et $\lambda^2 = \frac{(1-t)\left(1 - t.\frac{m-1}{2} + t^2\right)}{1 + t.\frac{m+1}{2} + t^2} = (1-t)^2$. Supprimant le facteur $1 - t$ relatif au point C, où $t = 1$, il reste l'équation......... $(1-t)\left(1 + t.\frac{m+1}{2} + t^2\right) = 1 - t.\frac{m-1}{2} + t^2$, qui, étant réduite et divisée par t, donne

$$0 = t^2 + t.\frac{m+1}{2} - m + 1.$$

Il en résulte une racine positive $t = \alpha$ et une racine négative $t = -\beta$, dont les valeurs sont

$$\alpha = -\left(\frac{m+1}{4}\right) + \frac{1}{4}\sqrt{(18m - 10)} = 0.56596\ 53599\ 435,$$
$$\beta = \frac{m+1}{4} + \frac{1}{4}\sqrt{(18m - 10)} = 2.18399\ 93486\ 935;$$

on connaît donc les abscisses des points D et F, savoir : $Ad = \alpha$ et $Af = \beta$.

292. Proposons-nous maintenant de déterminer la position du point K où l'ordonnée est un *maximum*, et celle du point E où l'ordonnée est un *minimum*; ces deux points sont en effet nécessaires à connaître, pour

fixer la limite des deux portions de zone dans lesquelles la constante du second membre de l'équation (3), a deux valeurs déterminées.

L'équation (29), rendue entièrement rationnelle, prend la forme

$$0 = c^2Q + 2cP + Pt,$$

dans laquelle

$$P = 1 + t.\frac{m+1}{2} + t^2,$$

$$Q = m + 1 - t.\frac{m-1}{2} + t^2.$$

Si on la différentie en regardant c comme constante, on aura une seconde équation qui, combinée avec la première, produit le résultat suivant :

$$0 = (t^6 + H)^2 - 2Z(1 + P^2 - t^5) + t^2Z^2,$$

où l'on a supposé

$$Z = \frac{3m+5}{2} + 2mt - mt^2,$$

$$H = m + 1 + \left(\frac{m+7}{2}\right)t + (m+1)t^2 + t^3.$$

C'est donc par une équation du huitième degré qu'on déterminera l'abscisse du point K, où l'ordonnée est un *maximum*, ainsi que celle du point E, où l'ordonnée est un *minimum ;* mais comme il y a en même temps une autre inconnue à déterminer, on préférera la méthode suivante, qui paraît exiger de moins longs calculs.

293. Soit α l'abscisse Ak qui répond au point K, et β l'abscisse Al du point L, où la courbe est rencontrée par la droite KL, menée parallèlement à l'axe, l'équation entre c et t étant mise sous la forme

$$\begin{aligned} 0 = t^3 &+ t^2\left(c^2 + 2c + \frac{m+1}{2}\right) \\ &+ t\left[- c^2.\frac{m-1}{2} + (m-1)c + 1\right] \\ &+ c^2(m+1) + 2c, \end{aligned}$$

le second membre devra être identique avec le produit

$$(t-\alpha)^2(t+\beta), \quad \text{ou} \quad t^3 + (\beta - 2\alpha)t^2 + (\alpha^2 - 2\alpha\beta)t + \alpha^2\beta,$$

ce qui donnera les trois équations

$$(\text{D}')\left\{\begin{aligned} \beta - 2\alpha &= c^2 + 2c + \frac{m+1}{2} \\ \alpha^2 - 2\alpha\beta &= -c^2\left(\frac{m-1}{2}\right) + (m+1)c + 1 \\ \alpha^2\beta &= c^2(m+1) + 2c. \end{aligned}\right.$$

On voit donc qu'en faisant une hypothèse sur la valeur de c, les deux premières équations donneront les valeurs de α et β, et la troisième, qui devra pareillement être satisfaite, fera connaître si sa valeur supposée est exacte, ou si elle a besoin d'une correction. Tel est le moyen par lequel on peut obtenir assez facilement les valeurs des trois quantités c, α, β.

294. Après quelques essais, on trouve pour l'ordonnée du point K la valeur approchée $c = -1.120896$; cette valeur servira de première hypothèse pour calculer par son moyen les valeurs de α et β. On trouve d'abord

$$\begin{aligned} c^2 &= 1.25640\ 78428\ 16, \\ (m+1)c &= -3.62729\ 56517\ 06, \\ \frac{m-1}{2}c^2 &= 0.77650\ 27505\ 92, \\ \frac{m+1}{2}c^2 &= 2.03291\ 05934\ 08, \end{aligned}$$

ce qui donne les deux premières équations

$$\begin{aligned} \beta - 2\alpha &= 0.63264\ 98315\ 66 = \mathrm{A}, \\ \alpha^2 - 2\alpha\beta &= -3.40379\ 84022\ 99 = -\mathrm{B}, \end{aligned}$$

d'où résulte

$$\begin{aligned} \alpha &= -\frac{\mathrm{A}}{3} + \sqrt{\left(\frac{\mathrm{A}^2}{9} + \frac{\mathrm{B}}{3}\right)} = 0.87496\ 71839\ 85, \\ \beta &= 2\alpha + \mathrm{A} = -\ 2.38258\ 41995\ 36; \end{aligned}$$

ensuite, la troisième équation étant

$$\alpha^2\beta = 1.82402\ 91868\ 16 = \mathrm{C},$$

on en tire une seconde valeur de β, désignée par β', savoir :

$$\beta' = \frac{\mathrm{C}}{\alpha^2} = 2.38258\ 41777\ 85.$$

La différence de ces deux valeurs $\beta - \beta' = 0.00000\ 00217\ 51$ n'est que de deux unités décimales du huitième ordre, qui est le neuvième chiffre significatif, erreur très petite et qu'on pourrait négliger dans la détermination du *maximum* dont il s'agit. Mais pour obtenir un résultat plus exact, mettons $c(1+\omega)$ à la place de c, qui désigne toujours -1.120896; cette nouvelle valeur apportera dans les quantités A, B, C les incrémens suivans :

$$\delta A = \omega(2c^2 + 2c) \qquad = \omega(0.27102\ 36856),$$
$$\delta B = \omega[c^2(m-1) - (m+1)c] = \omega(5.18030\ 11529),$$
$$\delta C = \omega[2c^2(m+1) + 2c] \qquad = \omega(5.88985\ 03736).$$

Maintenant, si l'on différentie suivant δ la première et la seconde des équations D', on aura

$$\delta\beta - 2\delta\alpha = \delta A,$$
$$(2\alpha - 2\beta)\delta\alpha - 2\alpha\delta\beta = -\delta B;$$

d'où l'on tire

$$\delta\alpha = \frac{\frac{1}{2}\delta B - \alpha\delta A}{\alpha + \beta} = \omega(0.72232\ 593),$$
$$\delta\beta = 2\delta\alpha + \delta A = \omega(1.71567\ 555).$$

Si donc β continue de désigner la première valeur trouvée..... 2.38258 41995 36, la seconde valeur corrigée sera $\beta + \omega(1.71567\ 555)$. Nous avons appelé β' la valeur de β déduite de l'équation $\alpha^2\beta = C$; une seconde valeur corrigée de β, que nous désignerons par β'', se déduira de l'équation

$$\beta'' = \frac{C + \delta C}{\alpha^2 + 2\alpha\delta\alpha} = \beta'\left(1 + \frac{\delta C}{C} - \frac{2\delta\alpha}{\alpha}\right),$$

quantité qui se réduit à $\beta' + \omega(3.75956)$; on devra donc avoir l'équation

$$\beta + \omega(1.71567) = \beta' + \omega(3.75956);$$

et, parce qu'on a trouvé $\beta - \beta' = 0.00000\ 00217\ 51$, il en résulte

$$\omega = \frac{0.00000\ 00217\ 51}{2.04389} = 0.00000\ 0010642.$$

Connaissant ω, les valeurs corrigées de c, α, β seront, comme il suit:

$$c = -1.120896(1+\omega) = -1.12089\ 60119\ 29,$$
$$\alpha = (0.87496\ 71839\ 85)[1 + \omega(0.72232\ 593)]$$
$$= 0.87496\ 71907\ 11,$$
$$\beta = (2.38258\ 41995\ 36)[1 + \omega(1.71567\ 555)]$$
$$= 2.38258\ 42178\ 04.$$

295. Maintenant, une parallèle à l'axe menée par le point K est censée produire deux intersections au point K, où $x = \alpha$, et une intersection au point L, où $x = -\beta$; de là résulte l'équation......

$2\psi\alpha - \psi'\mathcal{C} = C$, qu'il s'agit de vérifier par le calcul des fonctions $\psi\alpha$ et $\psi'\mathcal{C}$.

Calcul de $\psi\alpha$ par la formule (13).

α..........	9.94199 17682 96
α^5.........	9.70995 88414 80
$u = 1 - \alpha^5$..	9.68769 58855 64
$u^{\frac{1}{2}}$.........	9.84384 79427 82
0.4........	9.60205 99913 28
1)	9.44590 79341 10
u..........	9.68769 58855 64
	9.42596 87322 72
2)	8.55957 25519 46
	9.68769 58855 64
	9.73239 37598 23
3)	7.97966 21973 33
	9.68769 58855 64
	9.82390 87409 44
4)	7.49126 68238 4
	9.68769 58855 6
	9.86857 91358 6
5)	7.04754 18452 6

	7.04754 18452 6
	9.68769 58855 6
	9.89512 10573
6)	6.63035 87881 2
	9.68769 58855 6
	9.91272 60760
7)	6.23078 07496 8
	9.68769 58855 6
	9.92526 29659
8)	5.84373 96011 4
	9.68769 58855 6
	9.93464 69534
9)	5.46608 24401
	9.68769 58856
	9.94193 54831
10)	5.09571 38088
	9.68769 58856
	9.94776 03819
11)	4.73117 00763.

1) =	0.27919 51914
2)	3627 20876
3)	954 25006
4)	309 93229
5)	111 56856
6)	42 69321
7)	17 01299
8)	6 97814
	0.32989 16315

	0.32989 16315
9)	2 92471
10)	1 24656
11)	53848
12) etc.	40950
U =	0.32994 28240
$\psi 1$ =	1.25373 06248
$\psi\alpha$ =	0.92378 78008.

Calcul de $\psi'\beta$ par la formule (13).

β	0.37704 82606 98
u	9.62295 17393 02
$u^{\frac{1}{2}}$	9.81147 58696 51
	9.82390 87409 44
1)	9.25833 63498 97
u^5	8.11475 86965 10
	9.06214 79067 49
2) —	6.43524 29531 56
	8.11475 86965 10
	9.62727 67796 81
3)	4.17727 84293 47
	8.11475 86965 10
	9.76403 26500 9
4) —	2.05606 57759 5
	8.11475 86965 1
	9.82705 35373 2
5)	9.99787 80097 8
	8.11475 86965 1
	9.86343 50954
6) —	7.97607 18017

1) =	0.18127 43472 226
2) —	27 24224 869
	0.18100 19247 357
3)	15041 060
	34288 417
4) —	113 780
	34174 637
5)	995
6) —	9
U =	0.18100 34175 623
$\psi'\frac{1}{6}$ =	1.54969 62777 47
$\psi'\beta$ =	1.36869 28601 847
$2\psi\alpha$ =	1.84757 56016
$2\psi\alpha - \psi'\beta$ =	0.47888 27414.

On voit par ce résultat que la quantité $2\psi\alpha - \psi'\beta$ ne diffère de la constante $\psi 1 - \frac{1}{2}\psi'\frac{1}{6} = 0.47888\ 24859\ 435$ que d'environ trois unités dans le septième ordre de décimales ; mais cette différence est visiblement due à ce que pour calculer plus exactement la valeur de $\psi\alpha$ il aurait fallu prolonger beaucoup au-delà du onzième terme le calcul de la formule (13). On conclura de là qu'on doit avoir exactement

$$2\psi\alpha - \psi'\beta = \psi 1 - \tfrac{1}{2}\psi'\tfrac{1}{6};$$

mais, de plus, il résulte des mêmes calculs qu'en supposant, comme cela est probable, la valeur de $\psi'\beta$ exacte jusqu'à la douzième décimale, celle de $\psi\alpha$ devrait être

$$\psi\alpha = 0.92378\ 76730\ 64.$$

296. Pour déterminer le point E où l'ordonnée est un *minimum*, appelons γ l'abscisse Ac de ce point, et λ l'abscisse positive du point O situé sur la même parallèle à l'axe que le point E. L'équation entre c et t étant mise sous la même forme que dans l'art. 293, le second membre de cette équation devra être identique avec le produit $(x+\gamma)^2(x-\lambda)$, ce qui donnera les trois équations

$$2\gamma - \lambda = c^2 + 2c + \frac{m+1}{2},$$
$$\gamma^2 - 2\gamma\lambda = -c^2\left(\frac{m-1}{2}\right) + (m+1)c + 1,$$
$$\gamma^2\lambda = -c^2(m+1) - 2c.$$

Après quelques essais, on trouve $\gamma = 0.77769\ 52$ et $c = -0.34243\ 05$. Prenant pour hypothèse cette dernière valeur, on aura

$$c^2 = \quad 0.11725\ 86473\ 3025,$$
$$c(m+1) = -1.10812\ 83755\ 693,$$
$$c^2\left(\frac{m-1}{2}\right) = \quad 0.07246\ 98295\ 2494,$$
$$c^2(m+1) = \quad 0.37945\ 69537\ 1038;$$

les équations à résoudre seront donc

$$2\gamma - \lambda = A, \qquad A = 1.05043\ 16360\ 8025,$$
$$\gamma^2 - 2\gamma\lambda = -B, \qquad B = 0.18059\ 82050\ 9425,$$
$$\gamma^2\lambda = C, \qquad C = 0.30540\ 40462\ 8961.$$

Les deux premières donnent

$$\gamma = 0.77769\ 52060\ 035,$$
$$\lambda = 0.50495\ 87759\ 267,$$

et une seconde valeur de λ, déduite de la troisième équation, sera

$$\lambda' = 0.50495\ 87976\ 309;$$

de sorte qu'on aura $\quad \lambda' - \lambda = 0.00000\ 00217\ 042.$

Pour faire disparaître cette différence, mettons $c(1+\omega)$ à la place de c, c'est-à-dire supposons que la valeur exacte de c est égale à la valeur provisoire $-0.34243\ 05$, multipliée par $1+\omega$; nous aurons

$$\delta A = -\omega\,(0.45034\ 37053\ 4) = 2\delta\gamma - \delta\lambda,$$
$$\delta B = \quad \omega\,(1.25306\ 80346\ 2) = (2\gamma - 2\lambda)\delta\gamma - 2\gamma\delta\lambda,$$
$$\delta C = -\omega\,(0.07405\ 29074\ 2).$$

Les deux premières équations donnent

$$\delta\gamma = \omega\,(0.21541\ 576),$$
$$\delta\lambda = \omega\,(0.88117\ 522).$$

Ensuite, de l'équation $\gamma^2\lambda = \mathrm{C}$, où l'on doit mettre $\gamma + \delta\gamma$ à la place de γ, et $\mathrm{C} + \delta\mathrm{C}$ à la place de C, on tire une nouvelle valeur de λ, savoir,

$$\lambda'' = \frac{\mathrm{C}}{\gamma^2}\left(1 + \frac{\delta\mathrm{C}}{\mathrm{C}} - \frac{2\delta\gamma}{\gamma}\right) = \lambda'\left(1 + \frac{\delta\mathrm{C}}{\mathrm{C}} - \frac{2\delta\gamma}{\gamma}\right),$$

ou

$$\lambda'' = \lambda' - \omega\,(0.40217\ 961).$$

Pour que cette valeur s'accorde avec la valeur corrigée $\lambda + \delta\lambda$ ou $\lambda + \omega\,(0.88117\ 522)$, il faut qu'on ait l'équation

$$\omega\,(1.28335\ 483) = \lambda' - \lambda = 0.00000\ 00217\ 042,$$

d'où résulte

$$\omega = 0.00000\ 00169\ 121;$$

donc enfin les valeurs corrigées de c, γ, λ sont

$$c = -\ 0.34243\ 05057\ 912,$$
$$\gamma = \quad 0.77769\ 52096\ 466,$$
$$\lambda = \quad 0.50495\ 87908\ 292.$$

Suit le calcul des fonctions $\psi'\gamma$, $\psi\lambda$.

Calcul de $\psi'\gamma$ *par la formule* (12).

1) γ....	9.89080 94238 485
γ^5...	9.45404 71192 425
	8.92081 87539 52
2) —	8.26567 52970 43
	9.45404 71192 42
	9.61181 98286
3)	7.33154 22448 9
	9.45404 71192 4
	9.75809 14565
4) —	6.54368 08206 3
	9.45404 71192 4
	9.82390 87409 4
5)	5.82163 66808 1

	5.82163 66808 1
	9.45404 71192 4
	9.86148 84562
6) —	5.13717 22562 5
	9.45404 71192 4
	9.88582 30932
7)	4.47704 24686 9
	9.45404 71192 4
	9.90287 45097
8) —	3.83396 40976 3
	9.45404 71192 4
	9.91548 99205
9)	3.20350 11373 7

	3.20350 11373 7
	9.45404 71192 4
	9.92520 24413
10) —	2.58275 06979 1
	9.45404 71192 4
	9.93291 12609
11)	1.96970 90780 5

	1.96970 90780 5
	9.45404 71192 4
	9.93917 87630
12) —	1.36293 49602 9
	9.45404 71192 4
	9.94437 47863
13)	0.76135 68658 3
	9.30491 45
14) etc.	0.06627 13.

1) $\gamma =$	0.77769 52096 466
2) —	1843 63649 753
	0.75925 88446 713
3)	214 55678 103
	0.76140 44124 806
4) —	34 96880 736
	0.76105 47244 070
5)	6 63188 074
	0.76112 10432 144
6) —	1 37142 561
	0.76110 73289 583
7)	29994 558
	0.76111 03284 141
8) —	6822 823
	0.76110 96461 318

	0.76110 96461 318
9)	1597 722
	98059 040
10) —	382 605
	97676 435
11)	93 263
	97769 698
12) —	23 064
	97746 634
13)	5 772
	97752 406
14) etc. —	1 165
$\psi'\gamma =$	0.76110 97751 241.

Calcul de $\psi\lambda$ par la formule (12).

1) λ.....	9.70325 59372 36
λ^5....	8.51627 96861 80
	8.92081 87539 52
2)	7.14035 43773 68

	7.14035 43773 68
	8.51627 96861 80
	9.61181 98286
3)	5.26845 38921 5

	5.26845 38921 5
	8.51627 96861 8
	9.75809 14565
4)	3.54282 50348 3
	8.51627 96861 8
	9.82390 87409 4
5)	1.88301 34619 5

	1.88301 34619 5
	8.51627 96861 8
	9.86148 84562
6)	0.26078 16043 3
	8.51627 96861 8
	9.88582 30932
7)	8.66288 43837 1.

1) =	0.50495 87908 292
2)	138 15110 958
3)	1 85546 981
4)	3489 997
5)	76 386
6)	1 823
7)	46
$\psi\lambda$...	0.50635 92134 483

$\psi\lambda =$	0.50635 92134 483
$2\psi'\gamma =$	1.52221 95502 482
	2.02857 87636 965
$\psi 1 + \frac{1}{2}\psi'\frac{1}{0} =$	2.02857 87636 905.

Par le résultat de ce calcul, on voit que la somme $2\psi'\gamma + \psi\lambda$ approche beaucoup de la constante connue $\psi 1 + \frac{1}{2}\psi'\frac{1}{0}$, la différence n'étant que de six unités dans le douzième rang de décimales, c'est-à-dire dans le treizième chiffre significatif; on a donc exactement au point E, où l'ordonnée négative est un *minimum*,

$$2\psi'\gamma + \psi\lambda = \psi 1 + \tfrac{1}{2}\psi'\tfrac{1}{0}.$$

297. Maintenant il est aisé de voir que pour qu'une parallèle à l'axe rencontre la courbe en trois points dont les abscisses seront les variables des trois fonctions dont la somme compose le premier membre de l'équation (3), il faut que cette parallèle tombe dans la zone comprise entre les deux parallèles à l'axe menées par les points E et K. Cette zone se divise en deux parties, qu'il faut considérer séparément, savoir, 1°. la partie supérieure comprise entre la parallèle EO, menée par le point du *minimum*, et la parallèle FC, menée à la distance CB égale à l'unité; 2°. la partie inférieure comprise entre la même parallèle FC et la parallèle LK, qui passe par le point K, où l'ordonnée est un *maximum*.

Dans la première partie, toute parallèle à l'axe menée entre les deux parallèles EO, FC, rencontre la courbe en trois points, dont les abscisses servent à former trois fonctions dont la somme est égale à la constante $\psi 1 + \frac{1}{2}\psi'\frac{1}{0}$; mais il faut distinguer deux cas, selon que la parallèle passe au-dessus ou au-dessous du point I, pour lequel on a $x = 0$ et $c = -\left(\frac{m-1}{2}\right)$, ou AI $= \frac{m-1}{2}$. Si la parallèle est menée entre les points E et I, on aura aux points d'intersection une abscisse positive $x = \alpha$ et deux abscisses négatives $x = -6$, $x = -\gamma$, au moyen desquelles on formera l'équation $\psi\alpha + \psi'6 + \psi'\gamma = \psi 1 + \frac{1}{2}\psi'\frac{1}{0}$. Si la parallèle est menée entre les points I et D, les intersections donneront deux abscisses positives $x = \alpha$, $x = 6$ et une abscisse négative $x = -\gamma$, d'où résultera l'équation $\psi\alpha - \psi 6 + \psi'\gamma = \psi 1 + \frac{1}{2}\psi'\frac{1}{0}$; et l'on peut remarquer que ces deux équations s'accordent avec la loi de continuité, car si 6 devient -6, $\psi 6$ deviendra $-\psi' 6$, et réciproquement.

Dans la seconde partie, toute parallèle à l'axe menée entre les deux parallèles FC, LK donnera lieu à trois intersections, dont deux auront les abscisses positives $x = \alpha$, $x = 6$, et la troisième l'abscisse négative $x = -\gamma$; alors l'équation des fonctions sera

$$\psi\alpha + \psi 6 - \psi'\gamma = \psi 1 - \frac{1}{2}\psi'\frac{1}{0}.$$

Elle se vérifie sur la ligne FC, où l'on a $\psi AB + \psi Ad - \psi' Af = \psi 1 - \frac{1}{2}\psi'\frac{1}{0}$, ou $\psi' Af - \psi Ad = \frac{1}{2}\psi'\frac{1}{0}$, et sur la ligne LK, où l'on a $2\psi Ak - \psi' Al = \psi - 1\,\frac{1}{2}\psi'\frac{1}{0}$.

298. Les exemples précédens sont relatifs à trois fonctions seulement, dont une prise arbitrairement, les deux autres étant déterminées par les abscisses des points d'intersection d'une même parallèle à l'axe avec la courbe tracée dans la fig. 3. On peut satisfaire ainsi d'une infinité de manières à l'équation (3), dont le second membre sera toujours égal à l'une des constantes $\psi 1 + \frac{1}{2}\psi'\frac{1}{0}$, $\psi 1 - \frac{1}{2}\psi'\frac{1}{0}$. Ces solutions sont toutes fondées sur l'équation (29), où nous avons supposé $m = \sqrt{5}$; mais on peut aussi supposer $m = -\sqrt{5}$, et l'on aura une seconde équation représentée par une courbe différente de la fig. 3, et qui donnera pareillement naissance à une multitude infinie de nouvelle solutions. Ces deux combinaisons ne donnent cependant qu'une partie infiniment petite de toutes les solutions qu'on peut obtenir dans le système de $\mu = 4$, où l'on peut prendre à volonté deux valeurs de x désignées ci-dessus par $x = t$ et $x = t'$; car ces deux valeurs, jointes aux deux autres qui en sont déduites au moyen de l'équation $x^2 - px + q = 0$, serviront à composer d'une infinité de manières quatre fonctions ψx ou $\psi' x$ dont la somme sera égale à une constante connue. Nous nous contenterons d'ajouter ici un exemple de ces solutions, dans lequel le premier membre de l'équation (3) sera composé de quatre fonctions.

Revenant donc à l'art. 289, et prenant pour exemple des calculs qui y sont indiqués, les valeurs $t = \frac{1}{2}$, $t' = -1$, nous aurons les deux équations

$$c + \frac{1}{2} = a\lambda, \quad \lambda = \frac{\sqrt{(15.5)}}{6+m} = 0.47801\ 98448\ 776,$$
$$\log \lambda = 9.67944\ 59266\ 162,$$
$$c - 1 = a\lambda', \quad \lambda' = \frac{2\sqrt{2}}{3-m} = 3.70245\ 91736\ 435,$$
$$\log \lambda' = 0.56849\ 02783\ 319;$$

de là résulte

$$a = -\frac{1.5}{\lambda' - \lambda}, \quad \log(-a) = 9.66763\ 70494\ 151$$
$$\log \lambda \quad 9.67944\ 59266\ 162$$
$$a\lambda = -0.22237\ 34715\ 425, \quad \log(-a\lambda) = 9.34708\ 29760\ 313$$
$$c = -0.72237\ 34715\ 425, \quad \log(-c) = 9.85876\ 17885\ 592.$$

Les formules de l'article cité donnent

$$p = -\frac{m}{2} - 2c - a^2,$$
$$q = 2a^2 - 2c^2;$$

et en substituant les valeurs

$$c^2 = 0.52182\ 34323\ 884$$
$$a^2 = 0.21640\ 83923\ 818$$

on aura

$$p = 0.11030\ 45619\ 533,$$
$$q = -0.61083\ 00800\ 132,$$
$$\frac{p^2}{4} - q = 0.61387\ 18541\ 1013,$$

et la résolution de l'équation $x^2 - px + q = 0$ donnera

$$x = \pm 0.78349\ 97473\ 5805$$
$$+ 0.05515\ 22809\ 7665;$$

de sorte qu'on aura les deux racines $x = \beta$, $x = -\alpha$, savoir :

$$\beta = 0.83865\ 20283\ 347, \quad \log \beta = 9.92358\ 18016\ 846,$$
$$\alpha = 0.72834\ 74663\ 814, \quad \log \alpha = 9.86233\ 86138\ 336.$$

Maintenant il faut calculer les deux fonctions $\psi'\alpha$, $\psi\beta$.

Calcul de $\psi'\alpha$ par la formule (12).

1) α....	9.86233 86138 336		1) α =	0.72834 74663 814
α^5....	9.31169 30691 68		2) —	1244 08609 758
	8.92081 87539 52			0.71590 66054 056
2) —	8.09485 04369 54		3)	104 31898 065
	9.31169 30691 68			0.71694 97952 121
	9.61181 98286		4) —	12 25033 204
3)	7.01836 33347 22			0.71682 72918 917
	9.31169 30691 68		5)	1 67397 771
	9.75809 14565			0.71684 40316 688
4) —	6.08814 78603 9		6) —	24941 995
	9.31169 30691 7			15374 693
	9.82390 87409		7)	3930 496
5)	5.22374 96704 6			19305 189
	9.31169 30691 7		8) —	644 191
	9.86148 84562			18660 998
6) —	4.39693 11958 3		9)	108 692
	9.31169 30691 7			18769 690
	9.88582 30932		10) —	18 754
7)	3.59444 73582		11) etc.	+ 2 760
	9.31169 30691 7		$\psi'\alpha$ =	0.71684 18753 696.
	9.90287 45097			
8) —	2.80901 49370 7			
	9.31169 30691 7			
	9.91548 99205			
9)	2.03619 79267 4			
	9.31169 30691 7			
	9.92520 24413			
10) —	1.27309 34372 1			

Calcul de $\psi\beta$ par la formule (12).

1) β....	9.92358 18016 846		8.46230 95640 60
β^5....	9.61790 90084 23		9.61790 90084 23
	8.92081 87539 52		9.61181 98286
2)	8.46230 95640 60	3)	7.69203 84010 8

	7.69203 84010 8		4.54716 86286
	9.61790 90084 2		9.61790 90084
	9.75809 14565		9.92520 24413
4)	7.06803 88660 0	10)	4.09028 00783
	9.61790 90084 2		9.61790 90084
	9.82390 87409		9.93291 12609
5)	6.50985 66153 2	11)	3.64110 03476
	9.61790 90084 2		9.61790 90084
	9.86148 84562		9.93917 87630
6)	5.98925 40799 4	12)	3.19818 81190
	9.61790 90084 2		9.61790 90084
	9.88582 30932		9.94437 47863
7)	5.49298 61815 6	13)	2.76047 19137
	9.61790 90084 2		9.61790 90084
	9.90287 45097		9.94875 25602
8)	5.01376 96996 8	14)	2.32713 34823
	9.61790 90084 2		9.61790 90084
	9.91548 99205		9.95249 13194
9)	4.54716 86286	15)	1.89753 38101.

1)	= 0.83865 20283 347	9)	35250 772
2)	2899 40954 344	10)	12310 624
3)	492 08304 464	11)	4376 232
4)	116 96040 569	12)	1578 295
5)	32 34868 384	13)	576 066
6)	9 75560 213	14)	212 390
7)	3 11161 733	15)	78 983
8)	1 03221 389	16) etc.	46 760
	0.87419 90394 443		54430 122.
	54430 122		
$\psi 6$	= 0.87420 44824 565		

Maintenant nous avons les quatre fonctions

$$\psi'\alpha = 0.71684\ 18753\ 696,$$
$$\psi\mathfrak{C} = 0.87420\ 44824\ 565,$$
$$\psi\tfrac{1}{2} = 0.50131\ 90336\ 614,$$
$$\psi'1 = 0.93885\ 14394\ 40,$$

au moyen desquelles on composera la somme

$$\psi'\alpha + \psi\mathfrak{C} - \psi\tfrac{1}{2} + \psi'1 = 2.02857\ 87636\ 047.$$

Le second membre est à très peu près la valeur connue de la constante $\psi 1 + \frac{1}{2}\psi'\frac{1}{0}$; ainsi l'on aura exactement l'équation

$$\psi'\alpha + \psi\mathfrak{C} - \psi\tfrac{1}{2} + \psi'_1 = \psi 1 + \tfrac{1}{2}\psi'\tfrac{1}{0}.$$

299. Venons maintenant au système le plus simple de tous, celui de $\mu = 3$; alors on devra supposer constantes les fonctions θx et $\theta_1 x$, ce qui donnera à l'équation (2) la forme suivante,

$$(\mathrm{D}')\ \left\{\begin{array}{l} c\left(1 - x.\frac{m-1}{2} + x^2\right) \\ -a\,(1-x)\left(1 + x.\frac{m+1}{2} + x^2\right) \end{array}\right\} = (x - x_1)(x - x_2)(x - x_3),$$

où l'on voit que le terme x^3 devant être le même dans les deux membres, il faudra faire $a = 1$; ainsi il ne restera plus à déterminer que le coefficient c.

Pour cela, il faut supposer qu'un terme de la suite x_1, x_2, x_3, est donné et désigné par t, et que les deux autres sont les racines de l'équation $x^2 - px + q = 0$. Ainsi le premier membre de l'équation (D') devra être identique avec le produit développé $(x-t)(x^2 - px + q)$, ce qui donnera les équations de condition

$$p + t = -c - \left(\frac{m-1}{2}\right),$$
$$q + pt = -c\left(\frac{m-1}{2} - \left(\frac{m-1}{2}\right)\right),$$
$$qt = 1 - c.$$

On en déduit d'abord la valeur de c en fonction de t, savoir,

$$(30)\qquad c = \frac{(1-t)\left(1 + \frac{m+1}{2}t + t^2\right)}{1 - \left(\frac{m-1}{2}\right)t + t^2}.$$

Cette équation, où l'on considère c comme l'ordonnée qui répond à l'abscisse t est celle de la courbe tracée dans la fig. 4, à l'instar de celles qu'on a déjà construites pour les cas de $\mu = 5$ et $\mu = 4$.

Si l'on prend dans le sens des abscisses positives AB $=1$ et dans le sens des ordonnées positives A$a=1$, la courbe passera par les deux points B et a. Si ensuite on prend AD $=$ AC $=m-1$, et que par les points C et D ainsi déterminés on tire la droite indéfinie FDCH, cette droite sera une asymptote vers laquelle convergeront de chaque côté les deux branches MBG, Mmx, dans lesquelles il faut remarquer particulièrement le point M où l'ordonnée est un *maximum*, et le point K, où elle est un *minimum*, les abscisses de ces points étant à peu près $t=0.29885$ et $t=-0.89647$.

La courbe dont nous venons de déterminer les points principaux, et une courbe de même nature qu'on décrirait par l'équation (30), en changeant le signe de m, sont destinées à représenter toutes les solutions réelles dont l'équation (3) est susceptible dans le système de $\mu=3$.

En effet, si l'on prend à volonté une valeur de l'ordonnée c comprise entre le *minimum* Kk et le *maximum* Mm, la droite PQR parallèle à l'axe, menée à la distance c, rencontrera la courbe en trois points P, Q, R; si la distance c est moindre que A$a=1$, les abscisses de ces trois points seront l'une positives, $t=\alpha$, les deux autres négatives, $t=-\beta$, $t=-\gamma$, et l'équation des fonctions sera

$$\psi'\gamma+\psi'\beta-\psi\alpha=\text{C}.$$

Si la distance c est plus grande que Aa, il y aura toujours trois intersections; mais deux seront dans le sens positif $t=\alpha$, $t=\beta$, et une dans le sens négatif, où l'on aura $t=-\gamma$; alors on aura l'équation

$$\psi'\gamma-\psi\beta-\psi\alpha=\text{C}.$$

L'étendue des solutions réelles dépend, comme on voit, de la position des points M et K; c'est pourquoi il importe de déterminer ces points avec toute la précision nécessaire. Et d'abord, en vertu de la condition $\frac{dc}{dt}=0$, commune aux deux points M et K, on aura l'équation

$$0=t^4-(m-1)\,t^3+(m+1)\,t^2+(m+1)\,t-m+1,$$

dont une racine positive donnera l'abscisse du point M, et une racine négative celle du point K. Mais comme on a plusieurs élémens à déterminer dans chaque cas, il convient de considérer les choses sous un autre point de vue.

L'équation entre t et c, qui n'est autre chose que l'équation (30), peut se mettre sous la forme

$$o = t^3 + t^2\left(\frac{m-1}{2} + c\right) - t\left(\frac{m-1}{2}c + \frac{m-1}{2}\right) + c - 1.$$

Appelons α l'abscisse du point M, et $-\mathcal{C}$ celle du point U, situé sur la même parallèle à l'axe que le point M; cette équation devra être identique avec l'équation $o = (t-\alpha)^2(t+\mathcal{C})$; ainsi on aura ces trois équations pour déterminer c, α, $\mathcal{C}$,

$$\mathcal{C} - 2\alpha = \frac{m-1}{2} + c = \text{A},$$

$$2\alpha\mathcal{C} - \alpha^2 = \frac{m-1}{2}c + \frac{m-1}{2} = \text{B},$$

$$\alpha^2\mathcal{C} = c - 1 = \text{C}.$$

300. Supposons, pour première hypothèse, $\text{C} = 1.21910\ 2$, on trouvera

$$\text{A} = 1.83713\ 59887\ 5,$$
$$\text{B} = 1.37148\ 04605\ 03;$$

et comme les deux premières équations donnent

$$\alpha = -\frac{\text{A}}{3} \pm \sqrt{\left(\frac{\text{A}^2}{9} + \frac{\text{B}}{3}\right)},$$

on en tire

$$\alpha = 0.29985\ 36431\ 855,$$
$$\mathcal{C} = 2\alpha + \text{A} = 2.43684\ 32751\ 21.$$

On a ensuite la troisième équation $\alpha^2\mathcal{C} = c - 1$, qui donne une seconde valeur de $\mathcal{C}$ que nous désignerons par $\mathcal{C}'$, savoir :

$$\mathcal{C}' = \frac{c-1}{\alpha^2} = 2.43684\ 37447\ 916.$$

Il en résulte la différence $\mathcal{C}' - \mathcal{C} = 0.00000\ 04696\ 706$, qu'il faut faire disparaître par une nouvelle hypothèse. Mettons pour cet effet $c(1+\omega)$ à la place de c, nous aurons les incrémens

$$\delta\text{A} = c\omega = \omega(1.21910\ 2),$$
$$\delta\text{B} = \frac{m-1}{2}c\omega = \omega(0.75344\ 64717),$$
$$\delta\text{C} = c\omega = \omega(1.21910\ 2);$$

d'où résulte

$$\delta\mathcal{C} - 2\delta\alpha = \omega(1.21910\ 2),$$
$$(2\mathcal{C} - 2\alpha)\delta\alpha + 2\alpha d\mathcal{C} = \omega(0.75344\ 64717),$$
$$\delta\alpha = \omega(0.00408\ 215),$$
$$\delta\mathcal{C} = \omega(1.22726\ 43).$$

La valeur de β est donc $\beta + \omega(1.22726\ 43)$.

Mais en faisant varier α, β et C dans l'équation $\alpha^2\beta = C$, on en tire une nouvelle valeur de β que nous désignerons par β'', savoir :

$$\beta'' = \beta'\left(1 + \frac{\delta C}{C} - 2\frac{\delta\alpha}{\alpha}\right),$$

ou

$$\beta'' = \beta + 0.00000\ 04696\ 706 + \omega(13.49245\ 4).$$

Égalant cette valeur à la valeur $\beta + \omega(1.22726\ 43)$, on aura pour déterminer ω l'équation

$$0 = 0.00000\ 04696\ 706 + \omega(12.26518\ 97);$$

d'où résulte

$$\omega = -\ 0.00000\ 00382\ 93;$$

donc les valeurs corrigées de c, α et β, sont

$c = 1.21910\ 19533\ 17$,
$\alpha = 0.29985\ 36430\ 323$, $\log\alpha = 9.47690\ 93296\ 094$,
$\beta = 2.43684\ 32281\ 254$, $\log\beta = 0.38682\ 75901\ 818$.

Il faut maintenant calculer les valeurs des fonctions $\psi\alpha$ et $\psi'\beta$.

Calcul de $\psi\alpha$ par la formule (12).

1) α....	9.47690 93296 094		1) $\alpha =$	0.29985 36430 323
α^5....	7.38454 66480 47		2)	6 05723 930
	8.92081 87539 52		3)	600 677
2)	5.78227 47316 08		4)	835
	7.38454 66480 47		$\psi\alpha =$	0.29991 42755 765.
	9.61181 98286			
3)	2.77864 12082 55			
	7.38454 66480 47			
	9.75809 14565			
4)	9.92127 93128			

Calcul de $\psi'\beta$ par la formule (16).

$\frac{1}{\beta} = u$...	9.61317 24098 182		1) $=$	0.17525 37645 652
$u^{\frac{1}{2}}$......	9.80658 62049 091		2) $-$	23 53300 090
$\frac{2}{3}$.......	9.82390 87409 443			0.17501 84345 562
1)	9.24366 73556 716			

	9.24366 73556 716
u^5....	8.06586 20490 91
	9.06214 79067 49
2) —	6.37167 73115 11
	8.06586 20490 91
	9.62727 67796 8
3)	4.06481 61402 8
	8.06586 20490 9
	9.76403 26500 9
4) —	1.89471 08394 6
	8.06586 20490 9
	9.82705 35373 2
5)	9.78762 64258 7

	0.17501 84345 562
3)	11609 570
	95955 132
4) —	78 471
	95876 659
5)	613
6)	— 5
$U =$	0.17501 95877 267
	1.54969 62777 47
$\psi'\beta =$	1.37467 66900 203
$2\psi\alpha =$	0.59982 85511 530
$\psi'\beta - 2\psi\alpha =$	0.77484 81388 673.

On voit par ces valeurs que la constante égale à $\psi'\beta - 2\psi\alpha$ ne diffère de la constante connue $\frac{1}{2}\psi'\frac{1}{0}$ que de six unités décimales du douzième ordre; on a donc exactement, comme nous l'avions annoncé, l'équation

$$\psi'\beta - 2\psi\alpha = \tfrac{1}{2}\psi'\tfrac{1}{0}.$$

301. Il faut maintenant déterminer le point K où l'ordonnée est un *minimum*. Supposons qu'à ce point on ait $t = -\alpha$, et que la parallèle à l'axe menée par le point K rencontre la courbe en un point L dont l'abscisse $t = \beta$, alors il suffira de changer les signes de α et β dans les trois équations qui déterminent le point du *maximum*, et l'on aura pour déterminer le point du *minimum* les équations

$$2\alpha - \beta = \frac{m-1}{2} + c,$$

$$2\alpha\beta - \alpha^2 = \frac{m-1}{2}c + \frac{m-1}{2},$$

$$\alpha^2\beta = 1 - c.$$

Pour cet effet, nous allons nous servir d'une méthode de solution plus simple que celle dont nous avons fait usage pour la question du *maximum*.

Et d'abord il convient d'éliminer c de ces trois équations, ce qui donnera les deux équations à résoudre

$$2\alpha - \beta + \alpha^2\beta = \frac{m+1}{2},$$

$$2\alpha\beta - \alpha^2 - \frac{m-1}{2}(2\alpha - \beta) = m - 2.$$

Supposons qu'on connaisse les deux valeurs approchées $\alpha = 0.89647$, $\beta = 0.89085$, la substitution de ces valeurs donnera

$$2\alpha - \beta + \alpha^2\beta = \frac{m+1}{2} - D, \qquad D' = 0.00000\ 48487\ 5,$$

$$2\alpha\beta - \alpha^2 - \left(\frac{m-1}{2}\right)(2\alpha - \beta) = m - 2 - D', \quad D' = 0.00000\ 81203\ 1.$$

Pour faire disparaître les différences D et D′, nous mettrons $\alpha(1+x)$ à la place de α et $\beta(1+y)$ à la place de β, et il faudra satisfaire aux équations

$$(2\alpha + 2\alpha^2\beta)x - (\beta - \alpha^2\beta)y = D,$$

$$[2\alpha\beta - 2\alpha^2 - (m-1)\alpha]x + \left(2\alpha\beta + \frac{m-1}{2}\beta\right)y = D',$$

qui, en substituant les valeurs numériques, deviennent

$$(3.22481\ 828)\,x - (0.17491\ 086)\,y = D,$$
$$(1.11817\ 418)\,x - (2.14781\ 618)\,y = -D'.$$

On en déduit les deux suivantes,

$$x - (0.05423\ 90)\,y = 0.00000\ 15035\ 7,$$
$$x - (1.92082\ 43)\,y = -0.00000\ 72621\ 2,$$

et enfin

$$x = 0.00000\ 17582\ 8,$$
$$y = 0.00000\ 46961\ 1;$$

de là les valeurs corrigées

$$\alpha = (0.89647)(1+x) = 0.89647\ 15762\ 45,$$
$$\beta = (0.89085)(1+y) = 0.89085\ 41835\ 3;$$

on aura en même temps l'ordonnée *minimum*

$$c = 2\alpha - \beta - \left(\frac{m-1}{2}\right) = 0.28405\ 49802\ 10.$$

Voici maintenant le calcul des deux fonctions $\psi'\alpha$, $\psi\beta$, où l'on remarquera que la précision n'a été portée que jusqu'à la huitième décimale au plus, à cause du peu de convergence des séries employées dans ces calculs.

Calcul de $\psi'\alpha$ par la formule (14).

α	9.95253 65242 655
α^5	9.76268 26213 275
$1+\alpha^5$ ..	0.19838 36178 85
u	9.56429 90034 42
1) $u^{\frac{1}{5}}$ ...	9.91285 98006 884
	9.06694 67896 3
2)	8.54410 55937 6
	9.56429 90034 4
	9.66617 74909 4
3)	7.77458 20881 4
	9.56429 90034 4
	9.79151 52119
4)	7.13039 63034 8
	9.56429 90034 4
	9.84804 24207
5)	6.54273 77276 2
	9.56429 90034 4
	9.88037 38004
6)	5.98741 05314 6
	9.56429 90034 4
	9.90133 52594
7)	5.45304 47743 0
	9.56429 90034 4
	9.91603 59557
8)	4.93337 97334 4
	9.56429 90034 4
	9.92691 93822
9)	4.42459 81190 8.

	4.42459 81190 8
	9.56429 90034 4
	9.93530 27682
10)	3.92419 98907 2
	9.56429 90034 4
	9.94195 93899
11)	3.43045 82840 6
	9.56429 90034 4
	9.94737 32416
12)	2.94213 05291
	9.68892 60
13) etc.	2.63105 65.

1) =	0.81820 06132 83
2)	3500 30262 55
3)	595 08922 68
4)	135 01944 03
5)	34 89295 32
6)	9 71427 81
7)	2 83821 16
8)	85778 75
9)	26582 64
10)	8398 46
11)	2694 38
12)	875 25
13) etc.	427 62
$\psi'\alpha$ =	0.86099 16563 48
$2\psi'\alpha$	1.72198 33126 96.

Calcul de $\psi\beta$ *par la formule* (13).

β	9.94980 66238 228
β^5	9.74903 31191 14
$u = 1 - \beta^5$ ..	9.64237 47208 76
$u^{\frac{1}{2}}$	9.82118 73604 38
0.4	9.60205 99913 28
1)	9.42324 73517 66
u	9.64237 47208 76
	9.42596 87322 72
2)	8.49159 08049 14
	9.64237 47208 76
	9.73239 37598 23
3)	7.86635 92856 13
	9.64237 47208 76
	9.82390 87409 44
4)	7.33264 27474 33
	9.64237 47208 76
	9.86857 91358 6
5)	6.84359 66041 7
	9.64237 47208 8
	9.89512 10573
6)	6.38109 23823 5
	9.64237 47208 7
	9.91272 60760
7)	5.93619 31792 2
	9.64237 47208 8
	9.92526 29659
8)	5.50383 08660
	5.50383 08660
	9.64237 47209
	9.93464 69534
9)	5.08085 25403
	9.64237 47209
	9.94193 54831
10)	4.66516 27443
	9.64237 47209
	9.94776 03819
11)	4.25529 78471
	9.81202 555
12) etc.	4.06732 34.

1) =	0.26500 09017 51
2)	3101 63582 97
3)	735 12177 24
4)	215 10115 71
5)	69 75841 50
6)	24 04874 31
7)	8 63360 51
8)	3 19029 52
9)	1 20462 68
10)	46255 43
11)	18001 05
12) etc.	11676 79
U =	0.30659 54395 22
	1.25373 06248 17
$\psi\beta$ =	0.94713 51852 95.

Il suit de ces calculs qu'on a

$$\psi\beta = 0.94713\ 51852\ 95$$
$$2\psi'\alpha = 1.72198\ 33126\ 96$$
$$2\psi'\alpha - \psi\beta = 0.77484\ 81274\ 01.$$

Comparant le second membre à la constante connue........... $\frac{1}{2}\psi'\frac{1}{0} = 0.77484\ 81388\ 735$, on voit que la différence n'est que d'une unité décimale du huitième ordre, degré de précision qui n'aurait pu être passé qu'en calculant un plus grand nombre de termes des formules (13) et (14). Ainsi l'on doit regarder comme suffisamment établie l'équation

$$2\psi'\alpha - \psi\beta = \tfrac{1}{2}\psi'\tfrac{1}{0}.$$

302. Si nous revenons maintenant à l'art. 299, nous voyons que toute parallèle à l'axe, telle que PQR, menée à une distance c plus petite que $Aa = 1$, donne lieu à trois intersections, dont deux dans le sens négatif et une dans le sens positif, lesquelles satisferont en général à l'équation

$$\psi'\gamma + \psi'\beta - \psi\alpha = \tfrac{1}{2}\psi'\tfrac{1}{0}.$$

En effet, cette équation, appliquée à la parallèle qui passe par le point K, se réduit à l'équation précédente $2\psi'\alpha - \psi\beta = \frac{1}{2}\psi'\frac{1}{0}$. Si la parallèle passe par le point a, on aura $\beta = 0$, et l'équation des fonctions sera simplement

$$\psi'\gamma - \psi\alpha = \tfrac{1}{2}\psi'\tfrac{1}{0}.$$

En effet, dans le cas de $t = 0$ ou $c = 1$, on a (article 298) $p = -1 - \left(\frac{m-1}{2}\right) = -\left(\frac{m+1}{2}\right)$, $q = -(m-1)$, et l'équation à résoudre est $x^2 + \frac{m+1}{2}x - m + 1 = 0$, d'où l'on déduit les deux valeurs $x = \alpha$, $x = -\gamma$, savoir : $x = \mp\left(\frac{m+1}{4}\right) + \frac{1}{4}\sqrt{(18m - 10)}$. Ces valeurs sont comprises dans le tableau de l'art. 254, où l'on trouve l'équation $\psi'\gamma - \psi\alpha = \frac{1}{2}\psi'\frac{1}{0}$ conforme au résultat précédent.

Enfin, lorsque la parallèle PQR s'élève au-dessus du point A, on a deux abscisses positives $x = \alpha$, $x = \beta$, et une abscisse négative $x = -\gamma$, lesquelles donnent l'équation des fonctions $\psi'\gamma - \psi\beta - \psi\alpha = \frac{1}{2}\psi'\frac{1}{0}$, équation qui, au point du *maximum* M, devient $\psi'\gamma - 2\psi\alpha = \frac{1}{2}\psi'\frac{1}{0}$, comme nous l'avons trouvée sous une autre dénomination.

Il suit de tout cela que la même constante $C' = \frac{1}{2}\psi'\frac{1}{0}$ règne dans toute l'étendue de la zone comprise entre les deux parallèles à l'axe qui passent par les points M et K du *maximum* et du *minimum*, mais que l'équation des fonctions subit une légère modification dans le signe d'un de ses termes quand la parallèle passe de la région supérieure de la zone à la partie inférieure.

§ X. *Formules pour la comparaison des mêmes transcendantes, dans les systèmes de $\mu = 6$ et $\mu = 7$. Autres formules résultant d'une seconde manière de partager φx en deux facteurs.*

303. Jusqu'ici nous avons développé quelques-unes des formules relatives à la comparaison des fonctions ψx dans les systèmes de $\mu = 3$, $\mu = 4$ et $\mu = 5$; ces recherches peuvent être continuées à l'infini, mais nous nous bornerons à établir les formules qui se rapportent aux systèmes de $\mu = 6$ et $\mu = 7$, et nous considérerons particulièrement, comme nous l'avons fait jusqu'ici, le cas le plus simple, c'est-à-dire celui où il n'y a que trois transcendantes comprises dans le premier membre de l'équation (3).

Supposons d'abord qu'on ait $\mu = 6$, c'est-à-dire que chaque membre de l'équation (2) soit un polynome en x du sixième degré; il faudra prendre

$$\theta x = c + c_1 x + x^2, \quad \varphi_1 x = 1 + x.\frac{m+1}{2} + x^2,$$

$$\theta_1 x = a + a_1 x, \qquad \varphi_2 x = (1 - x)\left(1 - x.\frac{m-1}{2} + x^2\right),$$

et l'équation (2), à laquelle il faut satisfaire, sera

$$\left.\begin{array}{l}(c + c_1 x + x^2)^2\left(1 + x.\dfrac{m+1}{2} + x^2\right)\\ -(a + a_1 x)^2(1 - x)\left(1 - x.\dfrac{m-1}{2} + x^2\right)\end{array}\right\} = (x - x_1)(x - x_2)\ldots(x - x_6).$$

Puisqu'il y a dans cette équation quatre coefficiens indéterminés a, a_1, c, c_1, il faudra supposer connus quatre termes de la suite x_1, x_2, $x_3 \ldots . x_6$, qui seront désignés par $x = t$, t', t'', t''', et l'on en déduira l'équation $0 = x^2 - px + q$, qui contient les deux autres racines; ces six valeurs de x seront les racines des fonctions ψx ou $\psi' x$, qui composeront le premier membre de l'équation (3).

Soit donc $x = t$, et l'on aura l'équation de condition

$$c + c_1 t + t^2 = (a + a_1 t)\lambda,$$

dans laquelle

$$\lambda = \frac{\sqrt{(1-t^5)}}{1+t\left(\frac{m+1}{2}\right)+t^2}.$$

On aura trois autres équations semblables en mettant successivement t', t'', t''' à la place de t, et, au moyen de ces quatre équations linéaires, on déterminera les quatre coefficiens c, c_1, a, a_1 en fonctions des quantités connues t, t', t'', t'''.

Soit ensuite $(x-t)(x-t')(x-t'')(x-t''')=x^4-Ax^3+Bx^2-Cx+D$; il faudra que la quantité

$$(c+c_1x+x^2)^2\left(1+x.\frac{m+1}{2}+x^2\right)-(a+a_1x)^2\left(1-x.\frac{m+1}{2}+x^2\frac{m+1}{2}-x^3\right),$$

développée suivant les puissances de x, soit identique avec le produit développé

$$x^4 - Ax^3 + Bx^2 - Cx + D)\ (x^2 - px + q);$$

ce qui donnera pour déterminer p et q les deux équations

$$p + A = -\frac{1}{2}(m+1) - 2c_1 - a^2{}_1,$$

$$q + pA + B = 1 + 2c + c^2{}_1 + (m+1)c_1 - \left(\frac{m+1}{2}\right)a^2{}_1 + 2aa_1,$$

l'une des deux pouvant être remplacée par l'équation

$$qD = c^2 - a^2.$$

On connaîtra ainsi les deux fonctions qui doivent se joindre aux quatre fonctions données pour composer le premier membre de l'équation (3).

Ce résultat, pour un même système de quatre racines données t, t', t'', t''', est susceptible de 2^3 ou huit formes différentes; car, à l'exception de la quantité λ, dont le signe est indifférent, puisqu'il est lié à ceux de a et a_1, qu'on peut changer à volonté, les trois autres quantités analogues λ', λ'', λ''', qu'on peut prendre avec le signe + ou avec le signe —, donnent huit combinaisons : on obtiendra donc en général huit solutions, et ce nombre serait doublé si l'on donnait successivement à m les deux valeurs $+\sqrt{5}$ et $-\sqrt{5}$.

304. Telle est la solution générale du problème où l'on prend arbitrairement les quatre quantités t, t', t'', t'''; mais nous nous bornerons à développer le cas le plus simple, celui où de ces quatre quantités trois sont égales à zéro. Alors on a l'équation

$$(c+c_1x+x^2)\left(1+x.\frac{m+1}{2}+x^2\right)-(a+a_1x)\sqrt{(1-x^5)}=0,$$

où l'on peut négliger les x^3, et par conséquent mettre 1 à la place de $\sqrt{(1-x^5)}$; de sorte qu'en égalant à zéro les coefficiens des trois premières puissances x^0, x^1, x^2, on aura trois équations, d'où résulte

$$a = c,$$
$$c_1 = -\left(\frac{m-1}{2}\right)(1-c),$$
$$a_1 = c - \tfrac{1}{2}(m-1).$$

Ces valeurs étant substituées dans l'équation

$$c + c_1t + t^2 = \lambda(a + a_1t),$$

on en tire

$$c = \frac{\frac{m-1}{2}\lambda t - \left(\frac{m-1}{2}\right)t + t^2}{\lambda(1+t) - 1 + \frac{m-1}{2}t}.$$

ou, en faisant passer l'irrationnelle au numérateur,

$$c = \frac{1+(3-m)t-(m-1)t^2 \pm \sqrt{(1-t^5)}}{m-1-(3-m)t-t^2}.$$

Le dénominateur de cette formule s'évanouit pour les deux valeurs de t déjà connues

$$t = -\left(\frac{3-m}{2}\right) + \sqrt{\left(\frac{5-m}{2}\right)} = 0.79360\ 44933 = \alpha,$$
$$t = -\left(\frac{3-m}{2}\right) - \sqrt{\left(\frac{5-m}{2}\right)} = -1.55753\ 65158 = -\beta.$$

Ces valeurs cependant ne rendent pas c infini, car la formule étant écrite ainsi,

$$c + 1 = \frac{m(1-t^2) \pm \sqrt{(1-t^5)}}{m-1-(3-m)t-t^2},$$

on voit que le numérateur $m(1-t^2)\pm\sqrt{(1-t^5)}$, pris avec le signe inférieur, s'évanouit lorsque $t=\alpha$, et qu'avec le signe supérieur il s'évanouit encore lorsque $t=-\beta$, ce qui résulte de l'équation identique

$$(1-t)[(1+t)m+t^2+3t+1][(1+t)m-t^2-3t-1]$$
$$=[m(1-t^2)+\sqrt{(1-t^5)}][m(1-t^2)-\sqrt{(1-t^5)}].$$

On peut donc mettre $c+1$ sous cette forme

$$c+1=\frac{(1-t)\,[(1+t)\,m+1+3t+t^2]}{m\,(1-t^2)\mp\sqrt{(1-t^5)}},$$

et alors pour $t=\alpha$ on aura la valeur

$$c+1=\frac{(1-\alpha)\,[(1+\alpha)\,m+1+3\alpha+\alpha^2]}{m\,(1-\alpha^2)+\sqrt{(1-\alpha^5)}},$$

et pour $t=-\beta$ on aura la valeur

$$c+1=\frac{(1+\beta)\,[(1-\beta)\,m+1-3\beta+\beta^2]}{m\,(1-\beta^2)-\sqrt{(1-\beta^5)}},$$

dans lesquelles le dénominateur ne se réduit pas à zéro. Mais parce que, dans ces deux cas, on a tout-à-la-fois

$$m\sqrt{(1-\alpha^2)}-\sqrt{(1-\alpha^5)}=0$$

et $$m\,(1-\beta^2)+\sqrt{(1+\beta^5)}=0,$$

il est visible que les formules précédentes donnent

$$c+1=\frac{1}{2}+\frac{1+3\alpha+\alpha^2}{2m\,(1+\alpha)},$$

$$c+1=\frac{1}{2}+\frac{1-3\beta+\beta^2}{2m\,(1-\beta)},$$

ou plus simplement

$$c=-\frac{1}{2}+\frac{1+3\alpha+\alpha^2}{2m\,(1+\alpha)}=0,$$

$$c=-\frac{1}{2}+\frac{3\beta-1-\beta^2}{2m\,(\beta-1)}=0.$$

Dans les deux cas on a donc $c=0$, résultat qui se trouve immédiatement, en observant qu'on a

$$[1+(3-m)\,t-(m-1)\,t^2]^2-(1-t^5)=t\,[m-1-(3-m)\,t-t^2]^2.$$

Connaissant le coefficient c pour une valeur donnée $x=t$, on aura les autres coefficiens

$$a=c,\quad c_1=-\left(\frac{m-1}{2}\right)(1-c),\quad a_1=c-\frac{1}{2}\,(m+1);$$

ensuite, l'équation $x^2-px+q=0$ se formera au moyen des coefficiens p et q, dont les valeurs sont

$$p=-t-c^2+(2m-2)\,c+m-3,$$

$$q=-pt+c^2\,(3-m)+(6-2m)\,c-m+1;$$

et l'on aura les deux racines, qui devront se joindre à la racine donnée

$x = t$, pour former les trois fonctions dont la somme est égale au premier membre de l'équation (3).

Exemple. $t = -1$.

On aura alors $c = -1 \pm \sqrt{2}$, ensuite

$$p = -m - 3 \pm 2m\sqrt{2},$$
$$q = 1 - 3m \pm 2m\sqrt{2}.$$

Ces valeurs de p et q sont les mêmes que dans l'art. 252; ainsi l'on parviendra aux mêmes résultats.

Les suppositions $t = 0$, $t = 1$ mèneraient de même à des résultats déjà connus.

305. Passons maintenant aux formules qui doivent avoir lieu dans le système de $\mu = 7$. On pourra alors prendre

$$\theta x = c + c_1 x + c_2 x^2, \quad \varphi_1 x = 1 + x.\frac{m+1}{2} + x^2,$$
$$\theta_1 x = a + a_1 x + x^2, \quad \varphi_2 x = (1 - x)\left(1 - x.\frac{m-1}{2} + x^2\right),$$

et il faudra satisfaire à l'équation

$$\left.\begin{array}{l}(c + c_1 x + c_2 x^2)^2 \left(1 + x.\frac{m+1}{2} + x^2\right) \\ -(a + a_1 x + x^2)^2 \left(1 - x.\frac{m+1}{2} + x^2.\frac{m+1}{2} - x^3\right)\end{array}\right\} = (x - x_1)(x - x_2)\ldots(x - x_7).$$

Pour déterminer les cinq coefficiens c, c_1, c_2, a, a_1, il faudra prendre arbitrairement pour x cinq des termes de la suite x_1, x_2, $x_3 \ldots x_7$. Soit t un de ces termes, on aura l'équation

$$c + c_1 t + c_2 t^2 = (a + a_1 t + t^2)\lambda,$$

dans laquelle

$$\lambda = \frac{\sqrt{(1 - t^7)}}{1 + t.\frac{m+1}{2} + t^2};$$

et, au moyen de cinq équations semblables, on déterminera les cinq coefficiens dont il s'agit. Supposant ensuite que les valeurs prises arbitrairement pour x soient les cinq racines de l'équation $0 = x^5 - Ax^4 + Bx^3 - Cx^2 + Dx - E$, et désignant, à l'ordinaire, par $x^2 - px + q = 0$ l'équation qui contient les deux autres racines, il faudra que le premier membre de l'équation précédente soit identique au produit

$$(x^5 - Ax^4 + Bx^3 - Cx^2 + Dx - E)(x^2 - px + q).$$

40..

De là on tirera les deux équations nécessaires pour déterminer p et q, et l'on connaîtra ainsi l'expression des sept fonctions qui doivent composer le premier membre de l'équation (3).

En général, on pourra obtenir 2^4 solutions par la combinaison des signes des quantités λ, et ce nombre pourra même être porté à 2^5 ou 32 si l'on donne à m les deux valeurs $+\sqrt{5}$ et $-\sqrt{5}$.

306. Le cas le plus simple est celui où quatre des valeurs de x prises arbitrairement seraient égales à zéro; alors le premier membre de notre équation générale devrait se réduire à $x^4(x-t)(x^2-px+q)$. Il faudra donc égaler à zéro les coefficiens des puissances de x inférieures à la quatrième, ce qui donnera les équations nécessaires pour déterminer les quatre coefficiens a, a_1, c_1, c_2 par le moyen du cinquième c.

Mais pour rendre cette détermination la plus simple possible, il faudra établir l'égalité

$$c+c_1x+c_2x^2=(a+a_1x+x^2)\cdot\frac{\sqrt{(1-x^5)}}{1+x\cdot\frac{m+1}{2}+x^2},$$

en développant cette équation, dans la supposition que x est infiniment petit jusqu'aux x^3 inclusivement; cela équivaut à rendre identique l'équation

$$(c+c_1x+c_2x^2)\left(1+x\cdot\frac{m+1}{2}+x^2\right)=a+a_1x+x^2,$$

en négligeant seulement le terme c_2x^4 du premier membre. Par ce moyen, on obtiendra les valeurs

$$a=c,\qquad a_1=1+\frac{m-1}{2}c,$$

$$c_1=1-c,\quad c_2=-\left(\frac{m-1}{2}\right)(1-c),$$

et il ne restera à déterminer que c. Pour cela, il suffira de substituer les valeurs précédentes dans l'équation

$$c+c'_1t+c_2t^2=(a+a_1t+t^2)\lambda,$$

et l'on aura la formule

$$c=\frac{t\lambda(1+t)-t+\frac{m-1}{2}t^2}{1-t+\frac{m-1}{2}t^2-\lambda\left(1+\frac{m-1}{2}t\right)};$$

puis, faisant disparaître l'irrationnelle du dénominateur, on aura plus simplement

$$c = \frac{1 - 2t - \left(\frac{3-m}{2}\right)t^2 \pm \sqrt{(1-t^5)}}{2 - \left(\frac{3-m}{2}\right)t + \frac{m-1}{2}t^2},$$

expression dont le dénominateur ne se réduit à zéro pour aucune valeur de t.

Maintenant, puisque le premier membre de l'équation générale doit se réduire à $x^4(x-t)(x^2-px+q)$, on en tire, pour déterminer p et q, les équations

$$p + t = -2a_1 + \frac{m+1}{2} - (c_1)^2,$$

$$q + pt = 2a + (a_1)^2 - (m+1)a_1 + \frac{m+1}{2} + 2c_1c_2 + \frac{m+1}{2}(c_2)^2,$$

dont les seconds membres peuvent être exprimés en fonctions de c seule, ce qui donnera

$$p + t = -(3-m) - 2c(m-2) - \left(\frac{3-m}{2}\right)c^2,$$

$$q + pt = -(m-1) + 2c(m-1) + (2-m)c^2.$$

Exemple Ier.

Soit $\mu = 1$, on aura $c = -\left(\frac{m-1}{2}\right)$, $p = -\left(\frac{m+1}{2}\right)$, $q = -m+1$, $x = -\left(\frac{m+1}{4}\right) \pm \frac{1}{4}\sqrt{(18m-10)}$, valeurs qui conduisent aux mêmes résultats qu'on a déjà trouvés art. 248.

Exemple II.

307. Soit $t = -1$, on aura $c = \frac{3+m+2\sqrt{2}}{6}$, puis, en appliquant les valeurs numériques,

$$c = 1.34408\ 25170\ 4100,$$

$$c^2 = 1.80655\ 78126\ 1527,$$

$$mc = 3c^2 - 1 - \sqrt{2} = 3.00545\ 98754\ 7272,$$

$$mc^2 = mc + \frac{m+5\sqrt{2}}{9} = 4.03958\ 60742\ 9108,$$

$$p = -1.08856\ 53870\ 5902,$$

$$q = 1.80771\ 88807\ 4388.$$

Mais on voit qu'il est inutile d'aller plus loin; car p^2+4q étant négatif, la solution serait imaginaire. Pour avoir un résultat réel, il faudra changer le signe de $\sqrt{2}$, ce qui donnera les valeurs suivantes :

$$c = \frac{3+m}{6} - \frac{\sqrt{2}}{3} = 0.40127\ 34754\ 58933,$$

$$c^2 = \frac{22+6m}{36} - \frac{\sqrt{2}}{3} - \frac{2m\sqrt{2}}{9} = 0.16102\ 04021\ 06882,$$

$$mc = 3c^2 - 1 + \sqrt{2} = 0.89727\ 47686\ 93741,$$

$$mc^2 = mc + \frac{m-5\sqrt{2}}{9} = 0.36005\ 25648\ 75331,$$

$$\left.\begin{aligned} p = m - 2 + 4c - 2mc \\ + \tfrac{1}{2}mc^2 - \tfrac{3}{2}c^2, \end{aligned}\right\} \qquad p = -0.01489\ 19787\ 7462,$$

$$\left.\begin{aligned} q = p + 1 + 2mc + 2c^2 \\ - m - 2c - mc^2. \end{aligned}\right\} \qquad q = -0.29696\ 91304\ 6636$$

$$\frac{p^2}{4} = 0.00005\ 54427\ 5795$$

$$\frac{p^2}{4} - q = 0.29702\ 45732\ 2431.$$

Cela posé, l'équation $x^2 - px + q = 0$ aura les deux racines $x = \alpha$, $x = -\beta$, dans lesquelles

$$\alpha = 0.53755\ 36190\ 7525,$$

$$\beta = 0.55244\ 55978\ 4987.$$

Suit le calcul des fonctions $\psi\alpha$ et $\psi'\beta$.

Calcul de $\psi\alpha$ par la formule (12).

1) α.....	9.73042 17901 1	3.97747 86808
α^5.....	8.65210 89505 5	8.65210 89506
	8.92081 87539 5	9.82390 87409
2)	7.30334 94946 1	5) 2.45349 63723
	8.65210 89506	8.65210 89505
	9.61181 98286	9.86148 84562
3)	5.56727 82738	6) 0.96709 37790
	8.65210 89505	8.65210 89506
	9.75809 14565	9.88582 30932
4)	3.97747 86808	7) 9.50502 58228.

1)	$= \alpha =$	0.53755 36190 6256
2)		201 07102 6288
3)		3 69214 0964
4)		9494 6439
5)		284 1164
6)		9 2703
7)		3199
8) etc.		114
	$\psi\alpha =$	0.53960 22295 7127.

Calcul de $\psi'\beta$ *par la formule* (12).

1)	β.....	9.74228 95172 4
	β^5....	8.71144 75862
		8.92081 87539 5
2)	—	7.37455 58573 9
		8.71144 75862
		9.61181 98286
3)		5.69782 32721 9
		8.71144 75862
		9.75809 14565
4)	—	4.16736 23149
		8.71144 75862
		9.82390 87409
5)		2.70271 86420
		8.71144 75862
		9.86148 84562
6)	—	1.27565 46844
		8.71144 75862
		9.88582 30932
7)		9.87292 53638

1)	$\beta =$	0.55244 55978 4987
2)	—	236 89497 9812
		0.55007 66480 5175
3)		4 98681 5173
		0.55012 65162 0348
4)	—	14701 5226.
		50460 5122
5)		504 3345
		50964 8467
6)	—	18 8649
		50945 9818
7)		7463
8)	—	284
	$\psi'\beta =$	0.55012 50946 6997
	$\psi\alpha =$	0.53960 22295 7127
	$\psi'1 =$	0.93885 14394 40
		2.02857 87636 812.

On voit que la somme des trois fonctions ne diffère que très peu de la constante connue $\psi 1 + \frac{1}{2}\psi'\frac{1}{0} = 2.02857\ 87636\ 90$; ainsi l'on aura exactement

$$\psi\alpha + \psi'\beta + \psi'1 = \psi 1 + \tfrac{1}{2}\psi'\tfrac{1}{0},$$

et la loi générale est confirmée dans un des cas les plus compliqués du système de $\mu = 7$, comme elle l'a été dans tous les autres exemples relatifs à de moindres valeurs de μ.

Autre série de formules pour la comparaison des mêmes transcendantes.

308. Jusqu'ici les formules que nous avons développées supposent que la fonction $\varphi x = 1 - x^5$ est partagée en deux facteurs, l'un du second degré, l'autre du troisième; mais cette fonction peut aussi être partagée en deux facteurs, l'un du quatrième, l'autre du premier degré, savoir : $\varphi_1 x = 1 + x + x^2 + x^3 + x^4$ et $\varphi_2 x = 1 - x$.

Dans cette nouvelle supposition, on pourra former une autre série infinie de formules correspondantes à toutes les valeurs du nombre μ, au moyen desquelles l'équation (3) offrira la comparaison des fonctions ψx dans une infinité de combinaisons nouvelles. Nous pourrions donc ici recommencer une nouvelle série de calculs qui conduiraient à des résultats analogues à ceux que nous avons déjà obtenus, et qui confirmeraient également toutes les propriétés énoncées dans notre théorie; mais nous nous bornerons à établir les formules qui se rapportent aux deux cas les plus simples, celui de $\mu = 4$ et celui de $\mu = 5$.

309. Dans le premier cas, si l'on prend $\theta x = 1$ et $\theta_1 x = c + c_1 x$, il faudra satisfaire à l'équation

$$(\mathrm{K})\quad 1 + x + x^2 + x^3 + x^4 - (c + c_1 x)^2 (1 - x) = (x - x_1)(x - x_2)(x - x_3)(x - x_4).$$

Soient données les deux valeurs $x = t$, $x = t'$, avec lesquelles on forme le produit $(x - t)(x - t') = x^2 - \mathrm{A}x + \mathrm{B}$, et supposons que les deux autres termes de la série x_1, x_2, x_3, x_4 soient les racines de l'équation $0 = x^2 - px + q$, il faudra que le premier membre de l'équation (K) soit identique avec le produit développé $(x^2 - \mathrm{A}x + \mathrm{B})(x^2 - px + q)$, ce qui donnera les quatre équations de condition

$$\begin{aligned} p + \mathrm{A} &= -1 - c_1^2, \\ q + p\mathrm{A} + \mathrm{B} &= 1 - c_1^2 + 2cc_1, \\ p\mathrm{B} + q\mathrm{A} &= -1 + 2cc_1 - c^2, \\ q\mathrm{B} &= 1 - c^2. \end{aligned}$$

Deux de ces équations peuvent être remplacées par les deux suivantes :

$$c + c_1 t = \lambda = \frac{\sqrt{(1 - t^5)}}{1 - t},$$

$$c + c_1 t' = \lambda' = \frac{\sqrt{(1 - t'^5)}}{1 - t'},$$

qui donneront immédiatement les valeurs des deux coefficiens c et c_1; on prendra ensuite deux autres équations pour déterminer les coefficiens p et q, au moyen desquels on connaîtra les racines α et β, qui doivent être jointes aux racines données $x = t$, $x = t'$: on connaîtra ainsi les quatre fonctions qui doivent composer le premier membre de l'équation (3).

Le cas le plus simple est celui où l'une des données t et t' est nulle; soit alors $t' = 0$, on aura $c + c_1 t = \lambda$ et $c = 1$, ce qui donne $c_1 = \frac{\lambda - 1}{t}$. Dans ce cas, on a $B = 0$, $A = t$, et les équations pour déterminer p et q sont

$$p = -t - 1 - c_1^2,$$
$$q = -pt + 1 + 2c_1 - c_1^2.$$

Quant à la valeur de t, on peut la prendre à volonté, excepté $t = 1$, parce que le premier membre de l'équation (K) ne peut jamais être divisible par $x - 1$.

Exemple.

310. Supposant $t = -1$, et prenant la valeur de λ négative, savoir, $\lambda = -\frac{1}{2}\sqrt{2}$, on aura $c_1 = 1 + \frac{1}{2}\sqrt{2}$, $p = -\frac{3}{2} - \sqrt{2}$ et $q = -\sqrt{2}$. L'équation à résoudre sera donc

$$x^2 + x\left(\frac{3}{2} + \sqrt{2}\right) = \sqrt{2};$$

on en tire les deux valeurs $x = \alpha$, $x = -\beta$, savoir :

$$\alpha = -\frac{3}{4} - \frac{1}{2}\sqrt{2} + \sqrt{\left(\frac{17}{16} + \frac{7}{4}\sqrt{2}\right)} = 0.42368\ 39392\ 6907,$$
$$\beta = \frac{3}{4} + \frac{1}{2}\sqrt{2} + \sqrt{\left(\frac{17}{16} + \frac{7}{4}\sqrt{2}\right)} = 3.33789\ 75016\ 4217.$$

Calcul de $\psi\alpha$ par la formule (12).

1) α. . . . 9.62704 20014 672
α^5. . . . 8.13521 00073 36
8.92081 87539 5

2) 6.68307 07627 53
8.13521 00073 36
9.61181 98286

3) 4.43010 05986 9
8.13521 00073 4
9.75809 14565

4) 2.32340 20625 3
8.13521 00073 4
9.82390 87409

5) 0.28252 08107 7
8.13521 00073 4
9.86148 84562

6) 8.27921 92743.

1) $= \alpha =$ 0.42368 39392 6907
2) 48 20263 3127
3) 26921 5834
4) 210 5727
5) 11 9166
6) 190

$\psi\alpha =$ 0.42416 86790 0951.

Calcul de $\psi'\beta$ par la formule (16).

β.......	0.52347 29963 648
u.......	9.47652 70036 352
$u^{\frac{1}{3}}$......	9.73826 35018 176
	9.82390 87409 443
1)	9.03869 92463 971
u^5.......	7.38263 50181 76
	9.06214 79067 49
2) —	5.48348 21713 22
	7.38263 50181 76
	9.62727 67796 81
3)	2.49339 39691 8
	7.38263 50181 8
	9.76403 26500 9
4) —	89.64006 16374 5
	7.38263 502
	9.82705 354
5)	86.84975 02

1) =	0.10931 99051 9690
2) —	3 04426 3014
	0.10928 94625 6676
3)	311 4540
	94937 1216
4) —	4366
5) +	7
U =	0.10928 94936 6857
	1.54969 62777 47
$\psi'\beta$ =	1.44040 67840 7843
$\psi\alpha$ =	0.42416 86790 0951
	1.86457 54630 8794
$\psi'1$ =	0.93885 14394 40
C =	2.80342 69025 28
$\psi 1$ =	1.25373 06248 17
$\psi'\frac{1}{0}$ =	1.54969 62777 47
$\psi 1 + \psi'\frac{1}{0}$ =	2.80342 69025 64.

On voit que la somme des trois fonctions $\psi\alpha + \psi'\beta + \psi'1$ diffère très peu de la constante $\psi 1 + \psi'\frac{1}{0}$, qui ne s'est pas encore présentée dans les calculs précédens; ainsi l'on devra avoir exactement

$$\psi\alpha + \psi'\beta + \psi'1 = \psi 1 + \psi'\tfrac{1}{0}.$$

311. Telles sont les formules qui s'appliquent au cas de $\mu = 4$. Voici maintenant celles qui s'appliqueraient au cas de $\mu = 5$:

$$(L)\left\{\begin{array}{c} a^2(1+x+x^2+x^3+x^4) \\ -(c+c_1x+x^2)^2(1-x) \end{array}\right\} = (x-x_1)(x-x_2)\ldots.(x-x_5).$$

Soit t une valeur donnée de x prise dans la suite x_1, x_2, x_3, x_4, x_5, on aura l'équation

$$c + c_1t + t^2 = a\lambda,\quad \lambda = \frac{\sqrt{(1-t^5)}}{1-t};$$

deux autres équations semblables répondraient à deux autres valeurs $x=t'$, $x=t''$, et, par le moyen de ces trois équations, on déterminera les valeurs des coefficiens c, c_1, a. Si ensuite on représente par $x^3 - Ax^2 + Bx - C = 0$ l'équation qui a pour racines les trois valeurs données $x=t$, $x=t'$, $x=t''$, et par $x^2 - px + q = 0$ l'équation qui a pour racines les deux autres termes de la suite x_1, x_2, x_3, x_4, x_5, il faudra que le premier membre de l'équation précédente soit identique avec le produit développé

$$(x^3 - Ax^2 + Bx - C)(x^2 - px + q).$$

Ainsi l'on aura pour déterminer p et q les équations

$$p + A = 1 - 2c_1 - a^2,$$
$$q + pA + B = 2c + c^2_1 - 2c_1 + a^2,$$

et l'on connaîtra les racines des cinq fonctions qui composent le premier terme de l'équation (3).

312. Le cas le plus simple est celui où deux des trois valeurs données de x sont nulles; alors ces données t' et t'' étant désignées par la quantité ω, supposée infiniment petite, il faudra que l'équation

$$c + c_1\omega + \omega^2 = \frac{a\sqrt{(1-\omega^5)}}{1-\omega},$$

dans laquelle on négligera les ω^2, devienne identique. Cette équation se réduit à $c + c_1\omega = a(1+\omega)$; elle donne par conséquent $a = c = c_1$, valeurs qui, étant substituées dans l'équation $c + c_1t + t^2 = a\lambda$, donnent

$$c = c_1 = a = \frac{t^2}{\lambda - t - 1} = \frac{1 - t^2 \pm \sqrt{(1-t^5)}}{t^2 + 2t + 2};$$

ensuite on aura

$$p = -t + 1 - 2c - c^2_1,$$
$$q = -pt + 2c^2.$$

Exemple.

313. Soit $t = -1$, on aura $c = \pm\sqrt{2}$; prenant $c = \sqrt{2}$, il en résultera $p = -2\sqrt{2}$, $q = 4 - 2\sqrt{2}$, et l'équation à résoudre sera

$$x^2 + 2x\sqrt{2} = 2\sqrt{2} - 4;$$

on en tire les deux racines négatives $x = -\alpha$, $x = -\beta$, dont les valeurs sont

$$\alpha = 0.50403\ 38412\ 4863,$$
$$\beta = 2.32439\ 32834\ 9755.$$

Il faut maintenant calculer les deux fonctions $\psi'\alpha$, $\psi'\beta$, qui doivent être jointes à la fonction donnée $\psi'1$ pour composer le premier membre de l'équation (3).

Calcul de $\psi'\alpha$ par la formule (12).

1) α....	9.70245 96963 148
α^5...	8.51229 84815 74
	8.92081 87539 5
2) —	7.13557 69318 39
	8.51229 84815 74
	9.61181 98286
3)	5.25969 52420 1
	8.51229 84815 7
	9.75809 14565
4) —	3.53098 51800 8
	8.51229 84815 7
	9.82390 87409
5)	1.86629 24025 5
	8.51229 84815 7
	9.86148 84562
6) —	0.24007 93403 2

1) =	0.50403 38412 4863
2) —	136 63971 0071
	0.50266 74441 4792
3)	1 81842 4366
	0.50268 56283 9158
4) —	3389 1062
	52894 8096
5)	73 5009
	52968 3105
6) —	1 7381
7)	402
$\psi'\alpha$ =	0.50268 52966 6126.

Calcul de $\psi'\beta$ par la formule (16).

β......	0.36630 96118 432
u......	9.63369 03881 568
$u^{\frac{1}{2}}$.....	9.81684 51940 784
$\frac{2}{3}$......	9.82390 87409 443
1)	9.27444 43231 795

	9.27444 43231 795
u^5.....	8.16845 19407 84
	9.06214 79067 49
2) —	6.50504 41707 12

	6.50504 41707 12
	8.16845 19407 84
	9.62727 67796 81
3)	4.30077 28911 77
	8.16845 17407 84
	9.76403 26500 9
4) —	2.23325 74820 5
	8.16845 19407 8
	9.82705 35373 2
5)	0.22876 29601 5
	8.16845 17407 8
	9.86343 50954
6) —	8.26064 99963 3

1) =	0.18812 40514 5636
2) —	31 99220 4758
	0.18780 41294 0878
3)	19988 1634
	61282 2512
4) —	171 1029
	61111 1483
5)	1 6934
6) —	182
U =	0.18780 61112 8235
	1.54969 62777 47
$\psi'\beta$ =	1.36189 01664 6465
$\psi'\alpha$ =	0.50268 52966 6126
$\psi'1$ =	0.93885 14394 40
	2.80342 69025 659.

On voit que la somme des trois fonctions $\psi'\alpha + \psi'\beta + \psi'1$ est égale à une constante qui coïncide presque entièrement avec la constante connue $\psi 1 + \psi' \frac{1}{0} = 2.80342\ 69025\ 64$; ainsi l'on aura exactement

$$\psi'\alpha + \psi'\beta + \psi'1 = \psi 1 + \psi' \tfrac{1}{0}.$$

314. Après tant d'exemples calculés avec beaucoup de précision pour différentes manières de partager la fonction $\varphi x = 1 - x^5$ en deux facteurs, et pour tout nombre de termes admis dans le premier membre de l'équation (3), depuis trois ou même deux jusqu'à μ, μ pouvant être aussi grand qu'on voudra, on voit que les résultats ont été constamment conformes à la théorie que nous avons développée dans plusieurs points principaux. Nous nous sommes attachés particulièrement à la plus simple des fonctions ψx représentée sous les deux formes $\psi x = \int \frac{dx}{\sqrt{(1 - x^5)}}$ et $\psi' x = \int \frac{dx}{\sqrt{(1 + x^5)}}$, et nous avons prouvé que la somme de plusieurs fonctions semblables, prises avec des signes que l'on peut faire varier de toutes les manières possibles, est égale à une constante qui se compose toujours exactement des fonctions complètes $\psi 1$, $\psi' \frac{1}{0}$, qui sont des transcendantes d'un ordre inférieur. Nous avons fait voir ensuite com-

ment des fonctions de la première espèce on peut passer successivement aux fonctions plus composées comprises dans la formule générale $\psi x = \int \frac{fxdx}{(x-\alpha)\sqrt{(\varphi x)}}$, et quelles sont les propriétés nouvelles que l'on obtient constamment dans la comparaison de ces dernières fonctions. Le sujet de ces recherches est des plus vastes, et nous n'avons pu que l'ébaucher fort imparfaitement; mais nous en avons dit assez pour que la théorie des nouvelles transcendantes que nous appelons *ultra-elliptiques* puisse être regardée maintenant comme établie sur les fondemens les plus solides. M. Abel, enlevé aux sciences avant l'âge de 27 ans, avait fait preuve d'un génie extraordinaire dans les savans Mémoires où il avait perfectionné si notablement la théorie des fonctions elliptiques; mais la profondeur de ses conceptions nous paraît encore plus fortement empreinte dans le beau théorème qui donne naissance à une théorie beaucoup plus étendue que celle des fonctions elliptiques, et dont il n'existait aucune trace avant lui.

§ XI. *Exemple du calcul de deux fonctions imaginaires.*

315. On a trouvé ci-dessus (248) qu'en supposant $t = 0$ et $c = 0$, les deux auxiliaires qui doivent se joindre à la valeur donnée $t = 0$, pour former le premier membre de l'équation (3), sont les racines de l'équation

$$x^2 - \left(\frac{m-1}{2}\right)x + m + 1 = 0.$$

Ces racines étant imaginaires, nous les représenterons à l'ordinaire par la formule

$$x = r(\cos\theta \pm \sqrt{-1}\sin\theta),$$

et nous nous proposons de calculer les fonctions correspondantes, ou seulement leur somme, qui sera une quantité réelle.

Voici d'abord les élémens du calcul :

$$r = \sqrt{(m+1)} = 1.79890\ 74399\ 478,$$

$$\log r = 0.25500\ 88179\ 56965,$$

$$\cos\theta = \frac{m-1}{4\sqrt{(m+1)}} = \sqrt{\left(\frac{m-2}{8}\right)}, \quad \text{l.}\cos\theta = 9.23497\ 35461\ 29104,$$

$$\theta = 80^\circ\, 6'\, 31'',1401128.$$

316. Considérons r comme seule variable dans la valeur..........
$x = r(\cos\theta + \sqrt{-1}\sin\theta)$, nous aurons, par la substitution,

$$\frac{dx}{\sqrt{(1-x^5)}} = \frac{dr(\cos\theta + \sqrt{-1}\sin\theta)}{\sqrt{(1 - r^5\cos 5\theta - r^5\sin 5\theta.\sqrt{-1})}};$$

faisons ensuite, pour simplifier cette formule,

$$\alpha = 5\theta - 2\pi = 40^\circ\, 32'\, 35'',70056\, 4,$$

$$1 - r^5\cos\alpha = \rho^2\cos 2\varphi, \qquad \operatorname{tang} 2\varphi = \frac{r^5\sin\alpha}{1 - r^5\cos\alpha},$$
$$r^5\sin\alpha = \rho^2\sin 2\varphi,$$

et le second membre de l'équation précédente deviendra

$$\frac{dr(\cos\theta + \sqrt{-1}\sin\theta)}{\rho(\cos\varphi - \sqrt{-1}\sin\varphi)} = \frac{dr}{\rho}[\cos(\theta+\varphi) + \sqrt{-1}\sin(\theta+\varphi)].$$

Changeant le signe de $\sqrt{-1}$, et ajoutant les deux résultats, on voit que la somme des deux fonctions ψx correspondantes aux deux valeurs imaginaires de x, donnera l'intégrale réelle

$$\int\frac{2dr}{\rho}\cos(\theta+\varphi),$$

où les quantités φ et ρ sont censées des fonctions de r; cette intégrale, d'ailleurs, devra être prise depuis $r = 0$ jusqu'à $r = \sqrt{(m+1)}$.

Ainsi, tout se réduit à chercher dans les limites désignées l'intégrale $\int ydr$, dans laquelle l'ordonnée $y = \frac{2\cos(\theta+\varphi)}{\rho}$, ou

$$y = \frac{2}{\sqrt{(\sin\alpha)}}\cos(\theta+\varphi)\sqrt{[\sin(\alpha+2\varphi)]},$$

et préalablement l'angle φ se déduira de r au moyen de l'équation

$$\operatorname{tang} 2\varphi = \frac{\sin\alpha}{\frac{1}{r^5} - \cos\alpha},$$

où l'on a

$$\log\sin\alpha = 9.81292\ 79630,$$
$$\log\cos\alpha = 9.88076\ 53016,$$
$$\cos\alpha = 0.75991\ 55082.$$

317. Pour résoudre ce problème de quadrature, il faut d'abord prendre une idée de la figure de la courbe dont r est l'abscisse et y l'ordonnée. (*Voyez* fig. 5.)

A l'origine des abscisses, où $r = 0$, on a $\varphi = 0$, et l'ordonnée

$y = 2\cos\theta = 0.34356\ 07498 = AE$. L'ordonnée décroît ensuite lentement jusqu'au point B, où elle est nulle ; alors on a

$$\theta + \varphi = \tfrac{1}{2}\pi, \quad \varphi = \tfrac{1}{2}\pi - \theta = 9^\circ\, 53'\, 28''\, 85988\ 72.$$

Quant à l'abscisse correspondante $r = AB$, elle se déduit de l'équation $r^5 = \frac{\sin 2\varphi}{\sin(\alpha + 2\varphi)}$, et l'on a

$$r = AB = 0.82815\ 25407.$$

Au-delà du point B l'ordonnée devient négative ; elle parvient bientôt à son *maximum* au point M, où l'on a $\alpha + \theta + 3\varphi = \frac{3}{2}\pi$, et par conséquent

$$\varphi = 49^\circ\, 46'\, 57'',71977\ 44.$$

Cette ordonnée *maximum* $y = -\frac{2}{\sqrt{(\sin\alpha)}}[\cos(\theta - 30^\circ)]^{\frac{1}{2}}$, savoir, $MP = 1.27406\ 18382$; enfin, l'abscisse correspondante.......... $AP = 1.08985\ 08389\ 5$.

Depuis le point M l'ordonnée décroît continuellement, et la branche de courbe MD s'approche rapidement de l'axe AC, qui en est l'asymptote. Au point C, qui est la limite de notre intégrale, l'abscisse $AC = \sqrt{(m+1)} = 1.79890\ 744$; on a alors $\varphi = 68^\circ\, 41'\, 55'',56457\ 5$ et $y = -0.40224\ 79444$: c'est la valeur de la dernière ordonnée CD.

On voit maintenant que dans l'aire que nous avons à déterminer il y a une partie positive et une partie négative, qu'il faudra calculer séparément.

Les formules ordinaires des quadratures ne s'appliquent qu'avec peu de succès à une figure aussi irrégulière que celle de notre courbe ; aussi nous ne donnons que comme une médiocre approximation le résultat des calculs suivans.

Ayant divisé en six parties égales la base BC de la partie négative, nous appellerons ω chacune de ces parties, dont la valeur est..... $\omega = 0.16179\ 24832$; le même intervalle étant porté quatre fois sur la base AB de la partie positive, on parvient au point I, où le reste de la base $A_1 = 0.18098\ 25504$. Cela posé, les formules précédentes donnent la valeur des ordonnées correspondantes aux différens points de division de la base comme il suit :

r	y
0.00000 00000	0.34356 075
0.18098 26079	0.34346 174
0.34277 50336	0.34090 274
0.50456 75168	0.32610 783
0.66636 00000	0.26293 667
0.82815 25407	0.00000 000
0.98994 50239	— 0.95009 624
1.15173 75071	— 1.21077 103
1.31352 99903	— 0.90225 788
1.47532 24735	— 0.66914 990
1.63711 49567	— 0.51176 426
1.79890 74399	— 0.40224 794

Par ces valeurs, on trouvera que le trapèze dont la base est $1B = 4\omega$ a pour valeur $\omega \int y$, $\int y$ désignant la somme des trois ordonnées intermédiaires et de la demi-somme des extrêmes, dont l'une $= 0$. Ce produit.. $=$ 0.17824 324

On y joindra le premier trapèze A11E............. $=$ 0.06216 956

et l'on aura l'aire positive.............................. 0.24041 28

A l'égard de la partie négative, sa valeur est........ $-$ 0.71919 40

Somme des deux....... $-$ 0.47878 12.

Telle est donc la valeur approchée de l'aire qui représente la somme des deux fonctions imaginaires proposées.

318. Nous avons dit que le calcul dirigé par la méthode ordinaire des quadratures ne pouvait donner qu'une médiocre approximation, à moins qu'on ne calculât un beaucoup plus grand nombre d'ordonnées, ce qui deviendrait très pénible; mais heureusement la question peut être résolue beaucoup plus simplement en n'employant que les formules propres aux fonctions ψx.

Puisque dans la valeur $x = r(\cos\theta + \sqrt{-1}\sin\theta)$ le module r égal à $\sqrt{(m+1)}$ est plus grand que l'unité, il convient de mettre $-x$ à la place de x, en faisant

$$x = r(\cos\theta' - \sqrt{-1}\sin\theta'),$$
$$\theta' = \pi - \theta = 99^\circ\, 53'\, 28'',85988\,72;$$

alors la fonction $\psi x = \int \frac{dx}{\sqrt{(1-x^5)}}$ deviendra $\int \frac{-dx}{\sqrt{(1+x^5)}}$, et la valeur de cette intégrale, qui suppose $x > 1$, se trouvera par la formule (16), où l'on devra faire

$$u = \frac{1}{x} = \frac{1}{r}(\cos\theta' + \sqrt{-1}\sin\theta').$$

La substitution faite dans chaque terme de la valeur de $-$U donnera une partie réelle et une partie imaginaire, et, parce que la seconde valeur de x donnerait pour chaque terme de $-$U la même partie réelle et la même partie imaginaire avec un signe différent, il s'ensuit qu'en ajoutant les deux fonctions correspondantes on aura une somme totale qui sera de la forme

$$\frac{4}{3}r^{-\frac{3}{2}}\cos\frac{3}{2}\theta' - \text{P(A)}\,r^{-5}\cos\frac{13}{2}\theta' + \text{P(A}')\,r^{-5}\cos\frac{23}{2}\theta'$$
$$- \text{P(A}'')\,r^{-5}\cos\frac{33}{2}\theta' + \text{etc.},$$

où l'on voit que les logarithmes désignés par (A), (A′), (A″), etc., sont ceux qu'offre la formule (16); de sorte que cette dernière formule, adaptée à nos deux racines imaginaires, ne diffère de la formule ordinaire que par les facteurs $2\cos\frac{3}{2}\theta'$, $2\cos\frac{13}{2}\theta'$, $2\cos\frac{23}{2}\theta'$, etc., affectés aux différens termes de la série. Voici maintenant le calcul détaillé de ces termes :

Angles dont les cosinus servent de facteurs aux différens termes de la formule.

θ'	=	99° 53′ 28″85988 72	
$\frac{1}{2}\theta'$		49.56.44,42994 36	
$\frac{3}{2}\theta'$	=	149.50.13,28983 08	(1)
$5\theta'$		139.27.24,29943 6	
$\frac{13}{2}\theta'$	=	289.17.37,58926 68	(2)
		139.27.24,29943 6	
$\frac{23}{2}\theta'$	=	68.45. 1,88870 28	(3)
		139.27.24,29943 6	
$\frac{33}{2}\theta'$	=	208.12.26,18813 88	(4)
		139.27.24,29943 6	
$\frac{43}{2}\theta'$	=	347.39.50,48757 48	(5)
		139.27.24,29943 6	
$\frac{53}{2}\theta'$	=	127. 7.14,78701 08	(6).

r^{-1}	9.74499 11820 4		
$r^{-\frac{1}{2}}$	9.87249 55910 2		
$\frac{4}{3}$	0.12493 87366 1		
	9.74242 55096 7		9.74242 55096 7
r^{-5}	8.72495 59102	$-\cos\frac{3}{2}\theta'$ ..	9.93681 50688
	9.06214 79067 5	1) $-$	9.67924 05784 7
	7.52952 93266 2		7.52952 93266 2
	8.72495 59102	$\cos\frac{13}{2}\theta'$ ..	9.51905 56098 5
	9.62727 67796 8	2) $-$	7.04858 49364 7
	5.88176 20165		5.88176 20165
	8.72495 59102	$\cos\frac{23}{2}\theta'$ ..	9.55922 35449
	9.76403 26501	3) $+$	5.44098 55614
	4.37075 05768		4.37075 05768
	8.72495 59102	$-\cos\frac{33}{2}\theta'$ ..	9.94509 59084
	9.82705 55373	4) $+$	4.31584 64852
	2.92276 00243		2.92276 00243
	8.72495 59102	$\cos\frac{43}{2}\theta'$ ..	9.98985 52760
	9.86343 50954	5) $+$	2.91261 53003
	1.51115 10299		1.51115 10299
		$-\cos\frac{53}{2}\theta'$ ..	9.78067 52121
		6) $+$	1.29182 62420.

1) =	$-$	0.47779 38754 3
2)	$-$	111 83685 3
	$-$	0.47891 22439 6
3)	$+$	2 76048 6
	$-$	0.47888 46391 0
4)	$+$	20694 1
		25696 9
5)	$+$	817 7
		24879 2
6)	$+$	19 6
	$-$	0.47888 24859 6.

On voit que la somme des deux fonctions imaginaires calculées immédiatement par la formule (16) est — 0.47888 24859 6, résultat qui ne diffère de celui qu'on a obtenu par les quadratures que d'une unité décimale du quatrième ordre, et nous ne devions pas attendre une plus grande précision du premier calcul fait sur un assez petit nombre d'ordonnées. Ce second résultat est fort approché de la constante connue $\psi 1 - \frac{1}{2}\psi'\frac{1}{0} = 0.47888\ 24859\ 435$, et l'on doit même être étonné que l'approximation soit aussi grande, malgré les difficultés de ce calcul; on aura donc exactement

$$\left.\begin{array}{r}\psi[r(\cos\theta + \sqrt{-1}\sin\theta)]\\ +\psi[r(\cos\theta - \sqrt{-1}\sin\theta)]\end{array}\right\} = -\psi 1 + \tfrac{1}{2}\psi'\tfrac{1}{0}.$$

319. Il résulte de ce seul exemple que les fonctions dont les racines sont imaginaires peuvent être calculées par les mêmes formules que les fonctions dont les racines sont réelles; il n'y a donc pas lieu d'exclure, comme nous l'avons fait dans les recherches précédentes, les solutions dans lesquelles il se rencontre un ou plusieurs couples de racines imaginaires, et l'on trouvera dans tous les cas que la somme des fonctions tant réelles qu'imaginaires, s'exprime toujours par une quantité réelle dont la forme est donnée par celle du second membre de l'équation (3); et, par cette propriété, la théorie que nous avons développée acquiert une beaucoup plus grande extension.

§ XII. *De la transcendante* $\psi x = \int \frac{dx}{\sqrt{[x(1-x^2)(1-k^2x^2)]}}$.

320. Cette transcendante appartient à la seconde classe, puisque 5 est le plus haut exposant de x dans le polynome compris sous le radical, et elle fait partie de la première espèce, ou plutôt elle est la plus simple des fonctions de la première espèce dans cette classe ; elle jouira donc de la propriété en vertu de laquelle étant données $\mu - 2$ valeurs particulières de x, on pourra par leur moyen en déterminer deux autres, de manière que les μ fonctions qui en résultent satisfassent à l'équation (3), c'est-à-dire que la somme de ces μ fonctions, prises avec les signes convenables, sera égale à une constante déterminée.

Mais ce qui est surtout digne de remarque, c'est que la transcendante dont il s'agit, quoique appartenant à la seconde classe, est généralement réductible à la première, en supposant $k < 1$; on fera voir, en effet, qu'elle peut toujours s'exprimer par deux fonctions elliptiques de la première espèce : considérée sous ce double rapport, cette transcendante mérite d'être examinée avec soin, parce qu'elle peut conduire à de nouvelles propriétés des fonctions elliptiques.

Nous observerons d'abord que la transcendante ψx peut, sans cesser d'être réelle, prendre trois formes différentes. La première, qui continuera d'être désignée par ψx, s'étend depuis $x = 0$ jusqu'à $x = 1$.

La seconde, désignée par $\psi' x$, suppose qu'on a changé x en $-x$; de sorte que $\psi' x$ représente une nouvelle intégrale $\int \frac{dx}{\sqrt{[x(x^2-1)(1-k^2x^2)]}}$, qui s'étend depuis $x = 1$ jusqu'à $x = \frac{1}{k}$.

Enfin, la troisième, désignée par $\psi'' x$, suppose que la variable x est positive, et qu'elle s'étend depuis $x = \frac{1}{k}$ jusqu'à $x = \frac{1}{0}$; on a dans ce cas

$$\psi'' x = \int \frac{dx}{\sqrt{[x(x^2-1)(k^2x^2-1)]}}.$$

Il n'y a pas d'autre hypothèse qui rende réelle l'intégrale primitive ψx, tant qu'on suppose le module k plus petit que l'unité.

Faisons voir maintenant comment notre transcendante sous ces trois formes peut être exprimée par deux fonctions elliptiques. Le procédé que nous suivrons pour cet effet est le même dont nous avons déjà fait usage dans l'art. 149 du tome Ier.

Première forme, $\psi x = \int \frac{x^{-\frac{1}{2}} dx}{\sqrt{[(1-x^2)(1-k^2x^2)]}}$.

Limites $x = 0, \quad x = 1.$

321. Le polynome sous le radical étant $1-(1+k^2)x^2+k^2x^4$, nous supposerons $1+x^2=px$, p étant une nouvelle variable, d'où nous déduirons successivement

$$1+k^2x^4 = (p^2-2k)x^2,$$
$$(1-x^2)(1-k^2x^2) = x^2[p^2-(1+k)^2],$$
$$\frac{x^{-\frac{1}{2}}dx}{\sqrt{[(1-x^2)(1-k^2x^2)]}} = \frac{x^{-\frac{3}{2}}dx}{\sqrt{[p^2-(1+k)^2]}},$$
$$1+k^{\frac{1}{2}}x = x^{\frac{1}{2}}\sqrt{(p+2k^{\frac{1}{2}})},$$
$$1-k^{\frac{1}{2}}x = x^{\frac{1}{2}}\sqrt{(p-2k^{\frac{1}{2}})},$$
$$x^{-\frac{1}{2}} = \frac{1}{2}\sqrt{(p+2k^{\frac{1}{2}})}+\frac{1}{2}\sqrt{(p-2k^{\frac{1}{2}})},$$
$$x^{-\frac{3}{2}}dx = -\frac{1}{2}\cdot\frac{dp}{\sqrt{(p+2k^{\frac{1}{2}})}} - \frac{1}{2}\cdot\frac{dp}{\sqrt{(p-2k^{\frac{1}{2}})}};$$

donc

$$\psi x = -\frac{1}{2}\int\frac{dp}{\sqrt{(p+2k^{\frac{1}{2}})}\sqrt{[p^2-(1+k)^2]}} - \frac{1}{2}\int\frac{dp}{\sqrt{(p-2k^{\frac{1}{2}})}\sqrt{[p^2-(1+k)^2]}}.$$

Les deux nouvelles intégrales qui composent la valeur de ψx ne différant que par le signe de $k^{\frac{1}{2}}$, il suffira de considérer la première,

$$\mathrm{P} = \int\frac{-\frac{1}{2}dp}{\sqrt{(p+2k^{\frac{1}{2}})}\sqrt{[p^2-(1+k)^2]}}.$$

Pour réduire celle-ci, soit d'abord $p=z^2-2k^{\frac{1}{2}}$, on aura la transformée

$$\mathrm{P} = -\int\frac{dz}{\sqrt{\left[z^2-(1+k^{\frac{1}{2}})^2\right]}\cdot\sqrt{\left[z^2+(1-k^{\frac{1}{2}})^2\right]}}.$$

Soit ensuite $z=\frac{1+k^{\frac{1}{2}}}{\cos\omega}$, on aura, en faisant $c^2=\frac{(1-k^{\frac{1}{2}})^2}{2+2k}$,

$$\mathrm{P} = -\frac{1}{\sqrt{(2+2k)}}\cdot\int\frac{d\omega}{\sqrt{(1-c^2\sin^2\omega)}}.$$

Enfin, pour donner une forme positive à cette dernière, on se servira de la propriété $F(c, \omega) + F(c, \varphi) = F'c$, à laquelle on satisfait en faisant $\cos\omega = \frac{b \sin\varphi}{\sqrt{(1 - c^2 \sin^2\varphi)}}$, et l'on aura

$$P = \frac{1}{\sqrt{(2+2k)}} \cdot \int \frac{d\varphi}{\sqrt{(1 - c^2 \sin^2\varphi)}} = \frac{F(c, \varphi)}{\sqrt{(2+2k)}}.$$

Mais, pour faire usage de cette dernière formule, il importe de passer directement de la variable x à la variable φ ; c'est ce qui se fera par les équations

$$p = \frac{1 + kx^2}{x} = z^2 - 2k^{\frac{1}{2}} = -2k^{\frac{1}{2}} + \frac{\left(1 + k^{\frac{1}{2}}\right)^2 (1 - c^2 \sin^2\varphi)}{b^2 \sin^2\varphi};$$

d'où l'on déduit

$$\sin^2\varphi = \frac{2x(1+k)}{(1+x)(1+kx)}.$$

On voit donc que tandis que la variable x croît depuis $x = 0$ jusqu'à $x = 1$, l'amplitude φ croît de même continuellement depuis $\varphi = 0$ jusqu'à $\varphi = \frac{1}{2}\pi$.

Maintenant, si dans le résultat qu'on vient d'obtenir on change le signe de $k^{\frac{1}{2}}$, la valeur de c^2 deviendra celle de b^2, et l'amplitude φ restera toujours la même ; d'où il suit qu'en réunissant les deux parties de la valeur de ψx, on aura ce résultat très simple

$$\psi x = \frac{F(c, \varphi) + F(b, \varphi)}{\sqrt{(2+2k)}}.$$

Ainsi l'on voit qu'en effet la fonction ψx s'exprime par deux fonctions elliptiques de première espèce, qui ont la même amplitude φ, et dont les modules sont complémens l'un de l'autre ; de sorte qu'on a

$$c^2 = \frac{\left(1 - k^{\frac{1}{2}}\right)^2}{2+2k} \text{ et } b^2 = \frac{\left(1 + k^{\frac{1}{2}}\right)^2}{2+2k}.$$

Puisqu'en supposant $x = 1$ on a $\varphi = \frac{1}{2}\pi$, la valeur de la fonction complète $\psi 1$ sera ainsi exprimée

$$\psi 1 = \frac{F'c + F'b}{\sqrt{(2+2k)}};$$

mais on peut aussi trouver la valeur de $\psi 1$ par un autre procédé qui dépend des fonctions Γ.

En effet, puisque $\psi 1$ représente l'intégrale $\int \frac{x^{-\frac{1}{2}} dx}{\sqrt{(1 - x^2)}} (1 - k^2 x^2)^{-\frac{1}{2}}$, prise depuis $x=0$ jusqu'à $x=1$, si l'on appelle T^i l'intégrale $\int \frac{x^{2i-\frac{1}{2}}dx}{\sqrt{(1-x^2)}}$ prise entre les mêmes limites, on aura

$$\psi 1 = T^0 + \frac{1}{2}k^2T^1 + \frac{1.3}{2.4}k^4T^2 + \text{etc.};$$

mais en mettant $x^{\frac{1}{2}}$ à la place de x, l'intégrale appelée T^i devient $\frac{1}{2}\int x^{i-\frac{3}{4}}dx(1-x)^{-\frac{1}{2}}$, et ses limites sont toujours $x=0$ et $x=1$. Or, par les formules connues, l'intégrale T^i, sous cette dernière forme, a pour valeur

$$T^i = \frac{1}{2}\cdot\frac{\Gamma(i+\frac{1}{4})\Gamma\frac{1}{2}}{\Gamma(i+\frac{3}{4})}.$$

Dans le cas de $i=0$, on a $T^0 = \frac{1}{2}\frac{\Gamma\frac{1}{4}\Gamma\frac{1}{2}}{\Gamma\frac{3}{4}} = D\sqrt{2}$, en supposant... $D = F^1(\sin 45^\circ)$; ensuite on aura

$$T^1 = \frac{1}{3}T^0,\quad T^2 = \frac{5}{7}T^1,\quad T^3 = \frac{9}{11}T^2,\quad \text{etc.};$$

donc la fonction cherchée

$$\psi 1 = D\sqrt{2}\left(1 + \frac{1}{2}k^2\cdot\frac{1}{3} + \frac{1.3}{2.4}k^4\cdot\frac{1.5}{3.7} + \frac{1.3.5}{2.4.6}k^6\cdot\frac{1.5.9}{3.7.11} + \text{etc.}\right),$$

et l'on a par conséquent la formule générale

$$\frac{F^1c + F^1b}{\sqrt{(2+2k)}} = 2^{\frac{1}{2}}F^1(\sin 45^\circ)\left(1+\frac{1}{2}k^2\cdot\frac{1}{3}+\frac{1.3}{2.4}k^4\cdot\frac{1.5}{3.7}+\frac{1.3.5}{2.4.6}k^6\cdot\frac{1.5.9}{3.7.11}+\text{etc.}\right).$$

Si l'on fait $k=0$, on a $c=b$, et l'équation devient identique.

Seconde forme, $\psi' x = \int \frac{x^{-\frac{1}{2}}dx}{\sqrt{[(x^2-1)(1-k^2x^2)]}}$.

Limites $x=1$, $x=\frac{1}{k}$.

322. Soit encore $1+x^2=px$, on aura

$$(x^2-1)(1-k^2x^2) = x^2(1+2k+k^2-p^2),$$

$$\psi' x = \int \frac{x^{-\frac{3}{2}}dx}{\sqrt{[(1+k)^2-p^2]}};$$

mais, en vertu de l'équation supposée, on a

$$1+k^{\frac{1}{2}}x = \quad x^{\frac{1}{2}}\sqrt{(p+2k^{\frac{1}{2}})},$$
$$1-k^{\frac{1}{2}}x = \pm x^{\frac{1}{2}}\sqrt{(p-2k^{\frac{1}{2}})},$$

le signe ambigu étant $+$ si l'on a $x < \frac{1}{\sqrt{k}}$, et $-$ si l'on a $x > \frac{1}{\sqrt{k}}$; de là on tire

$$x^{-\frac{1}{2}} = \tfrac{1}{2}\sqrt{(p + 2k^{\frac{1}{2}})} \pm \tfrac{1}{2}\sqrt{(p - 2k^{\frac{1}{2}})},$$

$$x^{-\frac{3}{2}}dx = -\frac{\frac{1}{2}dp}{\sqrt{(p+2k^{\frac{1}{2}})}} \mp \frac{\frac{1}{2}dp}{\sqrt{(p-2k^{\frac{1}{2}})}},$$

et enfin

$$\psi' x = -\int \frac{\frac{1}{2}dp}{\sqrt{(p+2k^{\frac{1}{2}})}.\sqrt{[(1+k)^2-p^2]}} \mp \int \frac{\frac{1}{2}dp}{\sqrt{(p-2k^{\frac{1}{2}})}.\sqrt{[(1+k)^2-p^2]}}.$$

Pour avoir la première partie, soit d'abord $p = u^2 - 2k^{\frac{1}{2}}$, et ensuite $u = (1+k^{\frac{1}{2}})\cos\omega$; on aura cette partie

$$P = \int \frac{d\omega}{\sqrt{[2+2k-(1+k^{\frac{1}{2}})^2\sin^2\omega]}} = \frac{F(b,\omega)}{\sqrt{(2+2k)}};$$

on aura de même la seconde partie $P' = \frac{F(c,\omega')}{\sqrt{(2+2k)}}$, ce qui donne sans ambiguité

$$\psi' x = \frac{F(b,\omega)+F(c,\omega')}{\sqrt{(2+2k)}}.$$

Quant aux angles ω et ω', ils se déduiront immédiatement de x au moyen des équations

$$\cos\omega = \frac{1+k^{\frac{1}{2}}x}{x^{\frac{1}{2}}(1+k^{\frac{1}{2}})}, \quad \cos\omega' = \frac{1-k^{\frac{1}{2}}x}{x^{\frac{1}{2}}(1-k^{\frac{1}{2}})}.$$

Nous avons mis dans la formule $F(c, \omega')$, sans ambiguité de signe, parce que l'angle ω', déduit de $\cos\omega'$, croît continuellement depuis $x = 1$, où l'on a $\omega' = 0$, jusqu'à $x = \frac{1}{k}$, où l'on a $\omega' = \pi$; la valeur intermédiaire $x = \frac{1}{\sqrt{k}}$ donnerait $\omega' = \frac{1}{2}\pi$. Il n'en est pas de même de l'angle ω, qui croît depuis $x = 1$ jusqu'à $x = \frac{1}{\sqrt{k}}$, et qui décroît ensuite, suivant la même loi, depuis $x = \frac{1}{\sqrt{k}}$ jusqu'à $x = \frac{1}{k}$. Dans cette dernière limite, on a donc à la fois $\omega = 0$ et $\omega' = \pi$; d'où il suit que la fonction complète $\psi' \frac{1}{k}$ est ainsi exprimée :

$$\psi' \frac{1}{k} = \frac{2F^1c}{\sqrt{(2+2k)}}.$$

Une autre manière de trouver la valeur de cette fonction est de faire la substitution $x^2 = \cos^2\theta + \frac{1}{k^2}\sin^2\theta$ dans la formule $\psi' x = \int \frac{x^{-\frac{1}{2}}dx}{\sqrt{[(x^2-1)(1-k^2x^2)]}}$; il en résultera l'intégrale $\int k^{\frac{1}{2}} d\theta (1 - k'^2\cos^2\theta)^{-\frac{3}{4}}$, où l'on a fait $k'^2 = 1 - k^2$. Cette formule étant réduite en série, puis intégrée depuis $\theta = 0$ jusqu'à $\theta = \frac{1}{2}\pi$, on aura cette seconde expression de $\psi' \frac{1}{k}$,

$$\psi' \frac{1}{k} = k^{\frac{1}{2}} . \frac{\pi}{2}\left(1 + \frac{1}{2}k'^2 . \frac{3}{4} + \frac{1.3}{2.4}k'^4 . \frac{3.7}{4.8} + \text{etc.}\right);$$

on doit donc avoir, en général, la formule

$$\frac{2F'c}{\sqrt{(2+2k)}} = k^{\frac{1}{2}} \frac{\pi}{2}\left(1 + \frac{1}{2}k'^2 . \frac{3}{4} + \frac{1.3}{2.4}k'^4 . \frac{3.7}{4.8} + \text{etc.}\right),$$

laquelle suppose $c^2 = \frac{\left(1 - k^{\frac{1}{2}}\right)^2}{2 + 2k}$.

$$\text{Troisième forme, } \psi'' x = \int \frac{x^{-\frac{1}{2}}dx}{\sqrt{[(x^2-1)(k^2x^2-1)]}}.$$

$$\textit{Limites } x = \frac{1}{k}, \quad x = \frac{1}{0}.$$

323. Par une analyse semblable à celle des deux cas précédens, on trouvera qu'en supposant

$$\cos\theta = \frac{\left(1 - k^{\frac{1}{2}}\right)x^{\frac{1}{2}}}{k^{\frac{1}{2}}x - 1}, \quad \cos\theta' = \frac{\left(1 + k^{\frac{1}{2}}\right)x^{\frac{1}{2}}}{k^{\frac{1}{2}}x + 1},$$

on a

$$\psi'' x = \frac{F(b, \theta) - F(c, \theta')}{\sqrt{(2+2k)}}.$$

Les deux angles θ et θ' croissent continuellement depuis la première limite $x = \frac{1}{k}$, où ils sont nuls, jusqu'à la dernière $x = \frac{1}{0}$, où ils sont égaux à $\frac{1}{2}\pi$. Ainsi l'expression de la fonction complète est

$$\psi'' \frac{1}{0} = \frac{F'b - F'c}{\sqrt{(2+2k)}}.$$

Il y a un autre moyen de trouver la valeur de cette fonction. Soit $x = \frac{1}{k\cos\omega}$; l'intégrale primitive deviendra

$$\int k^{\frac{1}{2}} d\omega (\cos\omega)^{\frac{1}{2}} (1 - k^2\cos^2\omega)^{-\frac{1}{2}},$$

ou

$$k^{\frac{1}{2}}\int d\omega(\cos\omega)^{\frac{1}{2}}\left(1+\frac{1}{2}k^2\cos^2\omega+\frac{1.3}{2.4}k^4\cos^4\omega+\text{etc.}\right).$$

Cette intégrale doit être prise depuis $\omega=0$ jusqu'à $\omega=\frac{1}{2}\pi$. Soit $\cos\omega=z$; on aura $\int d\omega(\cos\omega)^{\frac{1}{2}}=-\int z^{\frac{1}{2}}dz(1-z^2)^{-\frac{1}{2}}$, intégrale qui doit être prise depuis $z=1$ jusqu'à $z=0$, ou, en changeant son signe, depuis $z=0$ jusqu'à $z=1$; mais en mettant $z^{\frac{1}{2}}$ au lieu de z, les limites seront les mêmes, et l'on aura la nouvelle intégrale

$$\int\frac{1}{2}z^{\frac{3}{4}-1}dz(1-z)^{\frac{1}{2}-1}=\frac{1}{2}.\frac{\Gamma\frac{3}{4}\Gamma\frac{1}{2}}{\Gamma\frac{5}{4}}=\frac{2\Gamma\frac{3}{4}\Gamma\frac{1}{2}}{\Gamma\frac{1}{4}}.$$

D'un autre côté, on a trouvé (tome II, page 455) $\Gamma^2\frac{1}{4}=4\pi^{\frac{1}{2}}F^1(\sin 45^\circ)$ et $\Gamma\frac{1}{4}\Gamma\frac{3}{4}=\frac{\pi}{\sin 45^\circ}$; donc l'intégrale cherchée

$$\int d\omega(\cos\omega)^{\frac{1}{2}}=\frac{\pi}{2^{\frac{1}{2}}F^1(\sin 45^\circ)}.$$

Cette intégrale étant trouvée, si on l'appelle P, on aura les intégrales successives

$$\int d\omega(\cos\omega)^{2\frac{1}{2}}=\frac{3}{5}P,\quad \int d\omega(\cos\omega)^{4\frac{1}{2}}=\frac{3.7}{5.9}P,\ \text{etc.};$$

donc la fonction complète $\psi''\frac{1}{0}$ a pour seconde expression

$$\psi''\frac{1}{0}=\left(\frac{k}{2}\right)^{\frac{1}{2}}\frac{\pi}{F^1\sin 45^\circ}\left(1+\frac{1}{2}k^2.\frac{3}{5}+\frac{1.3}{2.4}k^4.\frac{3.7}{5.9}+\text{etc.}\right).$$

Ainsi l'on a la formule générale

$$\frac{F^1b-F^1c}{\sqrt{(2+2k)}}=\left(\frac{k}{2}\right)^{\frac{1}{2}}\frac{\pi}{F^1\sin 45^\circ}\left(1+\frac{1}{2}k^2.\frac{3}{5}+\frac{1.3}{2.4}k^4.\frac{3.7}{5.9}+\text{etc.}\right).$$

On doit voir maintenant que si plusieurs fonctions ψx sont réunies avec les conditions nécessaires pour former le premier membre de l'équation (3), cette somme de fonctions, multipliée par le nombre $M=\sqrt{(2+2k)}$, devra être égale à une constante composée exactement des constantes F^1b, F^1c. C'est ce que nous allons vérifier dans les exemples suivans, après avoir établi les formules générales qui se rapportent au cas de $\mu=3$ et $\mu=4$.

324. La fonction φx étant égale au produit $x(1-x^2)(1-k^2x^2)$, on peut la partager en deux facteurs

$$\varphi_1 x=1-k^2x^2,\qquad \varphi_2 x=x(1-x^2);$$

ensuite, si l'on prend $\theta x=a$ et $\theta_1 x=1$, l'équation (2), réduite à la

43..

forme la plus simple, sera

$$(\mathrm{A}') \qquad a^2(1-k^2x^2)-x(1-x^2)=(x-x_1)(x-x_2)(x-x_3):$$

elle suppose par conséquent $\mu=3$, nombre le plus petit possible.

Soit t le terme que l'on suppose connu dans la série des valeurs particulières x_1, x_2, x_3; en faisant $x=t$, le second membre de l'équation (A') devient nul, et du premier on tire

$$a^2=\frac{t(1-t^2)}{1-k^2t^2}.$$

Soit ensuite $x^2-px+q=0$ l'équation du second degré, dont les racines sont les deux autres valeurs particulières de x; il faudra qu'on ait

$$a^2(1-k^2x^2)-x(1-x^2)=(x-t)(x^2-px+q),$$

ce qui donne trois équations de condition, d'où l'on tire

$$p=-\frac{t(1-k^2)}{1-k^2t^2}, \quad q=\frac{t^2-1}{1-k^2t^2}.$$

On connaîtra ainsi les deux racines $x=\alpha$, $x=\beta$, qui, avec la racine donnée $x=t$, serviront à composer les trois fonctions comprises dans le premier membre de l'équation (3).

325. Si l'on veut comparer entre elles quatre fonctions, il faudra satisfaire à l'équation suivante, qui suppose $\mu=4$,

$$(1-x^2)\left(\frac{1}{k^2}-x^2\right)-(c+c_1x)^2x=(x-x_1)(x-x_2)(x-x_3)(x-x_4).$$

Soient données les deux valeurs particulières $x=t$, $x=t'$; on aura pour déterminer c et c_1 les deux équations

$$c+c_1t=\lambda, \quad \lambda=\sqrt{\left[\left(\frac{1-t^2}{t}\right)\left(\frac{1}{k^2}-t^2\right)\right]},$$

$$c+c_1t'=\lambda', \quad \lambda'=\sqrt{\left[\left(\frac{1-t'^2}{t'}\right)\left(\frac{1}{k^2}-t'^2\right)\right]}.$$

Ensuite, faisant $(x-t)(x-t')=x^2-\mathrm{A}x+\mathrm{B}$, et appelant α et β les deux autres valeurs particulières de x qui sont les racines de l'équation $x^2-px+q=0$, on aura pour déterminer p et q les équations

$$\mathrm{A}+p=c_1^2,$$

$$\mathrm{B}+\mathrm{A}p+q=-1-\frac{1}{k^2}-2cc_1,$$

la seconde pouvant être remplacée par $k^2\mathrm{B}q=1$. On connaîtra donc les quatre fonctions ψt, $\psi t'$, $\psi\alpha$, $\psi\beta$, qui doivent composer le premier membre de l'équation (3).

Exemple Ier.

326. Supposons $k = \frac{1}{3}$, ce qui donne exactement $c = \sin 15^\circ$ et $b = \cos 15^\circ$; supposons de plus $t = \frac{1}{2}$ et $t' = 4$; les formules de l'article précédent donneront pour déterminer c et c_1 les équations

$$c + \tfrac{1}{2}c_1 = \tfrac{1}{4}\sqrt{(210)} = 3.62284\ 41875,$$
$$c + 4c_1 = \tfrac{1}{2}\sqrt{(105)} = 5.12347\ 53830;$$

d'où résulte, en prenant positivement les deux radicaux,

$$p = c_1^2 - \tfrac{9}{2} = -\tfrac{3}{7}(3 + 5\sqrt{2}) = -4.31617\ 19193\ 7092,$$
$$q = 4.5, \qquad p^2 - 4q = 0.62934\ 00375\ 6604,$$
$$x = \pm\ 0.39665\ 47735\ 6451 - 2.15808\ 59596\ 8546.$$

Désignant ces deux valeurs par $x = -\alpha$, $x = -\beta$, on aura

$$\alpha = 2.55474\ 07332\ 50, \quad \log \alpha = 0.40734\ 68325\ 207,$$
$$\beta = 1.76143\ 11861\ 21, \quad \log \beta = 0.24586\ 56812\ 546.$$

Il faut maintenant calculer les valeurs des quatre fonctions $\psi\frac{1}{2}$, $\psi''4$, $\psi'\alpha$, $\psi'\beta$.

Calcul de $\psi\frac{1}{2}$.

Les valeurs $k = \frac{1}{3}$ et $x = \frac{1}{2}$ étant substituées dans la formule

$$\sin^2\varphi = \frac{2x(1+k)}{(1+x)(1+kx)},$$

on aura $\sin^2\varphi = \frac{16}{21}$, log. $\sin\varphi = 9.94095\ 03439\ 61$ et........ $\varphi = 60^\circ\ 47'\ 38'',64386 = 60^\circ,79406\ 774$.

D'après cette valeur de φ, l'interpolation de la table IX pour les modules $c = \sin 15^\circ$, $b = \sin 75^\circ$, donne les résultats suivans, où l'on a fait $M = \sqrt{(2 + 2k)} = \sqrt{\frac{8}{3}}$,

$$F(c,\ \varphi) = 1.07196\ 62191,$$
$$F(b,\ \varphi) = 1.30924\ 19440,$$
$$M\psi\tfrac{1}{2} = 2.38120\ 81631.$$

Calcul de $\psi''4$.

Pour la fonction $\psi''x$ les formules générales sont

$$\cos\theta = \frac{\left(1 - k^{\frac{1}{2}}\right)x^{\frac{1}{2}}}{k^{\frac{1}{2}}x - 1}, \quad \cos\theta' = \frac{\left(1 + k^{\frac{1}{2}}\right)x^{\frac{1}{2}}}{k^{\frac{1}{2}}x + 1},$$
$$M\psi''x = F(b,\ \theta) - F(c,\ \theta').$$

Substituant les valeurs $k=\frac{1}{3}$, $x=4$, on aura

$$\cos\theta=\frac{6\sqrt{3}-2}{13},\quad \cos\theta'=\frac{6\sqrt{3}+2}{13},\quad \cos\theta\cos\theta'=\frac{8}{13};$$

et comme on a $\sqrt{3}=2\sin 60^\circ=1.73205\ 08075\ 68878$, il en résulte

$$\begin{aligned}\cos\theta &= 0.64556\ 19111\ 85636,\\ \log\cos\theta &= 9.80993\ 78986\ 5038, &\theta &= 49^\circ,79218\ 128,\\ \log\cos\theta' &= 9.97920\ 87360\ 3473, &\theta' &= 17^\circ,58795\ 3763.\end{aligned}$$

Dans la colonne de la table IX qui répond au module $b=\sin 75^\circ$, on trouve le terme $A=F(b, 49^\circ)$ et les suivans, qui donnent les différences de A comme il suit :

A	δA	$\delta^2 A$	$\delta^3 A$	$\delta^4 A$	$\delta^5 A$
0.97138 5421	25719 933	45 9882	22211	1232	82

Le terme qui répond au degré $49+x$ sera exprimé, en général, par la formule

$$A+x\left(\delta A+\frac{x-1}{2}\left(\delta^2 A+\frac{x-2}{3}\left(\delta^3 A+\frac{x-3}{4}\left(\delta^4 A+\frac{x-4}{5}\delta^5 A\right.\right.\right.\right.;$$

faisant donc $x=0.79218\ 128$, on trouvera

$$F(b,\ \theta)=0.99172\ 31298.$$

On trouvera dans la même table le terme $A=F(c, 17^\circ)$ et ses différences successives comme il suit :

A	δA	$\delta^2 A$	$\delta^3 A$	$\delta^4 A$
0.29699 32476	1750 64059	60543	2939	— 69

Faisant donc dans la formule d'interpolation $x=0.58795\ 3763$, on aura

$$F(c,\ \theta')=0.30728\ 54884$$

d'un autre côté, $\quad F(b,\ \theta)=0.99172\ 31298$

donc $\quad M\psi''4=0.68443\ 76414.$

Calcul de $\psi'\alpha$.

Les formules sont

$$M\psi'x=F(b,\ \omega)+F(c,\ \omega'),$$

$$\cos\omega=\frac{1+k^{\frac{1}{2}}x}{x^{\frac{1}{2}}\left(1+k^{\frac{1}{2}}\right)},\quad \cos\omega'=\frac{1-k^{\frac{1}{2}}x}{x^{\frac{1}{2}}\left(1-k^{\frac{1}{2}}\right)};$$

il faut y substituer les valeurs $k=\frac{1}{3}$, $b=\sin 75^\circ$, $c=\sin 15^\circ$,

$$x=\alpha=2.55474\ 07332\ 50,\quad \log\alpha=0.40734\ 68325\ 207.$$

et l'on trouvera

$$\log\cos\omega = 9.99197\ 01771\ 83,\quad \omega = 10°,98396\ 993,$$
$$\log(-\cos\omega') = 9.84702\ 15388\ 23,\quad \omega' = 134,67682\ 891.$$

La table IX donne la fonction $F(b, 10°)$ et ses différences successives comme il suit :

A	δA	$\delta^2 A$	$\delta^3 A$	$\delta^4 A$
0.17536 5245	1773 0362	5 6073	5415	87

il en résulte

$$F(b, \omega) = 0.19281\ 09602.$$

Pour calculer $F(c, \omega')$, j'observe qu'on a $F(c, \omega') = 2F'c - F\zeta$, en faisant $\zeta = \pi - \omega' = 45°,32317\ 109$. Or, la table IX donne $F(c, 45°)$ et ses différences comme il suit :

A	δA	$\delta^2 A$	$\delta^3 A$	$\delta^4 A$
0.79025 41637	1775 85047	1 07496	− 2	− 132

il en résulte

$$F(c, \zeta) = 0.79599\ 20239$$
$$2F'c = 3.19628\ 40042$$
$$F(c, \omega') = 2.40029\ 19803$$

D'un autre côté, $F(b, \omega) = 0.19281\ 09602$

donc $M\psi'\alpha = 2.59310\ 29405.$

Calcul de $\psi'\beta$.

Appliquant les mêmes formules que dans le calcul précédent, il faudra d'abord calculer les angles Ω et Ω' d'après les valeurs

$$\cos\Omega = \frac{\sqrt{3}+\beta}{\beta^{\frac{1}{2}}(1+\sqrt{3})},\quad \cos\Omega' = \frac{\sqrt{3}-\beta}{\beta^{\frac{1}{2}}(\sqrt{3}-1)}.$$

Voici ce calcul :

$$\beta = 1.76143\ 11861\ 21$$
$$\sqrt{3} = 1.73205\ 08075\ 69$$
$$\beta + \sqrt{3} = 3.49348\ 19936\ 90,\qquad \beta - \sqrt{3} = 0.02938\ 03785\ 52$$

son log	0.54325 85091 30	son log	8.46805 73872
$\beta^{\frac{1}{2}}$	0.12293 28406 27	$\beta^{\frac{1}{2}}$	0.12293 28406 3
	0.42032 56685 03		8.34512 45465 7

	0.42032 56685 03		8.34512 45465 7
$\sqrt{3}+1$..	0.43648 87715 99	$\sqrt{3}-1$.....	9.86454 12240 7
$\cos\Omega$...	9.98383 68969 04	$\cos(\pi-\Omega')$..	8.48058 33225,

$\Omega = 15°,53498\ 0675,$ $\pi-\Omega' = 88°,26710\ 532.$

La table IX donne la fonction $A = F(b, 15°)$ et ses différences comme il suit :

A	δA	$\delta^2 A$	$\delta^3 A$	$\delta^4 A$
0.26463 2377	1806 5784	8 4095	5933	127

de là résulte $F(b, \Omega) = 0.27428\ 71174.$

Nous avons ensuite $\pi-\Omega' = 88°,26710\ 532$; mais comme la table ne donne pas immédiatement les différences relatives à l'amplitude 88°, on y suppléera par celles de la fonction $F(c, 85°)$, que la table donne comme il suit :

A	δA	$\delta^2 A$	$\delta^3 A$	$\delta^4 A$
1.50780 53304	1806 49701	1574 6	— 3917	— 16

car, en faisant $x = 3.26710\ 532$, on aura la fonction cherchée par la formule

$$F(c, \pi-\Omega') = A + x\left(\delta A + \frac{x-1}{2}\left(\delta^2 A + \frac{x-2}{3}\left(\delta^3 A + \frac{x-3}{4}\,\delta^4 A\right.\right.\right.;$$

d'où résulte

	$F(c, \pi-\Omega') =$	1.56683 07085
On a d'ailleurs	$F(c, \pi) =$	3.19628 40042
donc	$F(c, \Omega') =$	1.62945 32957
ajoutant	$F(b, \Omega) =$	0.27428 71174
on aura	$M\psi'\mathcal{C} =$	1.90374 04131.

Maintenant, si nous ajoutons ensemble les quatre résultats trouvés

$M\psi\frac{1}{2} =$	2.38120 81631		
$M\psi''4 =$	0.68443 76414	$F^1c =$	1.59814 20021 13
$M\psi'\alpha =$	2.59310 29405	$F^1b =$	2.76806 31453 69
$M\psi'\mathcal{C} =$	1.90374 04131	$3F^1c =$	4.79442 60063 39
nous aurons la somme....	7.56248 91581		7.56248 91517 08 ;

et l'on voit que cette somme ne diffère de la somme des constantes $3F^1c + F^1b$ que de 64 unités décimales du dixième ordre, rapportées à un nombre total de plus de 7 unités. Cette différence sera jugée aussi petite qu'il est possible, eu égard aux erreurs des interpolations d'où elle est déduite; on doit donc en conclure qu'on aura exactement

$$\mathrm{M}(\psi\tfrac{1}{2} + \psi''4 + \psi'\alpha + \psi'\beta) = 3\mathrm{F}^1c + \mathrm{F}^1b,$$

ce qui s'accorde toujours avec la loi que nous avons constamment observée dans la composition du second membre de l'équation (3).

Nous remarquerons, au reste, que l'équation trouvée peut être partagée en deux autres relatives aux modules c et b pris séparément. En effet, les termes de notre équation étant ainsi composés

$$\mathrm{M}\psi\tfrac{1}{2} = \mathrm{F}(c, \varphi) + \mathrm{F}(b, \varphi), \quad \mathrm{M}\psi'\alpha = \mathrm{F}(b, \omega) + \mathrm{F}(c, \omega'),$$
$$\mathrm{M}\psi''4 = \mathrm{F}(b, \theta) - \mathrm{F}(c, \theta'), \quad \mathrm{M}\psi'\beta = \mathrm{F}(b, \Omega) + \mathrm{F}(c, \Omega'),$$

si l'on prend séparément les deux parties

$$\mathrm{F}(c, \varphi) - \mathrm{F}(c, \theta') + \mathrm{F}(c, \omega') + \mathrm{F}(c, \Omega') = \mathrm{P},$$
$$\mathrm{F}(b, \varphi) + \mathrm{F}(b, \theta) + \mathrm{F}(b, \omega) + \mathrm{F}(b, \Omega) = \mathrm{Q},$$

on trouvera, en substituant les valeurs trouvées pour chaque terme,

$$\mathrm{P} = 4.79442\ 60069,$$
$$\mathrm{Q} = 2.76806\ 31515;$$

d'où l'on voit que la différence entre P et $3\mathrm{F}^1c$ est à peine de 6 unités décimales du dixième ordre, lesquelles appartiennent au onzième chiffre significatif, et que la différence entre Q et F^1b n'est encore que de 6 unités décimales du neuvième ordre, ce qui prouve la grande exactitude de nos calculs d'interpolation, ainsi que celle des tables qui leur ont servi de base. Il s'ensuit encore qu'on a exactement les deux équations

$$\mathrm{F}(c, \varphi) - \mathrm{F}(c, \theta') + \mathrm{F}(c, \omega') + \mathrm{F}(c, \Omega') = 3\mathrm{F}^1c,$$
$$\mathrm{F}(b, \varphi) + \mathrm{F}(b, \theta) + \mathrm{F}(b, \omega) + \mathrm{F}(b, \Omega) = \mathrm{F}^1b,$$

équations qu'il serait d'ailleurs facile de vérifier rigoureusement par les formules des fonctions elliptiques, puisqu'on connaît les valeurs exactes des cosinus des diverses amplitudes.

Exemple II.

327. Soit $k = (2 - \sqrt{3})^2 = \mathrm{tang}^2\, 15^\circ$, on aura $c = \sin 30^\circ$ et $b = \cos 30^\circ$. Supposons de plus $t = \frac{1}{2}$, et en appliquant les formules de l'art. 324, nous aurons

$$p = -\frac{\frac{1}{2}(1 - k^2)}{1 - \frac{1}{4}k^2}, \quad q = -\frac{\frac{3}{4}}{1 - \frac{1}{4}k^2},$$

$\log(-p) = 9.69728\ 55572\ 63,\quad p = -0.49806\ 44647\ 0,$

$\log(-q) = 9.87562\ 12970\ 34,\quad q = -0.75096\ 77676\ 5;$

ensuite, la résolution de l'équation $x^2 - px + q = 0$ donnera $x = \alpha$, $x = -\beta$,

$$\alpha = 0.65262\ 44763\ 5,\quad \log\alpha = 9.81466\ 33578\ 03,$$

$$\beta = 1.15068\ 89410\ 5,\quad \log\beta = 0.06095\ 79392\ 31.$$

Il s'agit maintenant de calculer les valeurs des trois fonctions $\psi\frac{1}{2}$, $\psi\alpha$, $\psi\beta$.

Calcul de $\psi\frac{1}{2}$.

Substituant la valeur $x = \frac{1}{2}$ dans la formule $\cos^2\varphi = \frac{1-x}{1+x}\cdot\frac{1-kx}{1+kx}$, on aura $\cos^2\varphi = \frac{1}{3}\cdot\frac{1-\frac{1}{2}k}{1+\frac{1}{2}k}$; or, $k = 7 - 4\sqrt{3} = 0.07179\ 67697\ 24488$,

$$\frac{1-\frac{1}{2}k}{3} = 0.32136\ 72050\ 459,\quad \text{son log} = 9.50700\ 15557\ 058$$

$$1+\frac{1}{2}k = 1.07179\ 67697\ 245,\quad \text{son log} = 0.01531\ 71559\ 324$$

$$\varphi = 56^\circ 9' 9'',2491,\quad \cos^2\varphi\ldots\ 9.49168\ 43997\ 734,$$

ou $\quad\varphi = 56^\circ,15256\ 9194,\quad \cos\varphi\ldots\ 9.74584\ 21998\ 867.$

Pour le module $c = \sin 30^\circ$, la table IX donne $F(c, 56^\circ)$ et ses différences successives comme il suit :

	A	δA	δ^2A	δ^3A	δ^4A
$F(c, 56^\circ) =$	1.01246 57014	1920 19494	4 64864	$-$4196	$-$691

Faisant donc $x = 0.15256\ 9194$, et substituant cette valeur dans la formule d'interpolation $F(c,\varphi) = A + x\left(\delta A + \frac{x-1}{2}(\delta^2 A + \text{etc.}\right.$, on aura

$$F(c,\varphi) = 1.01539\ 23069.$$

On aura pareillement pour le module $b = \sin 60^\circ$ les résultats

	A	δA	δ^2A	δ^3A	δ^4A
$F(b, 56^\circ) =$	1.10971 2368	2523 2053	32 1314	7097	$-$ 238

d'où l'on déduit

$$F(b,\varphi) = 1.11354\ 15196.$$

Ajoutant ces deux fonctions, et faisant $M = \sqrt{(2+2k)} = \frac{\sqrt{2}}{\cos 15^\circ}$, on aura

$$M\psi\tfrac{1}{2} = 2.12893\ 38265.$$

Calcul de $\psi\alpha$.

En appelant ζ l'amplitude qui convient à la valeur $x = \alpha$, on devra calculer $\sin\zeta$ par la formule

$$\sin^2\zeta = \frac{2\alpha(1+k)}{(1+\alpha)(1+k\alpha)}.$$

Or, d'après les valeurs $\alpha = 0.65262\ 44763\ 5$, $\log\alpha = 9.81466\ 33578$, $\log k = 8.85610\ 49049\ 33$, $\log(1+k) = 0.03011\ 24437\ 95$, on trouve

$$\begin{aligned} \log.\sin^2\zeta &= 9.90774\ 45335\ 16, \\ \log.\sin\zeta &= 9.95387\ 22667\ 58, \\ \zeta &= 64^\circ\,3'\,26'',78126\ 8, \\ \text{ou}\quad \zeta &= 64^\circ,05743\ 9241. \end{aligned}$$

Pour le module $c = \sin 30^\circ$ la table IX donne $F(c, 64^\circ)$ et ses différences successives comme il suit :

	A	δA	δ^2A	δ^3A	δ^4A
$F(c, 64^\circ) =$	1.16735 45534	1955 81889	4 11711	−9814	− 696

d'où l'on déduit

$$F(c, \zeta) = 1.16847\ 68301.$$

Pour le module $b = \sin 60^\circ$, la même table donne $F(b, 64^\circ)$ et ses différences comme il suit :

	A	δA	δ^2A	δ^3A	δ^4A	δ^5A
$F(b, 64^\circ) =$	1.32094 2900	2798 3527	36 7743	3223	− 877	− 105

il en résulte

$$F(b, \zeta) = 1.32254\ 03645;$$

puis faisant la somme de ces deux fonctions, on aura

$$M\psi\alpha = 2.49101\ 71946.$$

Calcul de $\psi'\beta$.

Les formules sont

$$\cos\omega = \frac{1 + k^{\frac{1}{2}}x}{x^{\frac{1}{2}}\left(1 + k^{\frac{1}{2}}\right)}, \quad \cos\omega' = \frac{1 - k^{\frac{1}{2}}x}{x^{\frac{1}{2}}\left(1 - k^{\frac{1}{2}}\right)};$$

il faut y substituer les valeurs $x = \beta$, $\log k = 8.85610\ 49049\ 33$, $\log\left(1+k^{\frac{1}{2}}\right) = 0.10310\ 18514\ 25$, $\log\left(1-k^{\frac{1}{2}}\right) = 9.86454\ 12240\ 65$, et l'on trouvera

$\log. \cos \omega = 9.98313\ 52083\ 13$, $\log. \cos \omega' = 9.94488\ 11488\ 7$,
$\omega = 15^\circ\ 51'\ 51'',57030$, $\omega' = 28^\circ\ 15'\ 36'',13986$,
ou $\omega = 15^\circ,86432\ 508$, ou $\omega' = 28^\circ,26003\ 885$.

La table IX donne pour le module $b = \sin 60^\circ$ la fonction $A = F(b, 15^\circ)$ et ses différences comme il suit :

A	δA	$\delta^2 A$	$\delta^3 A$	$\delta^4 A$
0.26406 3548	1794 0551	6 6107	4450	59

Faisant donc $x = 0.86432\ 508$, la formule d'interpolation donnera

$$F(b, \omega) = 0.27956\ 62404.$$

Pareillement, pour le module $c = \sin 30^\circ$ la même table donnera la fonction $F(c, 28^\circ)$ et ses différences comme il suit :

A	δA	$\delta^2 A$	$\delta^3 A$	$\delta^4 A$	$\delta^5 A$
0.49344 86289	1797 23194	3 53595	9658	— 286	— 22

Joignant à ces données la valeur $x = 0.26003\ 885$, on a par la formule d'interpolation

$$F(c, \omega') = 0.49811\ 87832$$

d'un autre côté, $$F(b, \omega) = 0.27956\ 62404$$

donc $$M\psi'\mathcal{C} = 0.77768\ 50236.$$

Nous avons déjà trouvé

$$M\psi\tfrac{1}{2} = 2.12893\ 38265,$$
$$M\psi\alpha = 2.49101\ 71946;$$

de là résulte

$$M(\psi\tfrac{1}{2} + \psi\alpha - \psi'\mathcal{C}) = 3.84226\ 59975.$$

La constante du second membre diffère très peu de la constante connue

$$F^1c + F^1b = 3.84226\ 60023.$$

La différence n'est en effet que de 48 unités décimales du dixième ordre, ce qui fait à peine 5 unités décimales du neuvième ordre. Or, l'interpolation de la table IX, pour des modules aussi grands que sin 60°, introduit nécessairement des erreurs dans la neuvième décimale, qui est le dernier chiffre de la fonction, et il n'est pas étonnant que ces erreurs montent à 5 unités sur trois interpolations; on devra donc avoir exactement

$$M(\psi\tfrac{1}{2} + \psi\alpha - \psi'\mathcal{C}) = F^1c + F^1b.$$

Au reste on peut, suivant la remarque déjà faite, partager cette équation en deux autres relatives aux modules c et b pris séparément; on a en effet

$$F(c,\ \varphi) + F(c,\ \zeta) - F(c,\ \omega') = 1.68575\ 03538,$$
$$F(b,\ \varphi) + F(b,\ \zeta) - F(b,\ \omega) = 2.15651\ 56437.$$

Or, la constante de la première équation ne diffère de la constante $F^1 c = 1.68575\ 03548$ que de 10 unités décimales du dixième ordre, et celle de la seconde équation ne diffère de $F^1 b = 2.15651\ 56475$ que de 38 unités décimales du dixième ordre, ce qui s'accorde très bien avec la nature des choses; enfin, comme on a les valeurs exactes de $\cos\varphi$, $\cos\zeta$, $\cos\omega$, $\cos\omega'$, il serait facile de vérifier, par la théorie des fonctions elliptiques, l'exactitude rigoureuse des équations

$$F(c,\ \varphi) + F(c,\ \zeta) - F(c,\ \omega') = F^1 c,$$
$$F(b,\ \varphi) + F(b,\ \zeta) - F(b,\ \omega) = F^1 b.$$

Exemple III.

328. Supposant de nouveau $k = \frac{1}{3}$, ce qui donne $c = \sin 15°$ et $b = \sin 75°$, soit $t = -2$, les formules de l'art. 324 donneront $p = \frac{16}{5}$, $q = \frac{27}{5}$, et l'on aura l'équation à résoudre

$$x^2 - \tfrac{16}{5}x + \tfrac{27}{5} = 0.$$

Cette équation ayant ses racines imaginaires, nous les représenterons, à l'ordinaire, par $x = r(\cos\theta \pm \sqrt{-1}\sin\theta)$, ce qui donnera

$$r = \sqrt{\left(\frac{27}{5}\right)},\quad \cos\theta = \frac{16}{10r} = \frac{8}{\sqrt{(135)}}.$$

Comme la valeur $r = \sqrt{(5.40)} = 2.323\ldots$ appartient à la seconde forme $\psi' x$, dans laquelle x doit être compris entre 1 et $\frac{1}{k} = 3$, il faut regarder l'une de nos fonctions imaginaires comme représentée par la formule

$$\psi' x = \int \frac{x^{-\frac{1}{2}}dx}{\sqrt{[(x^2-1)(1-k^2x^2)]}}.$$

Soit alors $x^2 - 1 = \rho^2(\cos 2\lambda + \sqrt{-1}\sin 2\lambda)$, il faudra supposer λ constant et ρ seule variable: cette variable est censée croître depuis $\rho = 0$ jusqu'à $\rho = a$, limite qui devra s'accorder avec celle de x: c'est pourquoi il faudra satisfaire à l'équation

$$r^2(\cos 2\theta + \sqrt{-1}\sin 2\theta) - 1 = a^2(\cos 2\lambda + \sqrt{-1}\sin 2\lambda),$$

d'où résulte

$$a = 2\sqrt[4]{(1.92)},\quad \cos 2\lambda = -\frac{2}{5\sqrt{3}},\quad \sin 2\lambda = \frac{\sqrt{71}}{5\sqrt{3}}.$$

Maintenant, puisqu'on a $xdx = \rho d\rho(\cos 2\lambda + \sqrt{-1}\sin 2\lambda)$, l'intégrale $\psi' x$ s'exprimera ainsi, en fonction de ρ et de λ,

$$\psi' x = \int d\rho\,(\cos\lambda + \sqrt{-1}\sin\lambda)(1 + \rho^2\cos 2\lambda + \rho^2\sin 2\lambda\sqrt{-1})^{-\frac{3}{4}},$$
$$(k'^2 - k^2\rho^2\cos 2\lambda - k^2\rho^2\sin 2\lambda\sqrt{-1})^{-\frac{1}{2}}.$$

Soit

$$1 + \rho^2\cos 2\lambda + \rho^2\sin 2\lambda\sqrt{-1} = P(\cos\omega + \sqrt{-1}\sin\omega),$$
$$k'^2 - k^2\rho^2\cos 2\lambda - k^2\rho^2\sin 2\lambda\sqrt{-1} = Q(\cos\varphi - \sqrt{-1}\sin\varphi),$$

on aura

$$P^2 = 1 + 2\rho^2\cos 2\lambda + \rho^4,$$
$$Q^2 = k'^4 - 2k^2k'^2\rho^2\cos 2\lambda + k^4\rho^4,$$
$$\text{tang}\,\omega = \frac{\rho^2\sin 2\lambda}{1 + \rho^2\cos 2\lambda},$$
$$\text{tang}\,\varphi = \frac{k^2\rho^2\sin 2\lambda}{k'^2 - k^2\rho^2\cos 2\lambda} = \frac{\rho^2\sin 2\lambda}{8 - \rho^2\cos 2\lambda},$$

et enfin

$$\psi' x = \int P^{-\frac{3}{4}}Q^{-\frac{1}{2}}d\rho\,[\cos(\lambda - \tfrac{3}{4}\omega + \tfrac{1}{2}\varphi) + \sqrt{-1}\sin(\lambda - \tfrac{3}{4}\omega + \tfrac{1}{2}\varphi)].$$

Ajoutant l'intégrale semblable, qui ne diffère de celle-ci que par le signe de $\sqrt{-1}$, la somme des deux sera l'intégrale réelle

$$\psi' x = \int 2P^{-\frac{3}{4}}Q^{-\frac{1}{2}}d\rho\cos(\lambda - \tfrac{3}{4}\omega + \tfrac{1}{2}\varphi).$$

C'est donc cette intégrale qui, étant prise entre les limites $\rho = 0$, $\rho = a$, représentera la somme des deux intégrales imaginaires proposées.

Il reste à calculer la valeur de cette intégrale par la méthode des quadratures; mais d'abord il faut chercher celle de la fonction $\psi' 2$ qui répond à la valeur supposée $t = -2$.

Calcul de $\psi' 2$.

329. Les formules dans lesquelles il faut faire $x = 2$ sont

$$M\psi' x = F(b, \omega) + F(c, \omega'),$$
$$\cos\omega = \frac{1 + k^{\frac{1}{2}}x}{x^{\frac{1}{2}}(1 + k^{\frac{1}{2}})}, \quad \cos\omega' = \frac{1 - k^{\frac{1}{2}}x}{x^{\frac{1}{2}}(1 - k^{\frac{1}{2}})}.$$

On aura donc immédiatement $\cos\omega = \frac{2+\sqrt{3}}{(1+\sqrt{3})\sqrt{2}} = \frac{1+\sqrt{3}}{2\sqrt{2}} = \sqrt{\left(\frac{2+\sqrt{3}}{4}\right)}$, et $-\cos\omega'$ ou $\cos(\pi - \omega') = \frac{\sqrt{3}-1}{2\sqrt{2}} = \sqrt{\left(\frac{2-\sqrt{3}}{4}\right)}$; donc on a exactement $\omega = 15^\circ$ et $\pi - \omega' = 75^\circ$, ce qui donne

$$M\psi' 2 = F(b, 15^\circ) + 2F^1 c - F(c, 75^\circ).$$

Ces fonctions sont données immédiatement et sans interpolation par la table IX, et il en résulte

$$M\psi'2 = 2.13359\ 02639 = 2F'c - 1.06269\ 37403.$$

Calcul de l'aire $\int y d\rho$.

330. Nous devons observer, avant tout, que l'aire que nous cherchons doit avoir huit valeurs égales deux à deux et de signes différens. En effet, dans l'expression de l'ordonnée $y = 2P^{-\frac{3}{4}}Q^{-\frac{1}{2}}\cos A$, où $A = \lambda - \frac{3}{4}\omega + \frac{1}{2}\varphi$, les quantités P et Q représentent des modules de quantités imaginaires, lesquels sont toujours supposés positifs et réels. Il en est de même de leurs racines quatrièmes ou deuxièmes, telles que $P^{\frac{1}{4}}$, $Q^{\frac{1}{2}}$; car, dans ce cas, la multiplicité des racines n'influe que sur le facteur angulaire, tel que $\cos\omega + \sqrt{-1}\sin\omega$ ou $\cos\varphi - \sqrt{-1}\sin\varphi$, qui accompagne le module: ainsi le facteur $P^{-\frac{3}{4}}Q^{-\frac{1}{2}}$ sera toujours considéré comme réel et positif. Mais il faut examiner ce que devient l'angle $A = \lambda - \frac{3}{4}\omega + \frac{1}{2}\varphi$; comme l'angle φ est déterminé par sa tangente fonction de ρ, lorsqu'il sera attribué une valeur particulière à ρ, la valeur de φ, ainsi que celle de ω, pourront être augmentées ou diminuées, à volonté, de 180°, 360°, 540°, etc., de sorte qu'à raison de $\frac{1}{2}\varphi$ l'angle A pourra être changé en $A \pm 90°$, $A \pm 180°$, et qu'à raison de $\frac{3}{4}\omega$ il pourra être changé en $A \pm 135°$, $A \pm 45°$, etc.: donc, au lieu de $\cos A$, on pourra mettre dans l'expression de l'ordonnée celle qu'on voudra des valeurs

$$\cos(A \pm 90°),\quad \cos(A \pm 180°),\quad \cos(A \pm 135°),\quad \cos(A \pm 45°).$$

Il ne résulte de toutes ces formes, quand même on prolongerait la série encore plus loin, que les huit valeurs différentes

$$\cos A,\quad \sin A,\quad (\cos A + \sin A)\sin 45°,\quad (\cos A - \sin A)\sin 45°,$$
$$-\cos A,\quad -\sin A,\quad -(\cos A + \sin A)\sin 45°,\quad -(\cos A - \sin A)\sin 45°.$$

Il n'y aura donc que huit valeurs de l'intégrale $\int y d\rho$, lesquelles seront égales deux à deux et de signes contraires.

On voit de plus qu'il suffit de calculer deux de ces valeurs, par exemple, celles qui répondent aux ordonnées $y = 2P^{-\frac{3}{4}}Q^{-\frac{1}{2}}\cos A$, $y' = 2P^{-\frac{3}{4}}Q^{-\frac{1}{2}}\sin A$; car, en appelant Y et Y' ces deux intégrales, on en connaîtra immédiatement deux autres, $(Y + Y')\sin 45°$ et $(Y - Y')\sin 45°$, et ces quatre intégrales, jointes à quatre autres qui n'en diffèrent que par le signe, seront les huit intégrales cherchées.

331. Venons maintenant au calcul effectif des deux aires désignées par Y et Y'. Voici d'abord les données du problème :

$$r = \sqrt{(5.40)}, \quad \cos\theta = \frac{8}{\sqrt{(135)}}, \quad \sin\theta = \sqrt{\left(\frac{71}{135}\right)},$$

$$a = 2\sqrt[4]{(1.92)}, \quad \log a = 0.37185\ 53028\ 3986,$$

$$\cos 2\lambda = -\frac{2}{\sqrt{75}}, \quad \sin 2\lambda = \sqrt{\frac{71}{75}},$$

$$2\lambda = 103^\circ\, 21'\ 8''73405,$$

$$\lambda = 51.40.34,36702\ 5.$$

Pour avoir une valeur approchée de l'aire $\int y d\rho$, nous partagerons la base a en dix parties égales, et chaque partie étant appelée e, on aura

$$e = 0.23542\ 64765\ 1, \quad \log e = 9.37185\ 53028\ 4.$$

Il faudra donc faire successivement $\rho = 0, e, 2e, 3e, \ldots 10e$, et calculer les ordonnées correspondantes par la formule

$$y = 2P^{-\frac{3}{4}}Q^{-\frac{1}{2}} \cos A, \quad A = \lambda - \tfrac{3}{4}\omega + \tfrac{1}{2}\varphi;$$

mais, pour plus d'exactitude, nous calculerons en même temps les ordonnées intermédiaires qui répondent aux valeurs $\rho = \frac{1}{2}e, \frac{3}{2}e, \frac{5}{2}e$, etc. Nous joignons ici, pour exemple, le calcul des trois premières ordonnées, tant de la série y que de la série y'.

Soit, 1°. $\rho = 0$.

Si l'on prend, dans ce cas, les valeurs les plus simples des angles φ et ω, on aura

$$\omega = 0, \varphi = 0, P = 1, Q = 1, A = \lambda, y = (4.5)^{\frac{1}{4}} \cos\lambda, \ y' = (4.5)^{\frac{1}{4}} \sin\lambda.$$

$\cos\lambda$	9.79246 50836	$\sin\lambda$	9.89460 34634
$(4.5)^{\frac{1}{4}}$	0.32660 62569		0.32660 62569
y	0.11907 13405	y'	0.22120 97203,
$y =$	1.31544 090,	$y' =$	1.66421 610.

Soit, 2°. $\rho = \frac{1}{2}e$.

$e^2 \sin 2\lambda$	8.73180 91483 4
4	0.60205 99913 2
$\rho^2 \sin 2\lambda$	8.12974 91570 2
$1 + \rho^2 \cos 2\lambda$.	9.99860 80293
tang ω	8.13114 11277
$\omega =$	0° 46' 29'',58617

$$e^2 \cos 2\lambda = -\ 0.0128$$
$$\rho^2 \cos 2\lambda = -\ 0.0032$$
$$1 + \rho^2 \cos 2\lambda = \ \ 0.9968$$
$$8 - \rho^2 \cos 2\lambda = \ \ 8.0032$$

$\lambda =$	51°40′34″36702 5
$\frac{1}{2}\varphi$.....	2.53,73216
	51.43.28,09918
$\frac{3}{4}\omega$.....	34.52,18963
A =	51. 8.35,90955
$P^{-\frac{3}{4}}$.....	0.00101 41888
$Q^{-\frac{1}{2}}$.....	0.02548 91116
2.......	0.30102 99957
	0.32753 32961
cos A....	9.79752 69504
y.......	0.12506 02465
$y =$	1.33370 643
sin A....	9.89137 99821
	0.32753 32961
y'......	0.21891 32782
$y' =$	1.65543 936

$\rho^2 \sin 2\lambda$.......	8.12974 91570
$8 - \rho^2 \cos 2\lambda$...	0.90326 36701
tang φ.........	7.22648 54869
$\varphi =$	0° 5′ 47″,46432
$1 + 2\rho^2 \cos 2\lambda =$	0.9936
$\rho^4 =$	0.00019 2
$P^2 =$	0.99379 2
P^2............	9.99729 54963
P............	9.99864 77482
P^{-1}...........	0.00135 22518
	33 80629 5
$P^{-\frac{3}{4}}$..........	0.00101 41888
$64 - 16\rho^2 \cos 2\lambda =$	64.0512
ρ^4..............	0.00019 2
$81 Q^2 =$	64.05139 2
	1.80652 85724 8
81............	1.90848 50188 8
Q^2............	9.89804 35536
$Q^{\frac{1}{2}}$............	9.97451 08884.

Soit, 3° $\rho = e$.

$\rho^2 \sin 2\lambda$...	8.73180 91483 4
$1 + \rho^2 \cos 2\lambda$..	9.99440 51467
tang ω.....	8.73740 40016 4
$\omega =$	3° 7′ 36″,35302
$\lambda =$	51° 40′ 34″36702 5
$\frac{1}{2}\varphi$.......	11.34,08622 5
	51.52. 8,45325
$\frac{3}{4}\omega$.......	2.20.42,26476 5
A =	49.31.26,18848 5

$\rho^2 \cos 2\lambda =$	− 0.0128
$1 + \rho^2 \cos 2\lambda =$	0.9872
$8 - \rho^2 \cos 2\lambda =$	8.0128
$\rho^2 \sin 2\lambda$.....	8.73180 91483 6
8.0128......	0.90378 43029
tang φ.......	7.82802 48454 4
$\varphi =$	0° 23′ 8″,17245
$1 + 2\rho^2 \cos 2\lambda =$	0.9744
$\rho^4 =$	0.00307 2
$P^2 =$	0.97747 2

$P^{-\frac{3}{2}}$	……	0.00371 08778 6
$Q^{-\frac{1}{2}}$	……	0.02522 41855 6
2	……	0.30102 99956 6
		0.32996 50590 8
cos A	……	9.81233 18503 2
y	……	0.14229 69094
	$y =$	1.38770 422
sin A	……	9.88120 04409 3
		0.32996 50590 8
y'	……	0.21116 55000
	$y' =$	1.62616 833

P^2	……	9.99010 43257 2
P	……	9.99505 21628 6
P^{-1}	……	0.00494 78371 4

$64 - 16\rho^2 \cos 2\lambda = 64.2048$

$\rho^4 = 0.00307\ 2$

$81 Q^2 = 64.20787\ 2$

Q^2	……	9.89910 32577 4
Q	……	9.94955 16288 7
Q^{-1}	……	0.05044 83711 3.

Continuant ces calculs jusqu'à $\rho = 10e$, on aura pour résultat les deux séries d'ordonnées comprises dans le tableau suivant :

ρ	y	y'	ρ	y	y'
0.	1.31544 090	1.66421 610			
$\frac{1}{2}e$	1.33370 643	1.65543 936	$\frac{11}{2}e$	1.34794 558	0.12079 977
e	1.38770 422	1.62616 833	$6e$	1.20322 000	0.04789 248
$\frac{3}{2}e$	1.47386 142	1.56775 805	$\frac{13}{2}e$	1.07207 210	0.00357 093
$2e$	1.58244 710	1.46727 286	$7e$	0.95643 898	— 0.02147 580
$\frac{5}{2}e$	1.69330 102	1.31251 870	$\frac{15}{2}e$	0.85569 026	— 0.03403 719
$3e$	1.77571 523	1.10217 880	$8e$	0.76820 098	— 0.03875 982
$\frac{7}{2}e$	1.79896 628	0.85544 658	$\frac{17}{2}e$	0.69212 890	— 0.03872 411
$4e$	1.75005 447	0.60860 649	$9e$	0.62574 735	— 0.03593 729
$\frac{9}{2}e$	1.64134 989	0.39575 143	$\frac{19}{2}e$	0.56755 828	— 0.03169 150
$5e$	1.49915 123	0.23348 838	$10e$	0.51630 722	— 0.02680 755

Maintenant, si l'on considère l'aire à laquelle appartiennent les ordonnées y, comme étant formée de dix trapèzes paraboliques déterminés par vingt-une ordonnées équidistantes, la somme de tous ces trapèzes sera exprimée approximativement par la formule $\frac{e}{6}(S + 4S' + 2S'')$, dans laquelle S désigne la somme des ordonnées extrêmes, S' la somme des ordonnées de rang pair, et S″ la somme des ordonnées de rang impair, les deux extrêmes exceptées. Appliquant donc cette formule à la série des ordonnées y, on aura l'aire cherchée $\int y d\rho = e(12.47257\ 1313)$; multipliant cette quantité par M, et désignant par $\psi'\alpha + \psi'\mathcal{C}$ la somme des deux fonctions imaginaires qu'on veut déterminer, on aura l'équation

$$M(\psi'\alpha + \psi'\mathcal{C}) = Me(12.47257\ 1313) = 4.79507\ 7875.$$

Le second membre est une valeur approchée de

$$3F'c = 4.79442\ 6;$$

et l'on ne peut guère attendre une approximation plus grande de la méthode des quadratures que nous avons employée : ainsi nous regarderons comme exacte l'équation

$$M(\psi'\alpha + \psi'\mathcal{C}) = 3F'c.$$

Il s'ensuit que, dans ce cas, l'équation (3) ne pourrait être que de la forme

$$M(\psi'\alpha + \psi'\mathcal{C} \pm \psi'2) = 3F'c \pm M\psi'2;$$

mais alors le second membre ne serait plus une constante indépendante du premier membre, c'est-à-dire uniquement formée des fonctions $F'c$ et $F'b$, comme on l'a vu dans les exemples I et II. Ainsi nous avons trouvé la valeur exacte de la somme des fonctions imaginaires $\psi'\alpha + \psi'\mathcal{C}$, mais cette valeur ne satisfait pas à la loi que suit constamment l'équation (3), lorsque le premier membre n'est composé que de fonctions réelles.

Venons maintenant au résultat qu'offre la série des ordonnées y'. En appliquant la même formule à cette série, on trouve pour l'expression de l'aire $e(5.80726\ 758)$, et, en multipliant par M, on aura l'équation

$$M(\psi'\alpha + \psi'\mathcal{C}) = Me(5.80726\ 758) = 2.23260\ 30125.$$

D'un autre côté, nous avons trouvé l'équation

$$M\psi'2 = 2F'c - 1.06269\ 37403,$$

qui, étant ajoutée avec la précédente, donne

$$M(\psi'\alpha + \psi'\mathcal{C} + \psi'2) = 2F'c + 1.16990\ 92722.$$

Or, je remarque que le nombre compris dans le second membre s'approche beaucoup de la constante $F^1b - F^1c$, car on a

$$F^1b - F^1c = 1.16992\ 11432\ 6;$$

et l'on voit que la différence de ces deux nombres n'est que d'une unité décimale du cinquième rang, qui est le sixième chiffre significatif. On peut donc regarder comme rigoureusement exacte l'équation

$$M(\psi'\alpha + \psi'\epsilon + \psi'2) = F^1b + F^1c,$$

dont le second membre s'accorde avec la loi générale observée dans l'équation (3). Ainsi nous avons un second exemple fort remarquable du calcul des fonctions imaginaires, où la loi de l'équation (3) est observée, comme dans le cas où le premier membre ne contient que des fonctions réelles.

Puisque nous connaissons deux valeurs de la quantité $M(\psi'\alpha + \psi'\epsilon)$, savoir,

$$M(\psi'\alpha + \psi'\epsilon) = 3F^1c,$$
$$M(\psi'\alpha + \psi'\epsilon) = F^1b - F^1c + F(c, 75^\circ) - F(b, 15^\circ),$$

ces deux valeurs étant nommées Z et Z', nous avons démontré ci-dessus qu'on en connaîtra deux autres, savoir :

$$(Z + Z')\sqrt{\tfrac{1}{2}} \quad \text{et} \quad (Z - Z')\sqrt{\tfrac{1}{2}}.$$

On pourra encore admettre pour la quantité $M(\psi'\alpha + \psi'\epsilon)$ les quatre mêmes valeurs, précédées de signes différens ; mais de ces huit valeurs il n'y a en qu'une exprimée, comme on l'a vu, par $F^1c + F^1b - M\psi'2 = Z'$, qui satisfasse à la loi généralement observée dans l'équation (3).

Il nous reste enfin à faire voir comment on peut vérifier, de la manière la plus satisfaisante, les résultats obtenus dans l'exemple III. Nous nous proposerons, pour cet effet, de vérifier par un calcul rigoureux l'équation

$$M(\psi'\alpha + \psi'\epsilon + \psi'2) = F^1c + F^1b,$$

qui s'accorde avec la loi générale de l'équation (3); il faut donc faire voir que les fonctions imaginaires $\psi'\alpha + \psi'\epsilon$ sont telles qu'on a exactement

$$M(\psi'\alpha + \psi'\epsilon) = F^1b - F(b, 15^\circ) - F^1c + F(c, 75^\circ).$$

Pour simplifier le second membre, soit $F'b - F(b, 15°) = F(b, \lambda)$ et $F'c - F(c, 75°) = F(c, \mu)$; les angles λ et μ seront déterminés par les équations $\tang \lambda \tang 15° = \frac{1}{c}$, $\tang \mu \tang 75° = \frac{1}{b}$, d'où résulte

$$\tang\lambda = \frac{2\sqrt{2}}{3\sqrt{3}-\sqrt{5}},\ \cos^2\lambda = \frac{7-4\sqrt{3}}{15},\ \tang\mu = \frac{2\sqrt{2}}{3\sqrt{3}+5},\ \cos^2\mu = \frac{7+4\sqrt{3}}{15},$$

et, par ce moyen, le second membre se réduit à $F(b, \lambda) - F(c, \mu)$.

J'observe maintenant que, pour calculer l'aire $\int y d\rho$ égale à la somme des deux fonctions imaginaires, nous avons cru devoir rapporter ces fonctions à la seconde forme représentée par $\psi'\alpha$ et $\psi'\beta$; mais dans le cas des racines imaginaires, qui ont plus d'étendue que les racines réelles, la distinction des formes qui conviennent aux racines réelles devient inutile, et il est plus simple d'employer directement les deux valeurs de x données par l'équation $x^2 - \frac{16}{5}x + \frac{27}{5} = 0$; de sorte qu'en appelant ces valeurs x et x', on aura

$$x + x' = \frac{16}{5} \quad \text{et} \quad xx' = \frac{27}{5}.$$

Tout se réduit donc à trouver la valeur de $\psi x + \psi x'$, comme si la fonction ψx appartenait à la première forme des fonctions ψ. Dans ce cas, on aurait pour toute valeur réelle de x la formule

$$M\psi x = F(c, \varphi) + F(b, \varphi);$$

on aura donc semblablement, pour nos deux valeurs imaginaires, l'équation

$$M(\psi x + \psi x') = \begin{cases} F(c, \varphi) + F(b, \varphi) \\ + F(c, \varphi') + F(b, \varphi'). \end{cases}$$

Maintenant, puisqu'il s'agit de vérifier l'équation

$$M(\psi x + \psi x') = F(b, \lambda) - F(c, \mu),$$

on doit présumer que cette équation se divisera en deux autres relatives à chacun des deux modules, c'est-à-dire qu'on devra avoir les deux équations

$$\begin{aligned} F(c, \varphi) + F(c, \varphi') &= - F(c, \mu), \\ F(b, \varphi) + F(b, \varphi') &= \quad F(b, \lambda). \end{aligned}$$

La difficulté étant réduite à ce point, on va voir qu'elle sera promptement résolue, car la vérification de l'une de ces équations entraîne celle de l'autre, puisque celle-ci se déduit de la première, en changeant simplement le signe de $\sqrt{3}$.

D'après la formule donnée tome Ier, page 19, on voit que l'équation transcendante $F(c, \varphi) + F(c, \varphi') = \pm F(c, \mu)$ est représentée par l'équation algébrique

$$\text{(A)} \quad \sin^2\mu = \cos^2\varphi + \cos^2\varphi' + c^2\sin^2\mu\sin^2\varphi\sin^2\varphi' - 2\cos\mu\cos\varphi\cos\varphi'.$$

Or, on a

$$\sin^2\varphi = \frac{8x}{(1+x)(3+x)}, \quad \sin^2\varphi' = \frac{8x'}{(1+x')(3+x')};$$

de là

$$\sin^2\varphi\sin^2\varphi' = \frac{64xx'}{(1+x+x'+xx')(9+3x+x'+xx')}.$$

Substituant les valeurs $x + x' = \frac{16}{5}$, $xx' = \frac{27}{5}$, on aura

$$\sin^2\varphi\sin^2\varphi' = \frac{3}{2}.$$

On a en même temps

$$\cos^2\varphi = \frac{(1-x)(3-x)}{(1+x)(3+x)} = 1 + \frac{4}{1+x} - \frac{12}{3+x},$$

et par conséquent

$$\cos^2\varphi\cos^2\varphi' = \frac{(1-x-x'+xx')(9-3x-3x'+xx')}{(1+x+x'+xx')(9+3x+3x'+xx')} = \frac{1}{15},$$

$$\cos^2\varphi + \cos^2\varphi' = 2 + \frac{13}{6} - \frac{23}{5} = -\frac{13}{30}.$$

Substituant ces valeurs dans l'équation (A), ainsi que celles de $\cos\mu = \frac{2+\sqrt{3}}{\sqrt{15}}$ et $\sin^2\mu = \frac{8-4\sqrt{3}}{15}$, on trouve que cette équation est identique, en prenant, comme on en est bien le maître, $\cos\varphi\cos\varphi' = -\frac{1}{\sqrt{15}}$.

L'équation pour le module c étant ainsi vérifiée, l'équation pour le module b le sera également, puisque l'une se déduit de l'autre, en changeant simplement, dans toutes les valeurs, le signe de $\sqrt{3}$. On doit donc regarder comme rigoureusement démontrés les résultats obtenus dans l'exemple III.

Nous terminerons ici les additions que nous nous étions proposé de faire à notre ouvrage, en profitant des découvertes récentes de MM. Abel et Jacobi dans la théorie des fonctions elliptiques. On remarquera que la plus importante de ces additions consiste dans la nouvelle branche d'analyse que nous avons déduite du théorème de M. Abel, et qui était restée jusqu'ici tout-à-fait inconnue aux géomètres. Cette branche d'analyse, à laquelle nous avons donné le nom de *théorie des fonctions ultra-elliptiques*, est infiniment plus étendue que celle des fonctions elliptiques, avec laquelle elle a des rapports très intimes; elle se compose d'un nombre indéfini de classes, qui se divisent chacune en trois espèces, comme les fonctions elliptiques, et qui ont d'ailleurs un grand nombre de propriétés. Nous n'avons pu qu'effleurer cette matière; mais on peut croire qu'elle s'enrichira progressivement par les travaux des géomètres, et qu'elle finira par former une des plus belles parties de l'analyse des transcendantes.

Paris, le 4 mars 1832.

FIN DU TROISIÈME SUPPLÉMENT ET DU TOME III.

TABLE DES MATIÈRES

DU TROISIÈME SUPPLÉMENT.

Errata.

Page 172, ligne avant-dernière, $\sqrt{(1-y)}$, *lisez* $\sqrt{(1-y^2)}$

205, 10, $\pm Am + x + 1$, *lisez* $\pm Am + n + 1$

304, 9, $C =$, *lisez* $o =$

305, 1, la valeur, *lisez* la valeur corrigée

307, 5, *mettez* D au lieu de D'

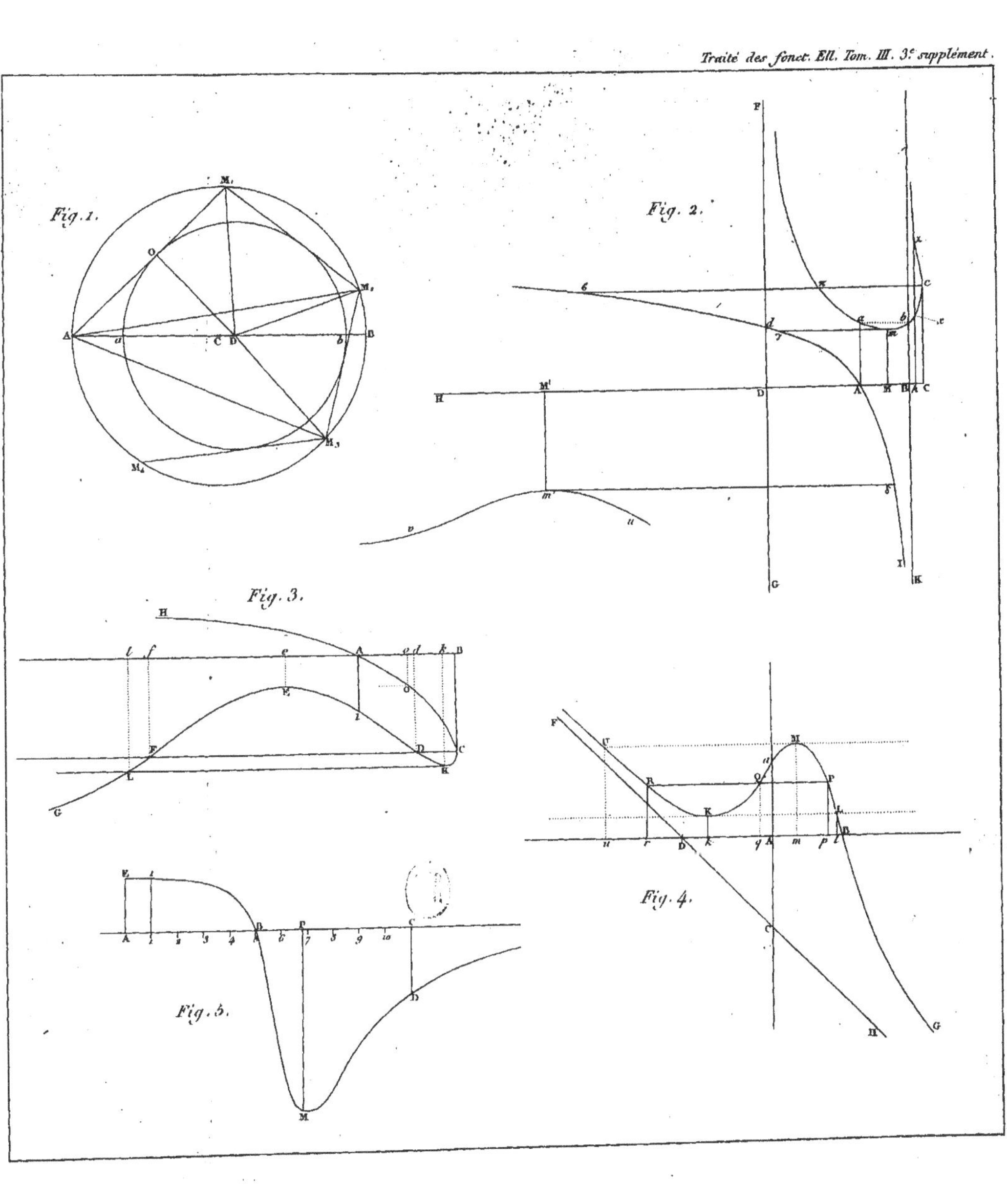
Fig. 1.
Fig. 2.
Fig. 3.
Fig. 4.
Fig. 5.

www.ingramcontent.com/pod-product-compliance
Ingram Content Group UK Ltd.
Pitfield, Milton Keynes, MK11 3LW, UK
UKHW020157250726
13967UKWH00003B/1116

9 782013 384841